Die allgemeine christliche Kirche oder das Princip der Reformation

zur Feststellung

des Begriffs der Evangelischen Kirche und ihrer Beziehung zu Staat und Wissenschaft

von

E. W. Klee,
Regierungsrath und beider Rechte Doctor.

Ein Leib und Ein Geist . . . . .
Ein Herr, Ein Glaube, Eine Taufe;
Ein Gott und Vater Aller . . .
Ephes. 4.

Berlin.
Druck und Verlag von G. Reimer.
1847.

Vorwort.

Fast ist ein Jahrzehnd verflossen, seitdem der Verfasser es wagte, mit dem Versuche einer neuen Grundlegung der Wissenschaft des Kirchen-Rechts in seinem: „Recht der Einen allgemeinen Kirche Jesu Christi,“ hervorzutreten. Was vor ihm darauf ausgegangen war, die Idee dieses Rechts der wissenschaftlichen Betrachtung vorzuführen, das waren nur gewisse Abstractionen, welche (wie von Schnaubert, Stephani, Schmalz u. s. w.) das Recht der Kirche auf die allgemeinen Principien des gewöhnlichen Gesellschafts-Rechts zurückführten, oder (wie von der Hegelschen Schule) nur Andeutungen eines tieferen Blicks in das Wesen dieser Lebensordnung und ihres Zusammenhanges mit den Substantialitäten aller Weltordnung. Alle übrigen Arbeiten auf diesem Gebiete waren nur Darstellungen des historischen Rechts, in welchen nur selten einmal, und dann auch nur beiläufig, die Kritik von einem blos practischen Standpunct aus sich vernehmen ließ.

Es war fast gleichzeitig mit der Arbeit des Verfassers, als R. Rothe in seiner Schrift: „die Anfänge der christlichen Kirche,“ über die herkömmliche Betrachtung der kirchenrechtlichen Verhältnisse sich erhebend, in einem kühnen Gedankenwurf den Satz aufstellte, daß die Kirche, wie sie bis dahin Wirklichkeit gehabt, dazu gesetzt sei, an ihrer eigenen Vernichtung zu arbeiten, und in den Staat als die allein wahre und ewige Form des Gottesreichs überzugehen. Es war ein Paradoxon, das einen reichen, tiefen Gedanken in sich barg — die Nothwendigkeit der Einheit des staatlichen und kirchlichen Lebens, — das aber diese Wahrheit nur in ihrer Kehrseite herausstellte. Es bedurfte nur eines solchen **Wetterleuchtens** am Horizonte der Evangelischen Kirche, um auf einmal die Nacht aufzudecken, in welcher das kirchliche Bewußtsein gefangen gehalten war. Aufgefahren aus dem Schlaf, ward es auf einmal geschäftig, das merkwürdige Meteor zu überdenken, das so plötzlich aufgestiegen, und der Kirche den Untergang geweissagt hatte. Von allen Seiten in allen Ständen erhob sich die Betrachtung, die zu einem immer größeren Reichthum der Gedanken sich entfaltete, je mehr die fast gleichzeitig aufgetauchten Bewegungen auf dem kirchlichen Gebiete — ich meine die lutherische Separation von der Landeskirche in Preußen, und der Conflict des Staats mit den Römischen Bischöfen — die practische Wichtigkeit der aufgeworfenen Frage in das Licht stellte.

Ehe indeß noch irgend ein anderer über die kirchenrechtlichen Principien das Wort erhoben (Stahl's und Puchta's Schriften erschienen erst 1840), hatte der Verfasser, angeregt seit dem Jahre 1834 durch die ihn umgebenden Ereignisse der lutherischen Secession, sich gedrungen gefühlt, das gesammte Material des Kirchen-Rechts einer wissenschaftlichen Kritik zu unterwerfen, und das Princip der Reformation in seiner Allgemeinheit und Freiheit erfassend, den Versuch gemacht, ein neues System des Kirchen-Rechts auf dem Grunde aufzuführen, den er von jenem Princip aus als das einzige sichere Fundament dieses Rechts, und als die ewige gewisse Autorität der Wahrheit erkannt hatte, — d. i. auf dem Worte Gottes, wie es in der heil. Schrift in urkundlicher Gewißheit niedergelegt worden. Der erste Theil (1839 bei W. Heinrichshofen in Magdeburg erschienen) begann nach einer Kritik der bisherigen Gedankensysteme mit einer Deduction des Begriffs der Kirche, wie er in der h. Schrift gegeben, und nach der Befreiung des kirchlichen Bewußtseins von menschlicher Autorität, durch die Jahrhunderte hindurch in dem Geiste der Kirche Bestimmtheit gewonnen, und suchte darauf das Gesetz der kirchlichen Verfassung zu gründen. Der zweite Theil (1841) führte das System weiter fort in der Exposition der an die substantiellen Momente jenes Begriffs sich knüpfenden Rechtsprincipien, als Normen der Gesetzgebung, mit Rücksicht auf die dabei zugleich kritisch beleuchtete geschichtliche Entwickelung des Kirchen-Rechts, so daß jene Normen gleichsam als das Resultat jener Entwickelung hervortreten sollten. Das Buch schließt mit der Feststellung des Verhältnisses von Staat und Kirche, in welchem die Lehre von der Verfassung der Kirche ihren Schlußstein haben sollte.

So weit dieser Versuch auch hinter dem leitend gewesenen Gedanken zurückgeblieben sein mag, — das Anerkenntniß glaubt der Verfasser wenigstens von der Gerechtigkeit derer hoffen zu dürfen, die ein Herz für die Sache haben, daß er einestheils den Glauben an die Offenbarung Gottes im Fleische festgehalten, anderntheils das Princip der Reformation in seiner ganzen Freiheit auf die Betrachtung des Kirchen-Rechts zur Anwendung gebracht habe. Von diesem Standpunct aus ist der Begriff der Evangelischen Kirche in seiner Identität mit dem Gedanken der allgemeinen Kirche Christi zu zeigen versucht, und andererseits diese Kirche als eine wesentlich menschliche Ordnung erwiesen, in welcher das Gesetz dieser Ordnung sein Recht behauptet, kraft dessen die Kirche, wenn sie in dieser Gestalt zu ihrer Wahrheit kommen will, nothwendig zu einer organischen Einheit mit dem Staat, als dem Träger und Gipfel aller Macht der Ordnung auf Erden, sich herausbilden muß.

Es konnte nur auf einer Verkennung des leitenden Gedankens in diesem Systeme beruhen, wenn man, wie z. B. Richter in seinem Lehrbuch des Kirchen-Rechts §. 7. Not. 1 darin nichts als eine Construction des Kirchen-Rechts nach subjectiver Ansicht hat erblicken, und deshalb dasselbe von dem sog. natürlichen Kirchen-Recht nur dadurch hat unterscheiden wollen, daß solche „Deduction auf christlicher Grundlage" ruhe. Denn eben, weil es von dieser Grundlage ausgegangen, diese aber einen objectiv gegebenen im Laufe der Jahrhunderte bestimmt entwickelten Inhalt in sich faßt, in welchem allein die wesentlichen und unveränderlichen Principien unseres Kirchen-Rechts zu finden sind, so springt in die Augen, daß hier nichts als eine Entwickelung gegebener Principien, d. i. der mit dem Dasein der evangelischen oder zur Allgemeinheit und Freiheit wiederhergestellten Kirche Christi gesetzten Grundprincipien hat gegeben werden sollen. Insofern nun allein nach dieser Idee der christlichen Kirche die historische Entwickelung des Kirchen-Rechts geprüft worden, so hofft der Verfasser dem positiven Recht gegenüber denjenigen Standpunct eingenommen zu haben, welchen die sog. allgemeinen Enleitungen in das Kirchen-Recht vor Augen zu haben pflegen. Nur der Unterschied möchte vielleicht hier Platz greifen, daß die früheren Werke dieser Art von dem Begriffe der Kirche, wie er in den symbolischen Büchern gegeben, ausgehen, während Referent gerade, das Grundprincip der Reformation festhaltend, ihn frei aus dem Worte Gottes zu entwickeln gesucht, und nur so weit von den Lehrmeinungen der Reformatoren abgewichen ist, als er der Ueberzeugung war, daß diese selbst die Wahrheit des göttlichen Wortes in ihrer Beziehung auf die menschlichen Lebensverhältnisse verkannt hatten.

So viele Stimmen nun auch seitdem über das Wesen der Kirche und das Gesetz ihrer Verfassung sich haben laut werden lassen — die Schriften sind fast zu einer ganzen Bibliothek angewachsen, — so hat doch meines Wissens bisher Niemand von dem gleichen Standpunct aus das Recht der christlichen Kirche in allen seinen Relationen zu entwickeln gesucht. In der Regel sind es nur einzelne Gegenstände des Kirchen-Rechts, oder einzelne allgemeine kirchliche Fragen, die zum Gegenstand der Betrachtung genommen worden. Selbst diejenigen, welche, wie Stahl und Puchta, im Ganzen das Recht der Kirche auf eine höchst lehrreiche und anregende Weise ins Auge gefaßt haben, haben sich darauf beschränkt, nur vorläufige Grund-Ansichten der Oeffentlichkeit zu übergeben. Während Stahl hauptsächlich „auf die richtige Erkenntniß des Bestehenden, auf die gegebene positive Lehre, das gegebene positive Recht der Protestanten" ausgegangen ist, und „die weitere Frage nach den allgemeinen richtigen Grundsätzen über Kirchen-Verfassung" nur in zwei Anhängen einer kurzen Erörterung unterworfen, hat er die Darstellung „der allgemeinen und umfassenderen Lehre von der Kirche, welche den Schluß seiner Philosophie des Rechts bilden soll," sich vorbehalten. — Eben so hat Puchta nur einige allgemeine Ansichten über Kirche, Kirchen-Verfassung, das Recht der Kirche, die Glieder der Kirche und die Gemeinden, so wie über die Kirche, welche über den Gemeinden steht, aufgestellt, aber wie derselbe am Schluß selbst sagt, nur „als Grundlage für eine weitere Ausführung," indem die Schrift da geschlossen wird, wo „das Amt der Kirchen-Regierung und die Theilnahme der Kirche in der Gesammtheit der Gemeinden in ihrer Ausübung und ihren Gegenständen noch näher darzustellen gewesen wäre." — Das Kirchen-Recht von Richter ist im wesentlichen eine historische Darstellung des besonders in Deutschland geltenden katholischen und evangelischen Kirchen-Rechts. Der hie und da hervortretenden Kritik des Letzteren, so geistreich, gesinnungsvoll und practisch sie auch gehandhabt worden, fehlt unseres Erachtens die principielle Basis, d. i. die Darstellung der Idee der Kirche, aus den urkundlichen Quellen der Offenbarung, indem er das Wesen derselben bereits in den Lehrmeinungen, resp. in den in Uebereinstimmung damit einst abgelegten Bekenntnissen der Evangelischen Kirche, als ausgemacht vorausgesetzt hat. — Am tiefsten und wahrsten hat unstreitig Marheineke in seiner Schrift: „die Reform der Kirche durch den Staat" das Grundgesetz der kirchlichen Verfassung in seiner Relation zu dem Organismus des Staats erfaßt. Sollten es auch nur Andeutungen desselben sein, so wird man doch gleich in das wahre Centrum der Sache geführt und erhält, abgesehen von einzelnen Irrungen, fast überall gesunde und practische Anschauung dieser Verhältnisse. — Nicht minder Ruhm gebührt dem bald darauf erschienenen Werke von C. Rothe: „die wahren Grundlagen der christlichen Kirchen-Verfassung." Berlin 1844 — in welchem lehrreicher und gründlicher als in vielen anderen Schriften der Stand der Sache und die Basis einer neuen Formation der kirchlichen Ordnung entwickelt wird.

Ist auch in den drei letztgedachten Schriften das System des Verfassers bereits in Bezug auf einzelne Principien zur Berücksichtigung gekommen, so hat er doch bisher noch immer vergebens nach einer, das Ganze in allen seinen Ausführungen umfassenden Kritik sich umgesehen. Das erste schon im Januar 1840 hervorgetretene Urtheil in „Rheinwald's Repertorium" rc. war eben so wie das der „litterarischen Zeitung" 1842 S. 830 zu allgemein und mehr referirend gehalten, als daß man daraus eine gründliche Anschauung des Systems hätte gewinnen können. Ein Anfang zu einer solchen gründlichen Kritik erschien zuerst in der schlesischen Zeitschrift: „die Annalen," herausg. von Hahn (Oct. 1842), so wie bald darauf in Harleß Zeitschrift für Protestantismus rc. (Febr. 1843). Allein so wenig in diesem wie in jenem (bald darauf eingegangenen) Blatte ist die ausdrücklich in Aussicht gestellte Fortsetzung erschienen, so daß darin nur die theologische Grundlage — die Entwickelung des Princips der Reformation — zur Besprechung gekommen ist. In Bezug auf alle übrigen daraus entwickelten Theile des Systems, insbesondere die Lehre von der Verfassung, ihr Verhältniß zu dem Amt der Schlüssel, ihre organische Einheit mit dem Staat, die Lehre von dem Parochialzwang, das Gesetz der Pfarrwahl, die Freiheit des geistlichen Amts von dem Symbolzwang in Bezug auf die Predigt, die kirchliche Armenpflege, die Lehre von dem Kirchengut, der Kirchenzucht, die Stellung des christlichen Staats zu den Secten und Nichtchristen, das Gesetz der Ehe, endlich die Lehre von dem Eide und der Stellung des christlichen Staats zu dem öffentlichen Unterricht — — in allen diesen Beziehungen ist noch von keiner Seite die Theorie des Verfassers einer gründlichen Kritik unterworfen. Und doch wäre ihm dieselbe hier nicht minder erwünscht gewesen, da er, wenn er sich nicht selbst täuscht, in allen diesen Beziehungen mehr oder minder für die Betrachtung eine neue Bahn zu gehen versucht, sei es, daß er schon früher hervorgetretene Ansichten neu begründet, oder selbst neue eigenthümliche Gesichtspuncte aufgestellt hat, obschon er niemals den Grund der Kirche, das Wort Gottes, als Richtschnur der Betrachtung hat verlassen wollen, und ebenso stets bemüht gewesen ist, jedes Urtheil auf die Wirklichkeit der Lebens-Verhältnisse zu gründen. Zwar bemerkt der Recensent in den histor.-polit. Blättern von Görres und Phillipps Bd. 10. S. 212 — nachdem er dem Verfasser eine größere Anerkennung und Gerechtigkeit hat zu Theil werden lassen, als dieser sie kaum bei irgend einem Protestanten gefunden — daß „die übertriebene ideologische Behandlung mancher Abschnitte und die buchgelehrte Annahme von Dingen, deren blanke Unhaltbarkeit auch dem schlichtesten, practischen Hausverstande einleuchten müsse, ihn veranlaßt habe, bei der Lectüre wiederholt das Titelblatt nachzuschlagen, um sich zu überzeugen, daß ein Regierungsrath hier spreche, dessen Verkehr mit dem Leben," wie Recensent meinte, „ihn vor so ungesunder, unwahrer Speculation hätte bewahren sollen."

Allein wenn ein Mann, der blos von Römischen Principien aus die Lebens-Verhältnisse zu betrachten gewöhnt ist, also über Grundsätze abspricht, die überall die Freiheit des evangelischen Bewußtseins in dem kirchlichen Leben gegen die hergebrachten Formen und Zwangsgesetze — dieses Erbstück aus der Römischen Knechtschaft, sicher stellen wollen, so ist das ganz in der Ordnung. Ihm muß ja das ganze Leben in der Gemeinschaft des Glaubens in der Luft zu schweben scheinen, wenn man nicht bei jedem Schritt auf dem Fels in Rom ruht, und in den Bahnen sich bewegt, die dort für sichere Schritte probat gefunden worden. Ohne weiteren Nachweis der Incongruenz der Ansichten mit dem verständigen „Hausverstande" hat daher der Verfasser sich dadurch eben so wenig irre machen lassen, wie durch das ebenfalls beweislos gebliebene Urtheil der Evang. Kirchen-Zeitung (1845 Vorwort), daß der Verfasser „über dem „„Begriff"" die factischen Zustände der Kirche fast völlig aus dem Auge verliere."

Inzwischen hat der letztere selbst von den mancherlei theoretischen Versuchen, in welchen die Fortentwickelung des kirchlichen Bewußtseins in Bezug auf die Gestaltung der Kirche sich kund gegeben — so weit sie ihm irgend zugänglich waren — Kenntniß genommen. Es konnte nicht fehlen, daß der Gegensatz der Meinungen, wie er theils im Allgemeinen, theils in besonderer Beziehung auf die von mir ausgegangenen Principien, mir gegenübertrat, den einmal lebendig dem Gegenstand zugewandten Sinn nicht minder zu weiterer Betrachtung anregte, wie selbst die von Tage zu Tage mächtig fortschreitende Bewegung des kirchlichen Geistes in dem Schaffen neuer Bahnen und Formationen im öffentlichen Leben, einen reichhaltigen Stoff für die weitere Forschung darbot. So entstanden andere Gesichtspuncte, neue Auffassungsweisen, gründlichere Einsichten in dem einen oder andern Gebiet des Kirchen-Rechts sowie in der Art der stattgehabten Begründung, wenn gleich die Ueberzeugung von der Wahrheit des Systems und seiner Grundlage immer entschiedener sich befestigte. Wie nun in Folge dessen bereits der Verfasser sich veranlaßt gefunden, über die eine oder andere Materie sich gründlicher und umständlicher auszusprechen, namentlich über die Synodal-Frage *), die Ehescheidungs-Frage **), so wie über das Grund-Princip der Evangelischen Kirche ***), so war es ihm auch Be-

*) S. „Ueber die Bedeutung der Synoden und das Gesetz ihrer Organisation." Posen bei Scherk 1843.

**) S. „Die Ehescheidungsfrage, eine wissensch. Kritik des protestant. Ehescheidungs-Princips mit Bezug auf den Preuß. Gesetz-Entwurf." Berlin bei Dunker und Humblot 1844, — eine Schrift, deren eigentliche Meinung in der Zurückweisung der Angriffe von Puchta (Ev. Kirch.-Zeit. 1844 Nr. 56) in der Allg. Berl. Kirch.-Zeit. Sept. Nr. 71 hoffentlich klar genug ins Licht gestellt worden, zumal dieselbe demnächst noch eine practische Ergänzung hat erhalten sollen in der Schrift: „das geistl. Amt im Conflict mit dem Landesgesetz oder: darf die Weigerung der Geistlichen, gewisse nach dem Landesgesetze erlaubte Ehen einzusegnen, geduldet werden? Posen bei Scherk 1845.

***) S. „Papstthum oder Christenthum" rc. Posen bei Cohn

dürfniß geworden, von den neu gewonnenen Marksteinen der An= und Uebersicht aus, die wesentlichen theologischen und juridischen Grundlagen seines Kirchen-Rechts in anderer Form noch einmal zusammenzufassen, um die leitenden Principien mit Rücksicht auf die inzwischen kund gewordenen Ansichten anderer Rechtslehrer in ein klareres Licht zu stellen, und zugleich sich mit den Resultaten der Preußischen **General=Synode**, deren Mitglied zu sein er die Ehre hatte, auseinander zu setzen. —

So entstand die nachfolgende Schrift, die keineswegs eine Schöpfung des Augenblicks, sondern das Resultat eines mehrjährigen Studiums ist. Der Weg, der hierin betreten, ist indeß kein anderer, als welchen der Verfasser in seiner Darstellung des vollständigen Kirchen=Rechts einzuschlagen sich gedrungen fand — auszugehen von dem allein festen und untrüglichen Grunde, auf dem man stets sichere Tritte thun wird, so man einzig und ausschließlich ihn als Basis festhält, d. i. das **Wort Gottes.** Auch das Ziel, worauf der Verfasser hier hinausgekommen, ist im Wesentlichen kein anderes, als wel-

1845 — eine Schrift, welche an die Erscheinung des sog. Neu-Katholicismus anknüpfend, dem Römischen Widersacher gegenüber ihre Berechtigung und Bestimmung zur Anregung der Christenheit zum Wieder=Erfassen der wahren Katholicität nachzuweisen suchte, nichts desto weniger aber diese Art von Glaubensgesellschaft als etwas hinstellte, das an der eigenen Dürftigkeit und Leere des Glaubens=Inhalts nothwendig in sich zerfallen müsse (S. 26—28) — eine Weissagung, die nach den Zeichen der Gegenwart nur allzubald in Erfüllung gehen zu sollen scheint.

ches er in jenem System aufgestellt. Nur wo die Evangelische Kirche in der Freiheit und Universalität sich darstellt, wie sie in der Wieder-Einsetzung des göttlichen Wortes als ausschließlicher Basis der Kirche begründet worden, ist sie in Wahrheit die Kirche, welche die Reformatoren im 16ten Jahrhundert haben wiederherstellen wollen. Eben so kann die kirchliche Ordnung erst da zu ihrem Ziel sich entfaltet haben, wo sie den organischen Einklang mit dem Staat gefunden, indem erst damit die christliche Lebensordnung als die Manifestation des Gottesreichs auf Erden sich abgeschlossen hat, während alle andern Formen der Kirchen-Verfassung nur als Vorstufen solcher Entwickelung zu betrachten sind.

Diese Andeutungen dürften zugleich ergeben, daß diese Schrift wohl auch als ein Versuch zur Lösung jener Aufgabe betrachtet werden könnte, welche Herr Seufferheld in Frankfurt a. M. im Jahre 1843 dahin gestellt hat, „das Wesen und die Stellung der Evangelischen Kirche nach göttlichem und menschlichem Recht anschaulich zu machen." Wie aber der Plan der Schrift schon vor dieser Aufforderung gefaßt war, so hat der Verfasser von aller Concurrenz in dem angeregten Wettstreit um so mehr abstrahiren wollen, als er sich wohl bewußt ist, daß dazu andere Gaben, andere Muße, andere Hilfsmittel der Wissenschaft gehören, als wie sie ihm zu Gebote stehen, um die Aufgabe zur Genüge zu lösen. Als Beitrag zu solcher Lösung hätte ich das Ganze gern früher erscheinen lassen, wenn nicht besondere Ereignisse, zu denen auch die Theilnahme an den Verhandlungen der General-Synode gehört, einen Aufschub unumgänglich nothwendig gemacht hätten, der auf die Gestaltung der Schrift nicht ohne Einfluß geblieben *).

Möchte Der, ohne den wir nichts thun können, und der auch zu dieser Arbeit Anfang und Fortgang gegeben, mit seinem Segen auch diese Worte begleiten, die, wie sie auch in Schwachheit geredet worden, doch nur die Ehre seines Reichs, die Wahrheit seiner Kirche haben suchen und fördern wollen! — Sollte aber jemand durch die Schärfe oder wohl gar Härte der Worte sich verletzt finden, der möge hier der Versicherung glauben, daß der Verfasser auch da, wo er um der Wahrheit willen sich also auszusprechen gedrungen gefühlt, doch in dem Herzen keiner Bitterkeit Raum gegeben gegen Personen, mit denen er, wie er auch mit ihnen in Fragen der Religion, in Fragen des Rechts und der Wissenschaft auseinander gehen möge, doch gern in **Liebe** unter dem **Einen Herrn und Meister** verbunden bleiben möchte!

Geschrieben zu Posen am 8. Februar 1847.

Dr. Wilh. Klee.

---

*) Zum besseren Verständniß der Kritik über das Resultat der General-Synode, welches in dem Ordinations-Formular einen besonders concreten Ausdruck gefunden, ist das Letztere als Beilage dem Buche angeschlossen.

Uebersicht des Inhalts.

I. Christus die Kirche.

„Ich glaube an Eine heilige allgemeine christliche Kirche“ — so redet der Geist in allen Zeiten und unter allen Völkern, wo der Name Christi angerufen wird. Es ist keine christliche Sprache noch Rede, da man nicht diese Stimme hörte. Denn wo irgend Gemeinschaft mit Christo, da ist auch das Bewußtsein, daß alle Gläubigen verordnet sind zur Kindschaft in Einem Leibe, der da ist die Fülle Deß, der Alles in Allem erfüllt. Nur wer in diese Gemeinschaft getreten, wer jenes Brod des Lebens aufnimmt, das Alle zu Einem Leibe verbindet (1. Cor. 11.), nur der hat das ewige Leben. Wer aber wahrhaft in Christo, ist auch ein Glied an diesem Leibe, weil der Leib nur ein Einiger ist. So ist es gewiß, daß außer diesem Leibe kein Antheil an Christo, daß außer der Kirche kein Heil ist. Darum wollen alle Christen in der Kirche Christi sein. Aber fragt sie, wie sie in Ost und West zerstreut sind, fragt das ganze Heer der Parteien und Secten, die Christum bekennen als ihren Heiland und Seligmacher, fragt sie nach ihrem Verständniß von dem Inhalt dieses Glaubens, so erfahrt ihr Ketzereien über Ketzereien, die nichts bekunden, als die Finsterniß, die noch über diese Frage waltet, ein Stück jener Finsterniß, die von Anfang nicht begriffen das Licht, das in der Finsterniß scheinet. Ob Tausende in der Kraft dieser Wahrheit leben, — das Verständniß derselben haben sie nicht. Die Masse begnügt sich mit dem Schein, den sie sich selbst aufgebaut. Noch hat der Kampf aller Jahrhunderte um die Wahrheit dieses Begriffs keine Klarheit gegeben. Erst in unsern Tagen werden die Zeichen heller, daß auch hier die Nacht vergehen und der Tag herbeikommen will. Ueberall sehen wir, wie der Geist arbeitet, um die Hülle wegzunehmen, welche die Glieder am Leibe Christi zertheilt hat, wie er ringt, sich in seiner Fülle und Freiheit zu erfassen als den lebendigen Gottesgeist, der in der Kirche waltet. Was hilft das Wort des Mundes: „ich glaube an Eine allgemeine Kirche," wenn man doch nicht an diesem Glauben sich genügen lassen, sondern eine Gewißheit der Kirche haben will, die man mit Händen fassen möge? Wie geschrieben steht: „Sie hauen im Walde einen Baum, und der Werkmeister machet's mit dem Beil und schmückt's mit Nägeln und Hämmern, daß sie nicht umfallen," also bauen sich diese und jene eine Hütte, daß sie gewiß seien, die Wohnung des Allerhöchsten in ihrer Mitte zu haben. So geht es, wie zur Zeit der Heiden, wo auch jedes Volk seinen Gott hatte, keine Gemeinschaft haben wollte mit denen, die andere Götter und Bildwerke zum Hort ihrer Seligkeit erwählt hatten. Oder ist es etwas Anderes, wenn hier Völker und da Völker Kirchen und wieder Kirchen sich zugerichtet und abgezirkelt, und jeder zur Wahrung eines solchen Machwerks von Heiligthum einen Zaun darum zieht, daß er sich absondere von denen, die nicht darin wohnen, auf daß das Licht keine Gemeinschaft habe mit der Finsterniß? Und ob Tausende durch diese Zeiten der Unwissenheit soweit durchgedrungen, daß sie die wahrhaftige Hütte so wenig, wie die Gottheit gleich halten dem Silber oder Gold oder Stein, durch menschliche Kunst und Gedanken gebildet, so gestehen sie doch, die Eine Kirche Christi nicht zu kennen, indem sie meinen, daß sie eine unsichtbare sei und als Eine nicht bestehen konne in der Welt der Erscheinung. Also geht es ihnen, wie jenen Atheniensern, die mitten unter dem Aberglauben ihrer Zeit einen Tempel aufgerichtet „dem unbekannten Gott." Obschon sie in der Kirche Christi leben und weben, so bedürfen sie dennoch, daß ihnen dieselbige verkündigt werde, die sie unwissend verehren. Wo — so geht der Ruf durch die wachgewordene Christenheit — wo ist nun die wahre Kirche? Soll es eins von jenen Bauwerken sein, die von menschlichem Zaungeflecht abgegrenzt sind? Wer kann das glauben, wenn er zum Selbstbewußtsein gekommen und das Gebilde wahrnimmt, das den Stempel des menschlichen Machwerks in der Selbsterwählung der Grenzen trägt, welche die mannichfaltige Weisheit Gottes in sich bannen sollen? Denn er kennt ja den Gott, der nicht wohnt in Tempeln von Menschenhänden gemacht, die wahrhaftige Hütte, die Gott aufgerichtet und kein Mensch. Sind aber alle diese Bauwerke nur gewisse Seiten der wahren Kirche, weil diese nirgends in die Erscheinung trete, ist also die Kirche nur unsichtbar, so haben wir keine, so sind wir wie Abraham und warten noch auf die verheißene Stadt, die einen Grund hat, deren Baumeister und Schöpfer Gott ist. Und doch sind wir gewiesen an die Gemeinde des lebendigen Gottes, als an den Pfeiler und die Grundfeste der Wahrheit. Doch hat Christus uns gesagt von seiner Gemeinde, die von Ihm auf den Felsen gebauet, durch die Pforten der Hölle nicht zu überwältigen sei. Doch wissen wir von der Einen Gemeine der Apostel — jener sichtbaren Thatsache der Gegenwart, die, ob ihr auch von aller Welt widersprochen ward, doch mit Adlers Flügeln ihren Lauf über den Erdkreis nahm. Woher diese Ungewißheit, daß es auch hierin wieder als eine Frage der Weisheit gilt, was ist

Wahrheit? Antwort: Daher, daß **die Menschen sich selbst die Kirche machen wollen** und an dies Machwerk das Heil in Christo ausschließlich knüpfen. So geschah es gleich nach dem Abscheiden der Apostel. Glaubens-Formeln (regulae fidei) und Kennzeichen der Wahrheit (symbola veritatis) wurden aufgerichtet, Satzungen und Formeln, die als die Exclusiv-Merkmale der allein seligmachenden Kirche Jahrhunderte in dem größten Theil der Christenheit geltend blieben. Wo eine Gemeinschaft andern Satzungen folgte, galt sie außer Christo und abgesondert von der Bürgerschaft des wahrhaftigen Israels, fremd von den Testamenten der Verheißung. Erst als die Gewalt des Ansehns, welches die selbstgewählte Basis trug, als Menschensatzung niedergeworfen und damit der Gottesgrund der Kirche in seiner Allheit und Freiheit wieder aufgefunden worden, konnte das himmlische Jerusalem, die Freie, wieder aus dem Schutt hervortreten und sichtbar werden. Aber also erschrecklich war ihnen die Erscheinung der Freiheit in ihrer Majestät, daß sie zitternd wieder hervorsuchten die Decke Mosis, daß sie nicht schauen konnten das Ende deß, das aufhört in Christo. In der selbstgemachten Finsterniß gingen sie wieder hin, jeder sich seinen besondern Tempel zu bauen, der die wieder freigewordene Kirche darstellen sollte als die Freie, um Alle, die nicht die Satzungen dieses Tempels hielten, auszustoßen als der Magd Kinder.

Soll es aber immer so fortgehen, auch in der freigewordenen Christenheit? Soll sie nicht aufwachend von dem Schlaf endlich begreifen, daß die Wahrheit der Kirche nicht von Menschen zu machen? Denn der Herr weiß, daß die Gedanken der Menschen eitel und die Satzungen der Völker nichts sind. **Gott selbst** ist es, der die Stadt aufgerichtet, die einen Grund hat. Er selbst als er in den Tagen des Fleisches unter uns wandelte, war der Baumeister und Schöpfer jener Stadt, welche die Gemeinde des lebendigen Gottes genannt wird, zur Anstalt für die Fülle der Zeiten, daß alle Dinge unter Ein Haupt verfasset würden in Christo. Und welches ist das Geheimniß der Gottseligkeit, das die Steine dieses ewigen Baues zusammen hält? **Gott ist geoffenbaret im Fleisch, gerechtfertigt im Geist, erschienen den Engeln, gepredigt den Heiden, geglaubet von der Welt, aufgenommen in die Herrlichkeit.** Wie Er in den Tagen Seines Fleisches zeugete, daß Er den Namen Gottes den Menschen geoffenbaret habe und gebeten für sie und alle, die **durch ihr Wort** an **Ihn** glauben würden, auf daß alle **Eins** seien, gleichwie der Vater in Ihm, und Er im Vater; so sendet Er fort und fort den Geist, daß Er Ihn, den Fürsten des Lebens verkläre und die Wahrheit des Worts verkünde. **Wer da glaubt und getauft wird, der wird selig werden, wer aber nicht glaubet, wird verdammet werden.** Das ist die Summa, worin Er das Testament des Neuen Bundes, sein Wort zusammenfaßte, als er von hinnen ging und Seine Jünger aussandte in alle Welt, zu predigen das Evangelium aller Creatur. Wer zu Ihm kommt, daß er in Ihm Leben und volle Genüge habe, den will er nicht hinausstoßen, und wer sich taufen läßt nach seinem Befehl auf Seinen Namen, der ist in Seiner Gemeinde. Denn Er ist selbst die Gemeinde — das Haupt, aus welchem der ganze Leib durch Fugen und Gelenke Handreichung empfängt und an einander haftend wächset den göttlichen Wachsthum (Col. 2, 19). Wer diesen Fels, diesen Eckstein erfaßt, der wird eben dadurch eingefugt in den ganzen Bau, weil der Fels selbst ihn erfaßt und einbaut zu dem heiligen Tempel, unabhängig von dem Willen eines anderen Menschen. Denn im Geist wird es gegeben, im Geist empfangen. So gewiß wir also in Ihm sind, sind wir in der Kirche, und so gewiß wir in der Kirche, sind wir in Ihm. Darum ist das eben das untrügliche Kennzeichen einer Partei oder Secte, wenn sie die Sache umdrehen, wie die Römischen, die Altlutheraner und überhaupt alle Parteien, nicht anerkennen wollen: dieser bekennt Christum, folglich ist er ein Glied der Kirche, weil er ein Christ ist, sondern den Satz gerade umgekehrt stellen. „Er ist," sagen sie, „ein Christ und Mitglied der Kirche, weil er den Glauben und das Bekenntniß der Kirche hat." So legen sie das Wesen der Kirche in ein Bekenntniß, welches sie als Symbol der rechten Kirche gesetzt haben *). Das ist der selbstgemachte Grund, auf dem man steht. Denn wo ist der Sitz der Unfehlbarkeit, der zu allen Zeiten das Geheimniß der Gottseligkeit in seiner Fülle mit Sicherheit auslegen **) und in die rechten Formeln zu bannen vermöchte? Wo sind die dogmatischen Formeln, die Christus als Bedingung der Aufnahme in sein Reich aufgestellt? Wer zu Ihm kam, daß ihm geholfen würde, wer mit That oder Wort bekannte, daß er Ihn als Helfer und Seligmacher begehre, den nahm er auf. Ja er erkannte selbst die als Glieder seines Reiches, die Ihm nicht einmal folgten, nicht Ihn als ihren Herrn erkannten, sondern nur in Seinem Namen, d. i. in der Kraft seines Wesens wider das Reich der Finsterniß kämpften (Mark. 9, 38—40). Und so auch Petrus. Als er des heil. Geistes voll am Tage

*) S. Oster's Brief über die Lehre der heil. Schrift von der Taufe. S. 153.

**) „Darum sind das große Blindeleiter, die alle Worte und Werke der Kirche wollen also rein und gut haben, daß alles soll Artikel des Glaubens sein und gelten. Denn wo sie nicht nach dem gewissen Wort Christi thut und lehret, sondern außer demselben Wort etwas thut und lehret, wer will mich gewiß machen, daß sie darinnen nicht irre und sündige? Ja wer kann daran zweifeln, daß sie alsdann gewißlich irret und sündiget? Weil sie noch im sündlichen Fleisch lebet und ohne das Heiligthum Gottes Wort handelt und ohne Sünde nicht sein kann." Luther auf das Kaiserl. Edict 1531.

der Pfingsten Jesum den Gekreuzigten predigte, daß er zu einem Herrn und Christ gemacht sei, und Tausende kamen und die Taufe begehrten, — hat er etwa sich darauf eingelassen, den Inhalt ihres Glaubens zu prüfen, ob sie sein Wort im rechten dogmatischen Sinne gefaßt? Nein alle, welche die Taufe begehrten, wurden aufgenommen und hinzugethan zu der Gemeinde. Hätte man alle diese katechisiren wollen über ihr Verständniß der Wahrheit, — welche Unvollkommenheiten, welche Häresieen würden zu Tage gekommen sein? Aber das sollte nicht über die Gemeinschaft in Christo entscheiden — nicht das Maaß der begrifflichen Erkenntniß die Seligkeit bestimmen. Alle welche den Glauben an Christus hatten, galten als Gottes Kinder. Wie viele ihrer auf Ihn getauft worden, die erkannte der Apostel an als solche, welche Christum angezogen, nicht bloß ohne Unterschied des Volkes, des Standes, des Geschlechtes, sondern auch ohne Unterschied der Gaben und Erkenntniß. Denn wenn es heißt: Hier ist kein Jude, noch Grieche, kein Knecht noch Freier, hier ist kein Mann noch Weib, denn ihr seid allzumal Einer in Christo Jesu; so sind damit auch alle Verschiedenheiten in den Bildungsstufen, die sich an diese Unterschiede knüpfen, eingeschlossen. Aber diese wurden auch noch anderweit bezeugt. Der Apostel spricht von denen, die Kinder sind am Verständniß, von seinen Kindlein, in denen Christus noch nicht Gestalt gewonnen, von den Schwachen im Glauben, von den Kranken und von dem gut Theil, das noch schläft, mit einem Wort, von den mancherlei Gaben nach der Gnade, die uns gegeben, von dem Unterschied des Maaßes im Glauben. Dennoch will er, daß keiner ausgeschlossen werde. Man soll aufnehmen die Schwachen im Glauben, soll, so man stark ist, der Schwachen Gebrechlichkeit tragen und nicht Gefallen an sich selber haben. Und wo Jemand noch etwas fehlt, wo Jemand in etwas anders gesinnt ist, da soll man der Zuversicht leben, daß Gott ihm das Weitere offenbaren werde (Phil. 3, 15). Es ist hier überall kein Unterschied, es ist Aller zumal Ein Herr, reich über Alle, die ihn anrufen. Sie sind durch Einen Geist alle zu Einem Leibe getauft und sind alle zu Einem Geist getränkt. Aber freilich sind nicht alle, die berufen, auch auserwählt. Nicht alle, die den Namen des Herrn anrufen, gehen ein in sein Himmelreich. Das sind nicht Christen, die auswendig bloß Christen sind, wie der Apostel dasselbe von den Juden sagte, und so wenig die Beschneidung vor Gott galt, die auswendig am Fleisch erscheint, so hilft auch die Taufe dem nichts, der nicht ein Christ ist in dem verborgenen Innern des Herzens. Also giebt es in der Gemeinde, die in Christo Jesu ist, viele Heuchler und Namen-Christen, die nicht von den wahrhaften Christen zu unterscheiden und, ob sie sich auch kennbar machen, nicht auszusondern sind. Denn es ist das Unkraut, das der Feind gesäet, das Gewürm, welches von dem Netz mitgefangen, erst ausgelesen werden soll am Ende der Tage. So bleibt es dabei — Alle, welche den Namen des Herrn Jesu anrufen, auf diesen Namen getauft sind, machen die Gemeinde aus, die in Christo Jesu ist, gelten in dieser Welt der Erscheinung als Glieder seines Leibes. Denn es ist nur Eine Kirche — Eine Gemeinschaft der in Christo Geheiligten, auf welcher die Fülle der Verheißungen ruht. Ein Herr, Ein Glaube, Eine Taufe. Also entweder Mitgliedschaft der Einen Kirche oder nicht — Christenthum oder nicht. So sagt Luther in seinem Schreiben an Sylvester Prierias: „Er kenne keine Kirche virtualiter außer in Christo." Ohne diesen geschichtlichen Zusammenhang mit Christus kann es freilich keine Kirche geben. Wer auch außer dieser Beziehung die Wahrheit derselben gelten lassen will, behält nichts, als die sogenannte unsichtbare Kirche, die als Kirche nichts ist, als ein Gespenst ohne

Mark und Bein *). Damit ist jedoch noch keineswegs in Abrede gestellt, daß auch außer dem historischen Zusammenhange mit Christus die Gnadenwirkungen des Geistes sich erweisen können. Wenn es Röm. 2, 28 heißt: „Wo die Vorhaut die Rechte des Gesetzes hält, wird nicht seine Vorhaut für eine Beschneidung gerechnet werden?" — ist damit nicht angedeutet, daß auch bei denen, welche nicht getauft sind, so sie nur im Gesetz Gottes leben, solcher Wandel der äußerlichen Taufe gleich geachtet werden soll? Und ist damit nicht ein wahrhafter Zusammenhang mit Christus dennoch als möglich zugegeben? Allein ob und wo diese Voraussetzung vorwaltet, ist hier in diesem Leben nicht auszumachen. Es fehlt dazu an allem Halt, und somit muß es dabei bleiben, daß der Begriff der Kirche auf diejenigen beschränkt bleibt, welche durch die Taufe auf Christi Namen in den von Ihm geordneten specifischen Zusammenhang mit Ihm getreten sind, und an dieser äußerlichen Thatsache ein Kennzeichen des Zusammenhanges documentiren. Daraus folgt aber auch, daß die Kirche als das auf Erden erscheinende Reich Gottes eine sichtbare ist, und daß das, was als unsichtbare Kirche aufgestellt worden, nur das innere Leben derselben, nicht aber die Kirche selbst in ihrer concreten Gestalt ist. Ist das letztere auch das, was der Kirche erst Realität giebt, und

*) s. Zeller's Jahrb. II. Heft, 1844 über Dorner: das protest. Dogma von der sichtbaren und unsichtbaren Kirche. Der Recensent dieser Schrift hat ganz Recht, daß, wenn man jene historische Beziehung für nothwendig erkennt, der Begriff der unsichtbaren Kirche aufgegeben werden müsse, und daß Schleiermacher nicht consequent war, wenn er das Wesen der wahren Kirche in „die Gesammtheit der Wirkungen des Geistes in ihrem Zusammenhange" setzte, und doch die Kirche auf die im geschichtlichen Zusammenhang mit Christus stehenden beschränkte. „Denn auch dieser," heißt es daselbst, „ist immer noch etwas sichtbares." Ganz recht — Diese Sichtbarkeit ist aber nicht aufzugeben, wenn man den Grund des Lebens, die Individualität der Kirche, nicht verlieren will, vergl. mein Kirch. Recht. Th. I. S. 219 folg.

von der äußern Erscheinung wohl zu unterscheiden, so würde es doch eben so gedankenlos sein, dies als die wahre Kirche zu bezeichnen, wie wenn man den Menschen in seiner sichtbaren Erscheinung nicht für einen wahren Menschen erkennen, sondern diesen Begriff bloß von dem innern Leben desselben prädiciren wollte. Fehlt es uns aber außer dem historischen Zusammenhang mit Christo an allen Merkmalen, die Realität der Mitgliedschaft der Kirche anzuerkennen, so sind wir auch vollkommen gerechtfertigt, wenn wir an dem Grundsatz festhalten, daß außer der Kirche kein Heil ist. Daß dies nicht im Römischen Sinne zu verstehen, leuchtet von selbst ein. Es gilt von dem Zusammenhang mit Christo, wie er von Ihm in der Taufe auf seinen Namen geordnet ist, nicht von einer menschlich abgegrenzten kirchlichen Ordnung. Denn so lange wir an Christum glauben, müssen wir allerdings den Besitz der Wahrheit oder, was dasselbe, die Seligkeit an Ihn gebunden halten. Spricht er nicht selbst: „Ich bin der Weg, die Wahrheit und das Leben?" Wo Er also verkündet und nicht angenommen wird, da können wir nur eine Feindschaft gegen die Wahrheit, eine Verwerfung des Lebens erkennen. Das ist der Grund, den alle legen müssen, Christus in uns — die Hoffnung der Herrlichkeit. Darauf hat ein Jeglicher zu bauen, wie er selbst darauf erbauet wird zu einer Behausung Gottes im Geiste. Was aber jeder darauf baut, wird verschieden sein nach dem Maaß der Gaben, wie der Eine Geist sie verschiedentlich austheilt. Aber auch das köstlichste Gold der Menschen darf nicht gelten als Zeichen der Wahrheit der Kirche. Was eines Jeglichen Werk sei, das soll der Tag klar machen. Das ist nicht von einem menschlichen Gerichtstage zu verstehen. Denn der Tag wird nicht von Menschen gemacht, noch wird, was Menschen setzen, der wahrhaftige Tag, sondern des Herrn Tag ist gemeint. Dieser Tag ist es allein, der da richten soll. Das wird zwar erst dann ganz geschehen, wenn er wieder kommen wird nach der Verheißung, wie er aufgefahren ist, zu richten die Lebendigen und die Todten. Aber sein Kommen ist ein ewiges und als außer der Zeit in der Gegenwart, wie in der Zukunft. Er kommt alle Tage, Er kommt immer mehr in Seinem Wort, in Seinem Sacrament — Er selbst der Lebendige, schon jetzt, allezeit richtend, welcherlei eines Jeden Werk sei, indem er mit dem Feuer des Geistes über jegliches Gebäu menschlicher Meinung fährt. Nur was in diesem Feuer bleiben wird, das ist dadurch bewährt als ein wahrhaftiges, wird als ein Werk in Gott Geltung behalten, im wahrhaftigen Licht des wahrhaftigen Tages. Solches hat der Apostel geschrieben, daß jedermann selbst an ihm lerne, nicht höher von einem Menschen zu halten, denn geschrieben ist, auf daß sich nicht einer wider den andern aufblase um irgend eines menschlichen Meisters willen. Denn wer hat dich vorgezogen? Was hast du aber, das du nicht empfangen hättest? So du es aber empfangen hast, was rühmst du dich als der es nicht empfangen hätte? Und ob auch irgend eines Menschen Gebäu — die Bestimmtheit der Erkenntniß, mit der ihn Gott begnadigt, in der Gemeinde Gottes Anerkennung findet als der wahrhafte Ausdruck der Wahrheit — diese Zustimmung macht an sich ein solches Werk nicht zur Wahrheit Gottes, daß darauf eine Berufung stattfinden dürfte. Denn das ist auch nur ein menschlicher Tag, der mit seinem Spruch nicht über den folgenden richten, nicht über die Gemeinschaft in Christo bestimmen darf. Es ist nur der Eine Grund gelegt, auf den alle bauen müssen, welcher ist **Jesus Christ**, und wer darauf baut — was er auch baue, ist in Seiner Gemeinde. Denn alle, die in Christo Jesu sein wollen, wie fern sie auch in allen übrigen Beziehungen stehen mögen, sind einander nahe geworden durch das Blut Christi, werden alle zusammengefaßt durch das Band des Friedens zur Einigkeit des Geistes (Ephes. 4). Denn Er ist unser Friede, der aus allem, was Zwei war, immerdar Eins macht. Er ist es, der da abgebrochen des Zaunes Zwischenwand, die Feindschaft, wo irgend ein Gegensatz der Gesinnung war, indem er durch sein Fleisch das Gesetz, in Geboten und Satzungen gestellt, abgethan, wo dieses irgend die Menschen trennte. So hat er beide, d. h. alle durch Satzungen auseinander gehaltene Menschen versöhnet mit Gott in Einem Leibe, allen den Zugang bereitet in Einem Geist zum Vater (Ephes. 2). Wer darf nun wieder einen besondern Tempel bauen und Satzungen stellen, daß sie wiederum einen Zaun bilden zur Abschließung gegen diejenigen, die denselbigen nicht unterthan werden mögen? Dürfen wir ausschließen, welche doch Christus nicht ausschließt, weil sie seinen Namen anrufen und damit Glieder an Seinem Leibe geworden? Würden wir dann nicht wieder das bauen, was wir selbst zerbrochen, indem wir in diese Gemeinschaft getreten, d. i. des Zaunes Zwischenwand, die Feindschaft, so Er doch abgethan? Würde ein solcher Zaun nicht vielmehr uns absondern von der Bürgerschaft des Israel Gottes und fremd stellen von den Testamenten der Verheißung, wenn wir nicht Gemeinschaft haben wollen mit denen, die Christus angenommen, ja für die Er gestorben ist? Sündigen wir nicht an Seinem Blut, das Er vergossen, um alle solche Feindschaft abzuthun, um aus allen, die Ihn aufnehmen, Einen Neuen Menschen in sich selber zu schaffen? Freveln wir nicht an der Wahrheit seiner h. Kirche, die eine Einige ist? Zwar gebietet der Apostel den Corinthern (1. Cor. 1, 10), daß sie allzumal einerlei Reden führen, nicht lassen Spaltungen unter sich sein, sondern zusammenhalten in Einem Sinn und in einerlei Meinung. Sollen also nicht alle die, welche in einer bestimmten Erkenntniß die rechte Wahrheit erkennen — sollen diese nicht zusammentreten, um solche

Einheit des Glaubens darzustellen? Sind diese nicht durch ihre Einigkeit in Gegensatz gestellt gegen alle, welche nicht nach derselbigen Regel einhergehen? Und wenn die Einigkeit der Erkenntniß wirklich das Kennzeichen der wahren Kirche und dieser Inhalt die wahre Erkenntniß wäre, sind dann nicht alle, welche den Einklang damit nicht finden, nothwendig ausgeschlossen aus der wahren Kirche? Aber wenn auch aus der Verschiedenheit der Bekenntnisse ein Unterschied sich ergiebt, ist dieser schon ein Gegensatz, der die Gemeinschaft der Kirche aufhebt? Was der Apostel will, ist nur das Eine große Ziel, dem wir nachzustreben haben, bis wir alle hinankommen zu jener Einigkeit im Glauben, die dem vollkommenen Mannesalter Christi gleicht. Solche Mahnung soll fort und fort durch die Kirche gelten und immer eindringlicher erneuert werden, wo Spaltungen und Zwistigkeiten einreißen wollen, daß die Einheit in Christo zum Bewußtsein komme und auf das Einswerden in der Erkenntniß wirke. Darum mögen auch immer die, die eins sind in der Erkenntniß, sich fest und immer fester an einander schließen, daß sie sich gegenseitig die Hand reichen, um immer mehr vorzudringen von einer Klarheit zur andern, immer mehr sich zu erfüllen mit der Erkenntniß des göttlichen Willens in allerlei geistlicher Weisheit und Verstand. Aber ist damit gesagt, daß diejenigen, die einerlei Meinung haben, sich abschließen dürfen gegen Andere und sich aufblasen in ihrem Sinn, als seien sie allein die wahre Kirche? Und wenn dies schon zu der Apostel Zeiten geschehen — kommt es nicht daher, wie diese bezeugen, daß die da stark sind, sich satt und reich dünken und für sich herrschen wollen? Ja wenn sie nur in Wahrheit herrschten, wie der Apostel sagt, d. i. in der Herrschaft, zu der sie berufen sind, in der Kraft des Geistes, in der Christus uns zu Königen und Priestern gemacht hat. Ist die Erkenntniß, die uns erfüllt, die wahrhaftige, so müssen wir der Macht des Geistes vertrauen, daß sie siegreich sich erheben werde über alle Gewalt der Finsterniß und der Lüge. Denn wo Wahrheit ist, da ist der Geist Gottes und mit ihm alle Kräfte und Gewalten, die ihm unterthan sind. Wer in diesem Geiste lebt, wird nicht stolz die Unvollkommnen und Schwachen im Glauben und in der Erkenntniß zurückstoßen. Wenn das Licht in uns leuchtet, — soll es nicht leuchten allen, die in des Vaters Hause wohnen? Sind wir als die Nachfolger der Apostel das Salz der Erde — soll damit nicht überall gesalzen werden? Sind wir der rechte Sauerteig, der die Masse durchdringen soll — sollen wir nicht alle, die irgend mit uns Gemeinschaft haben wollen, aufnehmen, daß die Wahrheit auch sie frei mache? Heißt das aber nicht Gemeinschaft versagen, wenn wir die Uebereinstimmung mit unsern Ansichten vom Heil zur Bedingung stellen? „Hast du genug gesogen," sagt Luther *), „bist stark worden, willst du drum die Zitzen abschneiden, daß die Andern nicht saugen können? Sollten die Mütter alle Kinder hinwegwerfen, die da nicht bald essen könnten, wo würdest du blieben sein?" „Wir sind nicht alle gleich stark im Glauben. Ja, der heute den Glauben stark hat, kann ihn morgen wohl schwach haben, und wieder, wer ihn heute schwach hat, mag ihn morgen stark haben." „Wie Gott uns getragen und mit unserer Schwachheit in unserem Unglauben lange Zeit Geduld gehabt, sollten wir auch mit unsern schwachen Brüdern umgehen, bis daß auch sie stark würden — nicht allein gen Himmel gedenken zu fahren, sondern darnach trachten, unsere Brüder auch mitzunehmen." Das ist aus dem Geiste der Reformation, aus der in Christo wieder errungenen Freiheit des evangelischen Bewußtseins, aus der wahrhaftigen Liebe Christi geredet. Will aber jemand sa-

*) In seinem Brief an die Wittenberger mit Bezug auf Hebr. 5, 13, vergl. seinen Sermon, als er wieder angelangt in Wittenberg.

gen, hier gelte das Wort: „ein wenig Sauerteig versäuert den ganzen Teig — darum feget den alten Sauerteig aus," so gebraucht er des Apostels Wort nach dem Gutdünken seines Herzens. Wenn der Apostel an der einen Stelle (1. Cor. 5) also gebietet, so hat er freilich, wie der Zusammenhang ergiebt, damit die Verpflichtung bezeichnet, die Gemeinschaft mit einem andern aufzuheben. Aber aus welchem Grunde? etwa wegen eines Irrthums, einer Unvollkommenheit der Lehre? Nein, sondern von Hurerei war die Rede und von solcher, davon auch die Heiden nicht zu sagen wissen. Das bezieht sich also auf die Frage nach der Statthaftigkeit einer Gemeinschaft mit solchen, welche durch die That Christum verleugnen, mithin auf die Handhabung der Kirchenzucht. Wenn aber der Apostel dasselbe Wort zu den Galatern sagt (Gal. 5, 9), nachdem er ihnen vorgeworfen, daß sie die Freiheit des Evangeliums verlassen und sich wieder fangen lassen in knechtische Satzungen — hat er damit sagen wollen, daß sie nach diesem Kanon unter einander richten und, die sie nicht in der Freiheit erkannt, aus der Gemeinschaft ausschließen sollten? Oder kann diese Weisung vernünftiger Weise etwas anderes enthalten, als die Mahnung, daß jeder aus seinem Innern den alten Sauerteig banne? Denn sollte das Maaß der Freiheit von solchem Sauerteig das Criterium der Mitgliedschaft sein, hieße das nicht soviel als die Gemeinschaft des Zusammenwirkens an dem Bau des Reichs Gottes unmöglich machen? Ja selbst die unzweifelhafte Weisung des Apostels von den Ungläubigen sich abzusondern (2. Cor. 6.) ist in ihrer wahren Bedeutung nur dann zu erfassen, wenn wir ihre Beziehung auf die erste Gemeinde, auf den Moment ihres Hervortretens aus den heidnischen Elementen zur Entwickelung der Bestimmtheit ihrer Gestalt uns gegenwärtig halten (s. unten). Am wenigsten darf dies auf diejenigen bezogen werden, welche durch die h. Taufe einmal aufgenommen in die Gemeinschaft der Christen, dem Geist des Unglaubens Raum gegeben haben, sofern und soweit sie noch Gemeinschaft mit Christen und christlichem Wesen haben wollen. Denn dieser Wille ist immer noch ein Pfand, daß die in der Taufe gewirkte Beziehung zu Christo noch nicht abgebrochen, daß noch immer ein Keim des in Christo gepflanzten neuen Lebens da ist, an welchen anzuknüpfen alle Zeit jeden Christen die Liebe Christi dringen muß. Sonach kann man unmöglich aus dieser Stelle folgern, daß, wo eine Verschiedenheit der Lehre, auch ein Gegensatz der Gemeinschaft sei. Gerade diese Verschiedenheit wird überall in der h. Schrift vorausgesetzt (Röm. 12, 3. 1. Cor. 3, 5), wenn schon es immer die eine und dieselbe Lehre der Apostel ist, durch welche wir gläubig werden. Nicht an Buchstaben und Begriffe ist das Heil gebunden, daß nach solcher Verschiedenheit Christus zertheilt werden dürfe. Geschieht das aber nicht, wenn wir den Leib zertheilen, an dem Er das Haupt ist? Darum wie keiner aufgeblasen sein soll in seinem Sinn, als hätte er allein Christus erfaßt in der Fülle der Wahrheit, nicht sich überheben soll über die, welche Christum nicht also anrufen; so soll sich auch Niemand eines Menschen rühmen, als hätte dieser die Wahrheit allein erkannt. Es ist Alles Euer, spricht der Apostel, es sei Paulus oder Apollo, es sei Kephas oder die Welt, es sei das Leben oder der Tod, es sei das Gegenwärtige oder das Zukünftige — Alles ist Euer — Ihr aber seid Christi, Christus aber ist Gottes. Also Alles und in Allen **Christus** und nur **Christus allein** — Das ist die **christliche Kirche.**

Aber ist damit nicht die Kirche durchaus in die Allgemeinheit gestellt, alle Bestimmtheit ihrer Gestalt vernichtet? Was behalten wir mehr als eine unsichtbare Kirche, von der Niemand weiß, was sie ist, und wo sie ist? Kann das der Leib Christi, das die concrete in Fleisch und Blut sich darstellende Wahrheit der

Kirche sein? Freilich, ist alles, was Christus will und hat, die Kirche, ist die unendliche Mannichfaltigkeit aller Gaben und Stufen der Erkenntniß und des Glaubens, von der geringsten Dämmerung des Lichtes an, bis zu denen, welchen der Reichthum der Gnade widerfahren ist in allerlei Weisheit und Klugheit, — ist das die Kirche; so ist sie etwas anderes, als was man bloß *greifen* und *abzirkeln* kann. Sie ist nicht eine Hütte wie die erste war als ein Gleichniß auf die bessere und vollkommenere, nicht eine solche, die an bestimmten Rechten des Gottesdienstes und einem weltlichen Heiligthume erkannt wird, nicht, wie jene, welche sammt allem ihrem Geräth in Geboten und Satzungen gestellt war von dem Leuchter an bis zu dem güldenen Rauchfaß. Nachdem ein Priester aufgekommen nicht in der Weise des alten Bundes nach dem Gesetz des fleischlichen Gebots gemacht, sondern nach der Kraft des unendlichen Lebens, — nachdem die äußerliche vorbildliche Gestalt — das Gegenbild der wahrhaftigen Hütte sammt dem vorigen Gesetz aufgehoben darum, daß es zu *schwach* und *nichts nütze* war, — da ist es Gewißheit geworden, daß die bessere Hoffnung, durch welche wir zu Gott nahen — die Gemeinschaft des Reiches in Christo nicht wieder gebunden worden an *bestimmte Ordnungen und Satzungen eines fleischlichen Gebots*. So kann auch die Wahrheit der Kirche, ihre Einheit nicht gebunden sein an bestimmte Formen und Satzungen *menschlicher Meinung* — denn das sind Gesetze fleischlichen Gebots — sondern allein bestehen in der *Kraft des unendlichen Lebens*. Das ist der Geist, dessen Sausen man wohl hört, aber von dem Niemand weiß, von wannen er ist, noch wohin er fährt. Also ist ein jeglicher, *der aus dem Geist geboren* — also ist der *Leib Christi* als die Fülle alles dessen, was aus dem Geist geboren, wie Er selbst von dem h. Geist geboren in das Fleisch gekommen — *sichtbar, gegenwärtig eine Kraft* des Lebens, aber nicht nach dem Gesetz der Aeußerlichkeit zu messen. Es ist das Neue Testament, das Niemand offenbar ist als dem, in dessen Innern seine Verheißung erfüllt ist — jenes Testament, dessen Gesetz in den Worten gefaßt ist: „ich will geben meine Gesetze in ihren Sinn und auf ihr Herz will ich sie schreiben." Denn damit ist das äußerliche Testament, die äußerliche Ordnung als Merkmal der Wahrheit der Kirche aufgehoben, diese soll fortan nur das Leben des Gesetzes in den Gliedern Seines Leibes sein. Dies Leben ist aber nicht anzuschauen mit den Sinnen — wie Christus spricht: „das Reich Gottes ist inwendig in euch." Also kann man die Wahrheit der Kirche als ein Inneres nicht sehen, sondern nur glauben und darum bekennen alle Christen mit Recht: Ich glaube an Eine h. allgemeine christliche Kirche. Aber dieses innere Leben, der Geist Christi in seinen Gliedern ist zu einem Leben des Leibes gesetzt d. i. zur Bestimmtheit einer erkennbaren Gestalt zur Selbstoffenbarung in dieser Zeitlichkeit als eine Wirklichkeit des Daseins. Das ist die Knechtsgestalt der Kirche, die allem Gesetz der Zeitlichkeit unterworfen, überall da erscheint, wo Bekenntniß zu Christo, wo Taufe auf seinen Namen ist, und in solchem Bekenntniß zwei oder mehre sich versammeln. Denn da ist der Herr der Kirche selbst nach seiner Verheißung, da ist Sein Leib, eine äußerliche Gemeinschaft, wahrnehmbar für alle, die nur gesunde Sinne haben — eine Gestalt, die wir mit unsern Augen sehen und beschauen können, gleich wie das Wort des Lebens in den Tagen seines Fleisches erschienen also, daß die Augen es sehen und die Hände betasten konnten. Wer in dem Leben dieses Leibes steht, der erkennt überall die Zeichen Seines Wesens, dem strahlt überall aus dieser Knechtsgestalt die Klarheit Gottes in dem Angesichte Jesu Christi entgegen. Und ob auch die Regungen des Geistes verhüllt und unvollkommen sind, so hält er sich fest an das Pfand des Geistes, das Bekenntniß zu Christo. Er wird sich nicht irre machen lassen durch das irdene Gefäß, in welchem jener Schatz hier gefaßt wird, weil es also sein soll, auf daß die überschwängliche Kraft sei Gottes und nicht der Menschen. Wer aber nicht selbst im Leben dieses Geistes steht, wird solche Gemeinschaft in Christo nur als Schwachheit und Thorheit ansehen, wie gewöhnliche Zusammenkünfte und Vergesellschaftungen, die sich „um gewisse Fragen ihres **Aberglaubens**" bewegen und namentlich um „einen **verstorbenen Jesus**," von dem sie glauben, daß „er **lebe**." Gleichwie auch Christus in den Tagen seines Fleisches, obschon für jedermann mit Thaten und Wundern und Zeichen bewiesen als der Mann von Gott, dennoch von vielen nicht erkannt wurde als der Fürst des Lebens, sondern nur für den Zimmermannssohn aus Nazareth galt. Wer aber, obwohl an Christum sich haltend, das Zeichen der Gemeinschaft seines Leibes nicht im Bekenntniß zu ihm finden kann, sondern eine andere Gestalt der Kirche begehrt, in welcher er die innere Wahrheit derselben zugleich sehen und greifen könnte, der gleicht jenen Juden, die nicht glauben wollen, wenn sie nicht Zeichen und Wunder sehen, die das Reich Gottes nicht zu haben meinen, wenn es nicht wieder aufgerichtet in Alt-Testamentlicher Weise mit äußerlichen Gebehrden. Aber darin kommt es nicht, und wem nicht genügt das **Zeichen des Jonas**, das gegeben ist, daß er an ihm die Zeichen der Zeit erkenne, welche die Gestalt der Kirche klarer machen, wie die Zeichen des Himmels, dem wird kein weiteres gegeben werden. Will er aber sich selbst solche Zeichen aufbauen und sich darauf verlassen, so bringt er sich um den Segen kirchlicher Gemeinschaft, weil er in einer selbstgemachten Hütte wohnt.

Aber ob auch die Hütte, die Christus aufgerichtet, keinanderes Zeichen hat, wie Seinen Namen und darin allein ihre Wahrheit beschlossen ist, so kann sie als menschliche Gemeinschaft, wie wir weiterhin sehen werden, nicht erscheinen ohne alle die Ordnungen, in welchen menschliches Wesen zusammengehalten wird. So wird unter den zeitlich erscheinenden Gemeinschaften nach der Verschiedenheit der Zeiten und Räume und Nationen, allerdings eine große Mannichfaltigkeit sich offenbaren, da jegliche Weise, in der Christus bekannt und verkündet wird, nicht nur ein unabweisbares Recht des Daseins, sondern auch der Entwicklung zu einer gottesdienstlichen Gemeinschaft hat. Kommt dieses Recht zum Bewußtsein — wie unsere Zeit mit Gewalt solche Freiheit des Himmelsreichs an sich reißt, weil dieses Reich selbst sich dieser Gewalt unterworfen (Matth. 11, 12), so wird die Verschiedenheit, die schon jetzt unter den Christen waltet, immer größer werden — aber eine Verschiedenheit, welche nicht wie die jetzigen Gegensätze, dem Bewußtsein der Einheit in Christo entgegensteht. Mag es auch für viele unmöglich sein, den Einklang des gottesdienstlichen Lebens mit der einen oder andern Gemeinschaft zu finden, er soll sich mit ihr in der Einheit Christi wissen, so lange dieser Name in ihr angerufen wird. Eben so wenig darf aber eine Gemeinschaft die Uebereinstimmung mit ihrem Princip als Bedingung der Mitgliedschaft aufstellen, sondern wo nur irgend Bekenntniß zu Christo laut wird — muß sie allezeit jedwedem den Zutritt eben so offen stellen, wie das Ausscheiden. So soll nichts über die Bildung des kirchlichen Verbandes entscheiden, als das Verlangen nach Gemeinschaft, der Wille in ihr zu sein und zu bleiben. So soll jeder frei da seine Stelle einnehmen zum Bunde der Gemeinschaft, wo der Geist sich hingezogen fühlt durch das Maaß der Erkenntniß und des Glaubens, das ihm entgegentritt. Nur wenn solche Freiheit besteht, ist die Gewähr, daß nicht menschliches Wesen die Kirche macht, sondern die Kraft der Wahrheit Christi. Nur so die Sicherheit, daß alle Gliederungen der Kirche als Glieder Seines Leides im Bewußtsein der Einheit in Christo bleiben, indem sie die Differenz der Erkenntniß dieser Einheit unterordnen. Nur so die Garantie, daß man nicht Christus zertrennt in seinen Gliedern, wie da geschieht, wo man menschliche Meinung über Christi Wort setzt, indem man sie, nicht aber dieses gemeinschaftbestimmend und excludirend werden läßt. So ist es also **Christus** und nur immer wieder **Christus** allein, der die **Kirche** ausmacht — das ist das Reichs- und Grundgesetz, in welchem alle Ordnungen seines h. Reichs beschlossen sind.

II. Die heilige Schrift der geoffenbarte Jesus-Name.

Ist die Eine heilige allgemeine Kirche die sichtbare Gemeinschaft aller derer, welche den Namen Jesu Christi bekennen, so ist damit schon ausgesprochen, daß dieser Name die Totalität der in ihm gewordenen Gottes-Offenbarungen umfaßt als der Name, der über alle Namen ist. Er ist das Wort des Lebens, das ewig ist, welches war bei dem Vater und uns erschienen ist. In Ihm haben wir den Vater, denn es ist der Name des eingebornen Sohnes Gottes — in Ihm haben wir den Geist, der von Ihm ausgeht und in alle Wahrheit leitet. Also hat Er befohlen zu lehren alle Völker, und zu taufen auf den Namen des Vaters des Sohnes und des h. Geistes. Aber das Wort ist nicht bloß im Fleisch erschienen, daß wir das ewige Leben haben in der Anschauung dieser menschlichen Persönlichkeit, auf daß entstünde die Erleuchtung der Erkenntniß von der Klarheit Gottes in dem Angesichte Jesu Christi. Als das wahrhaftige Wort, das alle Menschen erleuchtet und von Anbeginn schon immer in die Welt gekommen, mußte es sich selbst offenbaren in der ganzen Bestimmtheit seines Inhalts. Wie der Prophet von Ihm geweißagt: „der Geist des Herrn ist auf mir, derhalben er mich gesalbt hat und gesandt zu verkündigen das Evangelium den Armen, zu heilen die zerstoßenen Herzen, zu predigen den Gefangenen die Erlösung" — diese Schrift, wie Er selbst zeugt, ist in Ihm und durch Ihn erfüllet. Denn dazu ist Er erschienen, daß Er den Namen Gottes den Menschen offenbarte, daß sie erkenneten, wie er von dem Vater ausgegangen, und glaubeten, daß der Vater Ihn gesandt habe. Und wie Er in den Tagen des Fleisches diesen Namen kund gethan, so bezeugt Er vor dem Hingang zum Vater, daß Er diesen Namen kund thun wolle — als das ewige Werk dessen, der bei uns ist alle Tage bis an der Welt Ende. Was Er kund gethan, die großen Thaten Gottes zur Erbarmung über die gefallene Menschheit, das hat als Wort der Wahrheit sich wiederum selbst offenbart. „Wie mich der Vater gesandt hat, so sende ich euch," sprach Er zu seinen Jüngern. Also ging das Wort in alle Welt, ward überliefert von denen, die von Anfang Augenzeugen und Diener des Wortes gewesen, und was also überliefert worden, das ward von Andern, die solches Alles von Anbeginn mit Fleiß erkundet, für gut befunden, aufgefaßt zu werden in den Zeichen der Schrift, auf daß alle, die in dem Namen Jesu ihre Knie beugen, gewissen Grund erfahren könnten der Lehre, darinnen sie unterrichtet worden (Luc. 1, 1—4). So entstand das geschriebene Wort als die Offenbarung der Offenbarung, anerkannt im Bewußtsein der Kirche als das Wort der Apostel, durch welches alle, die da glauben, berufen werden zur Gemeinschaft in Christo. Nicht als wäre alles aufgeschrieben, was Christus geredet, was die Apostel gelehrt haben. Was aber geschrieben ist, das ist geschrieben, daß jedermann, auf den es kommt, glauben soll, daß Jesus sei der Christ, der Sohn Gottes, daß wir durch den Glauben das Leben haben in seinem Namen (Joh. 20, 31).

So kommt der Glaube nur aus der Predigt, die Predigt aber aus dem Worte Gottes. Und so ist es dies Wort, das an Christi Statt uns den Namen Gottes offenbart, als das Werk und die Sprache des Geistes, der nicht von ihm selber redet, sondern gesandt ist, Christum zu verklären, und darum alles von Christo genommen, um Ihn zu verkündigen. Es ist das Wort des Geistes, welches allezeit die Gabe des h. Geistes wirket in denen, die das Wort der Wahrheit hören, und die Gewißheit giebt, daß das Wort in der Schrift gezeugt ist aus demselbigen Geist, den wir empfangen haben aus Gott, daß es das lebendige Wort ist, das uns wiedergeboren hat. Denn wie Christus, als er nicht Glauben fand auf Erden, sich auf den Erweis der Wahrheit in den Herzen der Menschen berufen durfte, so gilt auch dasselbe von dem Worte, das an seiner Statt zeugt auf Erden. Wer es annimmt und glaubet, der hat Gottes Zeugniß der Wahrheit bei ihm selbst (1. Joh. 5, 10), der versiegelt, daß Gott wahrhaftig sei (Joh. 3, 33), wie er selbst versiegelt wird, indem er den h. Geist empfängt (Ephes. 1, 13). Dieser ist's, der da zeuget, daß Geist Wahrheit ist (1. Joh. 5, 6), und daß das Wort göttlicher Predigt, so wir empfangen, nicht Menschen Wort, sondern wahrhaftig Gottes Wort ist (1. Thess. 2, 13). So ist also das Wort Gottes in der Schrift nichts als der geoffenbarte Jesus-Name, das Zeugniß Jesu Christi, und wenn in dem Buch der Offenbarung von Ihm gesagt ist: Sein Name heißet: Gottes Wort (Offenb. 19, 13), so gilt das auch in diesem Sinne. Denn wie der Name Christi selbst die Offenbarung Gottes ist, so ist Gottes Wort in der Schrift die Offenbarung dieses Namens. So gewiß also Christus der Grund der Kirche ist, so gewiß müssen wir auch das Wort Gottes in der Schrift als diesen Grund anerkennen. Denn wer dies Zeugniß verwirft, der verwirft auch Christum, weil er nicht glaubt an das Zeugniß, das Gott gezeugt hat von seinem Sohne, und also Gott zum Lügner macht (1. Joh. 5, 10). Wir haben daher Christum nur soweit, wie wir uns an Gottes Wort in der Schrift halten, und sofern und soweit wir dieses verwerfen, treten wir auch außerhalb der Kirche. Darum ist die Schrift der alleinige untrügliche Richter über die Wahrheit des Christenthums, die Gemeinschaft in Christo. Ob auch der in alle Wahrheit leitende Geist nicht aufhört Christum zu verklären in allen, die Ihm angehören, und so das lebendige Wort fort und fort lebt und zeugt, so haben wir doch keine Gewißheit seines Wesens und Wirkens, wo das Wort Gottes in der Schrift nicht selbst ihm Zeugniß giebt. Sind ja doch viele falsche Propheten in die Welt ausgegangen, daß man nicht einem jeglichen Geist glauben darf. Woran soll aber der Geist Gottes erkannt werden? Es ist nirgends Bürgschaft als in dem, was uns das Wort Gottes in der Schrift sagt als die ursprüngliche Offenbarung des Geistes, die als die allein gewisse von Anbeginn in der christlichen Kirche Anerkennung gefunden. Was außer ihr als die überlieferte Lehre Christi und der Apostel sich geltend machen will, muß sich von dieser Urkunde richten lassen. Denn nachdem ein Theil der wahren Ueberlieferung in Schriften niedergelegt und als wahrhaftige Tradition in den ersten Jahrhunderten vor dem Gesammtbewußtsein der christlichen Kirche Anerkennung gefunden, ist alles andere als unsicher und unverbürgt dargestellt, und muß als falsche Tradition gelten, sofern und soweit es nicht sich durch die Uebereinstimmung mit der urkundlich niedergelegten Tradition als wahr auszuweisen vermag. Also muß jeglicher Geist, jegliches Wort sich richten lassen von diesem geschriebenen Wort, weil wir in ihm Christum selber in der Bestimmtheit seines Wesens haben. Nur darum wird es ein Schwerdt des Geistes geheißen und ein Richter der Gedanken und Sinne des Herzens. Alles was vom Worte Gottes in der Schrift gesagt ist, das gilt von dem Worte, das sie selbst in sich faßt, daß es nichts denn Wahrheit ist. Das ist das Bewußtsein, welches alle Jahrhunderte hindurch in der Kirche gewaltet hat, und noch heute darf man getrost und sicher nur auf das einmüthige Zeugniß der ganzen Christenheit sich berufen, wenn es jemand einfallen wollte, ein Christenthum zu behaupten, das nicht auf die h. Schrift sich gründete. Sie allein ist der Pfeiler und die Grundveste der in Christo geoffenbarten Wahrheit. Sie allein das, was die Christenheit, wie getrennt sie auch durch die verschiedenen selbst gemachten Basen sein möge, zu einer Einheit verbindet. Eben darin offenbart sie sich als der geoffenbarte Jesus-Name, daß, gleich wie der Name Christi, so auch sie alle zu Einem Leibe zusammen geschlossen hält als der Inhalt des Einen Glaubens an den Einen Herrn. Das ist, woran wir die Schrift erkennen in ihrer Identität mit dem Geiste, der nach Christo kommen sollte, als die Substanz des Worts, an das wir alle gewiesen, um daraus die Gnade und Wahrheit zu nehmen, die durch Jesum Christum geworden. Wo ein neues Leben in Christo erscheint, da kann es nur ausgehen von diesem Worte als dem wahrhaftigen Gottes Wort, durch welches ein Jeglicher gezeugt wird nach Seinem Willen. Das ist die Gewalt des geschriebenen Worts. Darauf ruht das Recht seiner ausschließlichen Geltung als der Einige Grund des Gottes Reichs auf Erden. Ein anderer Grund kann nicht gelegt werden, wenn man nicht den Grund Christus selbst antasten und aufheben will.

Wenn wir aber von Gottes Wort in der h. Schrift als dem Grunde der Kirche reden, geben wir nicht damit selbst zu erkennen, daß wir zwischen beiden unterscheiden? Ist nicht in der That beides zweierlei, und darf die h. Schrift in der Gestalt, wie sie die Kirche anerkannt hat, in allen ihren Theilen und Zeichen und Buchstaben als Gottes Wort gelten? Und wenn nicht, wo ist dann der Prüfstein, um das heraus zu finden, was in ihr als wahrhaftiges Wort Gottes Geltung haben soll, und was als Menschen Zuthat davon zu unterscheiden ist? Würde nicht eben dadurch dieser Prüfstein selbst der Grund der Kirche werden, und damit nicht alle Gewißheit der Offenbarung, die wir in der heiligen Schrift zu haben meinen, fortfallen? Allerdings müssen wir einen Unterschied zugeben zwischen Schrift und Wort Gottes, aber nicht in der Weise, daß damit zugleich die Einheit beider und somit jene Gewißheit aufgehoben würde. Geschieht das, so ist es nichts als ein Geschäft des reflectirenden Verstandes d. i. des Geistes in seiner Entzweiung, der eben deswegen auch nur geschickt ist, die Gegenstände der Betrachtung zu zersetzen. So wenig wie der Geist der Unmittelbarkeit d. i. die unbefangene Kindes Einfalt hier einen Zwiespalt erkennen wird, so wenig der Geist, der durch den Gegensatz hindurch gedrungen und die Vermittelung der Differenzen in einer höheren Einheit gefunden hat. Wollte man die Differenz selbst leugnen, so würde man in unauflösliche Widersprüche gerathen, die nur dazu dienen könnten, den Widersachern die Waffen des Angriffs in die Hand zu geben. Werfen wir einen Blick in die Schrift, so sehen wir freilich nur in Buchstaben gefaßte menschliche Worte, die dem äußern Ansehen nach sich nicht von andern Worten menschlicher Rede unterscheiden. Es ist menschliches Wesen, das in der Darstellung göttlicher Geheimnisse sich bemerklich macht — es sind menschliche Zustände, die darin besprochen werden. Das ist das irdene Gefäß, worin wir den Schatz des göttlichen Worts haben — es ist die Knechtsgestalt, in welche die Offenbarung der Offenbarung eingegangen ist. Auch diese Gestalt ist wie der Herr des Lebens selbst in seiner sichtbaren Erscheinung unterthan geworden dem Gesetz der Zeitlichkeit. Die Zeiten sind vorüber, wo der kindliche Glauben wähnte, daß alle einzelnen Worte, alle Zeichen, Eintheilungen der Rede u. s. w. unmittelbare Schöpfung des h. Geistes gewesen. Schon die mancherlei Varianten in den Lesarten würden den handgreiflichen Beweis geben, daß das Wort hier Mensch geworden. Obschon die h. Männer geredet haben getrieben vom heiligen Geist, so waren es immer Menschen, nicht willenlose Maschinen. Immer ist es menschliche Anschauungsweise, menschliche Gedankenbildung, durch welche die Wahrheit Gottes hindurch gegangen, immer ist es menschliche Eigenthümlichkeit, die Raum behalten, eine jede in ihrem Idiom die großen Thaten Gottes zu verkündigen. Nicht minder bezeugt die Geschichte, daß das, was sie geschrieben, in seinem Lauf durch die Jahrhunderte sowohl in Bezug auf Sammlung wie Aufbewahrung von dem Geschick aller menschlichen Schriften betroffen worden. Das sind Thatsachen, die Niemand leugnen kann, Thatsachen, die unwidersprechlich die Nothwendigkeit der Unterscheidung zwischen Schrift und Gottes Wort darlegen, ohne welche keine Wahrheit der Auslegung des Wortes möglich ist. Erst das Bewußtsein dieser Differenz giebt die Freiheit des Geistes, die **Herrschaft über die Aeußerlichkeit des Wortes.** Und erst wenn diese errungen, stehen die unendlichen Tiefen der Gottheit dem Geiste offen, den jeder Einzelne wie die Gesammtheit der Kirche von Gott empfangen. Denn kraft dieser Freiheit können wir allezeit wissen, was der Geist Gott geredet trotz aller Zweifel, welche die Ungewißheit des Textes oder die Fassung des Buchstabens hie und da anregen möchten. Verläßt uns irgendwo das sichtbare Zeichen — siehe da ist eine andere Urkunde, die nicht der Aeußerlichkeit unterthan ist und nie trügen kann. **Diese Urkunde sind wir selbst** — wie der Apostel sagt, „**ihr seid ein Brief Christi,** durch unsern Dienst bereitet, **nicht mit Tinte geschrieben,** sondern **mit dem Geist des lebendigen Gottes,** welcher uns tüchtig gemacht hat, das Amt zu führen des neuen Testaments, **nicht des Buchstabens,** sondern des **Geistes.**“ Darum so lange dieser Geist in uns kräftig ist, lassen wir uns nicht irre machen durch Buchstaben. Wissen wir doch, daß auch hier das Wort gilt, daß das Reich Gottes nicht bestehet in Worten, sondern in Kraft, daß der Buchstabe tödtet, aber der Geist lebendig macht. Denn der Buchstabe ist für sich selbst todt, er ist Fleisch, und darum tödtet er das Leben des Geistes, wenn man auf ihn allein baut. So wir also des Herrn Wort in der Schrift vernehmen, sollen wir nicht auf die fleischliche Gestalt der Worte sehen, so wenig wie wir einen fleischlichen, d. i. buchstäblichen handgreiflichen Sinn darin erkennen dürfen. Nur das haben wir allein ins Auge zu fassen, was darin **Geist und Leben** ist. Darum kümmert uns auch nicht die Aeußerlichkeit des Worts, wo ihr das Wesen der Zeitlichkeit Gewalt angethan hat.

Aber so bestimmt wir auch zwischen dem Buchstaben, und dem Geiste und Leben darin unterscheiden d. i. zwischen Schrift und Gottes Wort, so gewiß bleibt dennoch, wovon wir ausgegangen, daß das geoffenbarte Wort nirgends anders in seiner Ursprünglichkeit zu erkennen, als aus diesen Buchstaben, welche die h. Schrift uns darbietet. Sie ist und bleibt die Predigt, aus der allein der Glaube kommen kann. Es sind dieselben Worte in derselben buchstäblichen Gestalt, von denen der Herr gesagt: **die Worte, die ich rede, die sind Geist und sind Leben.** Wir haben den Geist, das Leben nur in diesen Worten. Das ist die Einheit zwischen Schrift und Wort Gottes. So dürfen wir sagen, wer diese Buchstaben siehet, der siehet Gottes Wort — gleich wie der Herr auf seine Knechtsgestalt zeigend sprach: „Wer mich siehet, der siehet den Vater.“ Die Buchstaben sind nicht mehr bloße Buchstaben, sondern wahrhaftig Gottes Wort, wenn wir in ihnen nicht den äußerlichen Buchstaben, sondern den Geist, das Leben darin sehen. Der Geist Gottes hat sich diese Hülle der Erscheinung gewählt, derselbige Geist hat sie bewahrt durch die Jahrhunderte. Noch sind sie allezeit bestimmt genug, um gewissen Grund zu erfahren der Lehre, darin wir schon immer durch die Wirkung des Geistes unterrichtet sind, ehe wir zum Selbstbewußtsein dieser Erkenntniß kommen. Was uns unvollkommen in der äußerlichen Erscheinung des Buchstabens dünken möchte, da liegt uns nichts daran. Alles was uns in ihnen gegeben, ist klar und durchsichtig genug, um Geist und Leben darin zu erkennen und zu haben, so wir nur selbst im Geiste stehen und leben. Ohne dies bleibt es aber ein Buch mit sieben Siegeln versiegelt, das man nicht lesen kann *) (Offenb. 5. Jes. 29, 11).

*) Wir verweisen hier auf den lehrreichen Aufsatz von Rudelbach in der Zeitschrift für die gesammte luth. Theol. und Kirche 1840. Heft I. die Lehre von der Inspiration der h. Schrift: „Irren wir wohl, wenn wir die Inspiration, zunächst auf die h. Schrift bezogen, nämlich daß das Wort Gottes unalterirt und doch einem jeden geistlichen Bedürfniß des Menschen angepaßt, in Schrift übergegangen sei, auch als ein Wunder der Weisheit und Barmherzigkeit Gottes auffassen? Das Anthropomimetische und doch Gottes Herrlichkeit Manifestirende in jedem Schriftwort ist es ja eben, was wir durch die Lehre von der Inspiration bezeichnen wollen.“ Und weiterhin: „So gewinnt auch die Schriftforschung und Schriftauslegung erst dann das rechte Salböl und wird zu einer geistlichen Gabe und ei-

Darum kann auch jede Unterscheidung zwischen Schrift und Wort Gottes nicht in dem Sinne gelten, daß wir in jener nur das als Gottes Wort anzunehmen haben, was mit dem Verstand der Verständigen in Einklang ist, das übrige aber als Wesen des Buchstabens und menschlichen Zusatz abthun. Nein es ist alles Gottes Wort, und nur wenn wir hören, was uns in ihm vom Vater gegeben ist und lernen es, kommen wir zu dem, der die Wahrheit und das Leben ist, erkennen wir auch in der Knechtsgestalt seines Worts die untrügliche Wahrheit im Gegensatz zu aller menschlichen Weisheit. Aber freilich das Alles nur, wenn wir nicht auf Einzelnes sehen, sondern die Schrift in der Totalität ihres Inhalts fassen, in welcher allein die Wahrheit und Einheit des göttlichen Worts offenbar wird, also Schrift durch Schrift auslegen. So dürfen wir auf die h. Schrift beziehen, was Christus vom Gesetz sagt: „Wahrlich ich sage euch, bis daß Himmel und Erde zergehe, wird nicht zergehen der kleinste Buchstabe, noch ein Strichlein vom Gesetz, bis daß es Alles geschehe." Denn nur sie ist die Offenbarung seines Willens, des ewigen Gottesgesetzes — nur die Worte, die sie faßt, sind die Schrift, auf die er sich beruft (Joh. 5), als des Herrn und seiner Jünger Wort, beglaubigt durch das Zeugniß der Kirche d. i. des h. Geistes. Das ist das Zeugniß, von dem Paulus sagt, daß es an dem Tage der Zukunft Christi als Zeugniß der Apostel beglaubigt erfunden werde (2. Theff. 1, 10). Wie aber? Kein Buchstabe? Kein Strichlein? Ja, die Bestimmtheit der Gestalt, worin der h. Gotteswille hier dasteht, die Worte, worin der Geist Gottes gefaß tist, sollen ewiglich

---

nem Kirchenamte im wahren Sinne, wenn man sich von dem Grundgedanken leiten läßt, daß hier die göttliche Weisheit selbst mit ihren Jüngern redet, daß Ströme hier aufgethan sind, die zum ewigen Leben im geistlichen Menschen aufquellen."

bleiben als der Körper des Geistes, der in die Unvergänglichkeit seines Wesens aufgenommen (Matth. 24, 35). Nicht als meinten wir, daß wirklich kein Accent noch Buchstabe jemals anzufechten wäre. Denn wir haben ja schon die Fallibität des einzelnen Buchstabens als solchen zugestanden. Sondern was Christus von der Unvergänglichkeit seines geoffenbarten Willens sagt, gilt nur von der Totalität der Schrift als Träger dieses Worts, aber allerdings nicht von der unbestimmten Allgemeinheit ihres Inhalts, sondern von Allem, was die Bestimmtheit desselben ausmacht d. h. von allem, auch dem Einzelnsten und Kleinsten, was irgend dazu dient, die Gewißheit von dem Inhalt des göttlichen Worts zu offenbaren für die, welche im Leben des Geistes stehen, oder dahin zu gelangen ernstlich begehren. Solches wird bleiben als Offenbarung der Offenbarung bis an das Ende der Tage, so daß auch von der Schrift gilt: „Sein Wort steht ewiglich fest im Himmel.“ Und darum darf die Kirche auch getrost für alle und jede Kritik dieses Wortes volle Freiheit gewähren. Gerade wo diese mit allem Rüstzeug der Wissenschaft darüber herfallen darf, und es ihr dennoch nicht gelingen will, jenes Grundbewußtsein der Kirche aufzuheben oder zu erschüttern, wird um so mächtiger und entschiedener die Gewißheit von der Wahrheit des Zeugnisses in der h. Schrift aufgehen, um so bestimmter die Einheit von Schrift und Gottes Wort offenbar werden.

Auf dieser Einheit ruht die Einheit der Schrift Auslegung. Denn es ist derselbe Geist, der das Wort Gottes in Schrift gefaßt und der in den Herzen, der Menschen lebend die Sprache des Geistes in denselbigen Worten wiedererkennt. Solcher ist Einer in allen Gliedern der Kirche, aber die Gaben sind mannichfaltig, und darum kann auch die Einheit der Auslegung keine äußerliche, buchstäbliche sein. Vielmehr soll eine Mannichfaltigkeit des Schriftverständnisses sich entwickeln — die Unendlichkeit des Geistes auch darin offenbar werden. Sehen wir nun wieder in dem, was geredet wird, allein auf den Buchstaben, so bleibt der Geist Gottes darin verborgen, so erfahren wir nicht der Stimme Deutung, werden ein Fremdling sein dem, der da redet und umgekehrt. So wird der Buchstabe wieder tödten die Einheit im Geist, so wird wieder eine Zerschneidung angerichtet im Reich Gottes, denn nur im Geist ist Einigkeit. Aber freilich haben wir den Geist, der da einig macht, nur in der Bestimmtheit des Wortes, und darum soll auch die Offenbarung des Jesus-Namen fortgehen in der Gestalt menschlicher Rede. Je bestimmter der Geist eingeht in das Wesen des Worts, desto mehr wird auch in seiner Auslegung das ewige Wort Fleisch werden, immer mehr ausgeschieden werden, was im Gegensatz gegen den Geist, gegen das geoffenbarte Wort ist, und so selbst in der Deutung des letztern eine Einheit hervortreten bis dahin, daß wir alle Einerlei Sinn haben und Einerlei Meinung. Immer soll es aber nur der Eine Geist sein, der solches alles thut kraft der Einheit des Grundes, auf den wir alle gegründet sind d. i. die Einheit des in der Schrift geoffenbarten-Jesus Namen. Ohne Freiheit der gegenseitigen Einwirkung aller Unterschiedlichkeit der Gabe und Erkenntniß kann keine Gemeinschaft zur Fülle der Wahrheit bringen. Jede Bestimmtheit der Erkenntniß ist dazu gesetzt, daß sie zum Segen der andern werde, daß die unvollkommene in die bessere übergehe, und so wiederum eine andere, höhere Bestimmtheit wirke. Nicht als wäre das die Meinung, daß wir uns wägen und wiegen lassen von allerlei Wind der Lehre. Es bleibt dabei, daß ein jeglicher seiner Meinung gewiß sei, und daß es ein köstlich Ding ist, daß das Herz fest werde in der Unterscheidung des Irrthums von der Wahrheit. Aber je bestimmter jemand der letzteren in der Erkenntniß Gottes sich bewußt ist, desto weniger hält er sich für unfehlbar, desto williger ist er, sich von dem Geist des anderen strafen zu lassen, desto ferner von der Tendenz, in jedem Unterschied der Erkenntniß schon den Geist der Lüge zu wähnen, auf daß er nicht in Gefahr komme, dem h. Geist zu widerstreben, sondern Christus und sein Wort Ihm sei Alles in Allem.

III. Das römische Princip.

Ob auch in Christo die Nacht vergangen und der Tag angebrochen war, so blieb doch das Licht im Kampf mit der Finsterniß. Die Schatten der Nacht zogen noch über die Erde. Wohl war der Geist Gottes ausgegossen über alles Fleisch, seine Herrschaft durchgebrochen durch die Knechtschaft des äußerlichen Wesens in den Satzungen der Welt — aber dennoch war die Befreiung des Menschengeistes, in welcher er durch seine Einheit mit Christo zur Wahrheit seiner selbst kommen sollte, nur eine werdende. Es sollte das Werk der Selbstbefreiung ein Werk seiner eigenen Arbeit sein. Wie lebendig auch der Glaube an das Heil in Christo die Gemüther erfaßt hatte, immer zeigte sich noch das alte Wesen des Buchstabens, welches dem Dienst im neuen Wesen des Geistes wehrte. Und wenn die Apostel schon immer wieder Anlaß fanden, ihre Gemeinden zu warnen, daß sie nicht wieder umwendeten zu den schwachen und dürftigen Anfängen, nicht wieder von Neuem zu dienen den Satzungen der Welt (Gal. 4, 9. Col. 2, 20), so sehen wir, wie die Freiheit von solchem Wesen errungen werden sollte, jene Freiheit, die sich an nichts hält, als an den Geist Gottes, der unserm Geiste Zeugniß gibt und an dieser Gewißheit sich genügen läßt. Dazu bedurfte es Kraft, also stark zu werden an dem inwendigen Menschen, heranzukommen an den Glauben, der uns frei und in dér Freiheit gewiß macht, gewiß, daß Geist Wahrheit ist, jene feste Zuversicht, die sich an nichts halten will, als an den Unsichtbaren, als sähe man ihn. Und doch ist dieses erst der wahrhaftige Glaube, der neue gewisse Geist, um den David gebeten. So lange die Apostel noch persönlich in den Gemeinden Gottes auf Erden wirkten, hatten die Gläubigen an ihnen einen sichtbaren Träger des Geistes der Verheißung, ein unfehlbares Organ der Erkenntniß der in Christo geoffenbarten Wahrheit. Denn diese waren für ihre Person von Christo selbst bestätigt als Zeugen und Botschafter an seiner Statt, an ihr Wort alle gewiesen, also in ihnen ein äußerlich zugängliches Gericht aufgerichtet über den Geist der Wahrheit und den Geist der Lüge. Wie aber Christus sprach: „Es ist euch gut, daß ich hingehe. Denn so ich nicht hingehe, so kommt der Tröster nicht zu euch;" so mußten auch die Persönlichkeiten, die an seiner Statt zeugten, von der Erde schwinden, daß man sich nicht an diese Sichtbarkeiten halte, auf daß der Geist in seiner Wahrhaftigkeit als Geist ergriffen würde, der Tröster, der verheißen, daß er bei uns bleibe ewiglich. Christus sollte nicht mehr äußerlich bleiben, sondern durch den Glauben wohnen in den Herzen als der Reichthum des geoffenbarten Geheimnisses, welches ist, wie der Apostel sagt, Christus in euch, die Hoffnung der Herrlichkeit. Aber als diese Träger des Geistes und der Gewißheit von dannen gegangen, da offenbarte sich auch, wie das Leben in Christo, der Glaube noch nicht erstarkt war. Man hatte den Tröster nicht begriffen, noch nicht geübte Sinne, zu unterscheiden das Gute von dem Bösen, zu richten geistliche Dinge geistlich. Es schien wiederum noth zu thun, die ersten Buchstaben der göttlichen Worte zu lehren, abermals Grund zu legen von

Buße der todten Werke, vom Glauben an Gott. Das Leben des Geistes war noch nicht zum Bewußtsein seiner selbst gekommen, hatte sich in seinen Gegenstand vertieft, ihn umfaßt mit der ganzen Innigkeit des Gemüthes, aber sich selbst nicht begriffen, um an diese Bestimmtheit des in Christo empfangenen Geistes sich halten zu können. Statt in die eigenen Tiefen zurückzugehen und Den zu erkennen, der darin Wohnung gemacht, auf sein Zeugniß sich zu verlassen, suchte der Geist, sich selbst mistrauend nach einer Gewißheit in der äußerlichen Erscheinung, nach äußerlichen Zeichen und Merkmalen der Wahrheit. In der Schrift war damals solches nicht zu finden. Einmal war sie selbst erst in der Gestaltwerdung begriffen, war als eine Bestimmtheit nicht vorhanden, so lange das allgemeine Bewußtsein der Kirche sie nicht als die Offenbarung des göttlichen Worts anerkannt hatte. Aber wäre sie auch dagewesen — für sich selbst als ein Aeußerliches vermag sie keine Gewißheit zu geben — bleibt ein verschlossenes Buch, so lange der Geist, der aus ihr redet, nicht im Geist lebendig und dieser als solcher in sich gewiß geworden ist. Das offenbarte sich, als das Wort auf mancherlei Acker fiel und der Feind geschäftig war, das Unkraut unter den Weizen zu säen. Während die Boten des Friedens ausgingen, das Evangelium zu verkünden, gingen auch falsche Propheten in die Welt, gesandt von dem Geist des Widerchrists, zu predigen ein anderes Evangelium. Auch sie umgaben sich mit den Waffen des Lichts, auch sie ergriffen das Schwerdt des Geistes, um es zu verkehren und mit dem heidnischen Wesen zu verwirren. Wie sollte der Glaube, der, eben empfangen, zwar ein kräftiges, doch jugendliches Leben führte, diese Geister der Lüge abwehren, sich selbst Gewißheit geben im Gegensatz gegen die Verfälschung von Gottes Wort? Konnte er sich auf sich selbst berufen? Das thaten jene auch. Auf das Wort Gottes? Das meinten jene auch zu haben. Oder daß sie an die Ueberlieferungen sich gehalten, die sie gelehrt worden, es sei durch Wort oder Epistel der Apostel (2. Thess. 2, 15)? Das sagten jene auch. Und ob auch in den Einzelnen unter den Vätern der Kirche das Bewußtsein des Glaubens oft so mächtig sich erwies, daß sie nichts als das Bewußtsein der Wahrheit, den Geist der innern Gewißheit den Widersachern entgegenstellten *) — der Geist der Kirche im Allgemeinen war in diesem Moment seiner Entwickelung nicht stark genug, darauf allein stehen zu bleiben. Er suchte nach einem äußern Anhaltspunkt. Man glaubte in diesem chaotischen Gewirr der sich gestaltenden neuen Lebensschöpfung keine Gewähr der Wahrheit zu erblicken, wenn man nicht ein Ansehen hätte, auf das man sich so sicher berufen dürfte, wie auf die Apostel. Wohl hätte man — wenn man dem eigenen Geiste mißtraute, auf mancherlei Zeugen und Zeugnisse der Wahrheit Bezug nehmen können, die allezeit kräftig sich erweisen, das Bewußtsein der Wahrheit zu stärken. Aber für den, der in sich selbst nicht gewiß ist, helfen auch solche Zeugnisse nicht, sie mußten ja selbst erst wieder beglaubigt sein als Zeugnisse der Wahrheit. So fand das mit dem Unglauben und dem Zweifel kämpfende christliche Bewußtsein keinen andern Ausweg, als die Annahme der Nothwendigkeit eines Zeugnisses, das über die Sphäre des gemeinen kirchlichen Bewußtseins schwebend, in sich selbst ein Ansehn der Untrüglichkeit hatte, so daß es der allgemeinen Anerkennung gewiß sein durfte. In solcher Bedürftigkeit klammerte sich das Bewußtsein an den äußerlichen Zusammenhang an, in welchem die von den Aposteln geordneten Vorsteher der Gemeinden mit den Aposteln sich darstellten. War die Nothwendigkeit der Fortdauer eines solchen unfehlbaren Interpreten als unabweisbar erachtet, so war damit schon

*) S. mein Kirchen Recht Th. I. S. 127 folg.

entschieden, daß es Gottes Einsetzung sei, daß das apostolische Ansehn mit seiner ganzen Machtvollkommenheit in ihren Nachfolgern sich fortsetze, diesen ausschließlich die Schlüssel der Erkenntniß des Himmelreichs haben anvertraut werden sollen. Dennoch wäre die Vorstellung von dem Uebergange einer solchen Erbschaft von Nachfolger zu Nachfolger schwankend geblieben, wenn nicht zugleich ein Vehikel vorgelegen hätte, welches die Gewißheit der Delation gleichsam durch sinnliche Darstellung dem Fassungsvermögen hätte anschaulich machen können. Das war die Weihe zum Beruf selbst, wie sie mittelst Handauflegung geschah — eine Form, unter der erweislich im Neuen wie im Alten Bunde oftmals die Gaben des h. Geistes mitgetheilt worden, und die daher als das von den Aposteln besonders ausersehene Medium galt, um den Uebergang der Gabe der Unfehlbarkeit außer Zweifel zu stellen. Diese Annahme führte dann nothwendig zu der Folgerung, daß Alles, was die Gesammtheit der Vorsteher der Kirche als die wahrhaftige Ueberlieferung von Christo setzen, ausschließlich die Summe der Glaubens-Wahrheit sei. Es konnte kein Zugang zum Worte Gottes, keine Gemeinschaft mit Christo sein, wenn nicht Gemeinschaft mit dieser Quelle der Wahrheit, kein Gehorsam gegen den Inhalt ihrer Ueberlieferung war *). Damit war ein anderer Grund

*) Es war schon in diesem Sinn, daß Origines mahnte, die kirchliche Verkündigung, wie sie durch die Ordnung der Succession von den Aposteln überliefert und bis auf seine Zeit in der Kirche bestanden, zu bewahren und das allein zu glauben, was in keinem Stücke von der kirchlichen und apostolischen Ueberlieferung abweiche. Wir sehen hierin aber zugleich, wie die Wahrheit und ihre Kehrseite in einem und demselben Gedanken sich berührten. Der Satz ist wahr und falsch zugleich. Wahr, wenn er auf das bezogen wird, was als wahrhaftige apostolische Ueberlieferung urkundlich beglaubigt ist, der Inhalt der h. Schrift, wie dies dem Origines auch anderweit zum Bewußtsein kam. S. Origines in Jerem. Hom. I. T. I. exeget. f. 57: „Wir müssen die Schriften (τὰς γραφὰς) zum Zeugen nehmen, denn unsere eigenen Gedanken und Auslegungen (ἐπι-

der Kirche aufgerichtet. Es war fortan nicht mehr genug, zu Christo sich zu bekennen und zu dem Wort, das als Wort der Apostel durch sich selbst bezeugt und in der Kirche Anerkennung gefunden, sondern das Bekenntniß war nichts, so lange das Ansehen nicht bestätigte, daß es im rechten Sinne geschehen sei. So hatten die Geistlichen die Schlüssel des Himmelreichs, die Entscheidung über den Antheil an Christo und dem Heile, das in Ihm bereitet *).

Welchen Gang die Ausbildung dieser Vorstellung im Verlauf der Jahrhunderte genommen, haben wir an einem andern Ort (Kirchen-Recht Th. I. S. 126, vergl. S. 384 folg.) ausführlich zu entwickeln gesucht. Wenn das Ansehn der Geistlichen Geltung und Bedeutung haben sollte, mußte es nach dem Gesetz des menschlichen Lebens in sich einen Mittelpunkt haben, damit eine Einheit herauskomme, welche das Ansehen der Ansehen in sich concentrirte und alle Möglichkeit des Gegensatzes ausschloß. Wie in jedem einzelnen Kirchsprengel aus dem Ansehen aller Geistlichen eine Schluß-Instanz der Entscheidung, das Ansehen des Bischofes als eine Souveränität über die andern sich nothwendig herausstellte, so mußte auch in der Gesammtheit der Kirche das Ansehen der Bischöfe in eine Einheit, d. i. in einen Bischof der Bischöfe, sich concentri-

---

βόλαι ἡμων καὶ αἱ ἐξηγήσεις) sind ohne alle Autorität (ἀμαρτύροι καὶ ἀπιστοι)." Falsch ist es, wenn es auf die kirchliche Ueberlieferung schlechthin bezogen wird ohne Rücksicht auf den Inhalt und ohne weitere Kritik bloß um des Ansehns der Ueberlieferer willen, weil dies die Annahme ihrer Unfehlbarkeit in sich schließt.

*) Von diesem Standpunkte aus hatte Sylvester Prierias vollkommen Recht, die Berufung Luthers auf die Schrift zurückzuweisen. Denn „wer sich nicht auf die Lehre der Römischen Kirche und des Römischen Pabstes als auf die untrügliche Glaubensregel stützt, von welcher selbst die h. Schrift erst ihre Kraft und ihr Ansehn hernimmt" (a qua etiam scriptura robur trahit et auctoritatem), — kann darnach nur ein Ketzer sein.

ren, in welchem alle Autorität über die Lehre als letzte Instanz der Berufung und Entscheidung zusammengefaßt, alle Gewalt im Himmel und auf Erden beschlossen sein sollte. Die Gestaltung der Welt-Elemente wurde dem Entwicklungsgange dieser Vorstellung dienstbar. Unter allen Größen, welche ein bischöfliches Ansehen durch diese Weltstellung auf sich nahmen, fand sich eine, die im Glanze einer Herrlichkeit stand, von welcher alles andere Licht der Welt geborgt schien. Konnte einmal nur in einer Persönlichkeit jene Einheit Bestimmtheit der Gestalt haben, so mußte der allgemeine Gehorsam in der Lehre dem Bischofe zufallen, der seinen Sitz aufgeschlagen hatte in der Stadt, von welcher die Herrschaft ausgegangen und die immer noch auf dem Gipfel einer Glorie dastand, welche alle Blicke auf sich zu lenken geeignet war. Das war Rom und darum war dieses bestimmt, jener Vorstellung von der Nothwendigkeit eines Ansehens als Mittel- und Einheits-Punct zu dienen. So sollte es gleichsam als Repräsentant der alten Welt die alte Welt selbst, das alte Wesen des Buchstabens in die neu aufgegangene Welt des Geistes hinübertragen. Daß dazu noch manche andere Verhältnisse mitwirkten, soll nicht tn Abrede gestellt werden. Aber weder Pauli noch Petri Aufenthalt in Rom, noch der scheinbare Vorzug, der dem letztern als Apostelfürsten von Christo gegeben, hätte Rom zum Herrschersitz der geistlichen Suprematie erhoben, hätte nicht der Glanz de Welt-Herrlichkeit diese Stadt zum Mittelpunct des staatlichen, ja weltlichen Lebens-Verkehrs gemacht. So ward es der Bischof von Rom, dem alle Bischöfe, fortgerissen von dieser Strömung des kirchlichen Bewußtseins, wenn auch oft nicht ohne Widerstreben folgten, um durch solche Anlehnung selbst des Ansehens da gewiß zu sein, wo sie zur Ueberwindung der Gegner desselben bedurften. Eine Beziehung, welche ihrerseits wiederum zur festern Begründung dieses aufkeimenden Ansehens diente, und so immer tiefere Basis für die Berufung abgab. Damit war in dem Römischen Stuhl ein sichtbares Haupt der Kirche auf Erden wieder hergestellt und die christliche Kirche ganz in einen Menschen gezogen *), ehe noch die Theorie erfunden, welche die Rechtmäßigkeit solcher Obergewalt geschichtlich darlegen sollte. Alles was dieser Theorie beizumessen, ist nur Befestigung des Bewußtseins, welches der tragende Gedanke dieser Zeitvorstellung war. Wie grundlos aber die Voraussetzung war, welcher Selbsttäuschung man sich hingegeben, darüber s. Kirch.=R. Th. II. S. 28 folg. Vergebens sucht man ein Fundament dafür in der heil. Urkunde der Offenbarung. Sie sagt kein Wort davon. Alles Andere, was als apostolische Ueberlieferung dafür in Bezug genommen wird, setzt erst den Beweis der Wahrheit dieser Ueberlieferung voraus. Dieser ist indeß jener Urkunde entgegen unmöglich zu führen, so lange man nicht die Unfehlbarkeit des Lehramtes bewiesen, von welchem die Ueberlieferung ausgegangen ist. Da aber dieser Beweis erst durch den Nachweis der Unfehlbarkeit

---

*) Von da ab hatte wirklich der Satz: „ich glaube an eine h. christliche Kirche," gleiche Bedeutung mit dem andern: „ich glaube an den Pabst zu Rom," weil sein Ausspruch in letzter Instanz erst die Wahrheit und Mitgliedschaft der Kirche zu bestimmen hatte, eine Gleichstellung, von der Luthers gesunder Sinn gleich im Anfang der Reformation nichts wissen wollte, da er außer dem Pabst auch „fromme Christen" fand „welche den rechten Glauben, Geist, Verstand, Wort und Meinung Christi hatten." Er argumentirte ganz richtig: „wenn wir derselben Worte und Verstand verwürfen und dem Pabst allein folgten, so könnten wir nicht sagen: Ich glaube an eine h. christliche Kirche, sondern müßten sagen: ich glaube an den Pabst zu Rom, und also die christliche Kirche ganz in einen Menschen ziehen, welches nicht anders denn teuflischer und höllischer Irrthum wäre" (an den Adel der deutschen Nation). In gleichem Sinn schrieb er auch kindlich einfältig an Pabst Leo: „Laß dich nicht betrügen, die dir lügen und heucheln, du seist ein Herr der Welt, die Niemand wollen lassen Christen sein, er sei denn dir unterworfen. Sie sind deine Feinde und suchen deine Seele zu verderben."

der Ueberlieferung, welche jene Unfehlbarkeit behauptet, geführt werden kann, also durch das, was durch ihn selbst erst bewiesen werden soll; so sieht man offenbar, daß man sich in einem Zirkel dreht, aus welchem nicht heraus zu kommen, gleich als wollte man sich mit dem Problem befassen, welches die Quadratur des Zirkels finden will. Die ganze Gewißheit, die man erlangt hatte, war also keine andere, als die man sich selbst aufgebaut — man hatte Unfehlbarkeit sich eingebildet, weil man sie in der Unfreiheit des Geistes brauchte, nicht daran gedacht, daß man sich selbst die größte Lüge vorgelogen, wie sie je von dem Vater der Lügen geboren worden, um die Wahrheit in ihr Zerrbild zu verkehren. Diese Bodenlosigkeit des Grundes blieb verborgen, weil das Kunstwerk der Fortentwickelung des Gedankens um seiner Consequenz willen selbst als ein festes Schloß der Wahrheit erschien *). Ja es galt sogar bald als Gottlosigkeit, das Fundament solchen Wahns zu untersuchen, um nicht Gefahr zu laufen, das Gebilde der eigenen Phantasie — dieses Luftschloß — zu verlieren. Und so konnte man bald auf die Gewohnheit solcher Anschauung, auf die allgemeine Annahme der Ueberlieferung der Unfehlbarkeit fußen, um

---

*) Das ist das System der Römischen Kirche, wie es einst selbst in die Herzen der edelsten und aufgeklärtesten Männer ihrer Zeit sich eingeschlichen, und noch im 15. Jahrhundert mit allem wissenschaftlichen Rüstzeug festgehalten wurde. S. Joh. Gersonis propositiones de sensu litterali S. scripturae, auf welche sich Merle d'Aubigné, Tom. I. histoire de la Reformation. Paris 1835 beruft: „la lettre de la parole est morte sans l'esprit d'interprétation, qui seul en fait connaître le sens caché." Soweit ist der Satz evangelisch. „Or, fährt er aber fort, cet esprit n'est point accordé à chaque chretien, mais à l'Eglise c'est-à-dire aux prêtres. C'est une grande témérité que de prétendre, que celui qui a promis à l'Eglise d'être toujours avec elle jusqu'à la fin du monde, aurait pu l'abandonner à la puissance de l'erreur. — Il faut donc comprendre le sens de la sainte Ecriture ainsi que l'a déterminé l'Eglise, conduite par l'Esprit saint."

sich und Andern jede Möglichkeit des Zweifels zu nehmen. Es war ein Halt, den man wohl auch schon anderswo mit jenem Rohrstabe verglichen, welcher, so Jemand sich darauf lehnet, gehet er ihm in die Hand und durchbohrt sie (Jes. 36, 6). Denn er zerstört das Leben des Geistes dessen, der sich darauf stützen will. Der Glaube, in welchem der Mensch zur Wahrheit des göttlichen Ebenbildes wieder hergestellt werden sollte, und dessen Wesen nichts ist, als das Erfassen und Aufnehmen Dessen, der uns gemacht ist zur Weisheit und Gerechtigkeit und zur Heiligung und zur Erlösung — dieser Glaube war wieder abhängig gemacht von einem Aeußerlichen. Es war nicht mehr ein unmittelbarer Zugang zur Quelle des Heils, und die Befreiung des Geistes nicht zu erringen, ohne sich wieder in Knechtschaft des Gehorsams zu begeben unter menschliche Satzungen. Die Gerechtigkeit, nach welcher alle Creatur bis auf Christum sich gesehnt, solche, die vor Gott gilt und empfangen wird im Geist, weil sie ohne Zuthun des Gesetzes kommt durch den Glauben an Jesum Christ, nicht aber durch äußerliche Werke und Gebräuche (welche unter dem Gesetz als der Summe dessen, was von Außen an den Menschen herankommt, zusammengefaßt werden) — solche Gerechtigkeit war fortan nicht möglich *). Es galt wieder das Wort, welches Moses schreibt von der Gerechtigkeit aus dem Gesetz: „Welcher Mensch dies thut, der wird darinnen leben" (Röm. 10, 5), und darum wurden die Seelen wieder geängstigt, gen Himmel zu fahren oder in

*) Dies gilt allerdings nur dem Princip nach, das, wenn es vollständig sich hätte geltend machen können, das Heil in Christo aufgehoben hätte. Aber das Licht war mächtiger als die Finsterniß, das neue Wesen des Geistes stärker als das alte des Buchstabens, und darum wissen wir wohl, daß auch unter der Herrschaft dieses Princips und trotz desselben die Freiheit in Christo zu erringen ist, wenn auch viele in dem Joch dieser Knechtschaft gefangen bleiben und nur ein verkümmertes Leben in Christo erlangen.

die Tiefe, um Christum zu holen. Es wurden unerträgliche Lasten aufgelegt, um die Gerechtigkeit aus dem Gesetz zu gewinnen — nicht mehr verstanden das Wort, das solchen Weg zu Christo zu kommen verwirft, das Wort, das die Gerechtigkeit aus dem Glauben predigt, indem sie spricht: „das Wort ist dir nahe, in deinem Munde und in deinem Herzen (Röm. 10, 6—8)." Dieser Grund des Heils, der empfangen wird in der Tiefe des Gemüths — „Christus in euch" war umgestoßen, die Gewißheit der Wahrheit Christi außerhalb des Geistes abhängig von dem, was als Christus außer ihm galt. Der Zugang zum Vater war nur noch durch das Amt derer, welche das Ansehn hatten, d. i. der Priester. Daher die Macht der Kirche, die Gerechtigkeit, die vor Gott gilt, an Werke zu knüpfen, weil sie überhaupt schon an ein Aeußerliches gebunden, und somit die Unterwerfung unter den ganzen Anhang dieses Aeußerlichen, die Gebote der Priester, begründet war. Daher die Bereitwilligkeit der Gläubigen, sich zu **zerarbeiten in einer Menge fremder Wege**, um der Seligkeit gewiß zu werden, statt sie in sich zu finden, in dem Glauben an Christus. Daher das unumstößliche Festhalten der Römischen Macht an dem Lehrsatz, daß die Seligkeit bedingt sei durch Werke. Denn wird sie im Glauben allein empfangen, so würde sie ja damit in das Innere des Gemüths gesetzt, und damit die Abhängigkeit von dem Ansehen der Priester aufgehoben. Man hätte ja dann schon Alles, was durch diese erst empfangen werden soll. Wird das Heil aber von Werken, genug von irgend einem Aeußerlichen abhängig gemacht, so bleibt das Ansehen der Priester gesichert, um die Gewißheit zu erlangen, ob und was die rechten Werke seien und ob man in ihnen genug gethan *). So mußte die

*) Merle d'Auvigné a. a. O. S. 66: „Aussitôt qu'on reconnais-

Römische Kirche, welche einst dem Instinct des in Christo empfangenen Glaubens folgend den Pelagianismus verworfen, die Substanz dieser Häresie zum Mittelpunct ihres Lebens machen, und damit das Gericht der Verwerfung auf sich selbst laden. Denn das Römische Princip ist der Quell alles Pelagianismus und darum auch permanenter Träger desselben. Will man also herkömmlich zwischen dem formalen und materiellen Princip unterscheiden, in welchem das Römische Wesen seinen Gegensatz gegen die Evangelische Kirche ausspricht, nämlich die Abhängigkeit der christlichen Wahrheit von dem Ansehen der Priester, und das Bedingtsein der Seligkeit durch Werke; so ist immer zu erinnern, daß beides wesentlich zusammenfällt. Dieses wurzelt in jenem, und deßhalb wird das Römische Princip in der Vorstellung der Vermittlung des Heils durch das priesterliche Ansehen ebenso vollständig bezeichnet, wie der Gegensatz gegen das Princip der Reformation *). Denn sobald die Ueberzeugung Platz greift, daß wir aus Gnaden selig werden durch den Glauben, daß nur Gottes Güte über uns in Christo Jesu uns der göttlichen Natur und des h. Gei-

sait le seul médiateur et son seul sacrifice, tous les autres médiateurs et les autres sacrifices disparaissaient. Cet article de la justification, dit quelqu'un, que l'on peut regarder comme éclairé sur la matière (Luther à Brentius) est ce qui crée l'Eglise, la nourrit, l'édifie, la conserve et la defend. C'est là, ajoute le reformateur, faisant allusions à la première prophétie, c'est là le talon, qui écrase la tête du serpent."

*) Gebraucht man für das letztere die Formel „sola fide-justificamur," so ist im Wesentlichen dies auch nichts als der Protest gegen die Abhängigkeit der Seligkeit von einem menschlichen Ansehen, denn soll der Glaube der alleinige Weg der Seligkeit sein, so ist damit alle Abhängigkeit der letztern von menschlicher Autorität aufgehoben, und ebenso mit dem Ausschluß der letztern die Geltung des Glaubens zu seinem ursprünglichen Recht wieder hergestellt.

stes theilhaftig macht, so haben wir die Seligkeit und die Gewißheit derselben in uns, brauchen weder in den Himmel zu steigen, noch jenseits des Meeres oder über die Alpen zu ziehen, um nach Rom zu kommen und Christum zu holen, brauchen auch sonst nichts Aeußerliches zu thun, um die Seligkeit zu erwerben. Denn in Christo ist sie ein für allemal und für Alle erworben, weil wir durch den Glauben an Ihn selbst schon in das himmlische Wesen versetzt werden, und darin die Gewißheit empfangen, daß das Heil nicht mehr an unserm Thun, noch an irgend einem Aeußerlichen liege, sondern an Gottes Erbarmen, und daß, so wir mit Christo lebendig geworden, wir Gottes Werk sind und darin die Fülle der Seligkeit haben*). Sind wir aber Gottes Werk, so bezeugen wir damit zugleich, daß wir als solches geschaffen sind in Christo Jesu zu guten Werken, zu welchen Gott uns zuvor bereitet hat, daß wir darin wandeln sollen (Ephes. 2, 8—10), strafen also den Leumund der Römischen, welche uns das Wort von der Seligkeit durch den Glauben gern dahin verdrehen möchten, als meinten wir einen Glauben, der ohne Werke und darum todt ist. Mit solchem Glauben haben wir nichts zu schaffen. War nun nach dem Römischen Princip die Seligkeit einmal bedingt durch Werke, deren erstes ursprüngliches der Gehorsam gegen das Priesterliche Ansehen war, so mußte auch der alte levitische Dienst wieder lebendig werden, eine Erneuerung des Opferdienstes in der Weise des alten Bundes, um die Gewissen zu vollenden. Man mußte wieder einen äußerlichen Eingang zum Heilig-

*) Vergl. Merle d'Auvigné a. a. O. S. 314: Quiconque aurait cette foi à la remission des péchés annoncée par le docteur de Wittenberg, quiconque aurait cette repentance, cette conversion et cette sanctification, dont il pressait la necessité, ne se soucierait plus des ordonnances humaines, échapperait aux songes et aux liens de Rome et acquerrait la liberté des enfants de Dieu.

thum — ein Opfer in der Erneuerung des Opfers Christi zur Versöhnung der Sünde, zur Darstellung der Gewißheit der Erlösung bereiten. Denn so lange der äußere Werkdienst der Weg des Heils ist, bleibt das wahrhaftige Heiligthum, die Versöhnung des Gewissens mit Gott, außer dem Menschen, weil er nie diesem Dienst genug thun kann. So mußte wieder eine Vermittlung eintreten, um diese Kluft auszufüllen — d. i. das Opfer, welches die Priester darzubringen hatten für sich und des Volkes Unwissenheit (Ebr. 9, 7). Da aber äußerlicher Dienst nicht kann vollkommen machen nach dem Gewissen den, der da Gottesdienst thut, noch die, welche herzunahen, um Antheil zu haben an der Seligkeit (das. 9, 9. 10, 1), so mußte immer von neuem geopfert werden, also der Opferdienst ein permanenter werden. Denn so wenig wie Ochsen- oder Bocksblut Sünde wegnehmen kann, so auch nicht die äußerlichen Gebehrden im Meßopfer. Es war also ganz wieder der alte Weg zum Heiligthum hergestellt (9, 8. 10), statt des neuen und lebendigen Weges, den Christus gestiftet hat durch sein Fleisch (10, 10). Wie der Weg war auch das Heiligthum wieder ein äußerliches, weltliches (9, 1), gebildet durch den äußerlichen Dienst, der wieder zusammengefaßt ward in einer äußerlichen Hütte für die, welche diesem Dienst unterthan geworden, eine Hütte, deren Grenzen so weit gingen, als das Ansehen derer, welche diesen Weg der Heiligung aufgerichtet, und soweit dasselbe die Grenzen zu stellen für gut fand. Diese Grenze war es, welche die Kirche Christi zertrennte. — Wie aber wenn alle Christen dasselbe Ansehen, als den Stellvertreter Christi auf Erden anerkennen — ist dann nicht die Einheit vorhanden oder wieder hergestellt? Allerdings — aber solches ist unmöglich, weil, wie wir gesehen, jedes Ansehen, was an Christi Statt aufgerichtet werden könnte, ein menschliches ist, das in sich keine Gewalt hat, alle Menschen zu sich zu ziehen. Daher gab es von Anfang viele Christen, die nicht dem Ansehen der Bischöfe, nicht dem Gipfel dieses Ansehens, dem Römischen Stuhle folgten. Nicht etwa als hätten sie den einen Grund, der gelegt ist — Christus ausschließlich erfassen wollen. Da einmal die Vorstellung von der Nothwendigkeit eines Ansehens das Gesammtbewußtsein der sich entwickelnden Kirche beherrschte, so war es nur ein anderes Ansehen, das sie für sich als Grund der Kirche aufgestellt. Der Vorstellung nach gab es hier wie da nur Eine Kirche, deren Wahrheit jede dieser Gemeinschaften repräsentiren sollte. Weil aber mehre unterschiedliche bestanden, jede das gleiche Recht sich zusprach, und jede andere außerhalb der christlichen Gemeinschaft hielt, alle Christen hier wie da aber doch in der That innerhalb der Kirche waren, so lange sie den Grund Christus festhielten; so war die Kirche zertheilt. So war jede Gemeinschaft eben so häretisch als schismatisch. Häretisch, weil sie einen eigen-beliebig erwählten Lehrsatz von der Wahrheit der Kirche aufstellte, welcher dieselbe ausschloß, also einen andern Grund legte, als der gelegt ist, und eben deßhalb schismatisch, weil sie sich damit in Gegensatz gegen die allgemeine von Christus aufgerichtete Kirche stellte und diese zertrennte. Hatte auch die Römische Gemeinschaft eine Zeit lang den Schein einer Einheit, weil sie als die ausschließlich christliche Kirche von einer weltlichen Macht anerkannt wurde, welche die Christenheit beherrschte, und alle Völker ihres Scepters zur Unterwerfung unter dieses Ansehen zwang, so kam dieser Schein doch mit der Einheit dieser Gewalt zu seinem Ende. Mit der Macht des Römischen Reichs über das Morgenland brach auch das kirchliche Ansehen des Römischen Bischofs auf diesem Gebiet zusammen, und ein neues Ansehen kam zur Geltung. So bestanden zwei allgemeine katholische Kirchen, von denen jede sich selbst in der Unwahrheit ihrer Basis widerlegte, jede ein Repräsentant aller Häresie und Schismatik unter der Firma der Einen heiligen allgemeinen Kirche, jede die andere durch Excommunication und Anathema richtend. Nur insofern blieb ein vorherrschender Schein der Einheit auf Römischer Seite, als die weltliche Gewalt, auf deren Schultern ihre Geltung ruhte, auf dem Vordergrund des Weltschauplatzes stand, und die Lebensbewegungen der sich entwickelnden christlich germanischen Welt bestimmte — ein Schein der Einheit, der in seiner scheinbaren Consolidation wesentlich auf die Bestärkung und Ausbildung des zu Grunde liegenden Princips zurückwirkte. Die ganze christliche Welt außerhalb der Römischen Schranken galt als eine abgefallene, die des Heils in Christo verlustig gegangen, und zum Verderben des Fleisches bestimmt, mit äußerlicher Gewalt auf Leben und Tod bekämpft wurde, um so den Schein des Christlichen außerhalb der Kirche zu vernichten, und der ausschließlichen Existenz der letztern innerhalb dieser sogenannten Katholicität Realität zu geben *). Was Milton (treatise of civil power in eccles. causes. Lond. 1790) von dem Papisten sagt, daß er allein ein Häretiker sei, er, der alle außer ihm für Ketzer hält (he the only heretic, who

*) Daß dieser aus dem Grundprincip der Römischen Kirche sich ergebende Vernichtungskampf gegen Alles, was nicht Römisch sein will, nicht etwa bloß in den Zeiten der Barbarei Geltung hatte, sondern noch heute als Grundsatz dieser Kirche gilt, das beweißt die päbstliche Bulle, durch welche die Grundgesetze der Römischen Kirche — die Beschlüsse des sogen. ökumenischen tridentin. Concils ihre Kraft und Geltung erhalten und noch haben: Ipsum vero charissimum filium nostrum Imperatorem electum, caeterosque reges, res publicas ac principes christianos monemus et — obtestamur, ut — divini honoris et populorum suorum salutis causa, pro sedis quoque Apostolicae et sacrae Synodi reverentia ad ejusdem Concilii exequenda et observanda decreta praelatis, cum opus fuerit, auxilio et favore suo adsint neque adversantes sanae ac salutari Concilii doctrinae opiniones a populis ditionis suae recipi permittant, sed eas penitus interdicant.

counts all heretics but himself), ist ein Vorwurf, den die Römischen nicht abzuwälzen vermögen. Aber es gilt ebenso von jeder kirchlichen Richtung, die als eine excludirende auftritt, und nur, weil diese in dem Römischen Princip ihren Gipfel erreicht hat, mithin dieses als der Repräsentant aller dieser Tendenzen, gleichsam der Grundtypus der Häresie, betrachtet werden darf, kann man das Wort vorzugsweise auf dasselbe anwenden. Denn das ist, wie wir sahen, die Ketzerei aller Ketzereien, wenn man Den, der Alles in Allem erfüllt und die ganze Menschheit mit seinem Heil umfassen will, an eine menschliche Ordnung, welche von dem Willen eines Menschen bestimmt wird *), bindet. Wenn mit äußerlicher Gewalt der Schein einer Einheit des Glaubens heraus kommt, ist damit dem Interesse des christlichen Geistes genug gethan? Wenn keine Freiheit des Geistes da ist, in welcher die Differenzen und Gegensätze sich auszusprechen vermögen, wollte man deswegen so thöricht sein, der Vorstellung Raum zu geben, daß diese Unterschiede nicht vorhanden, daß keine Ketzerei da sei? Sie liegt nur verborgen, weil sie nicht an das Licht kommen darf. Denn wollte das Römische Princip solche Freiheit geben, so gäbe es sich den Tod. So ist diese Kirche nur das Zerrbild einer kirchlichen Einheit, nur der Schatten von den zukünftigen Gütern, die noch erscheinen sollten. Die Kinder Gottes waren hier wie-

*) Denn wie der Inhalt der Trid. Beschlüsse über das Glaubens-Symbol u. s. w. zu verstehen sei, das hat der Pabst in der Bestätigungsbulle wohlweislich seiner eigenen Bestimmung vorbehalten, indem er jede Erklärung ohne seine Autorität verbietet, und dagegen jedem, der darüber aufgeklärt sein will, befiehlt, „zu dem Ort hinaufzusteigen, den der Herr auserwählt hat, nämlich zum apostol. Stuhl, dem **Lehrmeister aller Gläubigen.**" Kann man klarer die Kirche ganz in einen Menschen zusammenziehen? mehr sie zur Caricatur der christlichen Wahrheit machen, welche den einigen Menschen Jesus Christus als Mittler zwischen Gott und dem Menschen darstellt und das Heil in Ihm beschließt?

der unter ein knechtisches Joch gefangen zum Beweis, daß die Kindschaft noch in ihrer Kindheit war, also daß zwischen dem Kinde Gottes in Christo gezeugt, ob es schon ein Herr ist aller Güter, und einem Knechte kein Unterschied war. Sie waren als Kinder wie zur Zeit des alten Bundes unter Pfleger und Vormünder gethan, wieder dienstbar unter den weltlichen Anfängen als dem Halten von Tagen und Fasten, bis die Zeit erfüllet ward, die der Vater bestimmt hatte, daß wir abermals losgekauft würden vom Gesetz, und die rechte Kindschaft empfingen in der Fülle ihrer Freiheit. Das war das Bewußtsein, daß Gott den Geist seines Sohnes gesandt in unsere Herzen, welcher uns bezeugt, daß wir nicht mehr Knechte, sondern eitel Kinder, also Erben Gottes durch Christum sind und in Ihm das Heil haben ohne Zuthun und ohne den Willen eines Menschen. Aber die Menschen wolen einmal gern unter dem Gesetz sein, vermögen nicht zu bestehen in der Freiheit, zu der uns Christus befreit hat. Darum mußte auch in der Christenheit wieder das Bild von Abraham seine Beziehung erhalten, der zwei Söhne hatte, einen von der Magd, den andern von der Freien — als Vorbilder der unfreien und der freigewordenen Christenheit. Jene dem Tetament vom Berge Sinai gleichend, das zur Knechtschaft gebiert, d. i. die Kirche Christi, die in Geboten und Satzungen gestellt, zuammen gehalten wurde als eine Einheit, und darum dem zeitliden Jerusalem gleich als dem Repräsentanten eines äußerlichen Kirchthums, das mit seinen Kindern dienstbar ist — und eine andere Kirche, nicht nach Gesetzen eines fleischlichen Gebots zum Dienste Gottes abgegrenzt, sondern das wahrhaftige Jerusalem, das in seiner Substanz nur an dem Wesen des Geistes zu erkennen, d. i. des Geistes Christi, welcher die Freiheit ist. Diese ist es, welche alle Kinder Gottes zusammenfaßt als der Verheißung Kinder, d. h. die, welche nicht nach dem Fleisch, d. i. kraft äußerlicher Zeichen der Wahrheit in das Reich Gottes zur Kindschaft geboren, sondern die allein auf die Verheißung des Geistes sich verlassen, welche im Glauben empfangen wird. Diese sind nicht an der Dienstbarkeit unter einem äußerlichen Gebot zu erkennen, sondern nur an dem Bekenntniß zu Christo, dessen lebendiges Wort allein uns alle wiedergeboren hat zu der Wahrheit dieser Verheißung. Es bleibt bei dem Worte Christi, das er geredet hat von seiner Zukunft. Denn was von seinem Wiederkommen in den Wolken des Himmels gilt, gilt auch von dem Kommen, das alle Tage geschieht. „Wenn Jemand zu Euch wird sagen „„hier ist Christus oder da,““ so sollt ihr es nicht glauben. Und wenn sie euch sagen werden: „„Siehe er ist in der Wüste,““ so gehet nicht hinaus. „„Siehe er ist in der Kammer,““ so glaubt es nicht. **Denn gleich wie der Blitz ausgehet vom Aufgang und scheinet bis zum Niedergang, also wird auch sein die Zukunft des Menschensohns.** Sein Kommen ist nicht gebannt an bestimmte Orte oder Verfassungen oder Zeichen, daß man ihn aufzusuchen brauchte, und wo er äußerlich und räumlich abgeschlossen sein soll, da ist er gewiß nicht *). Ueberall ist seine Zukunft kundlich offenbar geworden. Er scheinet mit dem Licht seines Geistes von einem

*) Bekanntlich pflegt man zu fragen: wo ist Gott nicht? und dann die Antwort zu haben: in Rom, denn da ist sein Stellvertreter. Das kommt im Wesentlichen mit dem überein, was schon Luther in seinem Brief an Pabst Leo schrieb: „Siehe wie ungleich sind Christus und sein Statthalter, so sie doch alle wollen seine Statthalter sein, und ich fürwahr fürchte, sie seien allzuwahr seine Statthalter. Denn ein Statthalter ist im Abwesen seines Herrn ein Statthalter; wenn denn ein Pabst im Abwesen Christi, der nicht in seinem Herzen wohnt, regiert, ist derselbe nicht allzuwahrhaftig Christi Statthalter? Was mag aber dann ein solcher Haufe sein, denn eine Sammlung ohne Christo? Was mag aber auch denn ein solcher Pabst sein, denn ein Endechrist oder Abgott?“

Ende der Welt bis zu dem andern, und wer Ihn haben will, darf nur das wahrhaftige Licht der Welt ins Auge fassen. Und ob es auch noch jetzt immerdar so geht, gleich wie zu der Zeit, wo der nach dem Fleisch geboren war, verfolgete den, der nach dem Geist geboren war, also die unfreie Christenheit die freigewordene, und eben in dieser äußerlichen Gewalt der Geist der Agar sich kund giebt, welcher zur Knechtschaft gebieret; so besteht das Wort der Verheißung, das Leben des in Christo frei gewordenen Geistes, bis durch sein Walten das Wort der Schrift erfüllet wird: Stoß die Magd hinaus mit ihrem Sohn, denn der Magd Sohn soll nicht erben mit dem Sohn der Freien. Denn das Leben des Geistes muß von selbst der Knechtschaft des Geistes den Tod bringen.

IV. Die Evangelische Kirche.

Nachdem anderthalb Jahrtausende der Geist der Christenheit unter der Zucht der Vormundschaft gewesen, da erschien die Zeit, wo er das Joch von sich werfend sich zu der Freiheit erhob, zu der er berufen war. Zum Bewußtsein seiner selbst kommend, erfaßte er sich als Geist, der wiedergeboren worden in Christo durch die Kraft des unendlichen Lebens zu einer lebendigen, in sich gewissen Hoffnung. Er erkannte, wie er mit Gott im Geiste versöhnt, in seinem eigenen Innern die Befreiung von der Knechtschaft der Sünde und von der Aeußerlichkeit eines fremden Willens empfangen, in sch selbst die Realität eines geistigen Lebens in Gott, die Gewißheit der Erlösung trage. Dieser Fels der Gewißheit, welcher im Geist gegründet, von keinem Sturme der Zeit, keiner Gewalt der Welt zu zertrümmern — die Gewißheit des sich selbst bewußten Glaubens, wie er zuerst in dem deutschen Reformator wirklich geworden, — dieser war es, der sich gegen das äußerliche Wesen erhob, wie es bis dahin innerhalb der Christenheit im alten Dienst des Buchstabens fortgeführt wurde. Nur Zeugniß ablegend von dem Leben des in sich gewissen neuen Geistes, sollte dieser Mann Gottes das Rüstzeug werden, welches das alte Kirchenthum aus seinen Angeln hob und seine Grundfesten zerbrach *). Er war es, der die Buße der todten Werke verwarf und den Dienst der äußerlichen Gerechtigkeit, und so die Christenheit, so weit sie zur Freiheit reif geworden, zu dem Bewußtsein führte, daß die Erlösung im Geist empfangen wird, daß der Glaube allein selig mache. Damit warf er das Ansehen der Kirche nieder, zertrümmerte den Zaun der Zwischenwand unter den Kindern Gottes, und stellte die Kirche wieder her in ihrer Einheit, die Stadt des lebendigen Gottes, gegründet auf den einigen Fels, den Glauben an Ihn. Nicht daß es ihm in den Sinn gekommen wäre, eine neue Kirche zu machen **) — nur Christus wollte er und die Kirche,

*) Nicht Luther hat es gethan, sondern, wie er selbst sagt, das **Wort**: „Ich bin dem Pabst, dem Ablaß und allen Papisten entgegen gestanden, aber mit keiner Gewalt, keinem Frevel, mit keinem Stürmen, sondern Gottes Wort habe ich allein getrieben, geprediget und geschrieben, sonst habe ich gar nichts darzugethan. Dasselbe Wort, wenn ich geschlafen habe, wenn ich Wittenbergisch Bier mit meinem Philippo und Amsdorf getrunken habe, oder bin guter Dinge gewesen, hat soviel zu Tage gebracht, daß das Pabstthum so schwach und ohnmächtig worden ist, daß ihm noch kein Fürst und Kaiser soviel hat können abbrechen. Ich habe es nicht gethan, das einige Wort, von mir geschrieben und geprediget, hat solches Alles ausgericht und gehandelt."

**) Vergl. Merle d'Auvigné a. a. O. S. 419. Partout se trouvait le sentiment intime, qu'on assistait non à l'établissement d'une secte, mais à une nouvelle naissance de l'Eglise et de

die dieser selbst gemacht. Alles, was er that, war nur, daß er hinzeigte, wo die Wahrheit dieser Kirche auf ewig gegründet, daß er den Schutt wegräumte, damit der Eckstein offenbar würde, der selbst die Kirche erbaut hat, und auf den Alle, die ihn erfassen, erbaut werden zu lebendigen Steinen. Er wollte nur hinweisen auf die Wurzel Isai, die da steht zum Panier den Völkern, daß die Nationen wieder nach ihr allein fragen und nicht nach den Satzungen der Menschen, auf daß unter diesem Panier die Kinder Gottes, die zerstreut waren, in Eins zusammengebracht würden (Jes. 11, 10. 12). Das sollte die Gemeinde des lebendigen Gottes sein, welcher Er sein Wort befohlen — das die Mutter, die Freie, welche nach Luthers Ausdruck (s. groß. Katechism.) „einen jeglichen Christen zeuget und träget durch das Wort Gottes, welches Er der heil. Geist, der über die Gemeinde ausgegossen, offenbaret und treibet, die Herzen erleuchtet und anzündet, daß sie es fassen, annehmen, daran hangen und dabei bleiben." So war Christus, das Wort, das seinen Namen offenbart, wieder aufgerichtet als der Grund der Kirche, und wo dies Bewußtsein zur Geltung kommt, das evangelische, weil es auf dem Evangelium allein ruht, in ihm die Allmacht und Allgenugsamkeit zur Seligkeit erkennt, da ist der heil. Geist, „welcher die christliche Kirche machet, berufet und zusammenbringt,

---

la société. Vergl. Luther in der Schrift wider Hanswurst, in welcher er den Vorwurf der Ketzerei widerlegt und beweist, daß die evang. Kirche die wahre Kirche Christi sei ꝛc. (also nicht etwa blos eine Secte derselben). S. Gesch. der Reform. von Marheinecke Th. III. S. 161. Vergl. das. Th. II. S. 371. „Weshalb man denn auch bis ins 17. Jahrhundert hinein sich wohl hütete, die Gegner des protest. Glaubens Katholiken zu nennen, sondern Papisten oder Päpstler nannte man sie, wodurch man dieselben als eine besondere Secte bezeichnete, welche sich von der wahren, der einen und allgemeinen Kirche abgesondert hätte."

außer welcher Niemand zu Christo kommen kann." Das ist die Gemeinde, „dadurch Er alles redet und thut, die uns täglich herzuholet durch das Wort und den Glauben gibt, mehret und stärket durch dasselbige Wort." (s. Luth. Katech. vergl. Augsb. Conf. Art. 7.)

So ist die evangelische Gemeinschaft die Eine allgemeine Kirche, in der Alles, was Christum bekennet, zusammengefaßt wird, die so weit geht wie der Name Christi, das Scepter seines Reiches anerkannt wird. Aber wo bleibt der Gegensatz gegen die Römische Kirche? Ist es ganz und gar aus mit ihm? Macht das Bekenntniß zu Christo die Kirche — ist dieses nicht auch dort? Soll sie ebenfalls die wahre Kirche sein? und wenn nicht, machen wir uns nicht der gleichen Sünde gegen die Einheit schuldig, wenn wir diejenigen, die das Princip der Einen Kirche nicht anerkennen, außerhalb der Kirche stellen, also nicht minder excludirend auftreten, wie die Römischen? Der Widerspruch ist nur scheinbar. Es bleibt bei dem, was wir oben anerkannt haben — wo der Name Christi bekannt wird, da ist Mitgliedschaft der Kirche, wie unvollkommen auch die Vorstellungen von dem Wesen des Heils sein mögen, und somit erkennen wir an, daß Römische wie Griechische Katholiken, ja die Glieder aller andern christlichen Parteien Christen sind, und als solche der allgemeinen Kirche Christi angehören. Nur der Unterschied greift hier Platz, daß diese selbst sich dessen nicht bewußt sind, selbst die Gemeinschaft in Christo mit uns nicht haben wollen, sondern sich in Gegensatz stellen gegen Alles, was nicht an den Satzungen ihrer Gemeinschaft hält. Aber auf unserer Seite besteht kein Gegensatz gegen diese Christen, weil der Begriff der allgemeinen Kirche und der Häresie keine Gegensätze sind. Häresieen sind abnorme Erscheinungen in der Entwickelung des christlichen Bewußtseins, gehören aber dieser Entwickelung selbst an, und sollen daher auch nur durch diese in ihrer Freiheit überwunden werden *). Dessenungeachtet ist doch der Unterschied von Kirche und Secte vorhanden und begrifflich festzuhalten. Alle Parteien gehören zur Kirche, sofern und soweit sie wollen, aber nicht als Kirche. Als Gemeinschaft, Kirche sind sie kein Theil dieser Kirche **). Denn was alle sich abschlie-

*) Wir können nicht anerkennen, daß, wie Richter in seinem Lehrb. des Kirchen-Rechts §. 14. aufstellt, dem Begriff der Kirche ebenso wesentlich das Moment der Ausschließlichkeit wie der Allgemeinheit zukommt, weil jedes Ausschließen der angeblich von der Wahrheit abweichenden Meinung selbst eine Häresie ist, d. i. die Anmaßung eines eigenbeliebigen Urteils, statt der Zurückbeziehung desselben auf den allgemeinen Grund der Kirche. Ist dieser Gegensatz zwischen der katholischen Kirche und der Häresie schon im 2ten Jahrhundert aufgekommen, so beweist dies nichts, als daß schon damals das Grundprincip der Römischen Kirche als die Caricatur der wahren katholischen zu Tage gekommen, indem die Annahme eines solchen Gegensatzes zugleich die Voraussetzung eines in der Kirche niedergesetzten Ansehens zur Entscheidung über die Häresie in sich schließt. Das ist aber der wahren katholischen Kirche fremd — von ihr als dem Leibe Christi gilt das Wort, was Merle d'Auvigné a. a. O. Vorrede S. XV sagt: la charite est vaste: elle embrasse les opinions les plus éloignées, pour les entrainer aux pieds de Jésus Christ.

**) Nur in dem Sinn kann man der Einen allgemeinen Kirche den Begriff der Ausschließlichkeit beilegen, als Eine Kirche als solche nur die wahre sein kann. Insofern ist die Römische Kirche in ihrer Begriffsentwickelung ganz consequent, nicht aber die Evangelische, zum Beweise, daß diese den Begriff der Kirche noch nicht in sich zur Klarheit herausgebildet, nicht das Wesen des „Katholikon" begriffen, welches sie zum Grundprincip gesetzt, und das um seiner Allgemeinheit willen nothwendig der Evangelischen Kirche den Begriff der wahren Kirche sichert. Denn indem die letztere das Wort Gottes als die ausschließliche Autorität erfaßte, hatte sie das ergriffen, was die Wahrheit der Kirche ausmacht; weshalb nichts anderes neben ihr noch Kirche sein kann, und so lange die Evang. Kirche sich in solcher Universalität und Freiheit ihres Begriffs versteht, wird sie die wahre allgemeine Kirche sein und bleiben. Damit ist also zugleich die Ansicht Richter's a. a. O. §. 4. widerlegt, der in der Evang. Kirche nur eine der besonderen Kirchen und in allen nur verschiedene Weisen der Erkenntniß sehen will, so daß nur alle diese Kirchen zusammen (die kathol., die griechische und evangel.,

ßende Parteien als Wahrheit der Kirche anerkannt wissen wollen, die menschliche Autorität, das ist es, was wir nicht als christliche Kirche gelten lassen. Das ist der directe Gegensatz gegen die allgemeine Kirche. Denn Eine Kirche, Einen Leib des Einen Herrn gibt es nur. Was sich also in Gegensatz setzt gegen anderes christliche Wesen, kann als Genossenschaft nur Secte sein, ein menschliches Machwerk, mit dem wir als solchem nichts zu schaffen haben mögen, wenn auch der Schein der christlichen Kirche in ihrem äußerlichen Dasein vorwaltet, und das menschliche Recht diesen Schein als Wirklichkeit gelten läßt. Eben deswegen bleibt es ein Widerspruch in sich selbst, wenn man die Möglichkeit einer Union zwischen der Evangelischen Kirche einerseits und der Römischen oder Griechischen oder einer andern Partei in dem Sinne denkt, daß beide Theile sich einander nähern und unter Festhaltung ihrer Grundprincipien zu einem gemeinschaftlichen Kirchenwesen sich vereinigen könnten, oder wenn man gar von einer „Unionspflicht" der Evangelischen Kirche gegen jene Parteien spricht. Denn die Evangelische Kirche beweist ja eben darin die Substantialität ihrer eigenen Wahrheit, die Wirklichkeit ihrer Katholicität, daß sie nicht nur fort und fort die Hand der Gemeinschaft darbietet denen, welche von ihr abgesondert dastehen, sondern selbst auch in dieser Separation sie als unbewußt zu dem Einen Leibe Christi gehörend anerkennt, und keine andere Forderung an sie richtet, als daß sie diese Gemeinschaft nicht fliehen um menschlicher Autoritäten willen, sondern ausschließlich den Grund ergreifen, der sie alle umschlossen hält — das heißt freilich nicht

---

resp. die luther. und reform.) die Eine Kirche ausmachen sollen. Darnach würde es also überhaupt keine Kirche geben, die durch ihr eigenes Princip als die absolut wahre und deshalb allgemeine oder katholische gesetzt ist, was dem evangel. Grundbewußtsein schnurstracks zuwider ist.

mehr und nicht weniger, als das specifisch Römische oder Griechische, oder wie sonst das Idiom heißen möge, aufgeben, weil darin die Scheidewand liegt, ohne deren Vernichtung die Gemeinschaft keine Wahrheit, kein Leben werden kann. Aber eben deswegen wird und kann die Evangelische Kirche, wenn sie ihre eigene Wahrheit nicht verleugnen will, von der Bestimmtheit und Allgemeinheit ihres Grundes, durch den jene Parteien in Gegensatz gegen sie gestellt sind, nichts aufgeben, nichts von der specifischen Basis derselben als Bestimmungsgrund und Kennzeichen ihres eigenen Wesens in sich aufnehmen. Im Uebrigen wird sie aber keiner Wahrheit sich verschließen, welche in der Entwickelung des Verständnisses der in der Schrift gegebenen Offenbarung unter den Parteien hervortritt, vielmehr gern bereit sein, das, was der heil. Geist auch dort gewirkt, sich anzueignen und in sich zu verarbeiten, um selbst zu immer allseitigerer Erkenntniß zu kommen.

Wie nun die Erneuerung des alten Wesens im Dienste des Buchstabens sich an das Rom der alten Welt geknüpft, so geschah die Wiedergeburt des freien Geistes in dem Volke, welches als eine neue Gestalt des Menschengeistes sich erhob, als die Herrlichkeit des alten Roms in sich zusammensank und abstarb. Das war das Volk, das von Mitternacht erweckt, wie eine Fluth daher kam, und über die Gewaltigen ging wie über Leimen, daß es neue Formen des Lebens gestalte. In seiner sittlichen Kraft sollte es Träger des in Christo über die Menschheit ausgegossenen neuen Geistes werden, daß es auf den Trümmern der alten Welt eine neue erbaue, um die alten Formen der Knechtschaft in ein neues Reich gottmenschlicher Freiheit zu wandeln. Zwar ist Alles, was Mensch heißt, zu solcher Freiheit bestimmt, und darum auch zu der Arbeit an dieser Befreiung alle Völker berufen, in denen der Geist der Menschheit die Bestimmtheit seines Wesens manifestirt.

Wie aber der ewige Sohn Gottes Mensch werden mußte, daß er das Heil der Menschheit ausrichte, so war es das göttliche Wohlgefallen, daß auch der neue Geist, der durch Ihn ausgegossen, einen unter allen Volksgeistern erfasse, um in ihm vor allen Wahrheit des Daseins zu gewinnen. Es sollte ein Volksgeist sein, in welchem das creatürliche Dasein am reinsten in seiner Ursprünglichkeit, d. i. Göttlichkeit, sich erhalten als eine heilige Ruine aus dem uranfänglichen Gottesbau, damit Er an diesen Ursprung der geschaffenen Menschheit auch das in Christo neu geschaffene Leben anknüpfe. Wie früher „der jüdischen Nation der Weltgeist das höchste Bewußtsein aufgespart hatte, daß er aus ihr als ein neuer Geist hervorginge" *), so war wieder das Volk der Germanen vorzugsweise berufen, als Bewahrer des christlichen Bewußtseins in seiner Reinheit und Freiheit. Der christliche Geist war so der germanisch-christliche geworden, in welchem die Menschheit die Realität ihrer Wiedergeburt erkennt — ein Geist, der seitdem er aufgegangen, Macht empfangen über alle Volksgeister, und so fortschreitet, das Leben derselben im Geiste zu durchdringen, und umzugestalten.

Selbst als die Vormundschaft des Papstes die deutsche Welt in Zucht und Banden hielt, hatte der Gedanke einer besondern, gleichsam israelitischen Beziehung des deutschen Volkes zur christlichen Kirche äußerliche Gestalt erlangt. Die Römische Kirche, in welcher die Wahrheit des Christenthums beschlossen galt, hatte sich zur Bestimmtheit eines Organismus mit dem deutschen Reich verbunden, das schon damals als der Repräsentant aller Völker erschien. Denn deutscher Geist war das Salz, welches seit der Völkerwanderung alle Staaten durchdrungen, überall ein neues Element geschaffen als Basis für

---

*) S. Hegel's Gesch. der Philos. S. 4.

die Gestaltung der neuen Kreatur *). Das h. deutsche Römische Reich sollte gleichsam das äußere Vorbild sein von der Vermählung des deutschen und christlichen Geistes, ein Typus der großen Mission des germanischen Volks, das christliche Leben in sich zur Bestimmtheit einer gottmenschlichen Gestalt, d. i. eines in Christo freigewordenen Volksgeistes, zu bringen. Darum sollte hier zugleich die Nothwendigkeit der Einheit der sittlichen und kirchlichen Ordnung, als die objective Macht über das Leben der Einzelnen, vorbildlich zur Anschauung kommen. Aber das Römische Reich war nicht die Wahrheit des Christenthums, denn wo des Herrn Geist ist, da ist Freiheit, und nur darum war der deutsche Volks-Geist zu solcher Mission berufen, weil er der freie ist, d. h. weil in ihm die sittliche Freiheit und Kraft am lebendigsten sich erhalten hatte. Darum ward von Anfang, trotz der äußerlichen Verbindung des Römischen Stuhls mit dem deutschen Kaiserthron, eine **Erzfeindschaft** gesetzt zwischen **Römischen** und **deutschen Geist.** Darum entbrannte zwischen beiden immer hartnäckiger und feindseliger der Kampf, je bestimmter der deutsche Geist sich in seiner Wahrheit als des freien christlichen erfaßte, bis er endlich zur Selbstbesinnung gekommen, Krone und Krummstab der Römischen Herrschaft zerbrach, und diese Bande von sich werfend, sich als den freien offenbarte, der eben in dieser Freiheit und Universalität die Gotteskraft ist, die der Welt Herr ist. In Deutschland **), das am tiefsten unter der

---

*) s. Hegel in der Geschichte der Philos. S. 119 über die specifische Beziehung der Volksthümlichkeit der Germanen zum Christenthum, welche er mit der der Griechen zur vorchristlichen Zeit vergleicht, weil alle „christlich europäischen Völker, insofern sie der Welt der Wissenschaft angehören, in ihrer Gesammtheit germanische Bildung haben. Denn Italien, Spanien, Frankreich, England u. s. w. haben durch die germanischen Nationen eine neue Gestalt erhalten."

**) Wie gerade in dem deutschen Geist der Heerd der Reformation ge-

Knechtschaft des Pabstes gebeugt gewesen, da war es, wo die Freiheit vom Römischen Wesen zuerst zu einer Kirche sich gestaltete, und wenn von einer deutschen Kirche die Rede ist, kann als solche nur die in Deutschland in dieser Freiheit bestehende gelten. Denn nur wo der freie christliche Geist weht, da ist in Wahrheit christliches Wesen, da ist die deutsche Kirche. Sie war es, die in dem Kampf zur Befreiung des Geistes die Bahn brach, und nach allen Landen hin, wo irgend deutsches Leben sich regte, denselben freien Geist, die Elemente seiner kirchlichen Organisation verpflanzte, überall an das Germanische die Wiedergeburt eines neuen Lebens in Staat und Kirche anknüpfend. So kehrte in einer verklärten Gestalt das große Zeitalter des Bonifazius wieder. Wie unter diesem einst von Deutschland die Mission ausgegangen war, um alle germanischen Lande in Ost und West und Nord mit der Wahrheit des Christenthums zu erfüllen, und die Herrschaft des Römischen Stuhls als das Vorbild der

---

wesen, und in ihm ein besonderer Anknüpfungspunct lag, das erkannte selbst ein Franzose wie Merle d'Auvigné, der auf seine Nationalität stolz ist, s. Hist. de la Ref. p. XVIII: Cependant c'est sur tout en Allemagne que nous reconnaîtrons et décrirons l'histoire de la reformation, c'est là qu'on en trouve le type primitif, c'est là qu'elle présente les développements les plus organiques, c'est là, qu'elle porte sur tout le caractère d'une revolution, qui n'est pas limitée à tel où tel peuple, mais qui concerne le monde universel cfr. S. 79: „Ce caractère particulier des Allemands devait se prêter specialement à une reformation religieuse. Une fausse civilisation ne l'avait point délavé. Les semences précieuses, que la crainte de Dieu dépose dans un peuple, n'avaient point été jetées au vent. Ces moeurs antiques subsistaient encore. On retrouvait en Allemand cette droiture, cette fidélité, cet amour du travail, cette persevérance, cette certaine disposition religieuse, que l'on y reconnait encore, et qui présage à l'Evangile plus de succés que le caractère leger moqueur ou grossier d'autres peuples de notre Europe etc. etc." cfr. S. 81.

wahren Kirche aufzurichten, so gingen wieder von Deutschland die Apostel der wiederhergestellten christlichen Freiheit aus, um in dieser freigewordenen Kraft des Evangeliums überall den Grundstein zur Wiederaufrichtung der Kirche zu legen. Ob die Widersacher die Evangelische Kirche in dieser ihrer Identität mit der Einen allgemeinen Kirche Christi anerkennen, ob sie die weltgeschichtliche Bestimmung der deutschen Kirche zur Darstellung, Ausbildung und Verbreitung des wahrhaftigen Kirchenthums in der Fülle seines gottmenschlichen Wesens, wie in seiner Freiheit zugeben oder nicht, das darf den freien deutschen Geist nicht kümmern. In dem Bewußtsein der Hoheit dieses Berufs wird er allezeit ungehindert auf seiner Bahn vorwärts schreiten, und des Sieges gewiß sein, wenn er auch in dem deutschen Wesen selbst Rückschritte wahrnimmt. Denn selbst diese können nur tiefere Grundlegungen sein für den ewigen Bau, für die Befreiung des Menschengeistes. Dafür zeugt auch die Erfahrung in allen Kämpfen der vorangegangenen Jahrhunderte. Selbst die rohe Gewalt, welche wider das Dasein der freien Kirche wie eine Fluth daher zog, und in ihrem Zorn gern alles verschlungen hätte, was nicht Römischen Wesens war, — selbst diese mußte ihre stolzen Wellen legen. Ob auch Tausende wieder in die Knechtschaft zurückgeführt wurden, so blieb doch ein heiliger Stamm stehen, den die Strömungen nicht überwältigen konnten. Durch den Ausgang eines blutigen Kampfes von dreißig Jahren wollte Gott bezeugen, daß er die freie Christenheit, den wahrhaftigen Israel Gottes nicht zum Raube gebe in ihre Zähne. Wie ein Vogel dem Strick des Vogelstellers, so ist die freie deutsche Kirche dem Römischen Joch entronnen. Das ist das Werk des westphälischen Friedens, in welchem auf immer in letzter Instanz über die deutsche Glaubens-Freiheit entschieden, auf immer der evangelischen Kirche ein äußeres Recht des Daseins gegeben ist, das ihr genügt zur Entfaltung der innern Kraft ihres Wesens. Von da aus darf sie die weiteren Fortschritte ihres Sieges zur Befreiung der deutschen Welt hoffen, nichts ihren Widersachern entgegenstellend als das Zeugniß des in Christo frei gewordenen Geistes — das Gericht, das der Geist allezeit redet wider die unfreie Welt, sie strafend, daß sie das Freijahr nicht haben wollen, das der Herr für sie ausgerufen, nicht los sein wollen von den Banden, damit sie gehalten sind. So sollte die Kirche in Deutschland auch hierin der ganzen freigewordenen Christenheit als Vorbild vorangehen, daß sie, wenn auch nur durch die Umstände gedrängt und ihrer Universalität noch nicht sich recht bewußt, das gleiche Recht des freien Daseins eben so den Widersachern zugestand, nicht begehrend wie in andern Landen die Befreiung des Geistes mit roher Gewalt hinauszuführen. Selbst diese Thatsache schon ward hier ein Grundstein zur Erkenntniß der evangelischen Kirche als der Kirche Christi in ihrer Allgemeinheit und Einheit. Sollte nur der Geist über die Wahrheit des Römischen oder Evangelischen Princips entscheiden, so war es ein besonderer Segen, daß gerade Deutschland als die Wiege der Entgegensetzung beider Principien dazu bestimmt ward, beide in sich in der Selbstständigkeit des äußern Rechts als Kirchen zu haben. Wollten aber die Römischen Widersacher mit der Behauptung auftreten, daß das Recht des äußern Daseins, wie es im westph. Frieden zugestanden, nicht für die Evangelische Kirche in dieser Allgemeinheit ihres Begriffs gelte, sondern nur für die Partei, welche an dem Buchstaben der Augsburgischen Confession festhalte, so kann man solches Spiel mit dem Buchstaben ruhig gewähren lassen. Denn wenn auch alle Fürstenthümer und Gewalten der Welt auf ihre Seite treten wollten, so wird es ihnen doch nicht gelingen, den Exmissions-Prozeß wider die Freiheit des

Geistes, wo sie in einem andern Gewande erscheint, durchzuführen. Sie würden nur anlaufen, und zu Schanden werden. Denn der deutsche Geist weiß wohl, daß wie auch die Zeitvorstellungen auf die Fassung jenes Friedensschlusses eingewirkt, der Kampf wie der Friede nur der Freiheit in Christo gegolten, daß sie nicht wieder der Menschen Knecht werde. Nur aus diesem Geist ist die Augsburgische Confession hervorgegangen, — nur in dieser Gesinnung der innerste Kern ihres Wesens enthalten. Wie daher schon damals der westph. Friede selbst über den Buchstaben dieses Zeugnisses sich erhob und trotz des Geschreies lutherischer Zeloten die sogen. Reformirten unter die Augsburgischen Confessions-Verwandten mit begriffen wissen wollte, so ist in das Recht, welches hier den letztern zugestanden worden, die ganze Evangelische Freiheit, jeder Glaube, der allein auf dem Evangelium von Christo ruhen will, in der Universalität dieses Begriffs, mit eingeschlossen. Denn wer diesen Grund hält, der ist in That und Wahrheit ein Augsburgischer Confessions-Verwandter, der steht auf der Seite des starken Helden, der seiner Kirche in ihrer Freiheit in Deutschland den Sieg gegeben.

Das ist auch gewissermaßen schon in der deutschen Bundesacte zur Anerkennung gekommen, indem sie (Art. 16) die Verschiedenheit der christlichen Religions-Parteien, ohne weitere Unterscheidung für einflußlos auf die bürgerl. und politischen Rechte erklärt *). In der That soll das Grundprincip der christlichen Kirche, soll das Gewissens-Recht eine Wahrheit in Deutschland werden, so darf jene Acte nicht anders verstanden werden, so muß es als Kardinal-Satz des deutschen Staats-Rechts gelten,

---

*) S. die weitere Ausführung in m. Schrift: Papstthum oder Christenthum ꝛc. S. 45 folg.

daß in allen Landen des Bundes alle möglichen christlichen Religions-Parteien von Rechtswegen ein Recht auf Anerkennung haben.

Freilich giebt es noch immer Fürsten, welche die Bundes-Acte in diesem Sinne nicht verstehen wollen. Unter der Botmäßigkeit des römischen Bischofs wollen sie das christliche Leben nicht weiter zulassen, als es bisher wider die Exclusivität des Römischen Princips bereits ein Recht des Daseins errungen. Was in einer andern Form auftaucht, soll dem alten Römischen Interdict unterworfen bleiben, — ein Princip, welches die Römisch-katholischen Regierungen in Deutschland vollständig gegen den Protestantismus zur Anwendung gebracht haben, welcher am Ende des Jahres 1844 unter der Firma eines neuen nicht-Römischen Katholicismus sich zu constituiren gesucht hat. Daß aber auch evangelische Fürsten an dem unbedingten Recht des Daseins jedes christlichen Bekenntnisses gezweifelt, daß sie der neuen Art von Katholiken oder vielmehr Protestanten nicht unbedingt das Recht des öffentlichen Gottesdienstes haben zugestehen wollen, weil sie nicht den herkömmlichen Autoritäten der Lehre sich angeschlossen, — das hat nur abermals bewiesen, wie ein großer Theil der evangelischen Christenheit noch in der Unklarheit über das Wesen und die Stellung der evangelischen Kirche befangen ist. Man kann sich noch immer nicht zu dem Gedanken ihrer Freiheit und Universalität erheben, will in ihr immer nur eine besondere Art der Kirchen-Gemeinschaft sehen, deren Wesen an gewisse in dem Moment der Constituirung hervorgetretene Ansichten gebunden sei. Von einer Kirche, welche sich auf das Wort Gottes ausschließlich gründen will, davon kann man noch immer keinen Begriff sich machen.

Aber diesem halben Wesen soll endlich in der evangelischen Kirche das Garaus gemacht werden. Man soll nicht mehr auf beiden Seiten hinken, nicht mehr einmal die Freiheit des Evangeliums proclamiren, und dann wieder Römische Schleich- und Nebenwege gehen. Nachdem die Thatsachen des Jahrhunderts schon viele Zwinger und Zaunwerke durchbrochen, und dem Geist zu seiner Befreiung Luft gemacht, fallen in immer weiteren Kreisen die Schuppen von den Augen, welche bisher den freien Blick in das Gesetz der Freiheit gewehrt. Immer mehr kommt es zum Bewußtsein, daß der Kampf der Reformation nicht darum gekämpft worden, ob des Papstes Autorität oder das Ansehn der Reformatoren gelten solle, daß er vielmehr der Befreiung des Geistes von jeder menschlichen Autorität gegolten, d. i. der Anerkennung des Rechts für jeden Christen, nach seinem Gewissen frei den Inhalt der Offenbarung zu erkennen und zu bekennen. Alle Kräfte der Welt, möchte man sagen, müssen jetzt nach dem Willen Gottes an diesem Werke der Befreiung mitarbeiten. Nicht blos in dem Leben der evangelischen Kirche, auch außerhalb ihres Kreises regt sich ein immer lebendigeres Verlangen einzugehen in die Wahrheit einer allgemeinen Kirche, Antheil zu haben an der Freiheit, welche in Christo errungen von aller menschl. Knechtschaft. Mag dies Bewußtsein auch oft weder recht den Grund, noch das Ziel des Kampfes kennen, wird es auch oft noch fortgerissen von einem zügellosen Geist, der in dem Kampf gegen die menschliche Fessel zugleich den Grund umreißen möchte, auf welchem die Wiederherstellung der Menschheit in Christo hinausgeführt worden, immer steht zu hoffen, daß wenn jene Freiheit eine Wahrheit geworden, ein großer Theil derer, welche jetzt dem Evangelium entfremdet scheinen, wieder zur Besinnung komme und Verständniß finde für die Sprache der Offenbarung. Dazu hat vor Allem jener Protestantismus, der in der Römischen Kirche in neuer Gestalt sich erhoben, den Anstoß geben sollen. Indem er die Allgemeinheit selbst zum Princip der

Glaubensgemeinschaft erkoren, und unter dieser Fahne wider die Römische Tyrannei zu Felde zieht, hat er nach Gottes Rath ein allgemeines Interesse für das religiöse Leben, eine Begeisterung für das Ziel, die Wiederherstellung der Kirche zu ihrer Freiheit und Allgemeinheit erregt, deren Segen im Dienst der Sache Christi nicht ausbleiben wird. Mögen immerhin die Satzungen dieser Partei zum Theil an Dürftigkeit und unbestimmter Allgemeinheit ihres Gleichen suchen, oder doch wenigstens ohne alle Klarheit und Einheit des Gedankens, ohne alle Tiefe einer in Gottes Geheimnisse eingedrungenen Gesinnung sein, — darauf kommt es hier nicht an. Nicht diese Satzungen waren es, welche dieser Bewegung Fortgang gaben, sondern jener tiefere Gedanke, von welchem diese Leute unbewußt getragen wurden. Alles hat zusammen wirken sollen, um dem Gedanken Bahn zu brechen, daß auf der Offenbarung Gottes ruhend das Princip der Reformation nur in der Freiheit von jeglicher menschlicher Autorität seine Wahrheit habe, daß die evangelische Kirche nur dann ihrem Begriff entspreche, wenn sie das Evangelium selbst, diesen Inhalt aller Inhalte, als den ausschließlichen Grund der Kirche festhält. Nur durch die Setzung dieses Grundes hat sie ja zur Wahrheit der allgemeinen Kirche sich wieder herstellen wollen, und darum kann sie in Wahrheit diese allgemeine Kirche nur sein, wenn sie auch den Begriff der Allgemeinheit zu seinem vollen Rechte kommen läßt, d. h. Alles in sich aufnimmt, was irgendwie diesen einigen Grund erfassen will. Erst wenn der Protestantismus, der Geist der evang. Kirche sich ganz zu diesem Princip erhoben, wenn dem christlichen Geiste Freiheit gegeben ist, in der Unendlichkeit seines Inhalts und seiner Formen sich zu entfalten, dann wird der rechte Kampf der Geister beginnen, in welchem nichts den Ausschlag geben kann, als der Geist selbst, die Wahrheit seines Wesens.

Da wird es sich offenbaren, daß nur derjenige Geist die Oberhand behalten kann, welcher zu dem Kern des christl. Glaubens und Lebens durchgedrungen, die ganze Tiefe der Gottesoffenbarungen am klarsten durchdrungen hat, und ebenso wird es offenbar werden, daß diesen Schatz die evangelische Kirche von Anbeginn ihrer Wiederherstellung an in sich getragen. Und wenn diesem Geiste alle Herzen zufallen, ob ihnen gleich Freiheit geblieben, andere Wege zu gehen, wenn sie abfallen von den dürftigen Satzungen anderer Gemeinschaften, so wird auch denen, die dennoch im Gegensatz gegen diese Kirche sich halten, ein Schimmer aufgehen von der Substanz des wahrhaftigen Lichts. Ja dann wird auch die **Welt** glauben lernen, daß das, was den Menschen im Leben und Sterben aufrecht hält mit einem ewigen Trost, etwas anderes ist, als was wir behalten, wenn wir nach dem Verlangen der Lichtfreunde und vieler Deutsch-Katholiken die sog. orthodoxe Kirchenlehre aus der Kirche verbannen, d. h. Alles, was wir nicht mit den fünf Sinnen oder dem gewöhnlichen Menschenverstande fassen und begreifen können. Denn dann müßte man folgerecht am Ende auf den Wahlspruch kommen: „Lasset uns essen und trinken, denn morgen sind wir todt." Ist so das Princip der Reformation zur Geltung gekommen, wird es sich erweisen, daß trotz der Freiheit oder vielmehr gerade in der Kraft derselben der ganze Glaube an die Offenbarung Gottes in Christo, wie sie auf uns gekommen, nicht blos Bestimmtheit des Daseins in kirchl. Gemeinschaft, sondern auch eine siegreiche Macht über alle Lebensbeziehungen errungen, — ist so der **Geist des Protestantismus** zu seiner Rechtfertigung, Bewährung und Verklärung gekommen, so wird die Zeit gekommen sein, wo die Mosisdecke auch den **Römischen** abfallen wird, daß auch dieser Theil der Christenheit seinen Ausgang finde aus dem Hause der Knechtschaft.

Zwar hat schon jetzt der Geist der Reformation auch dort sein Wesen, — auch dort schon ist ihm Bahn gemacht zur Beweisung des Geistes und der Kraft wider das Wesen der Unfreiheit und des Aberglaubens. Es ist thöricht, wenn man, wie so viele durch den äußern Schein, die Zahlenverhältnisse sich täuschen läßt, wohl gar jammert, daß die Zahl der Bekenner des evang. Prinzips noch immer so gering ist im Vergleich zu den Römischen, oder daß so manche der Evangelischen schon wieder in dies Joch zurückgetreten sind. Das ist auch eine Art der Römischen Gesinnung, solcher Kleinglaube, der bei der äußerlichen Erscheinung, dem Sichtbaren stehen bleibt, und darin die Wahrheit der Kirche beschlossen wähnt, nicht das evangelische Leben auch da im Keime schon wahrzunehmen vermag, wo es gehaßt und angefeindet wird. Das eigentlich Römische Princip ist selbst mitten unter den Römern schon in seinem Nerv vernichtet, ist gerichtet durch die Macht des evang. Geistes. Dieser ist es, der als der Geist des wahren Christenthums — der Sauerteig — den Menschen unbekannt überall eindringt, wo das Evangelium irgend Raum gefunden, alles gefangen nehmend zu seinem Dienst und hinführend zur Freiheit der Kinder Gottes. Man kann sagen, die evangelische Kirche ist mitten in der Römischen, — das specifisch Römische gilt immer weniger unter der Masse der Katholiken, wenigstens in Deutschland. Sein exclusives, verdammendes Princip hat immer weniger Gewalt über die Lebensbewegungen im Volke. Aber so lange nicht mit Bewußtsein die Autoritäten fortgestoßen sind, welche den Geist der Unfreiheit und des Aberglaubens pflegen, bleiben die Gewissen in Knechtschaft, bleibt noch eine Scheidewand, welche den Eingang in die Freiheit der Kinder Gottes aufhält. Die Erkenntniß solcher babylonischen Gefangenschaft hat bisher immer nur Wenigen aufgehen können, weil der Geist der evangelischen Kirche selbst verhüllt worden von denen, die sich seiner rühmen. Ist dieser nichts weiter als die Verneinung des Römischen Princips, ist in ihm nicht zu spüren, daß es der Glaube an die Offenbarung Gottes in Christo ist, welche das Leben des Geistes in ihm geboren, — wie könnten diejenigen wohl unter den Römischen daran Genüge finden, denen ein Hunger und Durst aufgegangen nach der Gerechtigkeit, die vor Gott gilt, um in Ihm die Angst dieser Welt, die Angst des Todes zu überwinden. Wird aber dieser Glaube festgehalten durch den Zwang eines Ansehens, — muß dann nicht das Grundprincip der Reformation als grundfalsch erscheinen, weil die Evangelischen selbst ihm immer wieder untreu werden, immer wieder zurückkommen auf die Wurzel der Römischen Lehre — die Autorität der Kirche über das Verständniß von dem Inhalt des Glaubens? Muß nicht der Wahn immer mehr Befestigung erhalten, daß kein wahrhafter Glaube ohne solche Autorität Bestand haben könne, und daß darum die Annahme derselben „in einer auf Offenbarung beruhenden Kirche, nichts Unvernünftiges, sondern etwas sehr Vernünftiges, die Dauer der reinen Lehre geradezu bedingendes sei?“ Werden die Römischen aber immer mehr die Erfahrung machen, daß trotz der Durchführung der Freiheit von solcher Autorität der thatkräftige gesunde Glaube siegreich sich hindurchkämpft, und zur Geltung kommt in der Allgemeinheit der Kirche — daß trotz der Mannigfaltigkeit aller freigelassenen Subjectivität durch die Allmacht des geoffenbarten Worts immer eine Einheit der Gesinnung und der Erkenntniß sich herausstellt, in welcher „ein vernünftiger Gottesdienst,“ ein rechtschaffenes Wesen in Christo in allen kirchlichen Lebensbeziehungen zur Realität kommt, — dann werden die Thatsachen nicht blos dem Leumund der römischen Widersacher das Maul stopfen. Es werden auch alle rechten

Katholiken in der Römischen Kirche, die von dem Geist der wahren katholischen Kirche ergriffen worden, den Eingang begehren in die Freiheit der evangelischen Kirche, in welcher sie alle heiligen Güter ihrer Gemeinschaft wieder finden, doch in der Freiheit und Wahrheit des Geistes. Dann wird sich nicht mehr der Wahn erheben, als sei der Protestantismus „auf der einen Seite ein schaler herzloser Rationalismus, ein selbstisches Denken und Dünken, auf der andern ein selbstgemachter Pietismus." *) Denn das ist bis jetzt der berühmte Kunstgriff aller Ritter des Römischen Stuhls, den lebendigen Glauben an die in Christo erschienene Offenbarung, sobald er in der evangelischen Kirche sich zeigt, als Pietismus oder Muckerei zu brandmarken, um wenigstens durch solche Verdächtigung das zu schlagen, was ihnen ein Dorn im Auge ist, weil sie ihm nicht anders beizukommen wissen. Der Römische kann einmal, wenn er nicht wider sein eigenes Princip Zugeständnisse machen will, nicht zugeben, daß auch ohne die Schlüssel der Römischen Thürhüter Jemand in das Himmelreich eindringen (Luc. 11, 52), ohne den magischen Kontact der Kette, in welcher nach Römischer Lehre der Strom des heil. Geistes, die Gewißheit der Offenbarung sich ergießt, wahrhaftiger Glaube an das Evangelium zur Wirklichkeit gelangen kann. Denn dann wären ja die Röm. Vehikel als überflüssig dargestellt. Darum muß alles, was in der evangelischen Kirche als Bekenntniß des urkundlichen Inhalts der Offenbarung sich ausspricht, als ein entarteter Sohn des Glaubens bezeichnet werden **).

---

*) S. Krit. Blätter zur Beurtheilung der Bewegungen unserer Zeit ꝛc. von Dr. Rottels und L. G. Ass. Rottels. Neuß 1846.

**) Eben so classisch wie diese Darstellung des Protestantismus ist in der gedachten Schrift von Rottels die Beschreibung der Röm. ka-

Aber im Angesicht des freien und doch bestimmten lebendigen Glaubens, wie er an so vielen Orten als eine Kraft des Lebens in der Evangelischen Kirche schon jetzt dasteht, sollte man doch schon jetzt sich schämen müssen zu sagen, daß „der Protestantismus überhaupt keinen Glauben habe, dem sich der ganze Mensch mit allem Sinnen, Denken und Fühlen kindlich hingebe, sondern stets einen Glauben, der sich umgekehrt dem einzelnen Menschen hingebe, und abhängig sei von dem Gefühl und Denken eines jeden Einzelnen" (s. Nottels rc. S. 104). Allerdings ist das wahr, daß ein hoher Grad von Kindheit des Selbstbewußtseins dazu gehört, wenn man kein Bedenken findet, nur so weit und in dem Sinne die Offenbarung blindlings anzunehmen, als die Autorität des priesterlichen Amts solches für gut befunden. Man muß in der That sich dann ganz wil-

---

thol. Kirche als „der einen und doch keines Einzigen Freiheit aufhebenden; der freien und doch die Einzelnen in freudigem Gehorsam zusammenhaltenden, der 18 Jahrhundert alten, und doch stets neue Blüthen treibenden, jeden Einzelnen zum regsten Denken und Handeln anregenden, und doch eines jeden Denken und Handeln ernst aber milde richtenden, jeden Buchstaben der Schrift erhaltenden, und doch jeden Buchstaben immerfort mit Geist erfüllenden" — (S. 43 das.). Alles wahr von der Allgemeinen Kirche Christi, aber nicht ihrem Zerrbilde der Römischen, in deren Geist man allein so frech sein kann zu rühmen, daß „die außerkatholische Wissenschaft längst erlegen sei," daß „das Studium der Philosophie von den Päpsten gesetzlich befohlen worden," „während Luther sie des Teufels Braut genannt" (S. 49 das.). Eine saubere Philosophie, die nicht weiter gehen darf, als die päpstlichen Instructionen erlauben, wenn nicht Acht und Bannstrahl folgen soll, wie noch jüngst die Hermesianer zu rühmen wissen, — so sauber etwa wie die Philosophie, auf welche Luthers Scheltwort zu beziehen, obwohl in der freigewordenen Kirche auch der destructivesten Philosophie völlig Raum der Entwickelung gelassen ist, weil der sich selbst bewußte Glaube weiß, daß der Geist der Verneinung sich selbst negirt und aufhebt (vergl. unten Abschn. VII).

len- und gedankenlos diesem Richterstuhl hingeben, als sei er wirklich das unfehlbare Organ der Gotteswahrheit, die Personification der Fülle des h. Geistes, der Stellvertreter Christi. Aber wenn man solche Theorie als Wahn verworfen hat, selbst unmittelbar Zugang zu dem Brunnen des Heils haben will, und in dieser Beziehung allerdings der Glaube „abhängig ist von dem Gefühl und Denken eines jeden Einzelnen," wie er es denn auch nach Gottes Willen sein soll (Joh. 5, 39. Röm. 12, 2. Eph. 5, 10. Phil. 1, 10. 1. Thess. 5, 21. 1. Joh. 4, 1) — ist damit schon gesagt, daß der Glaube, der aus dem Worte Gottes geboren, blos auf dem „Selbst" beruht? Nein, auch er kennt die Quelle des Lichts, aus dem ihm allein die Offenbarung gekommen, weiß, daß die Erleuchtung der Erkenntniß von der Klarheit Gottes nur in dem Angesichte Jesu Christi ihm entstanden, dem Worte des Lebens, dem er sich dem ganzen Menschen nach „kindlich hingiebt, mit allem Sinnen, Denken und Fühlen." — Das ist kein Glaube, der schlechthin abhängig ist von dem Gefühl und Denken eines jeden Einzelnen, kein „bloßer Selbstglaube, der nicht weiter geht, als es jedem gerade gefällt, und scheint" und der als ein „gemachtes Ding," freilich „unserm Geschlecht eben so wenig wie einem andern genügen" könnte. Nein es ist ein Glaube, der sich allezeit als eine Kraft des unendlichen Lebens bewährt für alle die, welche ihr Herz aufthun für diesen Strom des Geistes, der sich über die Menschheit ergossen — eine Kraft, die nach der Verheißung die Welt aus ihren Angeln heben, und eine neue Erde, einen neuen Himmel gründen wird. Mag immer die Schmähung und Verleumdung über ihn herfallen, sei es von den Römischern Rittern oder den Knechten des Unglaubens — er bleibt doch das Salz der Erde — das Pfand seiner Zukunft, die Gewißheit seines Sieges über die Welt in sich tragend. Denn es ist das Schwerdt des Geistes, das er führt, das Wort Gottes, auf welchem die Welt ruht. Mit diesem Schwerdt in der Hand blickt er getrost auf die Römischen und Ungläubigen, und spricht wider sie beide was Luther (auf das Kaiserl. Edict von 1531) wider den Papismus sprach: „Ueber solchem Lehren ist mir das Papstthum in den Weg gefallen, und hat mirs wollen wehren, darüber ist es ihm auch ergangen wie vor Augen, und soll ihm noch immer ärger gehen, und sollen sich meiner nicht wehren. Ich will in Gottes Namen und Beruf auf den Löwen und Ottern gehen, und die jungen Löwen und Drachen mit Füßen treten, und das soll bei meinen Lebzeiten anfangen und nach meinem Tode ausgerichtet sein."

V. Die Symbole.

Soll die Evangelische Kirche als die allein wahre Kirche Christi der Sauerteig, die Kraft Gottes sein, welche das Leben der Völker durchbringt und verklärt in die Freiheit und Herrlichkeit eines Volkes Gottes, so muß sie sich erweisen als solche in allen Lebensbewegungen ihres Organismus. Es ist nicht genug, daß sie im Gegensatz gegen das Römische Princip die Allgemeinheit und Freiheit ihres Grundes zur Realität bringt. Sie muß sich auch eben so wohl klar machen, was die Bestimmtheit dieses Grundes ausmacht. Wie es für den Einzelnen die Aufgabe ist, darnach zu ringen, daß der Glaube an Christus immer kräftiger werde durch Erkenntniß alles Guten, das wir haben in Christo Jesu (Philem. 6), so ist dies das Ziel der ganzen Kirche, so also aller der Gemeinschaften, die nach den Grundbedingungen menschlicher Wirksamkeit in Zeit und Raum als ein Theil der Kirche zusammengeschlossen sind zu einem Ganzen, um in der organischen Gemeinsamkeit an dem Werke der Kirche — die Auferbauung der Gemeinde Gottes als des Leibes Christi — durch den Dienst am Wort zu wirken. Was nun in dieser Lebensäußerung hervortritt als Zeugniß der Erkenntniß und des Glaubens, ist **Symbol** dieser Gemeinschaft, ein Kennzeichen ihres Wesens, an welchem sie sich selbst wieder erkennt, und an dem sie erkannt wird — gleichsam der **Name** dieser Gemeinschaft — die Substanz ihrer innern Wahrheit. Ohne ein solch Symbol kann keine Kirche sein, — sie würde aufhören müssen zu leben, — denn jedes Zeichen des Lebens, jeder Act dieses Organismus ist ein Bekenntniß, ein Symbol. Alles aber was Lebensäußerung ist, ist nothwendig in dem Prozeß des Lebens begriffen, ist dazu gesetzt, daß es in demselben sich nicht nur immer erneuere, und verjünge, sondern von ihm immer weiter fortgeführt werde zu größerer Bestimmtheit und Klarheit. Es kann, wie vollständig es auch in irgend einer Zeit den ganzen Reichthum des göttlichen Geheimnisses in sich begrifflich zusammengefaßt hat, niemals als Grundgesetz (Norm) der Gemeinschaft gelten, welches den Entwickelungsgang des Geistes in ihr bestimmen dürfte. Es ist selbst nur eine Bestimmtheit dieses Lebens, die als solche freilich nothwendig auf den Prozeß desselben zurückwirkt, aber als in ewigem Fluß begriffen, auch niemals innerhalb der Gemeinschaft als etwas unantastbares festgehalten werden darf. Es muß dem Prozeß des kirchl. Lebens frei hingegeben werden, ob es in diesem sich erhalte und neue Gestalt gewinne, oder in eine andere Form des Begriffs übergehe. Denn nicht aus diesen Schöpfungen des Geistes soll an sich die Quelle des Lebens sprudeln, sondern aus dem ewigen Worte des Lebens selbst, das, wenn es nur festgehalten wird als die ausschließliche Autorität über den Menschen-Geist, auch die wahrhaftigen Erweisungen des Geistes, die auf seinem Grunde entsprungen, dem lebendigen Geiste als solche offenbaren und bewähren wird, ohne daß es dazu irgend künstlicher Zwangsanstalten bedürfte. Noch weniger dürfen aber, wie wir sahen (Abschn. I.) solche Zeugnisse irgend einer Zeit als Bedingung der kirchl. Gemeinschaft aufgestellt werden, wenn nicht ein anderer Grund gelegt werden soll, als der Eine, der gelegt ist*).

Ein solches Zeugniß von dem Verständniß des göttlichen Worts war das erste große Lebenszeichen der wieder hergestellten Kirche Christi, indem die Gottesmänner auf dem Reichstage zu Augsburg Rechenschaft ablegten von dem Geist, der sie gedrungen, in Gemeinschaft mit vielen Tausenden sich in Gegensatz gegen das Römische Princip auf die Freiheit des

---

*) Wenn Sartorius (über die Nothw. und Verbindl. d. kirchl. Glaubensbek. Stuttgart 1845 S. 4) sagt: „Das Bekenntniß des Glaubens ist das constitutive Symbol der Kirche, insonderheit der Kirche des Neuen Testaments," so gilt das nur von dem Bekenntniß zu Christo in der Bestimmtheit, wie ihn das Wort offenbart. Wo dieses Bekenntniß ist, da stiftet es „eine zusammenstimmende Gemeinschaft des Glaubens, d. i. eine Gemeinde," und wo es als die ausschließl. Autorität bekannt wird, da stiftet es die evang. Kirche. Wenn es weiter heißt: „So nothwendig die Kirche, so nothwendig ist das Symbol als der sie verbindende Ausdruck ihres gemeinsamen Glaubens" ꝛc., so ist dies falsch, wenn man wie Sartorius eine formulirte Auslegung des göttlichen Wortes darunter verstanden wissen will, die als Gesetz verpflichten soll. Mag dabei immer bevorwortet werden, daß solcher Ausdruck „keine zweite Bibel, keine kirchliche Fortsetzung oder Erweiterung des proph. und apost. Worts, sondern nur der Reflex seines Lichts sein soll" (S. 5), so ist es wider das Princip der Reformation, irgend einen solchen Reflex, wie er sich in unendlicher Mannigfaltigkeit offenbaren kann, als Kennzeichen der Wahrheit aufzurichten, um darnach alles, was diesen Ausdruck nicht mit bekennt, außer der Gemeinde zu erachten (S. 7).

Evangeliums zu gründen, — zu bekunden vor christlicher Obrigkeit und allem Volk des Herrn, daß sie nicht wider göttliches und menschliches Recht einen Aufruhr gemacht, sondern nur in die Fußtapfen dessen getreten, der auch beschuldigt ward, daß er das Volk abwende. Sie wollten bezeugen, daß sie als lebendige Glieder am Leibe Christi mit allen, die diesen Namen anrufen, „auch mit den Widersachern, so sie nur wollten," „unter Einem Christo sein, und streiten," Christum allein bekennen, und in Ihm bekräftigen wollten, daß bei ihnen „nichts weder mit Lehre noch mit Ceremonie angenommen sei, das entweder der heil. Schrift oder gemeiner Kirche zu entgegen wäre." Ein Zeugniß der Erkenntniß von dem Grunde des Heils, welches nach mehr als 300 Jahren fort und fort von allen lebendigen Gliedern der Kirche in allen wesentlichen Momenten als der rechte Ausdruck evangelischen Glaubens, als eine wahrhafte Selbstverkündigung des heil. Geistes anerkannt wird. Blicken wir zurück auf seinen Anfang, so war der Grund seiner Entstehung zunächst nichts als die Erfüllung christl. Pflicht nach dem geschrieben steht, „Seid aber allezeit bereit, Verantwortung zu geben von dem Grunde der Hoffnung, die in euch ist." Und wenn in der Kraft dieses zur objectiven Bestimmtheit entwickelten Bewußtseins die gottesdienstl. Verhältnisse der wiederhergestellten Kirche geordnet wurden, so war alles dies nichts als ein Werk evangelischer Freiheit, die aus ihrer Erkenntniß heraus frei sich die Gestalt des Daseins giebt. Hätte die Geltung des Bekenntnisses niemals auf einem andern Grunde beruht, so hätte der Geist in der Bestimmtheit und Freiheit seines Bewußtseins ruhig fortschreiten können. Er würde die Evangelische Kirche von allen Nachklängen des Römischen Wesens frei gemacht, und sie zur tieferen Erkenntniß und Bewahrheitung ihres positiven Inhalts geführt haben. Aber vertieft wie man war in die Fülle und Herrlichkeit dieses Zeugnisses, immermehr bei der Betrachtung in ihm das Werk des heil. Geistes anerkennend, verlor die Kirche sich in den Gegenstand selbst, und damit die Freiheit des Bewußtseins über dasselbe. Wohl hatte Luther einst, als er noch den Kampf der Befreiung kämpfte, gegen das im Papstthum aufgerichtete Joch unumwunden bezeugt, daß er „nicht leiden wolle Regeln oder Maaße, die Schrift auszulegen, weil das Wort Gottes, das alle Freiheit lehret, nicht soll noch muß gefangen sein." Also sprach er selbst als Diener des Worts gegen den Gipfel der kirchlichen Gewalt, den Pabst Leo X. Sobald aber das Princip der Reformation ein Recht des Daseins errungen, als es darauf anzukommen schien, die Wahrheit, die sich durchgekämpft, gegen die Verfälschungen zu bewahren, da wurde selbst diesem großen Manne der Blick wieder irre an dem Recht der Freiheit, da fing man allgemein an, das Wort des Zeugnisses von der in Christo geoffenbarten Wahrheit für diese Wahrheit selbst zu nehmen. Die „rechte Lehre" sollte wieder Maaß oder Regel der Auslegung sein. So ward das Bekenntniß zu einem äußerlichen todten Wesen, einem knechtischen Joch, dem der Geist unterthan werden sollte, der Schöpfer und Baumeister dem, was ein Werk seiner Hand ist, und was als sein eigenstes Erzeugniß nur so lange die Gestaltung und Fortbewegung seines Bewußtseins bestimmen darf, als dasselbe sich in der Freiheit mit dem Inhalt in Einheit weiß. So ging auch in dieser Beziehung das Wort in Erfüllung: „der Hund frißt wieder, was er gespeyet hat" (2. Petr. 2). Es war ein Abfall vom Princip, der nun schon über 3 Jahrhunderte den Nerv des evangelischen Lebens gelähmt und seinen Siegesfortschritt aufgehalten hat — eine Verkehrung der Begriffe von der Geltung des Einen Grundes, auf dem man die Kirche wieder aufgerichtet, wie sie zum Theil noch heute fortdauert, und mannigfache Verwirrung im kirchlichen Leben anrichtet *).

Inzwischen hat jedoch seit dem Ende des vorigen Jahrhunderts das evang. Bewußtsein angefangen, selbst in der Allgemeinheit sich so weit zu besinnen, daß man die Geltung der Symbole zur Bestimmung kirchlicher Gemeinschaft fast nirgends mehr in der Starrheit behauptet, wie sie einst durchgeführt wurde. Man ist nachgerade doch zu einer klarerern Unterscheidung der Symbole von dem geoffenbarten Gottes=Wort gekom=

*) Niemand hat von jeher schärfer als gerade die Römischen diesen Widerspruch gerichtet, in der Meinung, daß er als ein nothwendiger über das Princip der evangelischen Kirche selbst den Stab breche. So Haller Restaur. d. Staatswiss. Bd. 4. S. 68 (vgl. mein Recht der Kirche Th. I. S. 159). So neuerdings die historisch-politischen Blätter von Phillipps und Görres Bd. 10. Hft. 9. S. 530. „Freiheit der Schrift," heißt es hier, „war der Wahlspruch gegenüber der katholischen Kirchenlehre, „Gottes Wort und Lutheri Lehr" das Schiboleth der in diese Freiheit Eingetretenen; daß in der katholischen Kirche die durch Menschensatzungen geschändete babylonische Metze erschienen sei, litt keinen Zweifel, und dennoch mußten schon die ersten Doctoren der Theologie zu Wittenberg bei ihrer Promotion versprechen, sie wollten die unverdorbene Lehre des Evangelii so verstehen, wie sie in den Symbolen gelehrt werde und darin mit Gottes Hilfe beständig verharren; gegen Glaubenstyrannei der katholischen Kirche wurde mit allem Scheine einer begeisterten wahren Freiheitsliebe gekämpft, aber wehe dem Protestanten, der nicht zu den Fahnen seiner Heerführer schwur; Versprechungen und Drohungen, Gewalt und Verfolgung, Amtsentsetzung, Geldstrafen, Kerker, Landesverweisung, ja die Richtstätte selbst konnte seiner warten — unglaublich beinah, hätte uns nicht die Geschichte häufige Beispiele aufbewahrt. Unerbittlich war die Strenge, womit die Eide auf die Bekenntnißschriften und die Unterzeichnungen derselben eingetrieben wurden; ja man ging so weit, die symbolischen Bücher als göttlich und inspirirt hinzustellen, und die Einwirkung des heiligen Geistes bei Verfassung derselben als theopneustia mediata zu bezeichnen." — Wer wollte alle diese Thatsachen leugnen, wenn man auch die darin liegenden Invectiven gegen das Evang. Princip nicht zugeben wird? Denn dies Princip hat selbst mit jenen Verkehrungen nichts zu schaffen.

men, nicht mehr ganz wie früher von der Untrüglichkeit überzeugt. Man will um einer Abweichung von ihnen willen nicht mehr von der Gemeinschaft ausschließen. Man hält es für „Unverstand," wenn man fordern wollte, „daß dieser Inhalt in allen seinen Theilen zur Seligkeit nothwendig geglaubt werden müsse," aber man will denen, welche kirchl. Gemeinschaft begehren, die Annahme dieser Formeln zur Bedingung machen, und dieselben als Norm der Lehre gesetzlich festgestellt wissen *). Das glaubt man mit dem Grundsatz evangelischer Freiheit völlig in Einklang bringen zu können. Zwar kann man nicht leugnen, „wer die in der heil. Schrift geoffenbarte Wahrheit bekennt, den muß die Kirche als ihr Glied anerkennen, denn jene Wahrheit ist ihr von dem Herrn ihr gegebener Grund; sie kann nicht die Uebereinstimmung über beliebige Sätze für den Grund der Gemeinschaft erklären." Aber das wagt man zu „bestreiten, daß jede menschliche Auffassung, auch die der wahren Kirche trüglich sein müsse, und also diese keine Gewißheit von der Richtigkeit ihrer Symbole haben könne." „Die Kirche," meint man, „habe die Verheißung des Herrn, der heil. Geist werde sie in alle Wahrheit leiten," darum könne die Kirche zu einem „unerschütterlichen Bewußtsein" kommen, „frei von Irrthum" zu sein, und wenn sie sich „wirklich gewiß geworden, was sie für Irrthum, was für Wahrheit zu halten habe, so sei sie offenbar verpflichtet, die erkannte Wahrheit als einen Glaubens-Artikel auszusprechen, und ihnen widersprechende Lehren nicht in ihrer Mitte zu dulden." Damit ist also unumwunden zugestanden, daß man das Ansehn der Symbole als Bestimmungsgrund der kirchl. Gemeinschaft fallen

*) Vergl. Hahns Annal. Octbr. 1842. Harleß Zeitschrift für Protest. Febr. 1843, in welchen Heften die Grundlosigkeit unserer Argumentation in dem Kirch.-Recht gegen das normative Ansehn der Symbole darzuthun versucht ist.

lassen müßte, wenn man sie nicht für untrüglich halten dürfte. In der That kann auch der Glaube an solche Unfehlbarkeit allein eine Entschuldigung für die Urgirung eines solchen Ansehns sein. Ist wirklich ein solches Symbol rein göttliche Wahrheit, oder darf es wohl gar nach Karsten's Theorie als die lebendige Selbstoffenbarung des heil. Geistes über die Schrift als bloßes Zeugniß desselben gestellt werden, so haben alle Recht, welche darauf bauen, darnach die christl. Lehre und Gemeinschaft bestimmen lassen wollen. Aber gerade dies Geständniß selbst, daß man ein solches Werk für untrüglich halten kann, — daß man der Kirche, wie sie in Zeit und Raum sich zusammenfindet, das Recht zuspricht, die Schrift authentisch auszulegen *), — das allein beweist zur Genüge den Abfall vom Princip der Evang. Kirche. Die höchste kirchl. Autorität ist, wie Haller bemerkt, nur anders wohin verlegt **) — sie wird zersplittert in viele kleinere Autoritäten, jedes Land hat darnach die seinige — erst die verschiedenen Reformatoren, dann ihre Nachfolger, bald die Bischöfe, bald die Synoden, Konsistorien oder gar die weltlichen Fürsten, — denn alle diese haben das Ansehn bestimmter Glaubensartikel innerhalb der Evang. Kirche bestimmt, sie als untrügliche Wahrheit zu Grunde der Gemein-

*) So hat auch noch neuerdings ein hochgestellter Kirchenbeamte in der Versammlung der Preuß. Gen.-Synode zur Begründung der Verpflichtung der Geistlichen auf die Bekenntnißschriften unumwunden erklärt, daß „die Kirche das Wort Gottes authentisch auslegen könne." Ist das nicht ein Grund-Römischer Satz? was macht denn eine solche Kirche bei den Protestanten aus? Sind es etwa die kirchl. Behörden oder die freigewählten Vertreter des kirchl. Volks? Oder sollen etwa die Bekenner des 16. Jahrh. allein für alle Zeiten die authentisch auslegende Kirche darstellen?

**) Treffend sagt der Verf. „der Kirche in unserer Zeit" Düsselthal 1843 S. 109: Wie können diejenigen, die die Worte lebendiger Menschen nicht als Richtschnur des Glaubens nehmen wollen, den Schriften todter Menschen eine solche Autorität zugestehen?

schaft gelegt, und darnach über die Christlichkeit und Kirchlichkeit der Mitglieder, wie über die Wahrheit der Lehre bestimmt. Ist das etwas anders, als wie die Römischen uns Schuld gegeben „Winkelkatholicismus," weil wir „katholische Elemente borgen," um die Wahrheit des kirchlichen Lebens zu sichern, weil wir Unfehlbarkeit irgend einem Moment der Entwickelung der Wahrheit beilegen?

Ja gewiß die Arbeit des Geistes in dem Verständniß des göttlichen Worts geht durch alle Zeiten und Räume hindurch, und was sie schafft, bildet eine unendliche Reihe, in welcher kein Glied vergebens, jedes die nothwendige Vorstufe für die Fortentwickelung des kirchl. Bewußtseins ist. Eben deshalb kann aber auch weder ein einzelnes Glied in dieser Reihe noch die Summe derselben, wie sie in einer gegebenen Zeit abschließt, zur unfehlbaren Wahrheit werden. In jedem Symbol, wie sehr es auch als Reflex des heil. Geistes anzuerkennen sein mag, muß immer das unterschieden werden, was darin wirklich göttlicher Inhalt und was menschliche Seite der Auffassung ist, — eine Unterscheidung, welche weder ein Einzelner noch eine Gemeinschaft mit Unfehlbarkeit treffen kann, sondern die allein dem Gericht des Geistes zusteht, d. i. dem in seiner Gemeinde gegenwärtigen Geiste Christi, der in der Totalität seiner Selbstoffenbarung dieses Gericht schon hinausführen wird zum Siege. So kann also auch das Bekenntniß der Reformatoren, oder vielmehr der ersten zur Freiheit wiederhergestellten Kirche kein normatives Ansehn für die folgenden Geschlechter haben. Die Evang. Kirche ruht nicht darauf, wie sie sich auch bei ihrem Freiwerden aus dem Römischen Joch nicht darauf gegründet hat, — denn sie war eher da, ehe sie auf dem Reichstage zu Augsburg Bekenntniß ablegte, wenn schon dieses selbst für die Entwickelung der Bestimmtheit ihres Daseins weiterhin dienstbar wurde. Sondern damals, wie jetzt allein auf dem Evangelium stehend und lebend, will sie die Freiheit in der Entwickelung des Verständnisses dieses Inhalts in der Unendlichkeit ihres Begriffs haben wie geben, also alles und jegliches Ansehn von Menschen ausschließen. Alle jene Bekenntnißschriften sind und bleiben nichts als Zeugnisse, die nur historischen Werth haben, sofern die Kirche nicht fort und fort aus der Freiheit ihres Bewußtseins in diesem Ausdruck die Bestimmtheit der göttl. Wahrheit wieder findet, und sich damit zu ihnen immer wieder bekennt. Nur wenn die Symbole so immer wieder von Neuem das Bekenntniß der Kirche werden, können sie ein Segen der Kirche bleiben. Sollen sie aber als Grundgesetze gelten, so daß die Kirche gar nicht mehr Freiheit hätte, in anderer Form zu bekennen, so sind sie das Verderben derselben, weil sie das Leben des Geistes tödten. Von solcher Knechtschaft ist aber das kirchl. Bewußtsein unsrer Tage frei geworden. Indem wir Gottes Wort treiben, wollen wir nur in dem Gehorsam Christi gefangen genommen, nur dem, was als die Offenbarung seines Worts anerkannt, unterworfen sein, alles andere aber, das auf diesem Grunde gebaut, ist unser, über das wir Macht haben, als über unser Eigenthum. Was heute irgend wo in der kirchlichen Ordnung als Lehre zur Geltung gekommen, muß morgen von dem bessern Bewußtsein sich richten lassen, kann noch heute gestraft werden von denen, die nicht an der Versammlung Theil genommen, oder die in der Minorität gewesen sind. Denn Gott giebt den Geist nicht nach dem Maaß, auch nicht nach der Zahl derer, die von ihm erfüllt sind, noch für eine gewisse Zeit. Niemand kann wissen, von wannen er kommt, sondern nur an seinem Sausen, das von ihm überall ausgeht, kann man wahrnehmen, wo er ist, und sein Wesen hat, — aber auch nur der wiederum, der selbst in dem Leben des Geistes steht. Also ob auch alle von Ihm zeugen, so ist ihr Zeugniß doch nichts, wo

Er selbst nicht zeuget, daß Geist Wahrheit ist. Nichts ist auszumachen über die Lehre der Evangelischen Kirche als Entwickelung des göttlichen Worts, sondern nur was als Leben der Gemeinde sowohl in ihrer räumlichen Abgeschlossenheit, wie in der Totalität der Kirche sich selbst geltend macht, und Anerkennung findet, das allein hat Geltung, aber auch nur so lange und nur so weit, als diese Anerkennung währet.

Ist das aber, kann dann Jemand wohl noch in der Kirche Gewißheit über die Wahrheit haben? Scheint dann nicht der Geist der Verheißung vergebens über sie gekommen zu sein? Wo bleibt die Wahrheit, in welche er sie geleitet? Gilt dann nicht vielmehr das Wort, daß sie „immerdar lernen, und doch nimmer zur Erkenntniß kommen" (2. Tim. 3, 7)? In der That sind es gerade diese Beschuldigungen, welche immer von Neuem auf Seiten derer laut werden, welche auf das Festhalten jener Satzungen als Norm der Gemeinschaft dringen. Aber etwas anderes ist, seiner Meinung gewiß sein, und etwas anders, bei dem, was man erkannt, als einem Fertigen, Unfehlbaren stehen bleiben, oder gar das, was von irgend einer Autorität hergekommen, zum Bestimmungsgrund des Lebens, zur Schranke der Erkenntniß machen *). Man kann, wie Paulus von den Ephesern rühmt, zu dem „Glauben an den Herrn Jesum" gekommen sein, man kann an Ihm haben die Erlösung durch sein

*) Es ist schwer zu begreifen, wie Stahl behaupten kann (Sendschr. an die Unterz. der Erklär. vom 15. August 1845 S. 22), daß die Augsb. Conf. es allein ist, die „den gemeinsamen (objectiven) Bestand der evang. Kirche sichert," wenn er doch zur Widerlegung seiner selbst gleichzeitig nicht umhin kann zu bezeugen, daß „das Band der evang. Kirche allerdings nicht die A. K., diese äußerlich geschriebene Urkunde, sondern der Geist Christi und die reale Erfülltheit der Menschen von demselben sei" (S. 22). Daß sich dieser niemals und nirgend „ohne ein gemeinsames Glaubensbekenntniß gefunden," ist nicht zu bestreiten, wohl aber, daß solches normativ sein darf, ein „Maaßstab" des Gerichts über die Lehre, wie Stahl will (S. 24).

Blut, kann den Reichthum der Gnade Gottes erfahren haben in allerlei Weisheit und Klugheit, und sich bewußt sein, zu wissen das Geheimniß seines Willens. Das kann man haben, und doch wissen, daß wir es noch nicht ergriffen, nicht erlangt haben allen Reichthum des gewissen Verstandes. Nicht auf unser Verständniß der göttlichen Wahrheit sollen wir uns verlassen, sondern allein auf Christum und sein Wort, das ist seine Gnade, die allein das Herz gewiß und fest machen kann, und immer von Neuem den Geist der Weisheit und des Raths darreichen wird. Nur wenn man an dieser Gewißheit sich genügen läßt, ob auch über das rechte Verständniß des Worts nichts absolut auszumachen, — erst dann ist man ganz eingegangen in das Wesen des protestantischen Princips, erst dann darf man sagen, daß man es in der Freiheit des Geistes in sich aufgenommen habe. Aber vor solcher Höhe und Tiefe in solcher Freiheit will immer noch so viele Glieder der Kirche ein Schwindel ergreifen. Sie wähnen noch immer, daß es ein Abgrund sei, welcher sie selbst wie die Kirche verschlingen müsse. Darum sollen Zeichen und Grenzen abgesteckt werden, daß man sich daran halten möge, wenn man in diese Tiefe schaue, daß man nicht die Besinnung verliere, oder gar den Boden unter den Füßen. Und warum diese Zagheit? Darum weil ihr Herz nicht recht fest ist im Wort, weil sie nicht zu schauen vermögen in das Gesetz der Freiheit, das nicht in fleischl. Gebote gestellt, weil sie die Kirche immer sehen wollen, statt sie zu glauben. Und doch hätte das sonntägliche Bekenntniß sie längst lehren sollen, daß zwar die Kirche als menschl. Ordnung sichtbar, in ihrer Totalität und Einheit und Wahrheit aber geglaubt werden muß, welcher Glaube zusammenfällt mit dem Glauben an den heil. Geist. So bleibt es dabei, daß nichts gewiß ist, als das Wort Gottes in der Schrift, daß kein anderer Inhalt als Grund-Symbol aufzustellen, auf das man sicher fußen könnte. Nur in solcher Unbeschränktheit ist wirklich die Evang. Kirche der eine große Baum, unter welchem alle menschlichen Gaben, alle Vögel des Himmels wohnen, und sich nähren mögen vom Brode des Lebens. —

Aber je mehr wir uns in solcher Freiheit wissen, anzunehmen und zu verwerfen, nach dem Geist, der in uns zeuget, desto mehr werden wir, wenn anders der Geist Christi in uns ist, Einzelne wie Gemeinden uns einleben in die Bekenntnißschriften, in welchen wir die großen Zeugnisse der Erneuerung der Kirche zu ihrer Einheit und Allgemeinheit fassen. Wir werden in ihnen den ursprünglichen Odem des Lebens wahrnehmen, welcher viele Tausende der erstorbenen Gebeine lebendig gemacht, und der noch zeugt, daß des Herrn Geist in solchem Werke war, daß Er uns errettete von dem Joch schmählicher Dienstbarkeit, und ein Denkmal aufrichtete, das fort und fort zeugen wird von dem Geist, mit dem Er selbst angeblasen hat das Gebein. Also werden diese Bekenntnisse immer mehr zur Anerkennung und Geltung kommen in der Wahrheit, in welcher sie zeugen. Das lehrt auch die Erfahrung. Wiewohl seit etwa einem halben Jahrhundert schon in dem Gesetzbuch unsers Landes ausgesprochen, daß „wegen bloßer von dem gemeinen Glaubensbekenntniß abweichender Meinungen kein Mitglied ausgeschlossen werden kann" (§. 55. Th. II. A. L. R. Tit. 11.), so hat doch gerade in den letzten zwei, drei Jahrzehenden das Bewußtsein immer weiter sich verbreitet, daß das erste Bekenntniß der wieder hergestellten Kirche in der That auf dem Grunde des göttlichen Wortes ruhe. Ist also nicht ein großer Theil aller Streitigkeiten über die Geltung der Symbole in der That etwas ganz müßiges, etwas anderes als ein Zanken um Worte oder Stechen von Silben? Denn wozu sollen die Fragen, ob die Symbole gelten oder nicht, ob sie abzuschaffen oder nicht?

Haben Sie keine Geltung, wozu bekümmert man sich noch um sie? Wozu bringen gerade die, welche ihre Nichtgeltung behaupten, auf ihre Abschaffung? Und wenn sie Geltung haben, wer sollte sie abschaffen? Man kann mit eben so gutem Recht behaupten, die Symbole gelten, wie sie gelten nicht. Freilich gelten sie, weil sie noch heute im Herzen und Bewußtsein aller Gemeinden der evangelischen Kirche leben, noch heute die Grundlage aller gläubigen Schriftbetrachtung, noch heute das Centrum aller gottesdienstlichen Andacht darstellen. Und darum würde es keiner Macht der Welt gelingen, wenn es ihr einfallen wollte, mit einem Machtspruch zu sagen: „Die Symbole sollen abgeschafft sein." Es wäre ein Gefecht von einem, der in die Luft streicht. Was die Symbole in dieser Weise gelten, das gelten sie in und durch sich selbst, als Inbegriff der Glaubenssubstanz der evangel. Kirche, und diese reale Geltung wird bleiben, bis der Geist der Kirche selbst sie aufhebt. Wollte man aber meinen, daß die Symbole noch die frühere Geltung hätten, daß darnach als nach einem äußerl. Gesetz „alle Lehren angestellt, und was denselben zuwider, verworfen und verdammt werden müsse," wie die Koncordienformel verlangt, oder daß, wie Luther will, alle diejenigen, welche etwas lehren wider solche „öffentliche Artikel des Glaubens," die nach der Meinung Luthers und der Symbole „klärlich in der Schrift gegründet, und in aller Welt geglaubet von der ganzen Christenheit," nicht gelitten, sondern als öffentl. Lästerer gestraft werden sollen *), — wenn man das meint,

*) S. Ausleg. des 82. Ps. Darnach würden alle Rationalisten schlecht fahren, denn er führt gerade das Beispiel an, „als wo jemand lehren wollt, daß Christus nicht Gott, sondern nur schlecht ein Mensch und gleich wie ein anderer Prophet sei." — Wenn man alle solche nicht leiden, sondern als öffentliche Lästerer strafen sollte, so würde man unter Zehntausenden etwa Einen überbehalten, den man nicht zu strafen hätte. „Eben so, fährt Luther

so würde man eben so der Wirklichkeit Hohn sprechen. Denn wo wäre wohl ein Land, eine protestantische Kirche, wo solche Geltung der Symbole noch nicht aufgehört hätte, seitdem das evangelische Bewußtsein zur Besinnung seines Princips gekommen. Warum sollte man also alle die nicht ruhig schreien lassen, welche solch Gericht wieder hergestellt wissen möchten. Denn das würde wieder keine Macht der Welt auszurichten vermögen. Der Geist, der einmal frei geworden, läßt sich nicht wieder unterkriegen. Es ist als wollte man das Meer in einen Schlauch legen, oder den Himmel in eine Spanne fassen.

Wollte man uns hier den Einwand machen, daß wir ja selbst in der Darstellung des kirchl. Rechts (Th. I. S. 186) bestimmte Wahrheiten als solche bezeichnet, welche nothwendig aus der heil. Schrift abzuleiten wären, folglich darin selbst

---

fort, soll die Obrigkeit auch strafen, oder ja nicht leiden die, so da lehren, Christus sei nicht für unsere Sünden gestorben, sondern ein jeglicher solle selbst dafür genug thun. Denn das ist auch eine öffentliche Lästerung wider das Evangelium, und wider denjenigen Artikel, da wir im Glauben also beten: ich glaube eine Vergebung der Sünden, und Item wer da lehret, daß der Todten Auferstehen nichts sei, und dergleichen. Denn hiermit wird Niemand zu glauben gedrungen, denn er kann dennoch wohl glauben, was er will. Allein das Lehren und Lästern wird ihm verboten," (man sieht, daß hier nicht blos von Predigern die Rede, sondern von allen, die öffentlich solche Meinung aussprechen) „damit er will Gott und der Christen ihre Lehre in Wort nehmen, und will solches dennoch unter demselbigen eigenen Schutz und Gemeinschaft aller weltlichen Nutzung zu ihrem Schaden thun. Er gehe dahin, wo nicht Christen sind, und thue es daselbst." Es wird also eine Excommunication mit Aufhebung aller bürgerlichen Rechte verlangt. „Denn," heißt es, „wer bei den Bürgern sich nähren will, der soll das Stadtrecht halten und dasselbe nicht schänden, oder schwächen, oder soll sich trollen. Also lesen wir, daß die heil. Väter im Conc. Nic. thaten: sobald sie der Arianer Lehre hörten, zischten alle einträchtlich und wollten sie auch nicht hören, sondern verdammten sie flugs ohne alles Disputiren, als die öffentl. Lästerer."

ein Symbol als Grundlage der Kirche aufgestellt, so würde dies lediglich auf einem Mißverständniß beruhen. Das Ganze ist offenbar nichts als eine Entwickelung des christl. Bewußtseins, das in der Gewißheit von der Allgenugsamkeit der Schrift fest ruht, und der Ueberzeugung lebt, daß und wie zu allen Zeiten, noch mehr in der unsrigen, die auf die Resultate der frühern Jahrhunderte fußen kann, der einfache, unbefangene Sinn unmittelbar aus der Schrift selbst die Grenzen herauszufinden vermöge, wo das Verständniß der Heilswahrheiten das Gebiet der Häresieen betritt *). Es ist hier nur ein Bewußtsein ausgesprochen von der Macht des Gerichts, welches die Schrift selbst übt, kraft des Geistes, der in ihr ist, und in dem Geiste der Gläubigen sich wieder erkennt. Es ist nur aus der freilich subjectiven Ueberzeugung herausgeredet, daß der Geist selbst, wie er es bisher in der That schon immer gethan, die aufgestellten substantiellen Momente der christlichen Lehre auch fernerhin zur Geltung bringen werde, wenn sie wirklich objective Wahrheit enthalten, d. h. in Uebereinstimmung mit der heil. Schrift stehen. Aber ist damit etwa schon gesagt, daß dieser Canon Geltung haben solle für den, der ihn nicht anerkennen will? Hat derselbe etwa zur Bestimmung der Wahrheit der Kirche dienen sollen? Nein, — sondern überall wird bezeugt, daß wo es die Gestaltung des kirchl. Lebens gilt, Freiheit bleiben soll und wieder Freiheit, in der Gewißheit, daß der Geist stark genug ist, die wahrhaftigen Zeugnisse seines Wesens und Daseins selbst allezeit zur Anerkennung zu bringen. Ja in der Kraft dieses Bewußtseins hat die Evang. Kirche den Muth wie das Recht, das Werk der Toleranz in einer Weise zu üben, wovon man außer ihr keine

*) Hiernach berichtigen sich auch die auf solchem Mißverständniß beruhenden Einwendungen in den histor. polit. Blättern (a. a. O. S. 541).

Ahnung haben kann. Sie duldet in sich alle Halbheiten des Glaubens, alle Häresieen, bis der Geist sie gerichtet, und darum nur zeugend gegen sie durch das Wort der Wahrheit, das in ihr lebt, und durch denselbigen Geist in ihr erhalten wird. Denn nur was vom Geist überwunden, ist recht überwunden*). Was sollten auch wohl die Häresieen der Kirche schaden? Sie offenbaren nichts als die Allmacht des göttlichen Wortes, indem man sie frei heraustreten läßt. So lange äußerer Zwang sie zurückhält, wie kann die Herrlichkeit des Wortes offenbar werden? Wo sie aber frei sich ergehen dürfen, und dennoch überwunden werden durch das Leben der Kirche, da wird es offenbar, daß nichts als Gottes Wort sie zurückdrängt und vernichtet. Ja wie dem Herrn der Kirche in der Offenbarung seiner Herrlichkeit alles, auch die Sünde und Verkehrtheit der Menschen dienen müssen, so sind es auch die Häresieen, die an dem Fortbau des Reichs mit arbeiten. Gerade dieser Widerstand gegen die Wahrheit ist es, welcher das Leben des Leibes Christi kräftig erhält und gesund macht durch die Reaction, die er in den lebendigen Gliedern erzeugt, daß sie immer mehr zur Bestimmtheit des kirchl. Bewußtseins fortschreiten. Ohne das würden die Geister schlafen, und das Leben ersterben. In der Kraft dieses Bewußtseins ist die Kirche auch stark, selbst den nackten Unglauben in ihrer Mitte zu dulden. Sie weiß ja, daß er schon gerichtet ist, ja in dem Fortgang der Jahrhunderte immer mehr gerichtet werden wird, daß es in den Herzen der Menschen immer mehr zur

---

*) Nur wenn auf diese Weise Auffassungen des Christenthums, die nicht mehr auf dem christl. Lebens-Princip ruhen, von selbst ausgeschieden werden, erkennen wir, daß der Zustand der evangelischen Kirche ein „gesunder" ist, — nur dann kann man sagen, daß „der lebendige Glaube der Gesammtgemeinde sie mit innerer Macht ausgeschieden," nicht aber, wenn, wie Stahl (a. a. O. S. 25) will, dies durch die Macht des Kirchen-Regiments geschieht. —

Verklärung kommen muß, was das Wesen des Reiches Gottes ist, — nicht hier ein Gebot, und da ein Gebot, hier eine Satzung, und da eine Satzung, sondern **Gerechtigkeit, Friede und Freude im heiligen Geist.**

Hinweg also mit allen Normen, die die Grenze vorzeichnen wollen, bis wohin das kirchl. Bewußtsein in der Entwickelung der Wahrheit sich zu bewegen hat — hinweg mit allen Zäunen, welche die Grenzen der kirchl. Gemeinschaft abstecken sollen. Vermag die Kirche in solcher Freiheit gegen den Unglauben nicht sich zu halten, so laßt sie dahin fahren — wir haben nichts von ihr, wenn sie nicht durch das Schwerdt des Geistes allein zu siegen vermag. Dann ist sie nicht die Grundfeste und Pfeiler der Wahrheit, dann mag und soll sie zu Grunde gehen. Es fällt mit ihr nichts als ein menschliches Bauwerk, das einem besseren Platz machen muß. Und ob auch in solcher Freiheit Secten über Secten entstehen, indem sie abtreten von dem, was bisher als die Substanz des gemeinsamen Glaubensbewußtseins gegolten, — was schadet es dem Dasein der Kirche, dem Fortschritt der Wahrheit, wenn auch die Menschen zu beklagen sind, die sich in solche Sackgassen einbauen? Wohl ist man gewohnt, selbst im Schooße der Evang. Kirche, darin ein Zeichen ihrer Unvollkommenheit oder gar Bodenlosigkeit zu finden, daß sie schon jetzt in eine Vielheit von Parteien aus einander gegangen, überall das Bild der Zerrissenheit darstelle. Kann man es auch wohl den Rittern des Römischen Stuhls nicht verargen, wenn sie auf das „Sectenreich"*) stolz herabblicken, und triumphirend „den Verfall, die Verwirrung und Auflösung des christl. Glaubens im Protestantismus" immer mehr sichtbar werden zu sehen wähnen, — eine Schmach ist es, wenn die Glieder der evang. Kirche sich

*) s. Rottels Krit. Blätter S. 204.

daran stoßen wollen. Ist es etwas anders als Unfreiheit des Geistes, wenn man nicht ahnen kann, daß man mit solchem Fluch der Verdammung das größte Lob für die Evangelische Kirche ausgesprochen hat? Das ist ja eben das Große am Protestantismus, ein mächtiges Zeugniß für seine Wahrheit, daß jede Individualität sich in ihm frei entfalten darf, daß der Geist in seiner Fülle zur Selbstoffenbarung komme. Je mehr dies geschieht, desto mehr wird die Kirche sich zur Wahrheit des Leibes Christi vollenden. Darum kann es auch geschehen, daß wenn nur erst das Römische Princip ganz aus der wiederhergestellten Kirche ausgeschieden, aller Zwang zur Uebereinstimmung mit gewissen vorgeschriebenen Auffassungsweisen weggefallen, noch größere Verschiedenheiten, wie schon jetzt, hervortreten, bis in solcher Freiheit der Geist durch sich selbst zur Besinnung und in der Allgemeinheit zur Einstimmigkeit kömmt mit dem, was als die Substanz des göttlichen Worts Anerkennung gefunden. Wo der Eine Geist waltet, da wird Er immer frei in dem Einen Herrn alle zur Einheit des Leibes verbinden. Und ob auch in der Entwickelung eine Menge Gemeinschaften auftreten, die dem Geist des Unglaubens in sich Raum gegeben — es behält auch in dieser Beziehung das Wort Luthers Wahrheit (Kommentar zu 120 Ps.): „Zwar es wäre wohl zu wünschen, daß keine Unruhe wäre, so aber dies nicht mag erlangt werden, so ist es besser, es erheben sich tausend Wiedertäufer, tausend Sacramentirer, tausend Aufrührische, denn daß zumal in allen Kirchen eine einhellige friedliche, jedoch falsche und unsaubere," oder wie wir hinzusetzen: eine erzwungene „Lehre sei. Denn obschon jetzund etwa Unordnung ist, so sind doch etliche Kirchen wohl und recht angerichtet, die unter dem Pabstthum und in diesem Frieden dermaßen nicht waren."

Will man den Einwand machen, was wohl aus der Kirche

Christi geworden wäre, wenn solche Grundsätze der Freiheit in den vorangegangenen Jahrhunderten gewaltet hätten, so wird durch solche empirische Betrachtung noch nicht die bessere Erkenntniß gerichtet. Es mag zugestanden werden, daß für die Entwickelung des kirchl. Bewußtseins ein solcher Zuchtmeister noth gewesen, wie er in der Römischen Kirche die Geißel geführt. Hat doch gleichermaßen auch das Gesetz bis auf Christum das Regiment haben müssen, um den Erziehungsprozeß der Menschheit in die geordneten Wege bis dahin zu leiten, wo der Geist, zu sich selbst gekommen, über die Aeußerlichkeit Herr werden konnte. Es muß nothwendig gewesen sein, — denn Gott hat es also geschehen lassen. Und eben so mögen wir aus gleichem Grunde gern zugestehen, daß die Schranke der Zucht in dem Ansehn der symbolischen Bücher eine nothwendige gewesen, damit sie in den ersten Lebensstadien der Gestaltnahme des evang. Geistes ein Leitstern würden zu seiner Selbstbesinnung und Erstarkung. Aber sollen deshalb solche Gängelbänder für alle Zeiten nothwendig bleiben? auch dann noch, wenn der Geist zu dem Verständniß von dem vollen Gesetz der Freiheit gekommen? wenn ihm in der Gewißheit seiner selbst offenbar geworden, daß wie das Römische Joch über die Gewissen, so das äußerliche Gesetz des Glaubens in der Evang. Kirche ein Joch ist, welches niederzureißen ist, damit dem Geiste Raum gegeben werde zu seiner Selbstentfaltung?

Solche Zeit ist gekommen, ihre Zeichen stehen hell und klar am Gesichtskreise des Lebens. „Die Zeit ist da, spricht der Herr, daß deine Mauern gebaut werden.“ Das sind die Mauern des freien, himmlischen Jerusalems, welche das Wort Gottes allein aufbaut. Als solch weithin leuchtendes Zeichen steht die **Union** da, dieser Riesenfortschritt im Ausbau des wahrhaftigen Gottesreichs. Es ist der Gedanke, daß Reformirte wie Lutheraner beide in der Einheit der Evang. Kirche zur Gemeinschaft eines Gottesdienstes sich verbinden dürfen, welcher sich endlich in dem öffentlichen kirchl. Bewußtsein Bahn gebrochen. Welche Differenzen auch unter diesen Parteien bestehen mögen, man hat sie nur als Modificationen in der Gestaltung eines und desselben Bewußtseins betrachtet, sie nicht mehr als exclu- dirende Basen zweier Gemeinschaften ansehen wollen. Auch war es nicht etwa ein Einfall der Laune oder ein kluger Ge- danke theoretischer Speculation, der in der Einführung der Union hätte Gestalt erhalten sollen. Das Bewußtsein war schon da, hatte das Leben der Kirche durchdrungen. Die Ge- gensätze hatten ihre Bedeutung verloren. Da war es der Beruf des Kirchen-Regiments, solches anzuerkennen. Daß Preußen hierin seine Zeit verstanden, daß es den ersten Schritt gethan, um dem vorhandenen Bewußtsein Bestimmtheit des Daseins zu geben, indem es die Union als Postulat des Evang. Geistes hinstellte, — daß es die Hindernisse der Gestaltung einer neuen gottesdienstlichen Gemeinschaft im höhern Geist der Ein- heit und christlichen Liebe, in der Wahrheit des freien evang. Lebens hinwegräumte, — das ist und bleibt sein weltge- schichtliches Verdienst, eine große That des protestan- tischen Geistes. Ob die Regierung das Princip der Union selbst in seinem fundamentalen Inhalt ganz erkannt, ob es das- selbe im Einzelnen in der entsprechenden Weise überall durch- geführt, überall diejenige Freiheit gelassen, die man doch nur dabei im Auge hatte, ist eine andere Frage. Aber dennoch ist die Union geschehen. Der Gedanke hat im Großen und Ganzen der Evang. Kirche Preußens Beifall gefunden, und das kirchl. Leben sich darnach gestaltet. Die Landes-Kirche ist eine evangelische, auf dem Princip der Union ruhend, — das ist Thatsache, und wenn dennoch fort und fort sich Stimmen erheben, die da meinen, die Union sei noch nicht ge- schehen, dürfe nicht geschehen, oder sei zwar ein Factum, habe aber noch kein Recht des Daseins, oder „das Factum könne noch nicht zur Proclamation einer unirten Kirche berechtigen," so sind das müßige Demonstrationen. Wer in dem Princip der Union lebt, der wird ihr Recht, ja ihre Nothwendigkeit nicht verkennen, wird das Dasein einer unirten Kirche nicht bestreiten wollen. Wer aber von ihr nichts wissen will, sie für unmöglich hält, so lange die Lehrformel nicht gefunden, in der die verschiedenen Lehrsätze über Abendmahl &c. ihre Lösung erhalten, weil „er nicht etwas einschließen könne, was nach seiner Ueberzeugung Gottes Wort ausschließe" *), mit dem ist nicht weiter zu streiten. Dem steht einmal der Begriff, die Formel höher als die Gemeinschaft in Christo, dem ist es nicht genug, das Wort Gottes annehmen, sondern es soll auch eine bestimmte Deutung desselben der Träger der Wahrheit der Kirche sein. Für diese Leute ist in der That die Union nicht da. Aber sonst wird sie wohl trotzdem Bestand behalten, ja immer mehr als eine Wirklichkeit des Daseins sich erweisen. Insofern könnte es auch an sich ganz gleichgültig sein, ob die Union wirklich noch kein besonderes formelles Recht erlangt habe. Sie könnte das füglich entbehren, weil sie auf dem göttlichen Recht ruht, von dem alles andere menschliche Recht zu Lehn geht, — weil ihr Princip kein anderes ist, als die Wahrheit der Kirche Christi, wie sie in der Reformation wieder hergestellt ist. Aber so gewiß für diese Kirche, wie wir oben gezeigt (S. 61), in der ganzen Freiheit und Allgemeinheit ihres Princips ein Recht des Daseins in deutschen Landen erkämpft worden, so gewiß hat und behält auch die Union ihr äußeres Recht. Wollte man aber gar in Preußen das letztere bestreiten, so müßte man blind sein im Angesicht des Tages. Kennt man denn nicht die Erklärung der Gewalt

*) s. Nagels Sendschreiben &c. Stettin 1844. S. 15.

unsers Landes, in welcher die kirchliche Gesetzgebung ihren Schlußstein hat, Kraft deren das Recht der Union ausdrücklich anerkannt ist? Wir meinen die Verordnung vom 28. Febr. 1834. Welches größere Recht könnte die unirte Kirche Preußens haben? Und wer wollte und könnte ihr irgend solch Recht streitig machen? Gewiß die Union ist Thatsache, ist Recht und hat Recht, so gewiß wie die Evang. Kirche überhaupt, und wem es einfallen sollte, dies zu bestreiten, der ist dem Papst gleich, welcher noch heute gegen das Dasein der Evang. Kirche protestirt, als gegen einen abusus wider die Satzungen des heil. Röm. Reichs, — eine Idiosynkrasie, die man gern gewähren lassen kann. Unbekümmert um solche Anfeindungen wird die Union doch fortschreiten auf der Bahn der Entwickelung zu der vollen Wahrheit ihres Grundgedankens.

Denn damit ist diesem freilich noch nicht genug geschehen, wenn man in Bestimmung der Gemeinschaft von dem Gegensatz des reformirten und lutherischen Bekenntnisses abstrahirt, übrigens aber beide als normative und gegen andere excludirende Basen gelten läßt. Nein alle Bekenntnisse sollen in ihr gleiche Berechtigung haben, so lange sie nicht das Ansehen der Schrift selbst verwerfen, weil sie nichts anders will als die Wahrheit der auf diesen Grund ausschließlich sich gründenden Kirche. Mag man auch im Anfang sich solcher Generalisirung des Princips nicht klar bewußt gewesen sein, — das bleibt doch unwidersprechlich, daß der Konstituirung der Union nothwendig der Gedanke zum Grunde lag, daß die Verschiedenheit der Auffassung in beiden Symbolen deshalb keinen Grund der Trennung bilden könne, weil sie menschliche Auffassungen sind, und daher kein Ansehn der Unfehlbarkeit haben (Kirch.-Recht Th. I. S. 180). Damit ist aber die Berechtigung aller andern Vorstellungsweisen trotz einer Abweichung von dem einen oder anderen Bekenntniß schon anerkannt worden. Es ist damit zur Erkenntniß gekommen, daß es einen Inhalt gebe, der über alle solche Differenzen steht, in welchem alle Glieder der evangelischen Kirche zusammen treffen, das Evangelium von Christo als der ausschließliche Grund unserer Seligkeit, und daß also trotz jener Verschiedenheit jeder in der Einheit der evangelischen Kirche stehe, welcher daran festhalte. Auch steht dem nicht entgegen, daß die kirchl. Gewalt in jener Verordnung von 1834 die Erklärung abgegeben, daß „durch die Union die Autorität, welche die Bekenntnißschriften der beiden evangelischen Konfessionen bisher gehabt, nicht aufgehoben worden sei.“ Ist etwa damit schon gesagt, daß jene Schriften als Norm und Schranke für das kirchliche Leben Geltung haben sollen? Oder war nicht vielmehr dieses Ansehn schon seit dem Ende des vorigen Jahrhunderts verschwunden? Und konnten die amtlichen Erklärungen der kirchlichen Gewalt seit der Thronbesteigung Friedrich Wilhelms III. darüber irgend Zweifel lassen, daß diese Entwickelungsstufe des kirchlichen Bewußtseins auch in dem öffentlichen Leben zur Geltung gekommen? Ist also die Autorität, wie sie bisher bestand, als ferner geltend erklärt, kann das wohl etwas weiteres heißen, als daß die Union — die Verbindung beider Theile zur Gemeinschaft des Gottesdienstes, — in dieser Geltung nichts geändert habe? Man hat damit nur dem Entwickelungsgange des kirchlichen Bewußtseins freien Lauf gelassen. Wäre aber auch die Absicht gewesen, die Autorität der Symbole besonders zu bekräftigen, so konnte dies doch nur in einem Sinne gemeint sein, wie er mit dem Princip der Reformation in Einklang steht. Unmöglich hat der oberste Grundsatz aufgehoben werden sollen, daß Gottes Wort der alleinige Grund der Kirche, das alleinige Richtmaaß der Lehre sein solle. Hätte aber auch wirklich jene Erklärung darauf abgezielt, die Autorität, welche die symbolischen Bücher im 17. Jahrhundert gehabt haben, als noch fortbestehend anzuerkennen, so würde das immer nur als ein historischer Rechtssatz dastehen, der über die Wahrheit des Begriffs der Union nichts ausmachen könnte. Denn diese wird nicht durch einen Act des Kirchen-Regiments bestimmt, sondern durch den Geist der evangelischen Kirche, und sein Gericht hat längst die Autorität der Symbole in diesem Sinne verworfen.

Aber allerdings scheint man, nach Allem zu urtheilen, in den Gemeinden wie in den kirchlichen Verwaltungsbehörden hierüber noch nicht sich völlig klar zu sein. Noch neuerdings hat Jemand, der sich als ein Anhänger und Bekenner der Union bekennt (v. Gerlach Ev. K.-Zeit. 1843 Nr. 85), selbst zugestanden, daß „auch diese Anhänger und Beförderer überhaupt sagen müssen, daß in kirchlicher und kirchenrechtlicher Hinsicht Niemand so recht wisse, worin in Preußen die Union bestehe.“ In der That scheint hier, in mehr als einer Beziehung recht eigentlich eine Verwirung der Begriffe zu herrschen, obwohl im Wesentlichen die Verwaltung von dem Gedanken der Union bewegt, und diesem Ziele zugeführt wird.

Wenn zunächst behauptet worden (s. Verordn. v. 1834), daß die Annahme der Agende noch nicht die der Union in sich schließe, so erscheint dies als ein Widerspruch in sich selbst. Denn wie auch die Erfahrung bewiesen, kann nicht füglich jemand sich zu dem Gebrauch der Agende verstehen, sofern er nicht das Princip der Union anerkennt, d. h. von der Differenz der lutherischen und reformirten Lehre abstrahirt. Denn die Agende, als auf dem Princip der Union ruhend, hat selbst hievon abstrahirt, also das Bekenntniß des einen oder andern dem Dissensus unterworfenen Lehrsatzes als unwesentlich dargestellt, was kein specifisch lutherischer oder reformirter Christ zugeben kann. Wirklich wird man auch kaum einen andern Modus nachweisen können, in welchem die Erklärung des Beitritts zur Union stattgefunden hätte, als eben in der Annahme der Agende. Wenn ferner erklärt worden, daß die Union ein Werk freier Entschließung sein soll, so erscheint man auch hier in Folge desselben Mißverständnisses mit sich in Widerspruch, da gleichzeitig die Annahme der Agende befohlen worden. Dazu kömmt, daß noch heute den Kandidaten der Beitritt zur Union resp. die Annahme der Agende zur Bedingung der Anstellung gemacht wird, also künftig kein Geistlicher innerhalb der Landes-Kirche zu finden sein wird, der nicht der Union beigetreten wäre. Es wurde auch nicht weiter gefragt, ob trotz der Union, wie es als statthaft bezeichnet worden, eine Gemeinde eine bestimmte Konfession festgehalten habe, sondern es wurden ohne Unterschied Geistliche lutherischen Bekenntnisses bei reformirten Kirchen und reformirte Geistliche bei lutherischen Kirchen angestellt, — zum unzweideutigen Zeichen, daß man von dieser Differenz innerhalb der Union gänzlich absehen wolle. Nur das evangelische Bekenntniß nicht das specifisch lutherische oder reformirte hatte man im Auge. Auch soll das Letztere nicht als etwas Unrechtes, Unchristliches bezeichnet werden, — es war dies vielmehr der rechte Standpunkt des evangelischen Geistes, der über diese Differenzen erhaben ist. Aber darin hatte man gefehlt, daß man dies Princip zur Geltung brachte, ohne die Gemeinden nach ihrer Zustimmung zu fragen, ja sogar ohne Rücksicht auf erhobene Gewissensbedenken und Widersprüche. Man hatte vergessen, daß man die Union nicht durch kirchenregimentliche Anordnungen machen, die Wahrheit ihres Princips Niemand aufdringen darf. Man hatte nicht bedacht, daß man gerade in der Kraft der Union dem Geist der Wahrheit vertrauen, aller Eigenthümlichkeit innerhalb derselben, wäre es auch in der Starrheit der einseitigen dogmatischen Konsequenz, Raum lassen müsse, so lange die letztere nicht von dem Geist der Union überwunden, und mit diesem Princip vollkommen versöhnt worden. So war die Freiheit, welche die Verordnung v. 1834 proclamirt, in der That nicht gewährt worden. Man hatte dem Gewissen das unvorenthaltliche Recht der Selbstbestimmung in Bezug auf die Wahl der religiösen Gemeinschaft nicht unbedingt freigelassen. Man fragte nicht den Einzelnen, ob er dem Unions-Princip beigetreten, sondern zwang ihn, auch wenn es nicht geschehen, zu einer unirten Kirche sich zu halten. Eben so schlug man die Leute zu früher reformirten Kirchen oder lutherischen, ohne zu fragen, ob sie die eine oder andere lieber hätten. Man bedachte nicht, daß beide Arten von Kirchen trotz der Annahme der Agende gewisse Eigenthümlichkeiten im Kultus beibehalten hatten, so daß es dem einen oder dem anderen wohl Gewissenssache sein konnte, in diesem Idiom der gottesdienstlichen Gemeinschaft zu verharren. So konnten weder die der Union fremde Gesinnung noch das trotz der Union an jenen specifischen Unterschieden festhaltende Princip innerhalb der Landes-Kirche zu dem Recht eines gottesdienstlichen Daseins kommen, und es blieb für sie nichts übrig, als eine besondere Kirchengemeinschaft aufzurichten. Nur hieraus ist die lutherische Secession hervorgegangen, nur daraus hat sie die Triebkraft ihrer Ausbreitung und Verzweigung gewonnen, indem unter dem gewaltsamen Gegendruck viele Kinder Gottes lüstern wurden, die sonst in diesem Lande schwierige Krone des Märtyrerthums zu erringen. Statt daß, wenn man die proclamirte Freiheit hätte eine Wahrheit werden lassen, gerade darin die irrigen Vorstellungen und Gewissensbedenken am ersten ihr Korrectiv gefunden hätten. Aus demselben Grunde sind aber auch noch heute innerhalb der unirten Kirche viele Gemüther der Union entfremdet, die, zur Besinnung des aufgedrungenen Wesens gekommen, vielleicht bewußt oder unbewußt nur noch durch die Rücksicht auf die äußerlich ungünstige Stellung der Separirten von dem gleichen Schritte zurückgehalten werden.

Nun hat man freilich neuerdings sich wieder besonnen, in welchem Widerstreit dieses unterschiedslose Geltendmachen des Unions-Princips mit der proclamirten Freiheit, vor allem mit dem Unions-Princip selbst steht. Man hat wiederum bei den unirten Kirchen der Frage Raum gegeben, ob sie lutherische oder reformirte seien, sobald es um die Bestimmung des Parochialverhältnisses sich handelt. Aber allerdings hat man auch dann wieder nicht gewagt, die Erklärung des Individuums über die kirchliche Beziehung entscheiden zu lassen, wie dies nothwendige Folge jener Unterscheidung gewesen wäre, da einmal das Landes-Gesetz (§. 261. cfr. §. 41. Tit. 11. Th. II.) dies als den alleinigen Entscheidungs-Grund aufstellt *). Vielmehr hat man aus Rücksicht für die den einzelnen Parochieen drohenden Gefahren sich an historische Verhältnisse halten zu müssen geglaubt, und darnach die Individuen der einen oder der andern Konfession überwiesen. Weiter hat man, belehrt durch die Erfahrung aus dem Widerstande gegen das Geltendmachen des specifisch lutherischen Dogmas als Basis der Gemeinschaft, die Gewaltmaaßregeln eingestellt, auch zur Begegnung einer Ausdehnung dieser Secession die Annahme des streng lutherischen Princips bis zu dem Puncte gestattet, wo dasselbe hie und da keine Gewissensscrupel fand, sich mit dem reformirten oder unirten Kirchen-Regiment zu vertragen, wie dies z. B. in Pommern geschehen **). Eben so hat man auf

*) Daß die Ansichten des Kirchen-Regiments über den Grad der Erheblichkeit dieser Differenz und ihre Bedeutung innerhalb der Union für das Gewissen der Einzelnen niemals präjudicirlich sein können, hätte wohl nie verkannt werden sollen. Denn über das, was Sache des Gewissens ist, kann selbstredend nichts als das Gewissen entscheiden.

**) Daß übrigens in diesem Pommerschen Lutherthum, das auch

der andern Seite für die auf dem reformirten Glaubensbekenntniß ruhenden Unitätsgemeinden im Großherzogthum Posen die Wiederherstellung ihrer frühern Verfassung im Unterschiede von der evang. Landeskirche gestattet, obschon hier nicht einmal die Gemeinden — diesem Idiom entfremdet, darauf angetragen haben, sondern nur etwa drei oder vier einzelne Glieder derselben *).

Wie alle diese neuern Vorfälle auf dem kirchlichen Gebiete

außerhalb Pommern sich findet, schon eine bedeutende Concession dem Unions-Princip gemacht worden, ist nicht zu verkennen, und darum ganz natürlich, daß die Alt-Lutherischen dawider den Vorwurf erheben, daß jene die Consequenz ihres Princips verlassen haben. In der That ist diese Inconsequenz des sog. Lutherthums in der unirten Kirche neuerdings in dem Feldzuge des lutherischen Pastor Oster wider die Halblutheraner Pistorius, Hollaz, Nagel ꝛc. (Deutschlands Zion und die Halblutheraner, Berlin 1846) so schlagend geschlagen, daß m. E. schwerlich Jemand dawider etwas erhebliches einzuwenden haben wird. Das ist doch noch eine Consequenz, vor der man Respect haben muß, nicht aber vor jener Halbheit, die gern eine specifisch luther. Kirche haben möchte, aber entweder nicht die Klarheit des Begriffs oder nicht die Kraft und Selbstverleugnung hat, um die luth. Kirche da anzuerkennen, wo sie in dem Specifischen ihres alten Idioms, d. h. in dem exclus. luth. Bekenntniß, sich erhalten hat, vielmehr das luth. gestimmte Gewissen durch allerhand Winkelzüge zur Anerkennung der luth. Kirche in der unirten zu bereden sucht. Muß in der Kirche nicht blos ein Bekenntniß des Glaubens leben, sondern ein bestimmt dogmatisch formulirtes als Grundgesetz der Gemeinschaft gelten, so ist die Union gerichtet, weil sie kein bestimmtes, sondern nur zwei sich widersprechende zur Basis haben soll. Erkennt man aber gar das lutherische als das ausschließlich wahre an, so kann man auch nicht mit gutem Gewissen unter einem Kirchen-Regiment bleiben, welches jenes Bekenntniß nicht als das ausschließlich wahre bekennt, also außerhalb der specif. lutherischen Kirche steht.

*) S. meinen Aufsatz: Die Bischofweihe des Konf.-R. Dr. Siedler in d. E. K. 3. März 1845, ein Wort, das aus meiner eigenen Wissenschaft als kirchl. Theilnehmer an den Verhandlungen hervorgegangen ist. —

mit dem Prinzip der Union in Einklang zu bringen, ist für viele ein völliges Problem geblieben. Die einen sehen darin nichts wie die Tendenz des Kirchen-Regiments, die Union wieder in rückgängige Bewegung zu bringen, die anderen fangen an, an dem Princip der Union selbst wieder irre zu werden. Sie meinen nur Verwirrung über Verwirrung als Folge der Union zu erblicken, und kommen darüber selbst um so mehr in Verwirrung, je weniger sie wissen, welche Stellung sie zu den lutherischen Dissidenten einzunehmen haben, mit denen sie auf einem Grunde des Glaubens sich finden, und wie sie mit denen sich abfinden sollen, welche in der Union nur eine Berechtigung zum Abfall von der Kirchenlehre zu sehen wähnen. Darf man sich da noch wundern, daß selbst eine der Provinzial-Synoden der vaterländischen Kirche nicht anders aus diesem Labyrinth herauskommen zu können geglaubt hat, als durch die Stellung des Antrags bei dem Kirchen-Regiment, die theologischen Facultäten des Inlandes und Auslandes zu einem Gutachten über das Princip der Union zu veranlassen? ja, daß in gleichem Sinne von vielen Seiten die **General-Synode** mit Anträgen angegangen ist, diese Verwirrung der Begriffe zu heben? In der That hat die letztere an dieses Werk sehr ernstlich Hand angelegt. Sie hat zu dem Ende sich dahin ausgesprochen, daß

1) die Union nicht blos durch eine bloße Konformirung des Kultus oder der Verfassung vollzogen werden könne, sondern daß es dazu vornemlich einer bestimmten Glaubens- und Bekenntnißgrundlage bedürfe.

2) daß die bisherigen Erklärungen des Kirchen-Regiments über diese Grundlage unzulänglich wären.

3) daß die Darstellung derselben nicht in einer Lehrformel nothwendig bestehen müsse, welche die bisherigen Differenzen dogmatisch auszugleichen bestimmt wäre, sondern

daß es dagegen nur eines angemessenen Ausdrucks des gemeinsamen und über jene Differenzen erhabenen evangelischen Glaubens bedürfe.

Den letztern hat die Synode in dem zu finden geglaubt, was als Formular der ordinatorischen Verpflichtung der Geistlichen, und als Grundlage einer aufzustellenden Lehrordnung proponirt worden. Allein dadurch wird noch nicht die Dunkelheit der Vorstellungen über das Wesen der Union aufgehellt, daß das Kirchen-Regiment sich in dogmatischen Formeln klar macht, worin das Fundamentale des Glaubens zu erkennen sei, auf welches die von dem Unionsgedanken getragene Kirche fuße, oder was eigentlich das Wesen des allen Symbolen Gemeinsamen ausmache, in welchem die früher getrennten Kirchen sich eins wissen. Daß ein solcher Konsens besteht, ist schon eben in der Einführung der Union als Thatsache der Ueberzeugung ausgesprochen. Auch ist in der Handhabung des Kirchen-Regiments wohl nie ein Zweifel gewesen, daß dieser Konsensus eben in alledem besteht, was nicht Gegenstand des allgemein bekannten Dissensus war. Wo es darauf angekommen, aus dem Bewußtsein des Konsensus zu handeln, konnte das Kirchen-Regiment allezeit seiner Sache gewiß sein, und ist es auch gewesen, indem es den Inhalt des letzteren stets festgehalten, und von den Gegenständen des Dissensus, als das Innerste des Christenthums nicht fundamental berührend, stets abstrahirt hat. Eine Zusammenstellung alles dessen, worin der Konsensus sich ausspricht, hat daher auch gar kein practisches, sondern nur ein wissenschaftliches Interesse, dessen Befriedigung nicht Aufgabe des Kirchen-Regiments, sondern der wissenschaftlichen Theologie ist. Der letzteren hätte daher die General-Synode die Aufstellung eines solchen Konsensus ganz überlassen, und hiernach auch dem Kirchen-Regiment ihren Rath geben sollen. Denn wozu sollte es führen, hierüber im Wege der Gesetzgebung etwas auszumachen? Was kann überhaupt die Aufstellung einer eigentlichen Lehrordnung für Zweck haben? Daß die Wissenschaft sich daran nicht binden, sondern doch stets frei und unabhängig ihren Gang gehen wird, versteht sich von selbst. Für die Ordnung des kirchlichen Lebens müssen aber ebenfalls dergleichen Lehrsatzungen ohne Einfluß bleiben. Denn wenn es gilt neue liturgische Formeln aufzustellen oder neue Katechismen zu sanctioniren, — dürfen etwa die Gesetzgeber der Kirche sich durch solche Ansichten früherer Gesetzgeber binden lassen (s. unten)? Und eben so wenig kann darin für den Diener am Wort eine Verpflichtung liegen, die aufgestellten Momente als das Fundamentale anzuerkennen, wenn es nicht mit seiner Ueberzeugung stimmt, es wäre denn, daß diese Darstellungen in den Inhalt der liturgischen resp. agendarischen Formeln oder in die Katechismen aufgenommen wären, in welchem Falle sie freilich, aber auch nur als solche Gesetze, verbindliche Geltung hätten, während im Uebrigen nur die Verpflichtung in der Ordination für ihn die Schranke der Entwickelung des Inhalts der evangelischen Lehre bilden würde. Die dogmatische Exposition des Fundamentalen oder des Konsensus kann daher nur als Zeugniß von der Gesinnung der General-Synode Werth haben und behalten, nicht aber die Unklarheit der Begriffe über die Bedeutung der Union aufhellen. Dazu führt kein anderer Weg, als die Erkenntniß des Princips der Union in seiner ganzen Totalität und das Geltendmachen desselben in allen seinen Konsequenzen. Dieser Grundgedanke der Union, wie er die freilich vielen unbewußte Grundlage der Vereinigung ist, ist kein anderer, als das **Princip der Reformation** selbst oder der Wiederherstellung der Kirche zu ihrer Allgemeinheit und Freiheit d. i. der Wiedereinsetzung des göttlichen Worts in sein Recht der ausschließlichen Autorität über den Menschengeist. Dieser Gedanke war in dem Fortgang der protestantischen Kirchen-Trennung verdunkelt, ja theilweise wieder aufgehoben, darum hat die Union ihn wieder zum Bewußtsein bringen, denselben zu einer vollen Wahrheit erheben wollen. Eben deswegen ist sie auch so alt, wie die Evangelische Kirche selbst. Sie war in demselben Augenblick wenigstens im Keime da, als im Widerspruch mit ihrem Princip die Differenzen über die Deutung des göttlichen Worts wieder Gemeinschaftbestimmend und excludirend wurden, und ist durch alle Jahrhunderte hindurch als Postulat anerkannt geblieben. Statt also alle die freilich sehr interessanten Arbeiten zur Bestimmung des sog. Fundamentalen vorzunehmen, wäre die Synode unendlich viel weiter gekommen, wenn es jenen Grundgedanken als Wesen der Union anerkannt, und von diesem Centrum aus bestimmt hätte, welche rechtliche Wirkungen dieselbe habe, — ob das Dasein der auf diesem Princip ruhenden Kirche an das Festhalten bestimmter dogmatischer Begriffe gebunden, oder ob vielmehr diese Kirche überall da sei, wo jenes Grundprincip der Reformation festgehalten wird. Man hätte sich dann klarer gemacht, als wie es in den Beschlüssen geschehen, daß die Union, so wenig sie die Substanz der Bekenntnisse angetastet, doch wesentlich die Stellung der Kirche zu den Bekenntnißschriften umgewandelt, — hätte dann klar gesehen, daß alle die ebenfalls zur Kirche gehören, welche diese Gemeinschaft, die Einheit des evangelischen Lebens wollen, wenn sie das Fundamentale auch in anderen Formeln finden, ja wenn sie auch von dem Princip der Union nichts wissen wollen, und deshalb sich mit sich selbst im Widerspruch finden. Ja man hätte gerade die Freistellung aller Verschiedenheit, also auch Einseitigkeit zur Konstituirung einer gottesdienstlichen Gemeinschaft ausdrücklich mit als Postulat der Union anerkennen, und darnach auch dem Einzelnen die unbedingteste Freiheit in der Wahl dieser Gemeinschaft zugestehen müssen. Hierüber sich völlig klar und bestimmt auszusprechen, darauf kam es unsers Erachtens vor Allem an, und darum konnte es wohl nicht genügen, sich auf die Hinstellung des allgemeinen Satzes zu beschränken, wonach „für Individuen und Gemeinden volle Freiheit der Anschließung an den lutherischen und reformirten Typus der Lehre und des Kultus" gefordert worden. Denn so klar dies Postulat auch an sich ist, und eine große Freiheit in sich zu fassen scheint, — was ist, so fragen wir, damit wohl Erhebliches gewonnen worden? Ist es nicht schon darin einseitig, daß es nur die Anhänglichkeit an den reformirten und lutherischen Typus frei giebt, also andere Weisen als außerhalb der evangelischen Kirche stehend betrachtet? Aber wäre doch auch nur diese Freiheit eine volle Wahrheit geworden! Denn ist nicht andererseits durch die Beschlüsse der Synode klar genug geworden, wie wenig dieselbe gemeint war, jene unbedingte Freiheit den Individuen zuzugestehen, da sie Bedenken getragen hat, die Folgerungen ihrer Kommission aus jenem Princip anzuerkennen? Zwar hat sie noch dem Grundsatz ihre Zustimmung gegeben, daß „confessionelle Conflicte der Einzelnen bei der Wahl und Veränderung der Parochieen im Interesse der Gewissensfreiheit zu entscheiden." Wie hätte dies auch bedenklich sein können, da die von der Kommission gleich beigefügte Einschränkung ganz geeignet ist, jenes Zugeständniß wieder zu paralysiren. Denn soll darnach „zugleich jeder Mißbrauch der Freiheit zur Umgehung pecuniärer Leistungen möglichst verhütet werden," — sind damit nicht Mittel und Wege genug offen gestellt, jeden mit der hergebrachten kirchlichen Rechtsordnung nicht harmonirenden Gewissensanspruch zu beseitigen? Aber dagegen hat die Synode sich klüglich wohl gehütet, auch noch zu dem Satz ihre Zustimmung zu geben, der jene Freiheit erst zu einer concreten Wahrheit machen würde, daß es nemlich Kraft jenes Princips „**unstatthaft** sei, daß ein Parochial-Nexus mit einer Kirche resp. lutherischen oder reformirten Bekenntnisses **gegen den Willen eines Individuums** etwa aus dem Grunde der Abstammung von früher lutherischen oder reformirten Eltern oder wegen Empfangs der Konfirmation von lutherischen oder reformirten Geistlichen geltend gemacht werde." Wird aber die Freiheit des Individuums nicht in diesem Sinne genommen, soll irgend etwas anders als die ausdrückliche Willenserklärung desselben in dem gegebenen Moment über seine Gemeinschaft mit der einen oder andern gottesdienstlichen Weise entscheiden, so ist klar, daß dann alle Gewissensfreiheit rein illusorisch wird. Darum kann man nur in der Eröffnung solcher unbedingten Freiheit für Gemeinden und Individuen aus allen Verwickelungen herauskommen, nur so wirklich die individuelle Freiheit in der Erfassung der Gottesoffenbarung, wie sie in der Reformation angestrebt worden, eine Wahrheit werden, nur dann die Union aufhören für viele ein Schreckbild zu sein, wovor sie sich gern retten möchten, sollten sie auch wieder der Menschen Knechte werden.

Die Folge solcher gänzlichen Emancipation des Gewissens wird freilich die gänzliche Umkehrung aller bisherigen Verwaltungsgrundsätze, ja des ganzen bisherigen Kirchenthums sein, wie dies schon in den Anfängen der Realisirung des Unions-Princips sich herausgestellt hat. Soll jedem allezeit freistehen, nach seiner Subjectivität sich für diese oder jene religiöse Gemeinschaft zu entscheiden, und darnach jeden Augenblick eine neue Parochialbeziehung zu constituiren, so wird und muß nothwendig der Parochialzwang selbst zu einem Phantom herabsinken. Das will aber auch die

Consequenz aus dem Princip der Reformation. Denn wie wenig jenes Institut mit dem letzteren in Einklang zu bringen, haben wir an seinem Ort (Kirch.-Recht Th. II. S. 56) nachgewiesen, auch gezeigt, daß trotz der postulirten Freiheit eine kirchliche Ordnung sowohl in Bezug auf das Interesse der Kirche wie des Staats rücksichtlich des Zusammenhangs bürgerlicher Folgen mit kirchlichen Handlungen vollständig durchzuführen sei. Wir durften uns nur auf die tägliche Erfahrung in allen Fällen der Exemtion berufen, um anschaulich zu machen, daß die Aufgabe nur dahin gehe, das Recht der Eximirten zum allgemeinen zu machen, und damit das zwiefache Unrecht, das sowohl in der Exemtion selbst, wie in der Versagung jener Freiheit sich darstellt, aufzuheben. Aber von ungleich größerem Gewicht wird dieses Unrecht dann, wenn der Zwang sogar gegen diejenigen geltend gemacht wird, welche zur Gemeinschaft eines solchen Verbandes wegen Abweichung von den religiösen Vorstellungen nicht mehr gehören wollen. So klar dies auch auf der Hand liegt, so hat man doch noch immer nicht das Herz gewinnen können, diesen Grundsatz in seiner Totalität gelten zu lassen. Dafür spricht wiederum die Erfahrung. Wie viel Jahre hat man sich nicht gesträubt, jenes sonnenklare Recht der Exemtion den von der kirchlichen Gemeinschaft ausgeschiedenen Lutheranern ausdrücklich zuzugestehn, ob man schon längst die Forderung als eine unabweisbare zugeben mußte. Aber endlich hat doch das Princip der Gerechtigkeit und Gewissensfreiheit, oder wie man sagen kann, der Geist der allgem. christlichen Kirche im Lauf des Jahres 1845 über solche Engherzigkeit und Engchristlichkeit siegen müssen (Verordn. v. 23. Juli). Endlich ist doch jenen Lutheranern Freiheit gegeben worden, aus dem Parochial-Verbande zu scheiden, und sich nach ihrer besondern Auffassung des kirchlichen Princips zu organisiren. Daß gleichwohl die Realisirung dieses Rechts, welches als eins der ersten

Urrechte sich von selbst versteht, nun aber auch noch durch königliches Wort bekräftigt ist, auch heute (24. Oct. 1846) noch suspendirt ist, — das könnte man versucht sein, für eine erfundene Satyre auf unsre kirchlichen Zustände zu halten, wenn es nur nicht allzugewiß Geschichte wäre. Jedenfalls bleibt sie für alle Zeiten eins der redendsten Denkmale von der völligen Unklarheit unserer Zeit in den ersten Anfangsgründen alles kirchlichen Rechts. Denn darnach hätte es doch sofort einleuchten müssen, daß nachdem einmal für diese Partei im Allgemeinen das Recht des gottesdienstlichen Daseins ausgesprochen worden, lediglich das persönliche Bekenntniß die Exemtion von den frühern Parochialbeziehungen begründen müsse, statt daß man die letztere jetzt noch davon abhängig machen will, daß die Gemeinden zuvor erst in der gehörigen juristischen Form ihre corporative Fassung erhalten. Die Folge davon ist, daß die Auswanderungslust unter diesen Leuten neue Nahrung erhält, weil sie das Ende ihrer Heimsuchung nicht zu erleben glauben. Nach denselben unprotestantischen Grundsätzen hat man auch heute noch den sogen. Deutsch-Katholiken die Befreiung vom Parochialzwang vorenthalten. Nachdem aber einmal in jenem Fall die Bahn gebrochen, wird man das gleiche Recht allen anderen Parteien, die im Gegensatz zu der allgemeinen Kirche ihre eigenen Wege zu gehen begehren, nicht vorenthalten können *).

Aber sollte das etwa unsere Meinung sein, daß dem Princip der Union schon damit Genüge geschehe, daß Seitens des Staats irgend einer christlichen Grundanschauung ein Recht des kirchlichen Daseins in ihm gewährt wird? Oder ist es nicht vielmehr Pflicht des Kirchen-Regiments, innerhalb der

*) Welche eigenthümliche Pflichten für den Staat in Bezug auf die Sectenbildung eintreten, wenn er ein christlicher ist, und als solcher sich beweisen will, haben wir im Kirchen-Recht Th. II. S. 359 näher auseinandergesetzt.

Kirche allen denen einen Boden des Daseins einzuräumen, welche Gemeinschaft mit der Kirche wollen? Darf man durch Versagung von Rechten zur Separation drängen, und so durch Entziehung der Gemeinschaft die Getrennten immer ferner dem Princip der Wahrheit, dem Geist der Evang. Kirche stellen? Oder ist das wirklich etwa noch eine Erweisung des protestantischen Geistes, der evangelischen Freiheit, wenn man nur außerhalb der Kirche Freiheit der Existenz geben will, — wenn man alle innerlichen und äußerlichen Segnungen, alle Rechte und Vortheile abschneidet, welche der Zusammenhang mit einem großen, durch ein ganzes Volk sich hindurch ziehenden kirchlichen Organismus darbietet? Kein Mensch hat ein Recht darüber abzusprechen, daß das Festhalten dieser oder jener Eigenthümlichkeit mit der Absicht in der Landes-Kirche zu bleiben, unverträglich sei. Denn das ist Sache eines jeden Individuums und jeder Gemeinde, diesen Widerspruch in ihrem Innern zu verantworten. Ist das Kirchen-Regiment ganz in das Princip der Reformation und Union eingegangen, so muß es dasselbe auch in der Erweisung wahrhafter Toleranz darlegen. Es kann getrost alle Idiosyncrasieen des religiösen Bewußtseins innerhalb der Kirche gewähren lassen, so lange die sittliche Ordnung nicht direct afficirt wird. Immer bleibt ihr die Zuversicht des Glaubens, daß das Unions-Princip, weil es in der That und Wahrheit nur das Wesen des Christenthums ist, sich gerade in solcher Freiheit werde geltend machen, während in dem Grade, als man die Leute mit einem gewissen Zwange, sei es direct oder indirect, zur Union heranziehen resp. darin festhalten will, der Gegensatz immer größere Spannung erhält. Gerade in dem Festhalten an der Gemeinschaft der Landes-Kirche wird doch noch ein Zeugniß abgelegt, daß das Dogma, welches eigentlich die Kluft begründen müßte, nicht in seiner ganzen Starrheit festgehalten worden. Es liegt darin gleichsam ein

Pfand, daß von dem Geist der Union schon mehr hier eingedrungen, als man äußerlich zu erkennen geben will — ein Anknüpfungspunct zur Einwirkung der Wahrheit, welchen die sich selbst verstehende unirte Kirche nicht abschneiden darf. Denn so lange dieser wenn auch mehr äußerliche Zusammenhang noch Bestand hat, bleibt auch die Hoffnung, daß gerade in ihm unvermerkt diese entfremdeten Glieder wieder von dem Geist der evangelischen Kirche erfaßt und durchdrungen werden, und daß so nach und nach das in ihnen absterbe, was noch im Widerspruch mit diesem Geiste stehen geblieben ist. Wer das begriffen hat, der wird auch gern zugestehen, daß es ein unwidersprechliches Verdienst der General-Synode ist, ein wahrer Fortschritt zur Realisirung des Princips der Union und Reformation, daß sie allen Gemeinden, denen es Gewissenssache ist, ausdrücklich das Recht eingeräumt wissen will, ihre Geistlichen auf ein lutherisches oder reformirtes Bekenntnißbuch ohne Einschränkung zu verpflichten, so daß darnach auch selbst die Koncordienformel Inhalt der Verpflichtung sein darf. Daß die Behörden in der Bestätigung solcher Vocationen nicht das Excommunicatorische in solchen Satzungen bestätigen können, versteht sich von selbst. Kommen diese Beschlüsse nur zur Ausführung, so müssen die lutherischen Gegner der Union mit ihrer Anklage verstummen, wie sie noch neuerdings erhoben worden *), daß „das historische Recht, das aus dem Bekenntniß entspringt, so den Gemeinden wie den Lehrern genommen, daß die Union, wo sie wirklich sich vollendete, die größte Feindin der Religionsfreiheit sei, eben weil nicht mit ihr zugleich Religionsfreiheit gegeben sei." Die Religionsfreiheit, wie wir sie in der Kirche garantirt wissen wollen, soll jedoch nicht blos in dem lutherischen Sinne bestehen. Sonst müßten wir dennoch scham-

*) Rudelbach's theologisches Gutachten in Betreff der Preuß. Union. Leipzig 1846.

roth werden vor dem Princip der Union, und vor seiner Anklage verstummen. So gut wie das reformirte und lutherische Bekenntniß, so hat jedes andere, welches den urkundlichen Inhalt der Offenbarung Gottes in Christo festhält, ein Recht des Daseins innerhalb der evangelischen Kirche, und eben so jeder Einzelne das Recht der Selbstbestimmung zu dem einen oder anderen. Auch das muß endlich noch einmal zur Anerkennung kommen. Oder dürfte man den Frevel gegen dies Urrecht des christlichen Geistes etwa damit beschönigen wollen, daß die Kirche zur Auflösung kommen würde, wenn man das Recht der Freizügigkeit in der Kirche von einer Gemeinschaft zur andern blos auf Grund der persönlichen Erklärung gelten lassen wollte? Wäre das Glaube an die Wahrheit der Kirche? an die Göttlichkeit ihres Baues, an die Ewigkeit ihrer Dauer? Oder fürchtet man wenigstens, daß bei solcher Freistellung des Gewissens ein Theil der Errungenschaft der Union wieder verloren gehen könnte? Solche Furcht stammt nicht aus dem Geiste der Union, der des Fortschrittes seines Sieges gewiß ist. Freilich werden hier und da rückgängige Bewegungen hierin vorkommen, aber sie werden nichts über die bleibende Zukunft der Union entscheiden. Ginge sie aber wirklich zu Grunde, könnte sie in der Freiheit nicht Bestand haben, so wäre dies nur ein Gericht über ihr Princip, das man nicht bald genug herbeiwünschen könnte, damit dem Wesen der Halbheit und Unwahrheit ein Ende gemacht würde. Ja wird man meinen, „Es geht einmal nicht anders, — es handelt sich hier um Nothwendigkeit, um Gerechtigkeit gegen das, was besteht, in seinem Recht besteht, und deshalb gegen alle auflösende Tendenzen sicher zu stellen ist.“ Wer wollte verkennen, daß in Durchführung solcher Freiheit an manchen Orten wohl der Rechtsbestand der Parochieen in Gefahr kommen könnte. Aber ist diese Gefahr schon ein hinreichender Grund, um einen

Zwang wider das Gewissen zu rechtfertigen? Wer das behaupten wollte, müßte selbst kein Gewissen haben. Meint man aber, daß wenn solche Freiheit walte, gar oft das Gewissen als Vorwand zur Befreiung von kirchlichen Leistungen vorgeschützt werden würde, so kann freilich diese Möglichkeit nicht in Abrede gestellt werden, ja wir wollen sie sogar als Wahrscheinlichkeit gelten lassen. Aber damit würde doch noch nicht die Anwaltschaft jener Freiheit geschlagen. Vielmehr darf sie dagegen nur um so kühner auftreten und erst den Beweis fordern, daß überhaupt Zwangs-Gewaltmaaßregeln zur Beitreibung kirchl. Abgaben selbst gegen diejenigen, die in der Gemeinschaft beharren wollen, in ihrem Rechte seien. Das meinen wir nicht von dem historischen Recht, das nur allzuklar dafür spricht, sondern von dem Recht, das vor dem Geiste Christi besteht. Noch hat diesen Beweis Niemand angetreten. Womit in aller Welt wollte und könnte man auch wohl solche Gewalt rechtfertigen, um eine Kirchengemeinde oder einzelne ihrer Glieder zur Erhaltung ihrer kirchlichen Institute zu zwingen, gleichwie man Steuern und Abgaben für den Staat beitreiben darf? Ist denn das Reich des Herrn von dieser Welt, daß man mit dem Schwerdt darein schlagen dürfte, um es zu erhaten, und zur Geltung zu bringen? Daß solches Verfahren seinen Ursprung nur in einer Zeit haben konnte, wo man in der Aeußerlichkeit der Ordnung das Wesen und Heil des kirchlichen Lebens anzuschauen gewohnt war, das haben wir anderweit (Kirch.-Recht Th. II. S. 267 folg.) ausführlich dargethan. Aber freilich, wenn man zu solcher Erkenntniß kommt, wird es allerdings nöthig, die Pfarrsysteme auf eine andere Basis zu stellen, welche ihren äußeren Rechtsbestand unabhängig setzt von der Gesinnung und deren Fluctuationen, je nachdem Glaube oder Unglaube, Erkenntniß oder Irrthum, Leidenschaften oder Vermögens-Interessen oder auch Launen sich geltend machen. Wie dies geschehen müsse, haben wir a. a. O. ebenfalls gezeigt. Einen anderen Weg wird Niemand auffinden können, um die Forderung des Gewissensrechts mit der nothwendigen Garantie des Bestandes eines äußern Kirchenthums in Einklang zu bringen. Sollte aber dennoch die Kirche zu Grunde gehen, so mag sie es. Ist sie nicht anders zu halten, als daß man ein Princip geltend macht, wonach, wie es vorgekommen, und jeden Tag nach Lage der Gesetzgebung vorkommen kann, eine Schwadron Husaren ausrücken darf, um Abgaben für kirchl. Zwecke beizutreiben, so ist es besser, daß man die Kirche ihrem Verfall überlasse. „Ich wollte lieber," um mit Luther zu reden, „daß Sct. Peters Münster zu Pulver verbrannt würde," denn daß der Freiheit der Gesinnung in der Gestaltung und Erhaltung der kirchlichen Gemeinschaft Gewalt angethan, oder sogar das Gewissen bedrängt würde, wider seine Ueberzeugung ein Kirchen-System zu erhalten. Aber ob wir auch diesen unchristlichen Zwang fahren lassen, ob auch einzelne Gemeinden ohne Lebenskraft der Gesinnung zugleich in ihrem äußerlichen Dasein absterben, — die Kirche Gottes wird dennoch wohl bleiben Kraft des Worts, das sie gegründet und erhält, daß auch die Pforten der Hölle sie nicht überwältigen mögen.

Wird nun das Wort Gottes in solcher Freiheit als die alleinige Basis der kirchlichen Gemeinschaft anerkannt, wie soll die Kirche als eine Ordnung Gottes offenbar werden? Kommt es etwa blos auf den Glauben des Einzelnen und sein Bekenntniß an? Giebt es nicht einen öffentlichen Dienst am Wort, welchen die Gemeinde als solchen zu üben hat? Muß in ihm nicht ein Gesetz der Ordnung walten, das solchen Dienst von dem vereinzelten Wirken zu unterscheiden und als Gemeinde-Werk zu bezeichnen hat, auf daß an ihm das Werk des Einzelnen seinen Halt und Stützpunkt habe? Alles das liegt nothwendig im Begriff der Kirche, wie wir ihn anderweit entwickelt haben (s. Kirch.-Recht Th. II. S. 5, 173, 189). Ein solches Gesetz kann jedoch, wie jedes andere, nur von einer Macht ausgehen, in welcher der allgemeine Wille der Gemeinde ihr Organ hat. Soll aber diese Gewalt hierunter völlige Freiheit haben? oder muß nicht, ehe eine kirchliche Legislation überhaupt vor sich gehen darf, gewissermaßen erst eine Magna-Charta aufgestellt werden, welche zur Garantie der kirchl. Freiheit die Uebereinstimmung der Gesetze mit dem Verständniß der heil. Schrift in der Gemeinde erzwingt? Und wenn ein solches Grundgesetz über den Glauben von der Kirche der Gegenwart noch nicht gegeben, muß nicht bis dahin das Grundbewußtsein, in welchem die Kirche zur Wirklichkeit der in Christo frei gewordenen Kirche sich wiederherstellte, d. i. die ersten Bekenntnißschriften als eine solche Norm Geltung behalten? Allein was hat jene Zeugnisse zu Grundgesetzen der Kirche gemacht? Sind sie es etwa deshalb, weil verschiedene Fürsten und Obrigkeiten sich einst dazu bekannt, und alle die, welche Antheil haben wollten an dem Sieg, der unter dieser Fahne erkämpft, zu selbiger schwören mußten? Oder weil wirklich einst die freigewordene Christenheit darin übereingestimmt, oder doch Niemand widersprochen, und dann eine Zeit folgte, wo Niemand widersprechen durfte? Aber über solche Knechtschaft ist die Kirche längst hinausgekommen. Keine Zeit hat der andern hierin Gesetze zu geben, und darum steht es in der Freiheit des Kirchen-Regiments zu prüfen, ob dieser Inhalt noch in dem Leben der Kirche Wurzeln habe, und darnach sich zu demselben zu bekennen oder nicht. Spricht dasselbe sich hierüber in einer Kirchen-Ordnung aus, so ist es ganz in seinem Recht, weil es in jedem Act des Regiments Zeugniß abzulegen hat, aus welchem Bewußtsein heraus es zu handeln hat. Aber so wie solch Bekenntniß frei ist, so ist das Regiment auch nur so lange dadurch gebunden, als es sich in Einklang mit diesem Inhalt findet. Wenn aber dem Regiment solche Freiheit zuzugestehen ist, ist dann nicht wieder das innerste Interesse der Gemeinde, ihr Glaubensbewußtsein der Willkühr Preis gegeben? Aber bleibt denn nicht der ewige Grund der Kirche als ein unverletzliches Heiligthum eine feste Schranke der Willkühr? Und wird auf diesem Grunde nicht allezeit das kirchliche Bewußtsein als eine Macht sich erheben, an welcher jede Willkühr sich brechen muß? Aber wie soll der Inhalt dieses Bewußtseins herausgefunden werden? Freilich ist seine Wahrheit nicht mit solcher gleichsam handgreiflicher Gewißheit aufzuzeigen, wie dies in der Römischen Kirche geschehen kann, wo man nur auf die Beschlüsse des Concils von Trient resp. auf ihren unfehlbaren Interpreten Bezug nehmen darf. Dennoch fehlt es der Evang. Kirche keineswegs an der rechten Basis dazu. Der Geist selbst ist es, der von dem Geiste zeugt, und Gewißheit giebt über das Verständniß der heiligen Schrift, wie es die Gegenwart errungen, so weit es für die kirchliche Gesetzgebung noth thut. Wollte man dagegen einwenden, „das Evangelium sei eine ungewisse, dunkle Lehre, welche man auslegen könne, wie man wolle," so müßte man ihm mit Melanchthon antworten: „das hieße Gott und sein Wort erschrecklich lästern." „Denn ob nun gleich einige schwere Stellen in der h. Schrift befindlich, so ist doch die Summa der christl. Lehre an ihr selbst so gewiß hell und klar von Gott in seinem Wort geoffenbart*)." Darum soll es für die Handhabung dieses Regiments keine Schranke geben als das Wort Gottes, den anerkannten Lebensgrund der christlichen Kirche, keine Gewähr, daß die gesetzgebende Gewalt innerhalb derselben sich halte als die Macht des Worts und des Geistes,

*) Ursache warum die Stände der Augsburg. Confession das Trid. Concil nicht besuchen wollen. Durch Phil. Melanchthon. Nürnberg 1546. L. W. XVII. S. 1112.

der in der Gemeinde lebt, und das Regiment zwingen wird in allen seinen Acten an die geschichtlichen Momente der Fortentwicklung des christl. Bewußtseins in der Gemeinde anzuknüpfen. Denn andernfalls würde es Gefahr laufen, nirgends mit seinen Gedanken Anklang zu finden, ja es würde den Widerstand des verletzten Gewissens in der Gemeinde erregen, und so Separationen über Separationen veranlassen, in denen es zuletzt seine eigene Auflösung finden müßte. Einen andern Zwang giebt es nicht und soll es nicht geben. Derselbe ist aber auch vollkommen ausreichend. Dafür kann man schon jetzt die Erfahrung in Bezug nehmen. Obschon die Symbole ihr Ansehen als ein äußerlich zwingendes Gesetz längst verloren haben, auf der andern Seite aber die Kirche in der Bestimmtheit dieses Inhalts fort und fort lebt, weil sie immer wieder von neuem die Uebereinstimmung desselben mit der Schrift herausfindet — findet sich etwa irgend ein wesentlicher Zweifel über die Substanz des kirchlichen Bewußtseins, da wo es darauf ankommt, aus der Erkenntniß solcher Bestimmtheit zu handeln und die Ordnung zu gestalten? Das Wort ist zu mächtig, der Geist zeuget zu laut, um nicht immer wieder zur Erkenntniß seines Inhalts zu führen, und dadurch die Einheit mit dem Glaubensbewußtsein der frühern Jahrhunderte herauszustellen, mit denen der Geist sich eins weiß. Will man noch weitere Garantie gegen die Gefahr solcher Freiheit, so ist sie in der Organisation der kirchl. Gewalt zu suchen. Ist darin das Gesetz der menschlichen Ordnung zu seinem Recht gekommen, ist das Regiment so gestaltet, daß das kirchliche Bewußtsein selbst in ihm als concentrirt zu betrachten, so ist ein substantielles Zusammentreffen beider Momente so gewährleistet, wie es irgend im Interesse der Kirche nur liegen kann. Mag indeß die als ein Ganzes der Ordnung erscheinende Kirche noch so vollkommen in dem Regiment ihre Vertretung erhalten, niemals kann das, was sie als Ausdruck ihres Glaubens durch ihre Organe kund giebt, bei welchen Anlässen und in welcher Form es auch hervortrete, als die rechte Lehre der Kirche gelten, da hierüber keine Kirchenbehörde etwas auszumachen hat. Dessenungeachtet liegt es in der Natur der Sache, daß solche Manifestationen ein größeres Gewicht erhalten werden, wie jede andere Privat-Meinung, und in sofern wird auch hier klar, wie alle Bekenntnisse der kirchl. Gewalt in den Acten ihrer Gesetzgebung und Verwaltung, vor allem die liturgischen Bekenntnisse für die Fortentwickelung des kirchl. Bewußtseins eben so wesentlich dienstbar werden müssen, wie dieses wieder für den Inhalt jener Bekenntnisse bestimmend wird, und wie wichtig daher bei dieser Wechselbeziehung die Organisation der ordnenden Gewalt für das innere Leben der Kirche ist.

Wie weit das Gesetz der Ordnung Macht hat über die Gestaltung des Dienstes am Wort, ist anderweit ausführlich (Kirch.-Recht Th. II. S. 149 folg.) zu entwickeln gesucht. Was immer zur liturgischen Ordnung gehört, ist Gegenstand der Gesetzgebung, wie sie in einer Agende zusammengefaßt zu werden pflegt. So wie hierin z. B. die Form der Taufe zu bestimmen ist, so fällt es gleichmäßig in das Recht der kirchlichen Gewalt, die Weise zu bestimmen, in welcher im Namen der Gemeinde das werdende Geschlecht in die Erkenntniß der christl. Wahrheit zu führen, und die Gemeinde über die Voraussetzung der Taufe, d. i. den Glauben des Täuflings, zu vergewissern ist. Daraus folgt das Recht der Kirche, die Summe der als geltend anerkannten Lehre als Gegenstand des Katechumenen-Unterrichts vorzuzeichnen, d.i. Katechismen aufzustellen oder zu sanctioniren — unbeschadet der christlichen Freiheit, weil hier der Einzelne erst in die Freiheit eines Christen-Menschen hineingehoben werden soll. In ähnlicher Art verhält es sich mit dem öffentlichen Dienst am Wort, in welchem das Gemeinde-Gebet und die Feier des Abendmahls auf Gesetz und Ordnung zurückzuführen ist. Soll hierin aber nicht ein todter Mechanismus Platz greifen, so muß über solchen Dienst das Werk des Geistes walten. Es muß in ihm ein Moment hervortreten, in welchem die Wahrheit des kirchl. Bewußtseins als eine aus der Freiheit des Glaubens und des Gedankens in dem berufenen Diener des Worts sich erzeugende Macht sich darstellen soll, um das Ganze mit Geist und Leben zu erfüllen — das ist die Predigt. Hier ist der Punct, wo der Subjectivität Raum gegeben werden muß, sich in ihrer Wahrheit zu entfalten, um in der Kraft derselben das Wort Gottes als ein lebendiges zu verkündigen, und die Gemeinde immer mehr in die Wahrheit desselben hineinzuführen. Keine Kirchen-Gewalt hat das Recht hier Normen vorzuschreiben, welche der Gedanken-Entwickelung zur Schranke dienen sollen, weil andernfalls dem Geiste Gewalt angethan würde, seine Worte nicht mehr Geist und Leben sein könnten *). Nur an

*) Wird die Forderung, daß die Augsb. Confession Lehr-Norm sein soll, nur in der Beschränkung genommen, daß „die Prüfung nur darauf zu richten, ob eine Lehre noch die Verwandtschaft zur A. C. habe, ob sie ihr wenn nicht gleich, doch wenigstens gleichartig sei," ja daß sogar jetzt in dem „ungesunden Zustand der Kirche" bis auf eine bestimmte Grenze abweichende Auffassungsweisen zu dulden sind — eine Forderung worin Stahl a. a. O. S. 25 mit dem Herausgeber der evang. Kirch.-Z. (s. dessen Erklärungen gegen den Protest vom 15. Aug. 1845) im Wesentlichen übereinstimmt — — so ist damit freilich schon viel „Geräumigkeit für die öffentliche Lehre" gegeben. Dennoch ist gegen diese Grundsätze Protest zu erheben, weil hiernach etwas anders als Maaßstab der Wahrheit gelten soll, wie die heil. Schrift. Ja dieser Protest ist um so mehr fundirt, als die völlige Durchführung dieses Grundsatzes für den gesunden Zustand der Kirche ausgegeben wird, so daß wir also mit der Rückkehr zu solcher Gesundheit immer bedroht bleiben. Anderntheils haben wir bereits früher gezeigt, daß, wenn (wie auch Richter [das Kirch.-Reg. und die Symbole 1839. S. 43] und Bickell [über die Verpflichtung der Geistl.

Christi Statt, als Diener Gottes steht der Geistliche in der Predigt da, nicht als Diener der ihn berufenden zeitlichen Gemeinde, daß er nach ihrem Willen das Wort zu handhaben hätte. Möge die Kirche sich vorsehen, wem sie solche Macht, das Schwerdt des Geistes, in die Hände gebe. Wer es aber überkommen, der muß es auch frei führen dürfen, weil es sonst kein Schwerdt des Geistes wäre. Und eben deshalb darf auch kein Geistlicher, der diese Hoheit seines Berufs erkannt hat, eine solche Fessel auf sich nehmen, wenn er auch zur Zeit mit dem Inhalt der Satzungen übereinstimmte, weil er einmal die Fortentwickelung seiner Erkenntniß nicht in Menschen-Wort und Menschen-Willen gefangen geben darf.

Wie indeß auch der Subjectivität des Geistlichen in diesem Moment des Gottesdienstes Freiheit gelassen werden muß, so ist damit selbstredend die Lehre noch nicht gänzlich seiner Willkühr überlassen. Als die allzeit feste, unzweideutige Schranke bleibt immer der Grund der Kirche, das Wort Gottes stehen, dem er sich in Uebernahme des Amts eines evangelischen Predigers in Gehorsam zu ergeben hat. Wollte es ihm einfallen, diesen Grund direct zu leugnen, wollte

---

1839. S. 3] wollen) von einem buchstäblichen Festhalten des gesammten Inhalts der Symbole keinenfalls die Rede sein, vielmehr nur die Substanz, der Geist derselben in Betracht kommen soll, — daß damit eigentlich doch die Autorität der Symbole wieder bei Seite gestellt, und die Schrift als die alleinige Lehr-Norm wieder zu ihrem Rechte gebracht wird. Denn nach ihr würde immer doch erst allein auszumachen sein, was den Geist, die Substanz des Bekenntnisses ausmache (s. Kirch.-Recht Th. II. S. 126). — vgl. Harleß: Votum über die eidliche Verpflichtung der protestant. Geistl. ꝛc. Leipzig 1846: „Dagegen sagen die Symbole nirgends was ihr „Geist" sei. Im Gegentheil was nach den Grundsätzen der symbolischen Bücher Wahrheit sei, bliebe unbestimmt, und somit wäre die Verpflichtung auf die Grundsätze oder gar den Geist der Symbole eine völlig leere und vage Formel."

er die Schrift nicht als Gottes Wort anerkennen, oder den Inhalt schlechthin, d. i. unmittelbar verneinen, so würde freilich ein unbestreitbares Recht für die Kirchen-Gewalt eintreten, ihn von seinem Amt zu entfernen. Denn da handelt es sich dann nicht mehr um Auslegung, sondern um das Dasein des kirchlichen Grundes, eine Grenze, deren Feststellung da, wo die Behörden wahrhaft kirchlich organisirt sind, ebenso wenig an sich einem Bedenken unterliegen, wie sie zu erheblichen Zweifeln Anlaß geben kann (s. Kirch.-R. Th. II. S. 132) *). Eine weitere Schranke giebt es aber nicht, und wenn der Geistliche dennoch im Mißbrauch solcher Freiheit dergestalt in Gegensatz gegen das Bewußtsein der Gemeinde träte, daß diese in der Darstellung vergebens die Manifestation ihres eigenen Lebens wieder zu erkennen suchte, so wäre das ein Unglück, das durch menschliche Institutionen nicht abzuwehren ist. Heterodoxieen müssen einmal auch auf der Kanzel geduldet werden, bis der lebendige Glaube der Gesammtheit der Kirche sie ausscheidet. Ja in der Zuversicht und Gewißheit, daß eine solche Ausscheidung unfehlbar erfolgen werde, daß alle Verleugnung der Wahrheit an dem Leben der Kirche selbst absterben müsse, kann die Kirche sogar den Muth und das Recht haben, die Vollziehung ihres Urtheils über den directen Widerspruch gegen ihren Lebensgrund da auszusetzen, wo die Individualität

*) Hieraus erhellt ganz klar, daß mit dem Aufgeben der Augsb. Conf. als Lehr-Norm noch nicht, wie Stahl (a. a. O. S. 20 u. 26) meint, eine wirkliche Schrankenlosigkeit eintritt. Das war wenigstens nicht die Meinung der ersten Protestanten, die auf dem Reichstag zu Speier bezeugten, daß „die heil. Schrift an ihr selbst klar und lauter genug erfunden, alle Finsterniß zu erleuchten, keine gewissere Predigt oder Lehre als bei Gottes Wort bleiben, an ihr als alleiniger Wahrheit und dem rechten Richtscheit aller christl. Lehre und Leben Niemand fehlen könne."

des Falles dafür spricht *). In der That sind das auch noch nicht die schlimmsten Diebe und Mörder, die offen am Tage anderswo hineinsteigen in den Schafstall, d. h. offen sich als solche bekennen und ausgeben. Diese richten noch nicht den schlimmsten Schaden an, weil man sich vor ihnen ja doch noch immer am ersten vorsehen kann. Viel verderblicher wüthen die im Mark des kirchlichen Lebens, die im Versteck einer heuchlerischen Gesinnung stehend das Wort Gottes, das sie gesäet, gleich selbst wie die Vögel wieder auffressen, daß es nicht aufgehe in den Herzen. Dagegen hilft auch nicht die gesetzliche Vorschrift von Glaubenssätzen. Aber wir brauchen auch solcher Hülfen nicht. Auch hier verlassen wir uns allein auf den Geist des Herrn, der in der Kirche waltet, und alle Pflichtvergessenheit und Halbheit zu Schanden macht. Er ist es, der für einen unnützen Knecht zehn andere erweckt, daß sie das ungöttliche Wesen des anderen strafen, — der die Getreuen erhält bei der heilsamen Lehre, und die Schwankenden immer wieder zwingt, wenn sie sich zerarbeitet haben in der Menge ihrer Wege, wieder einzukehren auf den Weg des Herrn, daß sie lehren in seiner Wahrheit, predigen von seiner Gerechtigkeit. Lehrt das nicht schon jetzt uns täglich die Erfahrung? Besteht nicht schon eine Freiheit, in der auf die mannigfachste Weise von dem Glaubens-Inhalt der Bekenntnißschriften abgewichen werden darf? Und sehen wir nicht trotzdem, wie gerade seit fast zwei, drei Jahrzehenden auf eine merkwür-

---

*) Denn hängt die betreffende Lokal-Gemeinde noch an einem solchen Irrlehrer, so würde andernfalls die Gefahr entstehen, daß sie ihrem excommunicirten Geistlichen folgend, sich auf dieser negativen Grundlage zu einer besondern Glaubensgemeinschaft constituirte, also in einen auch formell ausgeprägten Gegensatz gegen die Kirche träte, während wenn dieselbe wenigstens noch in einer formellen Beziehung zur Kirche bliebe, immer noch die Hoffnung vorwaltete, daß sie über kurz oder lang von dem allgemeinen Geist der Kirche wieder erfaßt und zur Wahrheit derselben zurückgeführt würde.

dige Weise die Zahl der Geistlichen immer zunimmt, die immer unumwundener sich zu Christo als der Welt Heiland bekennen, immer entschiedener im Einklang mit dem substantiellen Inhalt der Bekenntnißschriften der evangelischen Kirche lehren? Was zwingt sie dazu? Ist es nicht allein die Macht der Wahrheit, welche je tiefer sie erkannt wird, desto mehr die Gemüther gefangen nimmt zu ihrem Dienst? Wozu sollte also wohl der äußere Zwang noch dienen? Oder meint etwa Jemand, daß derselbe die andern, welche zu solchem Glauben nicht hinangekommen, zur Bekehrung führen könnte? Wird es in der Macht eines Gesetzes stehen, das Salz in ihre Predigten hineinzubringen, das wohl mancher, der darauf angewiesen, schmerzlich vermissen mag? Das Gesetz kann einmal nicht lebendig machen. Das gilt auch hier. Die erzwungene Orthodoxie bleibt todt und predigt den geistlichen Tod. Und behält nicht auf der andern Seite da, wo der Geist des Unglaubens in solcher Gestalt auf die Kanzel gedrungen, daß ihm nicht zu wehren, die Gemeinde immer den Zugang frei zu dem Worte Gottes, oder wohl auch den Zugang zu anderen Geistlichen? Wo sind nun die Nachtheile der Freiheit, wie sie heut besteht? Darf man nicht vielmehr von ihr rühmen, daß sie es gerade war, welche dem lebendigen Glauben Bahn gebrochen, und dem Versteck einer heuchlerischen Gesinnung gewehrt hat, also daß man unter ihrem Segen den Fortschritt des Sieges der christl. Wahrheit von Tage zu Tage mächtiger erkennen kann? Sollte man im Hinblick auf diese Thatsache nicht endlich zur Einsicht kommen, daß man nicht nöthig hat solcher äußerlichen Zäune, nach denen man fortwährend schreit, um den Weinstock der Kirche zu wahren, daß ihn nicht berupfe alles, was vorübergeht? Gott der Herr selbst hat sie abgebrochen, daß man erkenne, wie wir einen andern mächtigeren Zaun haben: das Wort des Gottes Zebaoth selbst. Wer dürfte nun das, was Gott selbst zerbrochen, wiederum aufbauen? Und ob es einer menschlichen Macht einfallen sollte, jene Zäune wieder aufzurichten — es würde ihr doch nicht gelingen. Es ist unmöglich, jetzt in der Evangelischen Kirche ein solches Gesetz noch zur Geltung zu bringen. Nachdem der Geist auch im Dienste am Wort so lange schon in dem Lebensodem solcher Freiheit gelebt hat — würde er das Dasein in einem solchen Zwinger ertragen können? Gewiß nicht! also brauchen wir uns auch nicht zu fürchten, daß er je wieder aufgespannt werden könnte.

Solches ist neuerdings wieder durch die Erfahrung bestätigt, wie sie in der Zusammenberufung der **General-Synode in Preußen** gewonnen worden. So groß auch die Majorität derer war, welche an dem Inhalt der ursprünglichen Zeugnisse der Reformation als einem schriftgemäßen festhielten, — ja es erhob sich keine einzige Stimme, welche ihrer Anerkennung als „Zeugnissen von den Grundthatsachen und Grundwahrheiten des Heils" widersprochen hätte, — so war doch die Majorität derer noch größer, welche wider die schlechthinnige Verpflichtung der Geistlichen auf ihren Inhalt protestirten. Alles was von Schranke der Lehrfreiheit nach dem Beschlusse stehen geblieben, ist im Wesentlichen doch nur darauf hinausgekommen, daß der Geistliche das **Wort Gottes allein zum Richtmaaß der Lehre** zu nehmen habe. Zwar hat die Versammlung zugleich „eine Hinweisung der Geistlichen auf die in den Bekenntnissen der allgemeinen Christenheit und den Lehrzeugnissen der Reformation vorgebildete Auslegung" für nothwendig erkannt. Allein eine solche Hinweisung ist selbstredend noch keine Verpflichtung, sondern zunächst nur ein Bekenntniß der verpflichtenden Kirche, und dann eine daraus hervorgehende Mahnung an das Gewissen des Geistlichen, darnach zu ringen, in der Entwickelung der Schriftauslegung den Zusammenhang mit diesen Zeugnissen festzuhalten, und im Geist derselben fortzufahren. Damit widerstreitet auch eigentlich nicht das auf diesen Beschluß gegründete Ordinationsformular, wenn gleich der Ausdruck hätte klarer und bestimmter ausfallen sollen, damit man nicht erst nöthig hätte, die Protokolle der Synode nachzusehen, um zu erfahren, in welchem Sinne derselbe gemeint worden. Denn dafür giebt es Gottlob noch deutsche Worte, um die Sache deutsch auszudrücken, ohne daß man der kirchlichen Würde etwas zu vergeben brauchte. Zwar soll nach jenem Formular den Geistlichen zur Pflicht gemacht werden, „in Auslegung des Worts Gottes fortzufahren" „in **Einigkeit** mit den Bekenntnissen allgemeiner Christenheit, und mit den Bekenntnißschriften der evangelischen Kirche als Zeugnissen von den Grundthatsachen und Grundwahrheiten des Heils und Vorbildern der gesunden Lehre." Es könnte daher hiernach wirklich scheinen als wenn alle Heterodoxieen von der Kanzel ausgeschlossen sein sollten. Allein das ist doch, wie anderweit ausdrücklich erklärt worden, durchaus nicht die Meinung. Vielmehr ist nur so weit der Einklang mit jenen Zeugnissen verlangt, **als** sie Zeugnisse rc. sind, und dies Wort ausdrücklich in dem Sinne von quia und quatenus genommen, d. h. soweit und insoweit sie solche Zeugnisse sind. Wird aber das quatenus in dieser Verbindung mit quia zugelassen, so leuchtet von selbst ein, daß damit das quia durchaus in die Unbestimmtheit herabsinkt, mithin eigentlich doch nur ein quatenus stehen bleibt. Es ist also durchaus der Gewissenhaftigkeit des Geistlichen hier überlassen worden, zu ermessen, wie weit das quia sich erstrecke, und wo es aufhöre. Welche Wirkung auch dieser Beschluß auf die Gesetzgebung haben möge, das Resultat bleibt immer ein höchst merkwürdiges, ein Resultat, das nach der Zusammensetzung der

Synode aus den verschiedensten Elementen der religiösen Zeitrichtung innerhalb der Kirche für diese selbst von der größten Bedeutung sein muß. Denn hat selbst die Majorität der gläubigen Richtung, wie sie zahlreich vertreten war, sich damit einverstanden finden müssen, so ist es gewiß ein sehr denkwürdiger Beweis, daß es heut zu Tage unmöglich ist, jene Bekenntnisse früherer Jahrhunderte als verpflichtende Lehr-Norm für die Geistlichen aufzustellen, und daß doch, wie auch die Formel an diesen Inhalt anzuknüpfen trachtete, nur die heil. Schrift selbst als Lehr-Norm übrig bleiben könne. Andererseits legt aber das materielle Bekenntniß, welches die Synode von dem Geistlichen als „ausschließlichen Maaßstab seiner Verantwortlichkeit" gefordert wissen will, ein eben so unwiderlegliches Zeugniß dafür ab, daß, wie auch die Zeitrichtungen in der Kirche auseinandergehen, doch die Majorität auch der Liberalsten, wenn sie nur irgend noch Zusammenhang mit Christus und seiner Offenbarung haben wollen, von dem Fundamentalen in dieser Offenbarung, und somit auch von der Substanz der Bekenntnisse aller Jahrhunderte nicht ablassen kann. Von der Gewalt der Wahrheit fortgerissen, hat auch diese Versammlung ihr die Ehre geben müssen, wenn auch Viele den ganzen Umfang des bekannten Glaubens-Inhalts schwerlich durchschaut haben mögen, — sie haben doch sich gestehen müssen, daß wenn die Urkunde der Offenbarung nicht zu verwerfen ist, Christus in der specifischen Würde bleiben muß, welche die Kirche ihm beigelegt. Denn daß die Stimmen nicht frei gewesen wären, wird doch eben so wenig Jemand behaupten wollen, als daß jene so gedankenlos sich gezeigt, daß sie gar nicht gewußt hätten, was sie angenommen. So ist in der That das Resultat ein Gericht nicht nur über den Rest des Römischen Princips in der Evangelischen Kirche, das gern menschliche Autorität als Panier wieder aufpflanzen möchte, sondern auch über den Rationalismus, der wenn er ehrlich und offen bleiben will, darnach nicht mehr Raum im geistlichen Amt finden kann. Wir meinen, wie dies auch in der Synode zur Anerkennung gekommen, den naturalistischen und idealistischen Rationalismus, der das geforderte materielle Bekenntniß nicht mit gutem Gewissen unterschreiben kann *).

Aber könnte man hier einwenden, ist das Bekenntniß, welches der Geistliche ablegen soll, nicht eine menschliche Auslegung, und wird so in dieser Forderung nicht doch wieder im Widerspruch mit unsern Principien das Recht der ausschließlichen Unterordnung unter das Ansehn des göttlichen Worts zu nichte? Allein das ist nur scheinbar. In der Wirklichkeit wird mit dem Bekenntniß nichts als die Autorität des göttlichen Worts anerkannt. Denn ist auch die Summe desselben in gewissen Sätzen zusammengefaßt, so ist es doch nur in Urworten der Schrift geschehen, also die Möglichkeit ihrer Deutung völlig freigelassen, somit weder dem Gewissen, noch der Wissenschaftlichkeit des Geistlichen irgend eine Fessel angelegt. Denn von dem Worte Gottes kann man freilich den, der an ihm dienen soll, nicht freilassen. Ja indem nur dieser Inhalt hervorgehoben, der andere also als minder fundamental zurückgestellt wird, bleibt dem Geistlichen eine größere Freiheit, als wenn er

*) Hegels Philos. der Relig. Th. II. S. 287. „Wenn man Christus betrachtet wie Socrates, so betrachtet man ihn als gewöhnlichen Menschen, wie die Muhamedaner Christus betrachten als Gesandten Gottes, wie alle großen Menschen Gesandte, Boten Gottes im allgemeinen Sinne sind. Wenn man von Christus nicht mehr sagt, als daß er Lehrer der Menschheit, Märtyrer der Wahrheit ist, so steht man nicht auf dem christlichen Standpunct, nicht auf dem der wahren Religion."

auf den Gesammt-Inhalt des Worts schlechthin verpflichtet würde. Uebrigens würde er aber — wie nicht zu übersehen — in einer Verpflichtung der letzten Art immer auch auf die hervorgehobenen einzelnen Stellen mit verpflichtet werden. Soll also diese Hervorhebung zu nichts weiterem dienen, als den Geistlichen in seinem Beruf gehörig zu binden und zu verpflichten, so würde sie überflüssig sein. Denn wer mit aufrichtigem Herzen die Schrift als Wort Gottes unbedingt als Richtmaaß der Lehre anerkennt, der bietet alle Garantieen dar, welche die Evangelische Kirche für die Erhaltung der Reinheit und Einheit der Lehre bedarf. Wer sich aber damit abzufinden versteht, wird es auch mit jeder andern Formel, vollends mit solcher, die lediglich aus Urworten der Schrift zusammengesetzt ist. Denn Diebe und Mörder steigen immer anderswohinein in den Schaafstall, wenn man auch noch so viel Zäune aufstellt. Allein die Sache hat noch eine andere Seite. Indem das Kirchen-Regiment den Act der Ordination liturgisch zu ordnen hat, ist es seine Pflicht, hier wie überall Bekenntniß von dem abzulegen, was ihm der Glaube an Gottes Wort ist. Es ist seiner Würde gemäß, zu bezeugen, daß es mit der Verpflichtung auf dasselbe keine bloße Redensart mache, sondern dabei einen sehr bestimmten Inhalt vor Augen habe. Nicht minder ist es aber auch nothwendig, daß es dieses Bewußtsein in dem Moment feierlich vorhalte, wo der Bund mit dem Amt geschlossen wird, damit das Ziel desselben, die ganze Summa der Pflichten dem Gewissen klar vor Augen liege. Und darum würde allerdings eine bloße Hinweisung auf die Schrift als Norm der Lehre — so schlechthin — unstreitig in einem solchen Moment höchst ungenügend sein.

Dagegen wird übrigens das Bekenntniß auf Seiten der verpflichtenden Kirche deshalb noch nicht ungenügend, weil es in Urworten der Schrift abgefaßt ist. Denn gerade in der Hervorhebung dieser Stellen wird ja genügend klar, daß man gerade auf sie das Gewicht legt, und somit dieselben recht eigentlich in dem eigentlichen Sinne genommen wissen will. Ebendeswegen sollte man es auch kaum für möglich halten, daß das projectirte Ordinations-Formular gerade unter denen so viele Widersacher gefunden, welche in der Substanz dieses Bekenntnisses leben *), statt daß si sich freuen und frohlocken sollten, daß der Glaube abermals enen Sieg errungen, und Gott preisen, daß eine aus so disparaten Elementen zusammengesetzte Versammlung doch ein so gutes Bekenntniß des Evangeliums von Jesu Christo bekannt hat Aber was hilft alle Rechtgläubigkeit vor dem Richterstuhl solcher Leute, wenn sie nicht in den Formeln bekannt wird, in denen bisher die Rechtgläubigkeit gesprochen hat? Es bleit ja die Möglichkeit, daß diese Sätze anders verstanden und gedeutet werden könnten, als wie sie die ökumenischen Concilien und die Reformatoren gedeutet haben — also die Möglichkeit, daß Geistliche in die Kirche eindringen, welche mit jener Formulirung der früheren Gläubigen nicht ganz einverstanden sind. Das ist das Schreckliche! Zwar haben die Apostel auch in keinen anderen Worten bekannt — zwar muß man eingestehen, daß z. B. die göttliche Dreieinigkeit, die Gottheit Christi für jeden Gläubigen mit jenen Worten hinreichend bekannt ist. Aber was kann das helfen? Ein Ungläubiger könnte diese Formeln auch brauchen, weil sie ja „so schwankend und man möchte sagen, so wächsern vorgetragen sind, daß sie ein Jeder nach seiner subjectiven Meinung hinziehen und formen könnte."

*) S. Evang. Kirch.-Z. Septbr. 1846. „Die Unzweckmäßigkeit des neuen Ordin.-Formulars" (von einem Geistlichen), vergl. daselbst „Vorläufige Bemerkungen über das Formular für die Ord.-Verpflichtung der Geistlichen" von Prof. L. v. Henning.

„Es ist keine einzige Lehre in dem Ordinations-Formular so ausgesprochen, wie sie eine glaubenskräftige Zeit ausgesprochen haben würde, und wie sie nothwendig ausgesprochen werden mußte, wenn sich der Unglaube nicht dahinter soll verstecken können.“ Aber was für ein schrecklicher Vorwurf für die heil. Schrift selbst! — Denn es sind ja eben Worte der Schrift, und zwar solche, worin die Apostel das Wort der Wahrheit gefaßt haben. Warum hat Gott nicht besser für die bestimmte Formulirung seiner Offenbarung gesorgt, daß man sich zu seinem Worte bekennen, und doch ein Ungläubiger sein, doch einen unglaubigen Sinn damit verbinden kann, wenn man auch das Wort im Ernste meint?! Wie viel besser verstanden das die Kirchen-Väter und die Reformatoren, welche die Gedanken in eine solche Fassung zu bringen wußten, daß man schwerer rechts oder links ausweichen, eher jemand in seinem Unglauben fangen konnte! Denn daß der Unglaube auch mit solchen Formeln fertig wird, hätte doch wohl das Jahrhundert klar genug gemacht. Wie viele haben die Concordienformel unterschrieben, ohne sich einmal bei ihrer abweichenden Ueberzeugung der Unehrlichkeit oder Heuchelei bewußt zu sein! Aber jetzt, wo die Gewissen aufgeweckt worden vom Schlaf, da könnte man freilich wohl eher hoffen, daß Jemand zurückschrekken werde, solche Formel zu unterschreiben, wenn er nicht ganz damit im Einklang steht. Und was manchem wohl noch mehr werth ist — wenn die Verpflichtung auf solche Satzungen eingeschärft, und die inspicirenden Behörden auf dieselbigen gleichermaßen verpflichtet würden, — wenn ausdrücklich die bisherigen Bekenntnißschriften als ein Bekenntniß erklärt würden, wonach der Ordinandus, „wenn über seine Lehre Zweifel entstehen, gerichtet werden solle, ob er nämlich als Lehrer der Kirche ferner geduldet werden dürfe oder nicht,“ — — wieviel leichter würde man diesen oder jenen Geistlichen, der solche Probe nicht bestehen kann, als einen Irrlehrer bei Seite schieben können? wieviel eher, sage ich, als wenn blos „ein Glaubensbekenntniß" abgelegt worden, wie es die General-Synode vorgeschlagen „das voller Brüche und Lücken ist, und worin alles in der Schwebe gehalten wird?" Eben deshalb möchte man sich wohl allenfalls ein neues Glaubensbekenntniß gefallen lassen, wenn dasselbe nur „zu allen vorhandenen sich so verhielte, wie das Athanasianische zu den beiden damals vorhandenen, d. h. **ein ganz entschiedenes**, so daß Niemand mehr darüber in Zweifel bleiben könnte, die Kirche wisse wirklich aufs Bestimmteste, was sie wolle, und daß ein Jeglicher sogleich sich darnach zu stellen wisse, zur Rechten oder zur Linken." „Solches," meint man, „thut Noth," wenn man einmal ein Neues aufstellen wolle, während von einem so in der Schwebe gehaltenen Bekenntniß „beide, die Kirche und der Zeitgeist, wenn sie es genau betrachten, nur mit Unwillen sich hinwegwenden würden." Principaliter will man daher nichts als eine strenge Verpflichtung der Geistlichen auf die einmal zu historischem Recht gekommenen Glaubensformeln der evangelischen Kirche. Allein so lange die Unfehlbarkeit dieser Zeugnisse nicht erwiesen, — nicht erwiesen, daß das Athanasianische Bekenntniß Recht hat, wenn es ewiges Leben und Seligkeit davon abhängig macht, daß man den „rechten christlichen Glauben" in den Formeln „fest und treulich" habe, welche dasselbe als Merkmale des „rechten christlichen Glaubens" aufgestellt, — nicht erwiesen, daß die formulirte Rechtgläubigkeit besser ist, als ein rechtschaffenes Wesen in Jesu Christo, das sich nicht in jenen Formeln zurecht zu finden gewußt hat, — nicht erwiesen, daß wirklich ein Geistlicher nicht mit Segen am Worte dienen kann, der alles das von Herzen glaubt, und mit dem Munde bekennt, was das Ordinations-Formular voraussetzt, aber in Bezug auf andere Lehren seinen Glauben nicht in die Dogmatik früherer Jahrhunderte einzufugen weiß, — — so lange das nicht bewiesen, wird auch der Beweis nicht gelingen, daß die evangelische Kirche ein Recht hat, ihre Geistlichen auf diese dogmatische Fassung der christlichen Lehre in den Bekenntnißschriften zu verpflichten. Wenn sie aber solche Verpflichtung verwirft, so hat sie deshalb für sich selbst noch nicht etwas von den Glaubenssätzen aufgegeben, welche sie selbst kraft der durch die Jahrhunderte fortgeschrittenen Auslegung des Wortes durch den heil. Geist gewonnen hat. Wozu soll also der buchgelehrte Beweis, daß alle die Lehren, deren im Ordinations-Formular nicht ausdrücklich Erwähnung geschieht, im wesentlichen Zusammenhang mit dem ganzen christlichen Lehrgebäude stehen? Wozu die Bezugnahme auf David Strauß, daß er unseren Theologen zu ihrer Beschämung sagen solle: „wie eng hier (im apostolischen Symbol) Ring an Ring sich schließe, von der Geburt aus Maria der Jungfrau bis zur Auffahrt und Wiederkunft, ja von Gott dem Vater und Schöpfer bis zur Auferstehung der Todten und dem ewigen Leben?" Alles das ist gewiß den Theologen, aus deren Zusammenwirkung das evangelische Bekenntniß im Ordinations-Formular hervorgegangen ist (Nitzsch, Jul. Müller, Sack, Dorner rc.) am wenigsten eingefallen, zu bestreiten. In der That kann man von alledem festiglich und inniglich überzeugt sein. Man kann vollständig die Erfahrung gemacht haben, daß die ganze heil. Schrift den Grundthatsachen und Grundwahrheiten, wie sie in den drei allgemeinen Glaubensbekenntnissen der christlichen Kirche ausgesprochen sind, auch in keinem Stück widerspricht — alles das kann man besser wissen, als D. Strauß, so daß man nicht erst zu diesem in die Schule geschickt zu werden braucht, — und doch der Ueberzeugung sein, daß es ebenso der Stellung wie dem Begriff des evangelischen Geistlichen zuwider ist, die Annahme und Festhaltung aller dieser dogmatischen Lehrsätze als Bedingung der Zulassung zum Dienste am Wort aufzustellen. Den Beweis dafür haben wir oben gegeben. Bei Entwerfung des Ordinations-Formulars konnte es sich nur darum handeln, ein Geringstes von dem aufzustellen, was von demjenigen zu erwarten, der das Amt eines evangelischen Predigers ausrichten soll — nur die Grundthatsachen und Grundwahrheiten, welche den Kern des Evangeliums von Christo bilden, und allezeit noch heute, wie zu der Apostel Zeiten, geschickt und kräftig sind, Seelen zu gewinnen für das Himmelreich. Die Kirche kann und soll froh sein, wenn alle ihre Diener am Wort mit gewissenhafter Treue die apostolische Predigt verkünden, wie sie hier zusammengestellt ist, und der Zuversicht leben, daß diejenigen, denen Gott solche Erleuchtung aus dem Angesichte Jesu Christi in das Herz gegeben, auch weiter und tiefer in den gesammten Rathschluß der göttlichen Geheimnisse eindringen werden. Wollte man nur solche Geistliche zulassen, welche das ganze fertige Lehrgebäude in allen seinen Einzelnheiten als unantastbaren Ausfluß des heil. Geistes erkennen und bekennen, — welche Gefahr würde dem Leben der Kirche, der Offenbarung ihrer Wahrheit erwachsen?! Wie „viele abgefeimte Heuchler" würden einziehen, welche, wie der würdige Verfasser von Moser's vertrauten Briefen sagt, „in der Consistorial-Sprache sich wohl vorzubereiten" wissen! Aber das wäre noch nicht der schlimmste Schade. Wie viele Arbeiter, die der Herr mit seiner Gnade ausgerüstet, müßten müßig stehen am Eingange seines Weinberges, — wie viele Gnadengaben würden der Kirche verloren gehen, weil sie der Knechtschaft des menschlichen Buchstabens sich zu unterwerfen verschmähen, oder zu gewissenhaft sind, eine Einstimmigkeit mit Glaubenssätzen zu erheucheln, deren richtige Ableitung aus dem Worte Gottes ihnen bis dahin noch nicht klar geworden?! Wahrlich alle Lichtfreunde und Rationalisten können mit ihrem Treiben in der Kirche nicht solche Verwüstung anrichten, wie diejenige sein würde, welche die Durchführung solcher Grundsätze, trotz aller Rechtgläubigkeit, zu Wege bringen würde, falls es überhaupt in unseren Tagen noch möglich wäre, sie in all ihrer Strenge geltend zu machen.

Sehr merkwürdig bleibt übrigens — darauf müssen wir hier noch einen Blick richten — daß gerade die Richtung, wie sie in der Evang. Kirchenzeitung vertreten ist, gegen die Competenz der General-Synode zur Aufstellung einer solchen Verpflichtungsformel für die Geistlichen Einwendungen erhoben hat *). Es würde ihr auch wohl schwerlich in den Sinn gekommen sein, wenn die Synode nicht ein Bekenntniß ausgesprochen hätte, in welchem jene Richtung eine Abweichung von den kirchlichen Symbolen — wohl gar ein der Form nach neues Bekenntniß ausgesprochen fände. Daß in diesem Formular wirklich ein Bekenntniß liegt, wie es bisher in dieser Zusammenstellung nicht dagewesen, ist freilich unwidersprechlich. Es wäre auch ganz unmöglich gewesen, daß die Synode über die ordinatorische Verpflichtung der Geistlichen irgend einen Rath hätte geben können, ohne irgendwie ein Glaubensbewußtsein auszusprechen, d. h. auf deutsch: zu bekennen. Der ganze Vorwurf könnte also nur darauf gerichtet sein, daß sie solches nicht in der Weise gethan, wie es der Evang. Kirchenzeitung genehm gewesen. Denn sonst möchten wohl schwerlich für das evangelische Gewissen verbindliche Normen nachzuweisen sein, welche hierin verletzt wären. Ist nicht das ganze Wort Gottes, wie es in den prophetischen und apostolischen Schriften enthalten, treulich bekannt, und damit dem

*) S. das Schlußwort der Redaction zu dem vorhin erwähnten Aufsatz Septbr. Heft 1846. S. 662.

wahrhaften evangelischen Bewußtsein volle Genüge geschehen? Ja noch mehr! Es ist selbst die Einheit des Bewußtseins mit allem, was früher als Bekenntniß der ganzen Christenheit und insbesondere der evangelischen Kirche hervorgetreten, unumwunden bezeugt. Wo bleibt nun das Unrecht? daß man in einer andern Form ein Ordinations Formular aufgestellt, als wie man es früher zu fassen gewohnt gewesen? Hier scheint man gänzlich außer Acht gelassen zu haben, daß von jeher die Kirchengewalt das Recht gehabt hat, liturgische Gesetze also auch Ordinations-Formulare frei aufzustellen. Darum handelt es sich aber hier nur, nicht um Glaubensgesetze, die selbstredend Niemand hat geben wollen. Wenn Friedrich Wilhelm III. im Jahre 1821 und 1829 mit der Publication der Agende zugleich ein solches Formular anordnete, ohne eine Synode zuzuziehen -- ist er nicht in seinem guten Rechte gewesen? Und wenn nun Friedrich Wilhelm IV. unter dem Beirath einer Synode, in welcher unbestreitbar das kirchliche Bewußtsein vollständiger denn je zuvor in den sonst herbeigezogenen Rathgebern vertreten gewesen, ein anderes Formular festzustellen für nöthig hält — sollte er weniger in seinem Rechte sein? Liegt in dem älteren unläugbar ein Bekenntniß zu dem, worauf verpflichtet werden soll — hat das Kirchen-Regiment heute keine Freiheit mehr, irgend ein Bekenntniß abzulegen? Es müßte aufhören zu regieren, wenn es das nicht sollte. Wozu soll nun der Einwand der Evang. Kirchenzeitung, daß die Synode nicht befugt war, ein solch Bekenntniß in Vorschlag zu bringen, weil sie „nicht eine legitime Repräsentation der gesammten Kirche" sei? Allerdings liegt das klar am Tage, daß die Synode nicht als wirkliche Repräsentantin der Landeskirche in Bezug genommen werden darf — das Verfassungsgesetz, welches sie dazu erst constituiren konnte, sollte ja erst von dieser nur provisorisch als Vertreterin der Kirche berufenen Versammlung berathen werden. Aber folgt daraus schon, daß sie nicht befugt war dem, der von Gott Gewalt hat über die Ordnung der Kirche, einen Rath zu geben, und in diesem Rathe ein Bekenntniß abzulegen? Oder war sie dazu nicht mehr geschickt als frühere Convente, welche die Fürsten zu gleichem Zwecke zugezogen, da hier die mannichfachste Intelligenz, wie sie auf wissenschaftlichem und practischem Boden sich entwickelt, sich zusammengefunden, überdies alle möglichen Richtungen des kirchlichen Bewußtseins vertreten waren, und endlich alle diese Momente sowohl aus dem geistlichen wie nichtgeistlichen Stande zusammengefaßt waren? So wird ihre Legitimation zur Aufstellung eines Bekenntnisses in den für die Gesetzgebung abzugebenden Vorschlägen Niemand anzufechten im Stande sein — so wird die von ihr vorgeschlagene Ordinationsformel eben dieselbe formelle Berechtigung haben, wie die, welche auf die Theologen des 16. und 17. Jahrhunderts ihren Ursprung zurückführen. Fragt man nun aber, wie die Evang. Kirchenzeitung eine Versammlung wohl zusammengesetzt wissen möchte, welche zu einem von dem bisherigen Formular abweichenden Bekenntniß befugt wäre, so dürfte wohl jede Versammlung perhorrescirt werden, welche auf ein anderes Resultat käme, als wie es mit dem bisher geltend gewesenen Ansehen der Bekenntnißschriften in Einklang gefunden wird. Zwar hat man sich auf die „gesammte Kirche" berufen — aber wie kann das Ernst sein im Sinne einer Zeitschrift, welche so oft und auf demselben Blatt gegen das Gewicht der „Majoritäten" zur Feststellung der Glaubens-Interessen Protest eingelegt hat? Wie einst Luther von den Romanisten sagte, daß sie „drei Mauern mit großer Behändigkeit um sich gezogen, damit sie sich bisher beschützet, daß sie Niemand hat mögen reformiren," — so hat auch diese Partei sich dergestalt umschanzt, daß dem Ansehen der symbolischen Bücher als zwingender Norm des kirchlichen Lebens anscheinend gar nichts anzuhaben ist. Will das Kirchen-Regiment davon abweichen, so wird ihm vorgehalten, daß es nicht die Kirche sei, und somit das Bekenntniß zu ändern ihm nicht gebühre. Wollte man die Gemeinden einzeln befragen, ob sie die Symbole als Ansehen der Lehre noch ferner gelten lassen wollen, so wird entgegengestellt werden, daß die Majoritäten nicht entscheiden, oder daß alle die nicht als Glieder der Kirche ein Stimmrecht haben, welche von dem Bekenntniß der Kirche abweichen. Will man aber Einzelne, in denen präsumtiv das größte Maaß kirchlicher Intelligenz und kirchlichen Sinnes vertreten ist, fragen, und das Resultat weicht wieder ab, so provocirt man auf die ganze Kirche. Genug man mag es anfangen wie man will, — es ist rein unmöglich, nach den Principien dieser Richtung das Bekenntniß zu ändern, weil jede Aenderung selbst als ein Abfall vom Glauben angesehen wird. Mag man daher ein Concil zusammensetzen wie man will — liegt es an dieser Partei, so würde es allezeit „doch zuvor matt gemacht" darum, weil man im Voraus schon beschlossen hat, und gern „die Fürsten zuvor mit Eiden verpflichten" möchte, das Bekenntniß „bleiben zu lassen wie es ist," — weil man der Form, in welcher dasselbe einmal dasteht, als „Papst volle Gewalt geben will über alle Ordnung des Concilii," „also daß es" auch heute darnach „gleichgelten würde, es seien viel Concilia oder keine Concilia." So möchte man versucht sein mit Luther auszurufen: „so gar gräulich fürchten sie der Haut vor einem rechten freien Concilio!" Aber Gottlob! wie Gott einst das Gebet Luthers erhört, als er wider das päpstliche Ansehen sprach: „Nun helfe uns Gott und gebe uns der Posaunen eine, damit die Mauern Jericho wurden umgeworfen, daß wir diese stroherne und papierne Mauern*) auch um-

*) Darunter meint Luther 1) den geistl. Stand als eine Macht über die weltliche, 2) des Papstes Recht über die Schriftauslegung und

blasen", so sind auch die Mauern, welche das Ansehen der Symbole halten sollen, zusammengesunken vor der Posaune des wieder lebendig gewordenen evangelischen Bewußtseins. Alle die „falschen Schrecken," womit die Nachklänge des Römischen Princips so viele Jahrhunderte uns haben „schüchterne und blöde Gewissen" gemacht, — sie sind gänzlich darnieder gelegt, und so dürfen auch diejenigen, welche das Herz dringt, am Worte zu dienen, fortan nicht mehr fürchten, daß ihr Gewissen wieder einem solchen Joch könnte unterthänig gemacht werden.

Meint man aber, daß gerade die Geistlichen am schlimmsten fahren würden, wenn die gesetzliche Geltung bestimmt dogmatisch gefaßter Glaubenssätze als Schranke der Predigt fehle, weil sie Gefahr laufen, daß die subjective Ansicht der Kirchengewalt, unter dem Vorwande eines directen Widerspruchs gegen das Wort Gottes, wider eine ihr entgegenstehende Ansicht zu Felde ziehe, so ist auch diese Besorgniß nur scheinbar. Wer fürchtet sich wohl im Ernst vor solchem Mißbrauch der Gewalt, wenn er auch hier, wie auf dem politischen Gebiet, immer möglich bleibt? Steht nicht da das ganze Recht der Verfassung, der Organismus der Verwaltung, welche die einzelne Gewalt in Schranken hält? Darf sie gegen das allgemeine kirchliche Bewußtsein — diese Macht der öffentlichen Meinung in der Kirche, die laut und vernehmlich ihre Stimme erhebt, in Kampf treten? Und wenn es einer Behörde dennoch einfallen sollte, die evangelische Freiheit eines Geistlichen zu verletzen, wird sich nicht dergestalt das kirchliche Bewußtsein gegen sie erheben, daß der Ausgang des Streits nie anders als mit der Niederlage einer solchen Gewalt enden könnte?

---

3) dessen Recht über das Zusammenkommen eines Conciliums, s. die Schrift „an den christlichen Adel deutscher Nation."

So dürfen wir denn — wir wiederholen es noch einmal *) — den Versuch nicht erst machen, zu welchem die hist. polit. Blätter für das katholische Deutschland (10. Bd. 9. Hft. 1842. S. 543) auffordern, den Versuch, ob man mittelst der reinen Grundgesetze des Protestantismus frei und aufrecht zu stehen vermöge, wenn man „die schmachvollen Krükken der symbolischen Autorität" von sich werfe. Wir dürfen nur sagen „Komme und siehe es." Der Versuch ist längst gemacht — wir stehen frei und aufrecht, obschon diese Krücken längst weggeworfen als ein zwingendes Gesetz für die Entwickelung des kirchlichen Lebens, für den Dienst des Geistlichen am göttlichen Wort. Es hat sich überall bewährt, daß dennoch eine kirchliche Ordnung in der Wahrheit ihres Begriffs bestehen kann. Ueberall haben wir noch immer eine Ordnung des gemeinschaftlichen Gottesdienstes, eine Verkündigung des Evangeliums, die Verwaltung der Sacramente. Und diese Ordnung wird auch bleiben, so gewiß ihr Baumeister — das Wort — bleibt, und in diesem eine Macht gegeben ist, den Geist zu pflanzen, der nicht blos ein Geist der Liebe und der Kraft, sondern auch der Zucht ist. Was uns noch fehlt an der Gestaltung unserer Kirche, die Entwickelung einer Verfassung, in welcher sie als eine menschliche Lebensordnung erst ihre rechte Wahrheit, und also die rechte Garantie ihrer Selbstständigkeit und Freiheit, wie ihres stetigen Einklanges mit der sittlichen Ordnung im Staat hat, — auch das wird der Herr seiner Kirche schon geben zu seiner Zeit. Sehen wir doch schon, wie von allen Seiten die Bauleute daran arbeiten, und wie der Herr Zebaoth mit arbeitet. Also getrost! Ob es auch denen, „welche das Haus in seiner vorigen Herrlichkeit gesehen," und die es nun ansehen, zerrissen und zerfallen, wie

*) Papstthum oder Christenthum ꝛc. S. 112.

es scheint, „dünket, daß es Nichts sei," — es wird die Herrlichkeit dieses letzten Hauses, das Haus der freien evangelischen Kirche größer werden, denn das erste unter der Zuchtherrschaft der Symbole gewesen, und der Herr wird den rechten Frieden geben an diesem Ort (Haggai 2).

VI. Das Kirchenregiment.

Ueberall, wo eine menschliche Gemeinschaft als solche in das Dasein tritt, da ist auch in ihr eine Gewalt gesetzt, um sie auf äußerliche Weise zusammenzuhalten, und die Erweisungen ihrer Wirksamkeit zu ordnen. Das gilt also auch für die Kirche Christi, welche nach der Naturseite ihres Daseins sich ebenfalls als eine menschliche Gemeinschaft darstellt. Es bleibt daher hier die Frage, wer in der Kirche zur Handhabung solcher Gewalt berufen, in welchem Stufengang die letztere sich zu organisiren habe, und welches der Gegenstand ihrer Wirksamkeit sei. Ueber alles dies haben wir indeß schon anderweit so umständlich uns ausgesprochen, daß wir eigentlich hier nur auf die Hauptmomente dieser Organisation zurückblikken dürften *). Allein gerade hier ist der Punct, wo man nicht aufhören kann, immer von Neuem das Wort zu ergreifen. Ob

*) Kirch.=Recht Buch II. Buch IV. vergl. über die Bedeutung d. Synoden 2c. Posen 1843, so wie die Abhandl. im Aug. Heft des „Propheten" Breslau 1843: Von der Nothwendigkeit der Auseinanderhaltung staatlicher und kirchl. Verwaltung mit besonderer Beziehung auf die Theilung der letzteren zwischen Regierung und Consistorium in Preußen.

auch viele Geister in Bewegung gekommen, Licht und Wahrheit hierin zu ergründen, — immer stehen noch in den Principien große Gegensätze sich gegenüber, die noch immer vergebens nach einer rechten Vermittelung und Versöhnung gerungen haben. Das mag die Rechtfertigung sein für jeden Versuch, hierin immer tiefer auf den Grund zu kommen — das also auch eine Rechtfertigung für uns, daß wir uns noch einmal gedrungen gefühlt, das ganze Gesetz der Verfassung in der zur Wahrheit des gottmenschlichen Daseins wiederhergestellten Kirche hier in seinen Grundprincipien zusammenzufassen, um dasselbe, so viel wir vermögen, noch völliger in das rechte Licht zu stellen. Vielleicht daß es uns wenigstens gelingt, zur Beseitigung der immer wieder sich erneuernden mannichfachen Mißverständnisse einen Beitrag zu geben.

Daß die Gewalt, welche die kirchlichen Verhältnisse zu ordnen hat, nicht von außen kommen darf, sondern aus der Kirche selbst, das ergiebt schon das Gemeinschaftsrecht, wenn es nicht zugleich aus dem Inhalt der kirchlichen Zwecke folgte, welche von Niemandem in ihrer Substanz und Tendenz zu begreifen sind, als von denen, welche selbst Antheil haben an dem Leben der Kirche. Daß aber, soweit es um das Rechtsverhältniß ihres äußern Daseins und ihre Beziehungen zu den übrigen Gebieten des Lebens sich handelt, die Kirche sammt der in ihr herrschenden Gewalt derjenigen Macht unterthan sein muß, welche über das Gesammt-Gebiet des menschlichen Wesens Recht und Gewalt hat, d. i. der Staats-Gewalt oder der Obrigkeit schlechthin, das würde ebenfalls schon aus dem Begriff einer menschlichen Gemeinschaft folgen, wenn nicht in dem göttlichen Wort zugleich solches ausdrücklich verordnet wäre. Denn das letztere erkennt alle Obrigkeit in ihrem Recht der Gewalt über jedermann innerhalb ihres Gebiets an, also auch über die

Gesammtheit aller Gemeinsamkeiten, ohne Unterschied des Zwecks, indem es den Ursprung solcher Gewalt auf Gottes Einsetzung zurückführt (Röm. 13, 1—5. 1. Petri 2, 13). Will man die innerhalb der Kirche um ihrer selbst willen sich constituirende Gewalt als ein jus in sacra bezeichnen, und das Recht des Staats über die äußern Erscheinungen des kirchlichen Lebens in ihren Beziehungen auf die übrigen Momente des Lebens das jus majestaticum circa sacra nennen, so ist dagegen wenig einzuwenden, wenn man nur immer die Unterschiedlichkeit der bezeichneten Verhältnisse sich gehörig klar macht. Die Unterscheidung selbst ist wesentlich in der Sache begründet.

Alle Gewalt in der Kirche als ein jus in sacra war in dem Ursprung der Kirche zugleich mit ihrer Einsetzung geordnet. Sie lag in der Vollmacht der Apostel, wie sie der Herr der Kirche ertheilt, Kraft deren sie berufen waren, Seelen zu gewinnen für das Himmelreich, und sie zu lehren halten Alles, was Er ihnen befohlen hatte. Es konnte keine Erkenntniß geben von dem Wesen der Kirche und den Bedingungen ihrer Gestaltung als ein Gemeindeleben, die nicht darauf sich gegründet hätte. Eben deswegen konnte auch kein Wille als Gewalt über diese Organisation bestimmend werden, als der Wille der Apostel. Ob sie gleich nicht Herren sein wollten über den Glauben (2. Cor. 1, 24), so waren sie doch die gegebenen absoluten Gewalthaber über die Ordnung, und die Anerkennung ihrer Legitimität als solcher war mit dem Eintritt in diese Lebensgemeinschaft zugleich mit entschieden. Von einem Souveränitäts-Recht aller Einzelnen Gläubigen zur Bestimmung der kirchlichen Lebensordnung weiß die Schrift nichts, wissen die Apostel nichts, welche Aelteste setzen hin und her, und ihnen Macht geben, zu lehren und zu strafen, wenn sie gleich dabei in der Regel die Mitwirkung der Gemeinde veranlaßten. Hätten wir nun hinreichenden Grund zur Annahme, daß solche Vollmacht der Apostel in der Fülle ihrer göttlichen Kraft und Herrlichkeit zur Vererbung auf diejenigen Personen bestimmt worden, welche als Nachfolger der Apostel in Verkündigung des Evangeliums wie in Leitung der Gemeinden eintraten, so würden wir in diesen zugleich die Gewißheit ihres ausschließlichen Berufes zum Kirchen-Regiment haben. Auf dieser Voraussetzung der Römischen Kirche beruht folgerecht das in ihr aufgerichtete System der Hierarchie. Die Bischöfe in ihrer Gesammtheit sollten die Macht der Kirchen-Regierung haben, bis sie nach dem Gesetz menschlicher Ordnung in den Mittelpunct eines Bischofsitzes zusammengefaßt wurden, um in ihm die plenitudo potestatis zu concentriren, da ohne solche Spitze und Centralpunct der Gewalt, d. i. ohne das monarchische Princip keine wahre Einheit des Regiments sich bilden kann (s. oben S. 38). Daher das Heraustreten des Unterschiedes zwischen der hierarchia ordinis und jurisdictionis. Eine weitere Folge war die Ausdehnung der Gewalt über die Totalität der christlichen Gemeinschaft auf Erden, weil die auf die Bischöfe vererbten Vollmachten nur als Macht der Gesammtheit derselben zu denken sind. Daß und wie übrigens auch hier die Wirklichkeit des Lebens eine Modification des Princips herbeigeführt, wie in den verschiedenen Ländern eine eigenthümliche kirchliche Ordnung sich gebildet, und wie andrerseits die Könige, als sie christlich wurden, trotz des Gefangenseins im Römischen Dienst, doch Macht und Recht gewannen, in die Gestaltung des kirchlichen Organismus weiter einzugreifen, als es von dem Gesichtspunct eines jus majestaticum circa sacra zu motiviren gewesen wäre, — alles das haben wir ausführlich im Kirchen-Recht (Buch II.) nachzuweisen gesucht. Es gehörte diese Knechtschaft des zur Freiheit wiedergebornen Geistes zu der Schranke der Zucht, welche das Römische Princip auch in Bezug auf die Gestaltung der christlichen Lebensordnung auszuüben hatte, bis die Zeit erfüllet war.

Noch waren nicht anderthalb Jahrtausende seit der Auferstehung Christi vergangen, als auf einmal die Grundveste zusammenbrach, worauf die Macht der Kirche in künstlich wohlgeschlossenem Bau aufgerichtet worden. Alle Fürstenthümer und Gewalten konnten das Regiment der Kirche nicht halten vor dem Wort des Einen, der seine Füße gestellt auf den Fels, der ewiglich bleibet. Ward das Wort des Evangeliums von Christo als der allein untrügliche Richter über alle Macht und Gericht der Welt gestellt, so war damit der Satz von dem Uebergang apostolischer Machtvollkommenheit auf „etliche sondere Personen" zur Lüge gemacht, und mit dem Ansehn dieser Meister über die Lehre auch das Fundament ihres ausschließlichen Berufs zum Kirchen-Regiment vernichtet. Ob die Reformatoren von der Nothwendigkeit einer solchen gleichzeitigen Umwälzung eine Anschauung gehabt, oder ob sie wohl gar die Fortdauer der hierarchischen Formen mit der freien Geltung des Evangeliums für vereinbarlich gehalten, darauf kann es hier nicht ankommen. Sie waren nicht die Schöpfer des Princips, von dem ihre Bewegungen ausgingen, daß der Begriff allein aus dieser Quelle zu schöpfen wäre. Der Geist Gottes war es, der dieses Princip aufgerichtet, lange vor diesem, als er den einigen Eckstein in Zion legte, und der ihn jetzt wieder durch diese Werkzeuge befreien wollte von dem Schutte, den Jahrhunderte menschlicher Verkehrtheit darüber zusammengetragen. Vergebens beruft man sich also auf Luther, wie er selbst stets bereit gewesen, Papst und Bischöfe in ihrem Kirchen-Regiment anzuerkennen, wenn sie nur die Predigt des Evangeliums frei lassen wollten (s. Erklarung vor dem Reichstag zu Augsburg, vgl. Schmalk. Art. von der Weihe). Noch hatte er damals keinen Grund gegen solch Regiment zu protestiren. War „der Weg zur Seligkeit den Christen frei und offengestellt," so war allem genug geschehen, was seines Geistes Leben in Bewegung gebracht. Ob das Reich Gottes daran auch für alle Zeiten genug haben sollte, das mußte die Weltgeschichte lehren. Und hätte Luther auch die Umgestaltung dieser Herrschaft für nothwendig erkannt, — wie hätte er selbst daran Hand anlegen können und wollen, er, der aller menschlichen Ordnung gern unterthan sein wollte, so lange es nicht wider Gottes Wort lief, und der daher in seinem christlich gesunden Sinne so gut wie andere Gottesgelehrte begreifen mußte, daß es „ohne Zweifel viel redlicher Ursach gehabt, daß die Bischöfe über die Priester als Superintendenten gesetzt," und daß es jedenfalls ihm „nicht gebühre, diese Ordnung, welche von Anfang in der Kirche gewest, ohne große und dringende Ursache zu zerreißen." „Denn es ist auch vor Gott gefährlich," — so warnen die Theologen noch während des Reichstags zu Augsburg, „Politien zu ändern und zu zerreißen." Eben so vergebens beruft man sich auf Melanchthon, der selbst des Papstes Primat als wohlberechtigte Gestalt des kirchlichen Regiments gelten lassen wollte, ja diese Superiorität für besonders heilsam zur Erhaltung kirchlicher Einheit erkannte. Alle seine Argumente *) beweisen nur, daß er das Wesen des päpstlichen Primats in seiner Wurzel eben so wenig, wie die Bedeutung des kirchlichen Regiments überhaupt begrifflich durchschaut hatte. Schon die Bedingung „si Evangelium admitteret" schloß die Unmöglichkeit der Fortdauer der bisherigen hierarchischen Ordnung in sich, und machte so das ganze Zugeständniß zu nichte. Denn der Papst wäre nicht mehr Papst geblieben, hätte er die

---

*) S. das Separat-Votum zu den Schmalk. Artikeln und das consilium gallicum.

Freiheit des Evangeliums anerkennen wollen — der Boden unter den Füßen wäre ihm entschwunden. Und wenn doch anerkanntermaßen überhaupt das ganze Regiment des Papstes nur jure humano bestehen sollte, so war damit auch zugestanden, daß es aus der Entwickelung des Gesetzes menschlicher Ordnung herausgebildet, und kraft desselben allen Wechselzufällen in der Gestaltung menschlicher Einrichtungen unterworfen sei. Wurde aber die Fortdauer des Primats sogar zur Erhaltung der Einheit in der Lehre gefordert (prodesset etiam meo judicio illa monarchia Romani Pontificis ad hoc, ut doctrinae consensus retineretur in multis nationibus), so war dies nichts als ein Rest der Römischen Grundanschauung, die wider das Princip evangelischer Freiheit eine äußere Autorität um jener Einheit willen nothwendig hält, statt daß das Evangelium allein die Macht hat, und haben soll, solche Einheit zu gründen und zu erhalten (s. oben Nr. V.). Hätte wirklich der Papst und die ganze Hierarchie das Evangelium freilassen können, ohne ihren eigenen Begriff aufzugeben, so hätte sich doch weiterhin nach dem Gesetz menschlicher Ordnung in jedem Lande eine selbstständige kirchliche Ordnung herausgebildet. Der Einfluß des Papstes würde zu immer größerer Bedeutungslosigkeit herabgesetzt sein, bis ihm endlich in der Ohnmacht seiner Würde so unheimlich geworden wäre, wie dem Römischen Kaiser, daß er am Ende doch wie dieser selbst dem Schattenspiel hätte ein Ende machen müssen. Nur der Gegensatz gegen die Freiheit des Evangeliums konnte ihm eine Bedeutung als Kirchenfürst erhalten, daß er als Kehrseite der Wahrheit selbst für die Entwickelung ihrer Bestimmtheit wirksam würde. Genug, so viel ist gewiß, daß das freigewordene evangelische Bewußtsein gleich in dem ersten Moment seiner Wiederbelebung bis zu der Erkenntniß vordrang, daß des Papstes Regiment über die Kirche nicht von Gott verordnet sei, oder wie Luther sagt, „daß der Papst nicht sei jure divino oder aus Gottes Wort das Haupt der ganzen Christenheit, sondern allein Bischof oder Pfarrherr der Kirche zu Rom und derjenigen, so sich williglich oder durch menschliche Kreatur (d. i. weltliche Obrigkeit) zu ihm begeben haben, und daß die heilige christliche Kirche ohne solch Haupt wohl bleiben kann, und wohl besser blieben wäre, wo solch Haupt nicht durch den Teufel aufgeworfen wäre."

Sollte nun der Geist in seiner Einheit mit dem urkundlichen Zeugniß allein die fortschreitende Offenbarung der in Christo erschienenen Wahrheit sein — mußte eben deshalb das Ansehn der Apostel schwinden, damit die außerordentlichen Gnadengaben Gemeingut der Kirche würden, so konnte die kirchliche Verfassung nur aus der Gesammtheit der Kirche nach den Bedingungen des menschlichen Lebens sich entwickeln. Es bleibt eine große Verirrung, wenn der Verfasser der Schrift: „die Kirche in unserer Zeit" (Düsselthal 1843. S. 169) die Wiederaufrichtung der wahren Einheit der Kirche, die Wiedereinsetzung des wahrhaftigen Kirchenregiments sammt der rechten Disciplin unmöglich hält, so lange nicht Gott der Herr dazwischen fährt, und zu dem Rathschluß kommt, „ich muß dir wieder Richter geben, wie zuvor, und Rathgeber wie im Anfange." Erst wenn „Männer wieder erweckt" seien, „die unmittelbar von Ihm beauftragt und befähigt sind, sich der Leitung der ganzen Kirche anzunehmen" — „Männer die nicht von Menschen, auch nicht durch Menschen, sondern durch Jesum Christum und Gott den Vater berufen sind," also Apostel in ihrer ursprünglichen Machtvollkommenheit, dergleichen kein anderer Priester und Bischof nach ihnen gewesen, — dann erst soll nach dieser Meinung „es möglich sein, die Kirche aus ihren Trennungen, Irrthümern und mancherlei Mängeln und Gebrechen zu erretten, und die Kinder Gottes aus der geistlichen Gefangenschaft zu befreien." Wer also denkt, der bezeugt damit nur, daß er noch nicht lebendig genug „den andern Tröster" gespürt, der uns gegeben ist, daß Er bei uns bleibe ewiglich. Mehr brauchen wir nicht, und wer daran noch nicht genug hat, wer noch auf die Wiedererscheinung einer besondern Verkörperung des heil. Geistes in bestimmten einzelnen Persönlichkeiten wartet, der mißtraut dem Worte Gottes wie dem Geist, und gleicht den Juden, die noch immer den Messias erwarten, obschon sie fort und fort sehen und wissen könnten von den Thaten und Wundern und Zeichen, mit denen der Mann von Gott nicht aufhört, sich zu beweisen in ihrer eigenen Mitte. Auch ohne die Erneuerung einer Koncentration mittelst bestimmter Personification wird der Geist allezeit in der Allgemeinheit seiner Selbstoffenbarung sich diejenigen Formen schaffen, in denen er selbst die nothwendigen Elemente seines Wirkens begriffen hat, wenn ihm anders nicht von außen her Gewalt angethan wird. Darum ist es auch der Geist allein, aus welchem wir das Gesetz dieser Formen erkennen.

Das erste Denkmal solcher Erweisung des Geistes, der Uranfang der Gemeinschaft-Ordnung finden wir in dem Worte Gottes, aber nirgends ein Zeugniß, daß der Geist die Bestimmtheit dieser Gestalt in den einfachen Schranken, wie sie der Umkreis des erst aufkeimenden Lebens erheischte, als ein bleibendes Gesetz für alle Stadien der kirchlichen Entwickelung anerkannt hätte. Immer ist es nur das geschichtliche Zeugniß, das uns daraus entgegenblickt — die Kunde von den Thatsachen, in welchen der Geist in der Gestaltung des kirchlichen Gemeinschaftlebens die Wirklichkeit einer menschlichen Ordnung bestimmt hatte. Ihre bleibende Bedeutung ruht daher nur in dem Zeugniß von dem Verfahren der Apostel unter bestimmten Verhältnissen der Gemeinde, so wie in der daraus sprechenden Demonstration, daß die Substanz menschlicher Ordnung nichts enthalte, was einer Anwendung auf die kirchlichen Verhältnisse entgegenstände, daß also, soweit es auf Ordnung in der Kirche ankömmt, ein Organismus der Verfassung sich zu entwickeln hat, wie er dem Gesetz aller menschlichen Ordnung entspricht. Obschon ein Reich nicht von dieser Welt, sollte sie gleichsam Mensch werden, wie Christus selbst es war, d. h. in Bezug auf die äußere Erscheinung des Daseins und Wirkens denselben Bedingungen unterworfen sein, wie alles andere menschliche Wesen. Gleichwie Christus desselbigen Fleisches und Blutes wie wir theilhaftig geworden, und die Phasen menschlicher Entwickelung durchgangen ist — dennoch aber in solcher Knechtsgestalt immer der Herr der Herrlichkeit blieb, so auch die Kirche als der Leib, den Er sich zubereitet auf Erden. Nur eins blieb für die eigenthümliche Gestaltung der menschlichen Ordnung in der Kirche entscheidend — ein Moment, wodurch sie über die Sphäre aller anderen menschlichen Gemeinschaften heraustrat, und gleichsam „abgesondert" ward, wie Christus es war von allen Sündern — das ist die göttliche Einsetzung und die darin begründete Heiligkeit, ohne daß diese der Wahrhaftigkeit ihres menschlichen Wesens Eintrag gethan hätte, wie auch Christus „allerdinge seinen Brüdern gleich geworden." Kraft jener göttlichen Einsetzung kommt ihr das Wesen des Absoluten, d. i. des über die menschliche Willkühr Erhabenen, in sich Constanten, oder der Begriff der Nothwendigkeit und Allgemeinheit zu. Sie kann nicht blos nach dem gemeinen Gesellschaftsrecht sich gestalten. Das Gesetz der Lebensordnung kann nicht in seiner Abstraction hier erscheinen, nach welchem, wie in jedem menschlichen Gemeinwesen, der allgemeine Wille unterschieden wird von dem Einzel-Willen. Vielmehr muß dasselbe in seiner Totalität Platz greifen. Jener allgemeine Wille muß eine wirkliche Macht sein, deren Recht nicht weiter in Frage zu stellen, und darum in einem Centrum ruhen, welches als ein festes, unbewegtes durch Gottes=Ordnung gegeben ist, damit in ihm alle Emanationen der Ordnung, alle Stufen und Aemter ihre letzte Wurzel haben. Nur dann ist die rechte Bürgschaft für die Stetigkeit der Ordnung gegeben, wie sie der Fortgang der kirchlichen Thätigkeit erheischt. Eine solche Macht ist nach dem Abscheiden der Apostel an sich nicht in der Kirche gegeben. Sie hat in sich nur die Verheißung, daß in dem Maaß, wie sie fortschreitet, die Kräfte und Gewalten der menschlichen Welt in Besitz zu nehmen, und in die Wahrheit ihrer ursprünglichen göttlichen Einsetzung umzugestalten, auch alle Elemente gewonnen werden, in welchen die Vollendung der Kirche zu einer menschlichen Ordnung organisch sich vollziehen kann. Denn die Welt hat eine solche Gewalt, einen absoluten Träger menschlicher Ordnung in sich. In ihrer ganzen Fülle und Wahrheit ist sie zur Realität gekommen im Staat, dieser großen Offenbarungsform göttlicher Weltordnung zur Erhaltung des menschlichen Daseins als einer sittlichen Substanz, und darum ist alle Realität der Ordnung in ihrem letzten Gipfel überall in ihm beschlossen worden. Das ist der Grund, warum alles Recht der Kirche als ein Stück menschlicher Ordnung in seinem letzten Grunde auf dem Recht beruht, das im Begriff des Staats Wahrheit hat. Nicht nur, daß überall, wo es in die Erscheinung tritt, dies Princip der staatlichen Ordnung wenigstens als Vorbild bestimmend werden muß. Sondern der kirchliche Organismus ist selbst zu einem wesentlichen Zusammenhang mit dem Staat gesetzt, dergestalt, daß sie als menschliche Ordnung nur in ihm den congruenten Boden zur Entfaltung ihres Daseins gewinnen, und somit nicht über die Anfänge ihrer Entwickelung als äußere Lebenserscheinung hinauskommen kann, so lange sie noch mit dem Geist des Staats irgendwie in Konflict steht.

Aber wie sollte die Nothwendigkeit dieses Zusammenhanges, das Gesetz einer solchen organischen Einheit herausgefunden werden? Das Römische Princip wußte nichts davon, und somit auch alle die nicht, die in der Zucht dieses Princips aufgewachsen waren. Von diesem Standpunct aus sah man im Staat nur das Gebiet der Welt in seinem Gegensatz gegen die Kirche, als das absolut Heilige. Nur soweit wurde jener als ein Stück göttlicher Weltordnung betrachtet, als er durch die Unterordnung unter den Willen der Kirche, als die leibhafte Personification der Gottheit auf Erden, einen Antheil an dem Wesen ihrer Heiligkeit zu erlangen strebte. War nun jetzt vor der Allgewalt des freigewordenen evangelischen Bewußtseins die Macht der Widerstand leistenden Bischöfe — die bestehende Grundform des kirchlichen Lebens — zusammengebrochen, so mußte ein Neues sich herausbilden. Das ging indeß nicht etwa so, wie wenn in einem Staat durch Revolution die alles zusammenhaltende Macht des Gesetzes aufgehoben wird. Es war hier der Geist, aus dem die Substanz alles Rechts, aller Gesetzmäßigkeit selbst herstammt, der Geist Gottes, der selbst hier das umgekehrt hatte, was menschliche Verkehrtheit auf den Kopf gestellt, und der deshalb, da wo er gestaltet, gleich selbst überall den Geist der Ordnung und des Friedens als Keim der Organisation zum Grundstein legt. Inzwischen konnten nur in dem Maaß, wie der Funke des aufgegangenen Lichtstrahls in das Innere einschlug, nach und nach die natürlichen Elemente einer neuen Gemeindeordnung sich wieder herausbilden. Es galt also hier recht eigentlich wieder beim Anfang anzufangen, um die zusammenhaltende Macht der Gemeinschaft zu constituiren. Ob auch hie und da der freigewordene Geist mit Sturmschritt über die Christenheit sich ausbreitete, und in der Besitzergreifung von den Höhepuncten der Welt bald neue Elemente zur Realisirung des kirchlichen Regiments sich herausstellten, — immer gab es doch fast überall einen Moment, wo wir einzelne Gemeinden zuerst in isolirter Gestalt auftauchen sehen. Woher sollte hier die zusammenhaltende Macht kommen, in welcher die Ordnung der Particulargemeinde erst die Gewähr ihres Rechtsbestandes hätte haben können? Mochte auch hie und da das Ansehn der Reformatoren für die Ordnung bestimmend werden, so war es doch in seiner Wirkung schon nach Maaßgabe der räumlichen Entfernung begränzt, konnte aber auch nach ihrem eigenen Princip, so wie nach der Stellung, die sie in dem öffentlichen Organismus einnahmen, niemals diejenige Bedeutung haben, wie sie der Begriff einer Macht über die Gemeinden, als Träger der Ordnung, erheischt. So war Anfangs jede Einzelgemeinde auf sich selbst angewiesen, Ordnung zu machen, und vor Allem die Autorität in sich aufzurichten, welche von Gott verordnet worden, um den Dienst am Wort als Werk der Gesammtheit zu führen. Die natürliche Folge dieser gleichsam democratischen Manifestationen des Gemeindelebens war dann leicht die Vorstellung, daß die Souveränität des kirchlichen Regiments in den einzelnen Gemeinden ruhe. Indeß waren auch diejenigen, welche dies Recht doch mehr nur als eine Sache der Noth anzuerkennen gedrungen wurden, durchaus nicht gemeint, die Autorität des geistlichen Amts der Willkühr der Gemeinden zu unterwerfen. Ja diese selbst — gleichsam in dem instinctiven Gefühl des Formlosen, von dem organischen Zusammenhange des kirchlichen Lebens Abgerissenen in einem solchen Wahlact — vermochten in der Regel dafür in ihrer eigenen Souveränität keine ihnen genügende Sanction zu finden. Vielmehr fühlten sie sich getrieben, wo es irgend ging, über ihre eigene Particularität hinweg an jenen Zusammenhang wieder anzuknüpfen; namentlich suchten sie vor allem für die gewählten Geistlichen die Bestätigung von irgend einer Seite zu gewinnen, in welcher sie die Idee der kirchlichen Allgemeinheit irgendwie repräsentirt glaubten, um darin erst die Gewißheit der Conformität ihres vereinzelten Thuns mit jener Idee zu erlangen, und so das Amt selbst zu dem über die Willkühr erhabenen Ansehen zu erheben, welches die Grundbedingung einer gesegneten Wirksamkeit ist. Die allen diesen ersten Organisationen zu Grunde liegenden Vorstellungen sind indeß in diesem Stadium des kirchlichen Bewußtseins noch so unbestimmt, daß man in ihnen eben nichts weiter als eine instinctive Fortbewegung zu einer umfassenderen kirchlichen Organisation erkennen, nicht aber einen klaren Begriff der Stellung der Kirche zum Lehramt herausfinden kann. Selbst Luthers Gedanken-Entwickelung über „das Recht und die Macht christlicher Versammlung oder Gemeinde, alle Lehre zu urtheilen, Lehrer ein- und abzusetzen" *) läßt nicht immer klar sehen, ob und wie weit er nur die Particular-Gemeinde vor Augen hatte, oder ob er vielmehr die Macht nur auf die Kirche in ihrer Allgemeinheit bezogen wissen wollte, deren zukünftige Organisation ihm noch verborgen war. Daher bildete sich ein Durcheinanderwogen der Vorstellungen, in welchem das Ansehen bald von Gemeinde zu Pfarrherrn, bald von Pfarrherrn zu Gemeinde zog, je nachdem die Persönlichkeit des Geistlichen oder das Selbstgefühl der Gemeinde als freigewordenes Volk Gottes das Uebergewicht hatte. Bis endlich neue Thatsachen dazwischen kamen, welche den Gesichtskreis erweiternd, zu neuen Anschauungen fortführten, und

---

*) S. die im Jahre 1523 erschienene Schrift: Grund und Ursach aus der Schrift, daß eine christliche Versammlung Recht und Macht habe 2c., vgl. Schmalk. Artikel: Von der Bischöfe Gewalt 2c. „denn wo die Kirche ist, da ist ja der Befehl, das Evangelium zu predigen. Darum müssen die Kirchen die Gewalt behalten, daß sie Kirchendiener fordern, wählen und ordiniren." Vgl. mein Kirchen-Recht Th. II. S. 78.

wenigstens auf einzelnen Puncten bald erkennen ließen, daß jene beiden Ausgangspuncte der kirchlichen Ordnung nichts als Elemente derselben, Bausteine und Stufen sind, welche dem Abschluß zu einem Organismus durch einen höhern vermittelnden Einheitspunct entgegenstreben.

Darum heißt es zu viel beweisen, wenn man, wie wohl hie und da geschehen, aus dem Lehrbegriff der lutherischen und reformirten Kirche den Grund entwickeln will, warum dort die Anerkennung des landesherrlichen Kirchen-Regiments, hier die Entgegensetzung gegen die Staatsgewalt zur Prävalenz kam. Keine von beiden Lehren steht im Widerspruch mit der Annahme der einen oder der andern Verfassung, vielmehr ist jede mit beiden Arten in Einklang zu bringen, wie auch die Erfahrung bewiesen hat. Wenn aber vorzugsweise die lutherische Kirche in der angegebenen Art sich organisirte, so lag dies darin, daß sie fast überall, da wo sie Grund und Boden ihrer Existenz fand, sehr bald die Landesherrn als den persönlichen Kulminationspunct der Staatsgewalt mit erfaßte, und so alle Möglichkeit der Entgegensetzung kirchlicher und staatlicher Gewalt ausgeschlossen ward. Wo dagegen die sogenannte reformirte Kirche auftrat, stand fast überall entweder die Staatsgewalt geradezu im feindlichen Gegensatz gegenüber, wie in Frankreich, Polen, Schottland, oder wo dieselbe auch vom Geist der Reformation mit ergriffen worden, wie in der Schweiz, war sie doch noch nicht zu dem Moment entwickelt, wo sie durch die Zusammenfassung in der Einheit einer Persönlichkeit selbst Bestimmtheit und Einheit gewonnen hätte. Die kirchliche Verfassung war daher hier wie dort äußerlich gedrungen, sich in gleicher Unbestimmtheit zu entwickeln, und so das democratische Princip zur Herrschaft kommen zu lassen. Ist so die Verfassung in beiden Kirchen nicht aus ihrem dogmatischen Princip herzuleiten, so soll damit doch nicht in Abrede gestellt werden, daß in diesem allerdings sich Elemente fanden, an welche die einmal von außen sich aufdringende Verfassungsform anknüpfen konnte, so daß daraus wirklich nicht etwa blos eine Versöhnung des kirchlichen Bewußtseins mit dieser Verfassung, sondern wohl gar eine Verzweigung beider sich entwickelt hat. Der radicale Bruch mit allen überlieferten Formen bei den Reformirten, die radicale Geltendmachung der Rechte der Gemeinde im Gegensatz gegen die priesterliche Autorität, war der geeignetste Boden, um ein democratisches Regiment als das allein Berechtigte aufzufassen. Aber eben so gut ist auch wieder umgekehrt zu sagen, daß gerade die Volksherrschaft, wie sie an den Geburtsstätten von Zwinglis und Kalvins Lehre waltete, wesentlich auf diesen radicalen Umschwung der Ideen eingewirkt. Und ebenso ist außer Zweifel, daß weiterhin die herausgebildete Gestalt der kirchlichen Verfassung auch auf die Feststellung der Lehre zurückgewirkt. Die reformirte Anschauung von dem Gesetz des kirchlichen Lebens würde sich nicht in so schroffen Gegensatz gegen die Welt und ihre Gebiete gestellt haben, wäre sie nicht durch die ihr an vielen Orten angewiesene Isolirung von der staatlichen Lebensgemeinschaft zum schroffen, gleichsam separatistischen Abschluß in sich selbst, bestimmt worden *). Eben so würde umgekehrt

*) Dieser Gegensatz gegen den Staat ist ja auch allein der Grund, warum die zu dem starren lutherischen Dogma in seiner Exclusivität zurückgekehrte Gemeinschaft der sogenannten Altlutheraner sich auf ganz reformirtische Weise, ja hyperreformirtisch organisirt haben, was wohl nie geschehen wäre, hätte man von Hause aus ihrem exclusiven Princip das Recht einer abgesonderten Existenz innerhalb der Landeskirche gestattet.

Ebenso hat umgekehrt die reformirte Kirche in Preußen, seitdem der Landesherr zur reformirten Lehre sich bekennt (gleich wie in Holland), den schönsten Einklang mit der Staatsverfassung gefunden.

die lutherische Lehre in ihrer weltumfassenden, Göttliches und Menschliches ausgleichenden Grundanschauung nicht zu der Bestimmtheit und Klarheit sich ausgebildet haben, wenn sie nicht gleich mit Gottes Ordnung im Staat in bestimmten Einklang getreten, und darin die Bestimmung der Kirche zur Durchdringung des gesammten menschlichen Lebens begriffen hätte. So sind Lehre und Verfassung allerdings in ein gewisses Wechselverhältniß getreten, allein dies ist doch nur ein geschichtlich gewordenes, ohne innere Nothwendigkeit des Zusammenhangs. Es ist deshalb auch der allerunbegründetste Vorwurf, wenn man wohl den separirten Lutheranern vorgeworfen hat, daß sie von der lutherischen Lehre abgewichen seien, weil sie auf die Kehrseite der früher hergebrachten Grundanschauung von der Verfassung getreten, und im Wesentlichen auf der Grundlage des reformirten Princips sich organisirt haben. Denn abgesehen davon, daß ihnen, bei der Stellung des Kirchen-Regiments zu der lutherischen Lehre (s. oben), gar kein anderer Ausweg übrig blieb, so haben auch die lutherischen Symbole niemals eine bestimmte Verfassungsform als Bedingung der Wahrheit der Kirche aufgestellt. Wohl aber ist es eine confessionelle Beschränktheit, wenn die reformirten Kirchen, wie man sich hie und da wohl ausgesprochen, ihre Synodal- und Presbyterial-Verfassung, nicht etwa weil sie durch den Begriff der Kirche an sich gefordert wäre, sondern um der Kirchenlehre willen als Glaubens-Artikel festgehalten wissen wollen.

Welche Stellung die Symbole zu der Verfassung und dem gesammten Kirchen-Recht einnehmen, erhellt aus dem oben entwickelten Begriff derselben. So wenig darnach dieselben die Bedeutung haben, „daß sie ein vollständiges unveränderliches System der Verfassung enthalten sollen," — so sehr sich „das evangelische Princip gegen die Aufnahme eines solchen Glaubens-Artikels wehrt" — so weit sind wir ganz mit Richter *) einverstanden, — — so müssen wir es nicht minder im Widerspruch mit diesem Princip erkennen, wenn man, wie derselbe Kirchen-Rechtslehrer gethan, in den Symbolen „einen unverletzlichen Maaßstab für die Bestimmung des Inhalts und der Grenzen der Kirchengewalt, so wie für die Feststellung der Rechte des Lehr-Amts" finden will. Denn das würde voraussetzen, daß sie das Fundament der Evangelischen Kirche seien, welches mit allen seinen Grundanschauungen als ein Gesetz bis zur Aufrichtung anderer dogmatischer Satzungen unverbrüchlich zu befolgen wäre, — eine Voraussetzung, die bereits in ihrer Grundlosigkeit dargethan ist.

Halten wir fest die Lehre Christi, wie sie in der heil. Schrift auf uns gekommen, als die in sich genugsam bestimmte, so werden wir das Fundament der Verfassung nicht verlieren, wenn wir auch die Vorstellungen der Reformatoren nicht mehr als Norm ihrer Entwickelung gelten lassen. Erst wenn man von solcher Knechtschaft sich frei gemacht, wenn man begriffen, daß die Erscheinungsformen, in welchen die Kirche Gestalt gefunden, nur aus der Arbeit des Geistes in ihrer Wechselbezie-

*) S. Lehrbuch des Kirchen-Rechts §. 88. Wenn Richter es hiebei als „gewiß" betrachtet, „daß jede Verfassung, wenn sie nicht ein leeres und bedeutungsloses sein soll, sich an die Lehre der Kirche anschließen muß," so ist dies so weit gewiß, als die Verfassung allerdings auf das Grundsymbol der christlichen oder evangelischen Kirche, den Glauben an Christus, wie er in der heil. Schrift uns gegeben, als die alleinige Ursach unserer Seligkeit sich gründen muß. Ist aber, wie aus der Zusammenstellung mit den Symbolen klar hervorgeht, darunter eine Auslegung dieser Offenbarung gemeint, so bedarf die Verfassung eines Fundaments dieser Art nicht, um ihre Bedeutung zu erhalten, weil sie an jenem Grundsymbol ein festeres, ja das allein wahre Fundament hat, so daß sie selbst ihren evangelischen Character verlieren würde, wenn sie von solchen in beständiger Entwickelung begriffenen Satzungen sich abhängig machte.

hung zu den in der Welt gegebenen Elementen hervorgegangen, — nur dann ist eine wahrhafte Kritik der bestehenden Verfassungen und der sich daran knüpfenden Theorieen möglich. Die blos historische Betrachtung reicht dazu nicht aus. Ohne die Erforschung der Wege des Geistes in der bisherigen Gestaltung der Kirche wird niemals das immanente Gesetz der Ordnung aufzufinden sein. Immer muß man erst den Begriff der Kirche selbst, so wie das Gesetz aller menschlichen Ordnung im Staat erkannt, und die Einheit beider im Reiche Gottes begriffen haben, ehe das rechte Verständniß der aus der Geschichte herausredenden Wahrheit aufgehen kann. Nur von diesem Standpunct aus sind auch erst die Thatsachen zu verstehen, welche als der Anfang der Gestaltung der Kirche immer den Ausgangspunct für die denkende Betrachtung bilden werden. Denn so gewiß die kirchliche Verfassung für diesen Moment innere Wahrheit hatte, und unter den gegebenen Verhältnissen mit dem Willen Christi, und dem Begriff der Kirche nicht in größerer Conformität sein konnte, so bestimmt erhalten wir darin auch die Gewißheit, daß die Grund-Elemente derselben in allen folgenden Phasen des kirchlichen Gemeinschaftslebens wieder hervortreten müssen, wenn anders das kirchliche Leben nicht kranken soll. Solcher Elemente lassen sich drei unterscheiden, wenn gleich sie freilich nicht immer in Sondergestalt hervortreten, und deshalb in Bezug auf ihre Bedeutung unter sehr verschiedene Gesichtspuncte gefaßt werden können. Eben darin erhalten wir aber auch den Aufschluß über den Ursprung der verschiedenen Verfassungstheorieen, seitdem der reflectirende Verstand sich ein Geschäft daraus gemacht, aus jenen Elementen gewisse Abstractionen herzuleiten, welche je nach ihrem Zusammenhang mit gewissen dogmatischen Auffassungen oder mit den Grundprincipien des menschlichen Rechts zu mannichfachen Systemen verarbeitet worden, die mehr oder minder auf den

Entwickelungsgang der Verfassung selbst Einfluß gehabt haben. Wie dieselben auch nüancirt sein mögen, — immer wird man nach Maaßgabe der Prävalenz eines jener Elemente drei Grundtheorieen darin durchblicken sehen, die nur in ihrer Zusammenfassung zur Einheit die Wahrheit des Begriffs zu manifestiren vermögen.

Es ist zunächst das Amt derer, die da arbeiten in Wort und Lehre, welche als Vorsteher oder Bischöfe die kirchliche Ordnung in den ersten Gemeinden bestimmen (1. Tim. 5, 17. Apostelgesch. 20, 28). Aber auch die Gemeinde der Gläubigen sehen wir Antheil haben am Regiment. Sie ist es, welche zur Diakonen-Wahl berufen wird (Apostelg. 6), welche Barnabas und Paulus aussendet (das. 11, 29. 30. 13, 3), vor welcher Petrus sich verantwortet (das. 11). Ihr wird vom Paulus es zum Vorwurf gemacht, daß sie den Frevel, wie er zu Corinth in ihrer Mitte vorgefallen, nicht gestraft habe (1. Cor. 5). Endlich kennt die Schrift auch Vorsteher, die nicht arbeiten in Wort und Lehre (1. Tim. 5), Regierer, unterschieden von Aposteln, Propheten und Lehrern (1. Cor. 12, 28. Röm. 12, 8), also ein Regiment als ein besonderes für sich berechtigtes Moment der Verfassung. Da indeß in den Aposteln die Fülle der Gewalt über die Totalität der Gemeinde im innigsten Zusammenhange mit ihrem Beruf zum Dienst am Worte ruhte, so konnte bis zu ihrem Abscheiden allerdings alles Regiment nur als Ausfluß ihres Willens auf besonderen untergeordneten Stufen des sich darstellenden Bedürfnisses erscheinen. Aber daraus folgt freilich nicht, wie wir weiterhin erkennen werden, daß beide Momente für alle Zeiten in der Kirche zusammenfallen müssen, oder daß, wie die Lutherischen nach ihren Bekenntnißschriften in Uebereinstimmung mit der Römischen Lehre setzen, „nach göttlichem Recht es nur Ein Amt sei, Evangelium zu predigen, Sacramente zu verwalten, Sünde zu vergeben und zu behalten, falsche Lehre zu urtheilen, zu ordiniren, und evangelische Ordnung in der Kirche zu errichten und zu handhaben." *)

A. Die democratische Grundanschauung.

Nachdem die Reformation die Larve des Heiligenscheins von dem Priester-Amt gerissen, und damit die Prätension eines ausschließlichen Rechts zur Leitung der Kirche in ihrem Ungrunde erkannt, mußte das Bewußtsein in dieser Beziehung gerade in sein Gegentheil umschlagen. Es blieb nur die Gemeinde selbst, in welcher die Fülle der Gewalt ruhen sollte. Auch war in der That der Gedanke ein ganz richtiger, dergestalt, daß man nicht leicht etwas gewisseres aussprechen kann, wie wir auch selbst von diesem allgemeinen Satze ausgegangen sind. Aber er ist auch so allgemein und abstract, daß man damit noch nicht einen Schritt weiter kommt. Es verhält sich damit gerade so, als wenn man die Grundlegung der Lehre von der Staatsverfassung mit dem Satz beginnt, daß die Gewalt im Volke ruht, — ein eben so richtiger Satz, da die Gewalt selbstredend nicht außerhalb desselben liegen kann, aber nicht minder unbestimmt, so lange nicht näher entwickelt ist, was darunter zu verstehen sei. Die natürliche unmittelbare Anschauung hält sich an die Erscheinung. Sie kennt die Gemeinde nur in der Masse der Einzelnen, sieht alle andere Organisation als ein Product ihrer Willkühr an, und knüpft deshalb an diesen Haufen das Recht der Gewalt. Und doch ist dieser selbst nicht das Volk, sondern nur die Basis seiner Gestaltung, so daß erst in dem Zusammenhang der Einzelnen mit den öffentlichen Institutionen und den darin gesetzten Un-

---

*) s. Oster: Deutschlands Zion und die Halbluth. S. 97.

terschieden der Gewalten, der Begriff Volk Wahrheit hat. Dasselbe gilt auch auf dem kirchlichen Gebiete. Freilich bilden die einzelnen Gläubigen die Gemeinde Gottes, aber der Begriff der Letztern ist nicht gleich der Summe der Getauften, wie sie irgendwo in Zeit und Raum sich zusammenfinden. Dieser ist vielmehr nur da, wo diese Summe zusammengefaßt ist auf dem Grunde der Kirche zu einem Gesetz der Ordnung, in welchem die Erhaltung dieses Grundes ihre Garantie hat, d. h. wo das Bewußtsein des Einzelnen in Bezug auf die Geltung des Allgemeinen sich in seiner Besonderheit aufgegeben, und durch die Unterordnung unter den die Idee der Gemeinde repräsentirenden allgemeinen Willen selbst in die Wahrheit dieser Idee erhoben ist. Dieser Begriff oder diese Ordnung, worin er seine Wahrheit hat, steht daher über den Einzelnen, die selbst an diesem Allgemeinen ihren Halt haben, und nur, sofern und soweit sie daran festhalten, in der Wahrheit des Gemeindelebens bleiben. Solches Gesetz der Ordnung kann sich aber nicht in einer Particulargemeinde realisiren, wie sie irgendwo als eine in Christo geheiligte Volksversammlung erscheint, sondern alles was in dieser Beziehung hier geschehen kann, ist nur ein Ansatz zu solcher Realisation, indem hier in dieser Unmittelbarkeit des Standpuncts die Erhaltung des Allgemeinen eben wieder in die Willkühr der Einzelnen gelegt ist. Erst, wenn dieselbe eingebaut ist in einen größeren Organismus, und sie damit ihre particularistische Einzelheit in eine höhere Einheit aufgegeben hat, in welcher Kraft der organischen Gliederung die Macht des allgemeinen Willens so constant geworden, daß wirklich in ihr als Vertreterin der Idee alle Ordnung auf den particularen Stationen des so verbundenen Gemeindelebens ruhen kann, ist sie selbst in ihrer Wahrheit (Kol. 2, 19). Aber die Erkenntniß solcher Unterscheidung, d. i. der Nothwendigkeit solcher Unterordnung, in welcher die einzelne Gemeinde durch die Sicherstellung ihrer substantiellen Basis erst zu ihrer wahrhaften Selbstbefreiung gelangt, war eine weitere Aufgabe des Geistes. Indem dieser sich die Gemeinden als die Werkstatt seines Wesens aufbaut, schafft er sich erst die Thatsachen, an welchen er zu seiner Selbstbesinnung in den Menschen heranreift.

So lange die einzelnen Gemeinden in solcher Isolirung dastanden, noch nicht durch Unterscheidung von Fugen und Gelenken, d. i. durch organische Ineinanderfügung, zu einem Leibe verbunden waren, lebte der Geist in jener Abstraction, die in dem Rückblick auf die anscheinend gleiche Gestaltung der apostolischen Gemeinden, und dann in dem neu aufgefundenen Lehrsatz von dem allgemeinen Priesterthum ihre Nahrung fand. Im Zusammenhange damit entwickelte sich unter Nacheiferung des apostolischen Urbildes die Ansicht von der Nothwendigkeit einer Reinerhaltung des Begriffs der Gemeinde als einer heiligen, kraft der Kirchenzucht Behufs Ausschließung aller Unheiligen, weil man den Widerspruch fühlte, den ein Antheil der Gesammtheit an der Macht ohne den durch die Gesammtheit hindurchgehenden Antheil an ihrer Voraussetzung, nemlich der Heiligkeit und Priesterlichkeit, mit sich führte. Auch konnten die ersten Gemeinden, ohne den Zusammenhang und Rückhalt in einer über die Willkühr erhabenen Macht, nur durch diese Selbststeigerung ihres Begriffs als eines absolut heiligen priesterlichen Volks einigermaßen eine Surrogat-Basis für die Aufrechthaltung der Ordnung gewinnen, indem in solcher Konstellation die Wahl der Autoritäten unmittelbar als Resultat der Zusammenwirkung des heiligen Geistes erschien, und darin, so lange der Glaube daran währte, die Majestät des höchsten Ansehns für ihre Wirksamkeit befestigt war. Wie dies die Grundlage der unter Calvins Leitung in Genf sich gestaltenden Gemeinde bildete, so finden wir sie in allen reformirten Kirchen wieder, namentlich auch in der schottischen, deren Grundgedanke in der Anschauung calvinistischer Verfassung aufgekeimt war. Und so ist es auch noch heute überall das democratische Princip, überall die Kirchenzucht, als die nothwendige Konsequenz desselben, deren Erneuerung nach jenem alten System als Postulat für eine Wiederbelebung der Verfassung da aufgestellt wird, wo man auf der reformirten Grundlage an der Ausbildung der letzteren arbeitet, wenn gleich das fortgeschrittene theologische Bewußtsein die Ueberbildung der älteren Grundprincipien abzuwehren bemüht ist *). Ebenso sehen wir aber auch durch alle diese Bestrebungen als characteristischen Zug immer die Tendenz durchblicken, die Kirche als eine Gemeinde der Heiligen von allen übrigen Lebensgebieten schlechthin gesondert darzustellen, obschon auch hier wieder dieser Gegensatz eine sehr verschiedene Spannung hat, je nachdem der Geist des Glaubens mehr oder minder frei geworden von der Knechtschaft des Gehorsams gegen die dogmatischen Satzungen früherer Jahrhunderte, und je nachdem in dieser Freiheit mehr oder minder die Nothwendigkeit einer Einheit des Lebens ihm zum Bewußtsein gekommen ist. Sind auch jene Bestimmungen der reformirten Symbole, welche die Synodal- und Presbyterial-Verfassung als die ausschließlich berechtigte Form des religiösen Lebens betrachten, in Deutschland nicht zu allgemeiner Herrschaft gelangt **), so sind doch auch hier die Glieder der reformirten Kirche nicht frei geblieben von jener Verirrung, welcher gerade die Christen des lebendigsten Glaubens am ersten ausgesetzt sind, — wir meinen die Verirrung des Geistes, der im Gefühl der eigenen Heiligkeit nicht nur stolz sich abwendet von allem, was nicht innerhalb desselben Glaubens-Princips abge-

*) s. Sack, die Kirche v. Schottland 1844. S. 292.
**) Richter a. a. O. 88.

schlossen sich bewegt, sondern der eben deshalb auch keine Unterordnung dulden will, als unter die Gewalt, die vor seiner Heiligkeit Anerkennung gefunden, was nicht geschehen wird, sobald die Gewalt nicht aus seiner eigenen Schöpfung hervorgegangen, und innerhalb der Glaubenssatzungen sich hält, in welchen dieser Geist der Hyperkirchlichkeit die Wahrheit des Christenthums gebannt wähnt. In dem Maaße, wie solche Gesinnung Macht erhält über die kirchlichen Formationen, wird die Gemeinschaft zu einem Konventikel, zu einem selbstgemachten Wesen, das selbst da wieder zu erkennen ist, wo sie sich mit einem ganzen Volksleben verzweigt hat, wäre auch kein anderes Merkmal davon aufzuweisen, als der starre Gegensatz gegen die sittliche Ordnung im Staatswesen.

Aber diese Scheidung von Kirche und Welt — so gewiß sie nach dem Willen Christi in den Tiefen des Gemüths immer mehr vollzogen werden soll, — so gewiß dieser Gegensatz im Bewußtsein festzuhalten ist, um darnach die Diakrise der Geister zu üben, — so wenig liegt es im Sinne dessen, der nicht gekommen ist, die Welt zu richten, sondern sie selig zu machen, zu glauben, daß die Kirche dazu gesetzt sei, sich in Gegensatz zu stellen gegen das ganze Gebiet, was nicht Kirche ist. So wie die letztere diejenigen nicht zurückstoßen darf, in denen der Geist dieser Welt noch sein Wesen treibt, — denn diese Scheidung hat Gott nicht einmal von den Aposteln gewollt, geschweige von denen, die sich in der Heiligkeit und Machtvollkommenheit ihnen gleich dünken, da andernfalls alle Einwirkung auf die Welt verloren ginge, — so soll die Kirche auch demüthig es ertragen, nicht blos daß eine Welt, die auch von Gott geordnet, neben ihr bestehe, sondern daß sie zu einer Einheit des Lebens mit ihr verbunden werde. Wir meinen nicht etwa blos ein friedliches Nebeneinander, sondern eine organische Einheit, in welcher alles, was Gottes Geist in dieser Welt gewirkt, alle sittlichen Kräfte, die ihr eingepflanzt, zur Einwirkung auf die Gestaltung der kirchlichen Ordnung gelangen, und mit ihr zum Dienst der Kirche sich verbinden und umgekehrt (s. unten). So lange aber die Kirche das Prädicat einer specifischen Heiligkeit auf einen in Zeit und Raum gegebenen Moment ihrer Erscheinung bezieht, und sich hochmüthig Gottes Welt-Ordnung entgegensetzt, nicht sich erheben kann zu dem Glauben, daß auch außer ihrer äußerlichen Ordnung die Wirkungen des heiligen Geistes sich erweisen können, nicht es für möglich hält, daß dieser Geist auch in den wesentlichen Substanzen der Welt walte, wie sie durch die Aufnahme des Evangeliums zu einer neuen Kreatur wiedergeboren sind, — so lange wird man vergebens nach dem Segen der wechselseitigen Beziehung trachten, deren Nothwendigkeit auch da anerkannt zu werden pflegt, wo jenes Grundprincip sich festgesetzt hat. Erst wenn diese Entgegensetzung gefallen, kann das Evangelium, kann die Kirche der Sauerteig werden, welcher alle Ordnungen Gottes zu durchdringen hat, ohne daß deshalb die Unterschiede aufgehoben werden, wie wir weiterhin erkennen werden. Andernfalls bleibt in der Kirche ein Geist des Pharisäismus, der sich besser dünkt als andere Leute, nichts mit den Zöllnern zu thun haben will, — die Gefahr des Jesuitismus, der aus Heiligkeit mit der Welt bricht, um in seiner Selbstsucht die Welt zu seinem Knecht zu machen. So erkennen wir im Princip der reformirten Kirche wiederum eine Wurzel des Römischen Princips, die nur in einer anderen Gestalt aufgelebt ist, — das Gefangensein in der abstracten Auffassung des Unterschiedes von Reich Gottes und Welt, von Göttlichem und Menschlichem, nur mit dem Unterschiede, daß der priesterliche Stolz hier in weitere Kreise auseinander gegangen ist, indem er die ganze Gemeinde inficirt hat. Eben damit ist aber auch freilich der ganze Standpunct des Princips total auf den Kopf gestellt, und aller Grund und Boden, in welchem die Römische Ordnung Wurzel und Nahrung zu ihrem Wachsthum finden konnte, gänzlich geschwunden. Es fehlt einmal das über die Menge sich erhebende und die Menge zusammenfassende Gericht über die Wahrheit des Glaubens von gleicher Unfehlbarkeit, wie sie der Römische Stuhl als Lehrmeister aller Gläubigen in sich faßt. Es ist hier einmal das Princip der Reformation ergriffen, welches allezeit den Unzufriedenen Recht und Vorwand der Verwerfung von Menschenmeinungen darreicht. Welche Macht auch über den Glauben eingesetzt sein mag — immer wird sie nur so lange anerkannt werden, als sie es allen recht macht. Glaubt aber ein Theil den Richterspruch der Zucht nicht als einen göttlichen anerkennen zu können, weil er mit seinen Glaubensmeinungen oder particularen Interessen nicht übereinstimmt, so wird der Gehorsam aufgekündigt. Und will es dann nicht durch Anstiften von allerhand Rotten und Zwietracht gelingen, die bestehende Gewalt aus ihrem Stützpunct in der kirchlichen Meinung zu verdrängen und gänzlich umzukehren, so schreitet man einfach zur Separation, und hat man Genossen der Unzufriedenheit gefunden, zur Aufrichtung eines andern Zucht-Tribunals, wie es dem Gutdünken gefällt. So geht es von Secessionen zu Secessionen, die nicht aufhören, so lange man auf diesem Wege die Merkmale der wahren Kirche construiren will *).

*) Welche Klippen in der auf democratischem Princip ruhenden Verfassung selbst da verborgen liegen, wo der lebendige Glaube vorwaltet, Klippen, — nicht allein für die Geltung der Ordnung, sondern auch für das innere kirchliche Leben, den Dienst am Wort, die Handhabung der Seelsorge, — darüber haben inzwischen auch bereits die separirten Lutheraner eben so lehrreiche, wie unangenehme Erfahrungen gemacht. Wir sind daher auch der festen Ueberzeugung, daß die Einsichtsvolleren unter ihnen gewiß gern im

Inzwischen ist es noch eine andere Seite, von welcher die Vorstellung von der Nothwendigkeit der Volksherrschaft in der Kirche gerade jetzt einen besondern Vorschub erhält. Es ist die bekannte Krankheit der Zeit, welche auch unter den Gliedern der Kirche weit um sich gegriffen — der Wahn, der es wider die Bestimmung des Menschen hält, sich unter die gesetzten Autoritäten menschlicher Ordnung zu beugen, — der keine Gewalt für die rechtmäßige anerkennen will, als die in dem Willen des Volks, d. i. „seiner als abstracte Rechts-Subjecte gedachten Glieder," gegründet ist. Das ist jene Meinung, die keinen anderen Sitz wahrhafter Gesetzlichkeit, keinen anderen Hort für Menschenwürde und Bürgerwohl kennt, als jenes Repräsentativ-System, nach welchem die frei gewählten Vertreter des Volks allezeit den wahrhaftigen Willen des Volks als die Quelle aller Weisheit und alles Rechts aussprechen, und eben darin allezeit jegliche nur denkbare Garantie zur Ausgleichung jedes Mißklanges zwischen Regierung und Volks-Meinung darbieten sollen. Solche Freiheitsgedanken, die je mehr sie ins Leben treten, desto mehr Tag für Tag in dem Ungrunde ihrer Voraussetzungen von der Geschichte gerichtet werden *), sind willkommene Fahnen, um welche man auch auf kirchlichem Gebiet sich schaart, zumal wenn die bestehenden Gewalten das Unglück haben, irgend Anlaß zur Unzufriedenheit darzubieten. Aber, wenn auch das nicht, — man mag sie nicht, weil man selbst Priester und König sein will, und in diesem Selbstgefühl mit Jacobs Söh-

---

altlutherischen Sinne dem landesherrlichen Kirchen-Regiment sich unterordnen möchten, wenn dieses nur durch das lutherische Bekenntniß seine Mitgliedschaft zur wahren Kirche bezeugen könnte.

*) Welch einen Spiegel der Lehre und Warnung haben in diesen Tagen uns wieder die Vorgänge in der Schweiz — diesem Sitz der Herrschaft des Volkswillens — vorgehalten! —

nen fragt: Solltest du über uns König sein, und über uns herrschen? Das ist der Gedanke, in welchem sich eine ganze Schaar erhebt von denen, die von dem innern Heiligthum der Kirche wenig oder nichts wissen wollen, aber das Souveränitäts-Recht des Volks wohl begriffen haben, um diese Rechts-Ansprüche des Volks auf das Selbstregiment in der Kirche sich zu vindiciren, — ein Sturm, der um so dringender und ungestümer wird, jemehr jene selbst Antheil an diesem Regiment zu erhalten hoffen, sei es in der Absicht, sich dadurch einstweilen schadlos zu halten, so lange man auf politischem Gebiet sich davon ausgeschlossen sieht, oder wohl gar in dem versteckten Plane, von diesem Boden aus die Wege zu bahnen für die Geltung der Volkssouveränität auf dem andern Gebiet. Es versteht sich, daß von dieser gleichsam politischen Richtung zu der hyperkirchlichen mannichfache Uebergänge stattfinden, und daß es auch hier ein juste milieu giebt, welches in der Liberalität seiner oppositionellen Principien den politischen Radical-Reformers nichts nachgiebt, aber doch zugleich sich ausdrücklich zu dem Idiom der christlichen Kirche bekennt, ja eben in ihm den Rechtsgrund der Entgegensetzung gegen den dem aufgefaßten Ideal widerstreitenden Zusammenhang der kirchlichen Ordnung mit den übrigen Lebensgebieten erfaßt zu haben meint.

So vereinigen sich in unsern Tagen kirchlich und nicht kirchlich gesinnte Leute, Alt-Gläubige und Halb-Gläubige, ja die Indifferentesten in der Prätension, daß das Volk die kirchliche Ordnung bestimme, daß die letzte Entscheidung nur „bei einer Behörde sei,“ die aus der Kirche selbst unter Mitwirkung der Einzelgemeinden, also nach dem democratischen Princip hervorgegangen ist*). Emancipation und wieder Emancipation von dem landesherrlichen Kirchenregiment, — so

---

*) s. Sack a. a. O. S. 288.

lautet der Ruf, der fast durch die ganze frei gewordene Christenheit als Losungswort ertönt, ohne daß die meisten wissen, worauf dieser Schrei hinzielt. Es ist wie mit jenem Geschrei: „Groß ist die Diana zu Ephesus." Denn „welcher Mensch ist, der nicht wisse," daß die Kirche Christi, diese Fürstin und Königin in den Landen, nicht in Dienstbarkeit sein soll unter den Königen der Erde? Aber eben deswegen könnte man auch fortfahren mit den Worten des Kanzlers: „Weil nun das unwidersprechlich ist, so sollt ihr ja stille sein, und nichts Unbedächtiges handeln." Denn ist das schon eine der Kirche unwürdige Knechtschaft, wenn der Landesherr, der ein Mitglied der Kirche, bei Bestimmung der kirchlichen Ordnung irgendwie in Koncurrenz kommt? Werfen wir doch einen Blick auf ein Land, wo das Recht solcher Koncurrenz besteht, ja die Fülle der Gewalt in dem Landesherrn sich concentrirt, — auf unser Vaterland. Ist denn etwa die Predigt des Wortes, die Feier der Sacramente, die Gemeinschaft des gottesdienstlichen Lebens nicht frei? Ist aber das Regiment noch nicht so gestaltet, daß die Kirche darin nach allen Relationen frei das Eigenthümliche ihres Princips entwickeln, und so zum Bewußtsein solcher Freiheit und Selbstständigkeit gelangen könnte, — muß es deshalb umgekehrt und verworfen werden? Kann das landesherrliche Kirchen-Regiment nicht selbst zur Herausstellung solcher Formen sich entfalten, in welchen jenes Bewußtsein in seiner ganzen Wahrheit lebendig werden könnte? Dennoch ist es nicht etwa blos diese Entfaltung, welche der kirchliche Radicalismus bei dem Ruf nach jener Emancipation im Sinne hat — damit will man nur vorläufig sich zufrieden stellen — sondern die Umkehrung des Regiments bis zur Realisirung kirchlicher Volkssouveränität, in welcher jene Dienstbarkeit erst ihr Ende finden soll — das ist das Ziel. Ist aber wirklich von solcher Umwälzung der bestehenden Ordnung die Wirklichkeit der Freiheit des kirchlichen Lebens zu erwarten? Wenn heute die états généraux aus allen Gemeinden zusammen kämen, um die Souveränitäts-Rechte geltend zu machen, — welche Verkehrung der kirchlichen Ordnung stände zu fürchten? Ja, in der That, so nichtig es sich auf politischem Gebiet erweist, die allgemeinen Menschen-Rechte für das Anrecht der Einzelnen am Staats-Regiment zur Verwirklichung der sittlichen Freiheit geltend zu machen, so gedankenlos ist es, um der kirchlichen Freiheit willen das allgemeine Priesterthum der Christen für den Aufbau der democratischen Herrschaft zur Basis zu nehmen. So gewiß jedes Glied derselben eine gleich unmittelbare Beziehung zu Christo, ein gleiches Anrecht auf die heiligen Güter der wahrhaftigen Hütte hat, so gewiß Alle vor dem Evangelium so gleich sind, wie alle Bürger des Staats vor dem Gesetz, jedem die Möglichkeit offen bleiben muß, Zugang zu finden zu allen Rechten und Segnungen der staatlichen wie kirchlichen Ordnung, so wenig folgt daraus hier wie da die Nothwendigkeit der Zulassung aller Einzelnen zur Theilnahme an der Realisirung der Lebensordnung. Wenn die heil. Schrift jedem die Möglichkeit eines solchen Antheils offen stellt — denn wie sollten die, welche zum Gericht über die Welt berufen, von dem Gericht über geringere Sachen, und das ist die zeitliche Ordnung, ausgeschlossen sein? (1. Kor. 6, 2) — ist damit schon gesagt, daß solches schlechthin gelten soll, ohne Rücksicht auf die Unterschiede, die das Gesetz der Ordnung erheischt? — Das würde eben so wider die gesunde Vernunft streiten, wie gegen Gottes Wort, welches die Rechte der Vernunft, das Gesetz der Ordnung in der Kirche in ihrem Recht geheiligt hat (1. Kor. 14, 33. 40). Die Gestaltung der Ordnung ist nicht eine Sache von Jedermann, sondern eine Sache der Weisheit, der Erfahrung, bedingt von mancherlei Lebensbeziehungen und Gaben, wie sie nicht das Gemeingut

Aller sein können. Darum macht auch das Leben selbst, d. i. Gottes Geist, der darüber waltet, alle solche Theorieen zu Schanden. Noch ist in der That die Gleichheit Aller in Bezug auf die Handhabung des Regiments nirgendwo zur Geltung gekommen. Ja wo sie heute proclamirt würde, würden in demselben Augenblick die Unterschiede in den Gaben und Erkenntnissen wieder als Gewalten sich herausstellen. Wo einmal Aemter zu organisiren sind, da werden auch bleibende Autoritäten sich daran knüpfen, oder es treten Persönlichkeiten hervor, welche selbst das Amt überragen, und mit Unterordnung des Rechts der Einzelnen das Gesetz der Ordnung wider sie zur Herrschaft bringen. Aber das freilich Alles immer nur so lange, als das Ansehn respectirt wird, das ohne innere feste Basis, allen Fluctuationen der Gesinnung Preis gegeben ist. So zieht das Regiment hierhin und dorthin, so entstehen Sonder-Gewalten, um welche nach allen Richtungen hin sich Parteien mit ihren Sonder-Interessen schaaren, — ein Durcheinanderwogen aller Particularitäten der Einsicht so wie aller Hypertrophien der Gesinnung, in welchem am Ende doch unvermerkt nur die Selbstsucht der Leidenschaft in allen Gestalten die Oberhand gewinnt, und nicht eher zur Ruhe kommt, bis sie die Herrschaft erlangt, und sie für ihre Zwecke ausgebeutet, wäre es auch nur für die Interessen irgend einer particularen Glaubensmeinung. So ist es selbst die Gewissensfreiheit, welcher aus der democratischen Verfassung die wesentlichste Gefahr droht, wie dies die Geschichte aller darauf ruhenden kirchlichen Gemeinschaften lehrt, von dem äußersten Extrem solcher Volksherrschaft an, bei den Wiedertäufern, bis herunter zu den Organisationen, die, von einem Geist der Weisheit und Mäßigung getragen, am meisten das Gesetz der Ordnung zu realisiren gewußt haben. Die Gefahr ist dieselbe, mag das Regiment in die Hände derer fallen, welche das Wesen des Christenthums nur in gewissen Abstractionen von Gott, Tugend und Unsterblichkeit setzen, oder derer, welche die Glaubensdogmen der ersten 6 Jahrhunderte beibehalten wissen wollen. Denn jene werden eben so wenig eine Meinung zur Geltung kommen lassen wollen, welche ihrem Negativismus entgegen tritt, wie diese die Negation ihres Positivismus. So theilt das democratische Princip auf dem kirchlichen Gebiet das Schicksal desselben auf dem politischen. Es schlägt um in das aristocratische, welches wieder zur Tyrannei Einzelner wird. „Das Papstthum," ist noch unlängst erinnert *), „ist nicht die einzige Tyrannei in der Kirche gewesen. Die Präsidenten der religiösen Vereine, die Anführer religiöser Parteien, die Decrete der Concilien, die Abstimmung der Gemeinde-Versammlungen ꝛc. liefern Beispiele der Tyrannei eben so wohl wie das Papstthum." Ja man muß demselben Schriftsteller vollkommen beistimmen, wenn er weiterhin sogar behauptet, daß es gerade den dem kirchlichen Democratismus entgegengesetzten Organisationen beizumessen sei, daß „die völlige Offenbarung des babylonischen Zustandes der Kirche" bis jetzt abgewendet worden. „Die Macht des Papstthums und die geistliche Oberherrschaft der Monarchen," so lautet das Zugeständniß, „sind gegen geistliche Verwirrung und willkührliches Treiben ein kräftiges Hemmungsmittel gewesen." Und was ist der Grund? weil in beiden eine über menschliche Willkühr erhaben gestellte Macht lag, durch welche die Gemeinde Gottes zusammengehalten ward. Denn auch das Papstthum war eine solche Macht, so lange der Glaube an die zu Grunde liegende Vorstellung nicht erstorben war. Wie sehr daher auch dieses dem Wesen des Christenthums widersprach, und das landesherrliche Regiment in gleicher Art gemißbraucht worden, immer bleibt beiden

---

*) s. die Kirche in unsrer Zeit 1843. S. 44.

der Ruhm, daß wo sie in der Kirche Gewalt gehabt, die Ordnung wenigstens in ihrer Form zu einer Wirklichkeit geworden, was unter der Herrschaft des democratischen Princips nie in gleicher Weise zu erreichen ist. Nur in dem Maaße, als dies Princip in seiner weitern Entwickelung sich selbst verleugnet, und in sein Gegentheil übergeht, indem es Ansätze macht, eine von der Willkühr der Einzelnen unabhängige Macht, eine Vorstufe zur monarchischen, in sich aufzurichten, kann immer mehr der Geist der Ordnung auch unter diesem Princip Raum gewinnen, immer mehr die Unterscheidung der Persönlichkeiten und ihrer Tüchtigkeit in Vollziehung kommen, immer mehr das Ansehn ihrer Gewalt zur Geltung und Festigkeit gelangen. Damit hat dann aber auch die Theilnahme der Einzelnen am Regiment ihre Endschaft erreicht. Soll diese überhaupt irgendwo zur Existenz kommen, so kann es doch in Wirklichkeit nur da geschehen, wo die Ordnung innerhalb einer in unmittelbarem Lebensverkehr stehenden Gemeinschaft innerhalb eines beschränkten Raums abgeschlossen ist. Ja hier ist sogar die democratische Form in ihrer Berechtigung, weil in einem solchen Kreise überhaupt kein Gesetz der Ordnung sich mittelst Unterscheidung seiner wesentlichen Momente vollständig verwirklichen kann. Eben daraus ist aber auch der ganze Irrthum dieses Princips hervorgegangen, indem man das, was für die Einzel-Gemeinde beziehungsweise Wahrheit hatte, als das allgemeine Gesetz kirchlicher Ordnung angesehen wissen wollte, also jene mit der Kirche Christi identificirte. Aber diese, in ihrer Bestimmung zur Umfassung der Menschheit, kann in ihrem Ringen nach ihrer Selbstdarstellung in menschlich geordneter Gestalt erst da ihre Begrenzung finden, wo die Menschheit selbst zu einer selbstständigen organischen Substanz abgeschlossen erscheint, d. i. da, wo die Kirche durch die Ausbreitung des Glaubens zu einem Dasein gelangt ist, welches den wesentlichen Theil einer

Nation ausmacht, als derjenigen Verbindung vieler Genossenschaften, welche durch die Gleichheit geistiger und leiblicher Organisation zu einem eigenthümlichen Leben der Gemeinschaft geordnet worden (s. Kirch.-Recht Th. I. S. 304). Sobald dieselbe aber solche Gestalt gewonnen, ist die unmittelbare Theilnahme aller Einzelnen an der Bestimmung des allgemeinen Willens eine Unmöglichkeit. Es muß eine Repräsentativ-Verfassung eintreten, in welcher eine Stufe der Gewalt über die andere tritt, bis zur Konstituirung einer obersten, in der alle anderen zusammengefaßt werden. Geschieht das aber, so hat der Antheil am Regiment für die Einzelnen, ja für die Einzel-Gemeinden sich eigentlich doch in der That lediglich in eine Hypothese verloren, ohne daß die Ordnung selbst auf diesem Wege die Grundfesten erhalten könnte, welche das Postulat ihres eigenen Begriffs sind, — die Einheit eines unbeweglichen Centrums der Gewalt.

Hat nun irgend eine durch Selbsterwählung aus den Kreisen der Gemeinden aufgerichtete kirchliche Gewalt im Leben des Volks Wurzel und Ansehn erlangt, so ist es die General-Versammlung (general assembly) der schottischen Kirche. Wer sollte nicht voll Bewunderung sein für die großartige Gestalt, die hier von dem reformirten Princip aus sich erhoben, für den wohl gegliederten Bau, der in allen seinen einzelnen Stufen Zeugniß ablegt von den verständigen Gedanken, die in ihm Realität gefunden? Wer sollte nicht in den Ruhm einstimmen, daß gerade diese Kirche „bis tief in das reale Volksleben hinein sich entwickelt, und dem kirchlichen Princip eine Selbstständigkeit und Unabhängigkeit vom Staat errungen hat, wie sie in keinem andern Volke verwirklicht sind?" *), ja daß sie zu einer corporativen Einheit gegenüber den Staatsverhält-

*) Sack a. a. O. S. 33.

nissen sich gestaltet hat, von denen die evangelischen Kirchen des Festlandes, vor allen die Deutsche, viel in Bezug auf die Fortbildung der Kirchenverfassung zu lernen haben? Insoweit glauben wir mit Sydow auch „an die große Mission,“ welche diese Kirche hat „an die Zukunft der protestantischen Kirche.“ Das alles kann man zugeben, und doch erkennen, daß die Grundlage des Princips ein einseitiges, ja in der That grundfalsches ist. Denn was ist der Grund, warum die hier sich bewegende Lebensordnung vergebens ringt, die Versöhnung mit den übrigen Momenten göttlicher Weltordnung zu finden? Was ist es, das sie fortwährend zu Reibungen und Parteiungen oder Secessionen führt? Warum ist, wie Sack zugesteht, „das schottische Kirchenprincip seit seiner Entfesselung aus den Banden der Hierarchie mit sich selbst, und mit der sich ihm entgegensetzenden politischen Macht im Kampfe? Liegt der Grund nicht einfach in dem Princip selbst, welches die Einheit des Lebens zerrissen, und eine Kluft aufgeworfen zwischen beiden Sphären göttlicher Weltordnung, die in dieser Trennung nicht zur Ruhe kommen, weil sie das Leben ineinander haben? Und wie sollte namentlich wohl die Kirche zu einer Stetigkeit und Festigkeit der Ordnung gelangen, so lange sie jede organische Gemeinschaft mit den Grundfesten aller Lebensordnung stolz zurückweist? Und doch ist in der schottischen Kirche das democratische Element nicht einmal in seinem Extrem zur Ausbildung gekommen. Immer ist noch die Autorität des geistlichen Amts, als eine gegebene Bestimmtheit des kirchlichen Lebens, auf allen Stufen der sich constituirenden Gewalt als der wesentlichste Bestandtheil der Macht anerkannt, und damit eine gewisse Stabilität der Ordnung noch garantirt geblieben. Aber damit allein ist auch nicht geholfen. Immer bleibt hier in der letzten Instanz eine Vielheit von Autoritäten, die alle nichts wie Kreaturen der Wahl sind, ja in denen vielleicht eben so viele Principien als Repräsentanten der wahren Idee der Kirche sich darstellen. In solcher Gestalt ist die General-Versammlung nothwendig selbst allem Durcheinanderlaufen der Meinungen, aller Zufälligkeit der Abstimmung, allem Zerwürfniß in Parteien Preis gegeben, und daraus erklärt sich genügend, warum in der schottischen Kirche die Spaltungen und Separationen nicht aufhören, von denen die Annalen ihrer Geschichte immer aufs Neue zu berichten haben. Eine Erscheinung, die um so lehrreicher ist, wenn wir den lebendigen christlichen Geist ins Auge fassen, von welchem diese Kirche allezeit getragen gewesen — zum Zeugniß, daß dieser Geist bei der Ungunst der Verfassungs-Verhältnisse für sich allein nicht im Stande ist, jenen Geist der Widerkirchlichkeit und Zwietracht in Zaum zu halten. So ist das Leben dieser Kirche in seiner ruhigen Fortbewegung zur Offenbarung seiner inneren Herrlichkeit immer von Neuem gestört worden, bis endlich im Jahre 1843 eine so bedeutende Minorität in so entschiedenen Gegensatz gegen die Majorität getreten, daß nicht nur Secession, sondern ein völliger Bruch der Kirche entstanden, und eine neue Kirche, die sogenannte „freie schottische," sich constituirt hat *). Das ist das Gericht der Geschichte über alle Verfassungen, die, aus der Selbsterwählung des Volks hervorgegangen, keinen Abschluß zur Einheit in sich, so wie mit der gesammten christlichen Lebensordnung zu finden vermocht haben. Solches Resultat würde aber noch in viel grelleren Zügen sich herausstellen, wenn es dem democratischen Princip, namentlich auf indifferentistischem Grunde, gelänge, in allen den Konsequenzen zur Herrschaft zu kommen, wie sie der Republicanismus auf dem

*) s. Sydow: Beiträge zur Charakteristik der kirchlichen Dinge in Gr. Brittannien 1. Hft. „Die schottische Kirchenfrage." Sack, die Kirche von Schottland, vergl. Rothe, die wahren Grundlagen der christlichen Kirchen-Verfassung rc. Berlin 1844. S. 80 folg.

politischen Gebiet verlangt. Man würde bald erkennen, welcher Geist der Unordnung und Unkirchlichkeit losgemacht würde, wenn alle Einzelwillen einer Nationalkirche in ihre volle vermeintliche Souveränität für die Gestaltung der Ordnung eingesetzt, also alle die Behörden, durch welche die Construction der höhern Gewalt bis zur letzten Instanz hinauf sich bildet, durch völlig freie Wahl der Willkühr aller Glieder von Wahl zu Wahl constituirt würden. Wahrlich dann würde noch ganz anders den Leidenschaften Raum gegeben, und alle mögliche particulare Interessen in Bewegung gesetzt werden, um die Wahlen in ihrem Sinne durchzusetzen. Daß in einzelnen Conventikeln oder gleich beschränkten Gemeinschaften, so lange sie wirklich aus eitel frommen Leuten bestehen, wirklich solche democratische Principien unbeschadet der Ordnung zur Durchführung kommen, beweist nichts wider die Wahrheit unserer Deduction. Denn die Kirche Gottes kann, in ihrer Bestimmung zur Weltumfassung, nicht in solchen beschränkten Kreisen bleiben. Indem sie ihren großen Fischzug durch die Welt macht, wird sie allezeit die heterogensten Elemente in ihrem Netz umschließen, und damit eine andere, umfassendere Ordnung der Dinge die Losung werden. Wollte man aber etwa zur Abwehr jener Gefahr wieder den Ausweg ergreifen, ein Glaubenstribunal aufzurichten, welches zuvor nach gesetzlich festzustellenden Merkmalen alle unkirchlichen Glieder der Kirche von der Mitwirkung auszuscheiden hätte, so würde damit noch nicht jener Zweck erreicht, sondern damit nur ein neuer Grund zu Parteiungen und Spaltungen gelegt. Denn das rechtschaffene Wesen in Christo würde auch ein solches Tribunal, selbst die beste Einsicht und die größte Unparteilichkeit vorausgesetzt, nicht immer herausfinden. Aber ist denn der heilige Geist nicht fort und fort in der Gemeinde Gottes waltend? und wird in ihm nicht allezeit die rechte Schutzwehr gegen alle Unkirchlichkeit und Einsamkeit sich bereiten? Wohl ist der heilige Geist nicht aus der Kirche gewichen, aber sein Walten ist nicht an Ort und Versammlung gebunden, und darum ist er nicht immer in den Majoritäten der Einzelgemeinden, nicht immer in den Majoritäten der Synoden, durch deren Wahl das Regiment aufgerichtet werden soll. Auch darf man nicht entgegenstellen, daß jene Gefahr in dem Maaße abnehmen wird, als der Geist Gottes in der Gemeinde immer mehr Raum gewinnt. Denn einmal müßte man doch erst diese Gestaltung der Dinge abwarten, ehe man darauf die Forderung einer Grundlegung der Verfassung gründete, da andernfalls gerade mit der Freilassung und Heranziehung der Einzel-Willen zum Kirchen-Regiment ein wesentlicher Widerstand wider die Ausbreitung des heiligen Geistes aufgerichtet werden möchte. Im Uebrigen ist aber auch darauf zu rechnen, daß das Wesen der menschlichen Natur sich nie verleugnen werde, und daß somit das Gesetz der Ordnung immer in seiner Realisation von denselben Bedingungen abhängig bleiben wird. Wie auch der Geist eine Kirche erfülle, immer werden da, wo die Ordnung derselben über die Totalität eines Volks geltend gemacht werden soll, so viele unkirchliche Elemente damit in Beziehung treten, so viele Genossenschaften sich finden, die dem Leben des Ganzen mehr oder minder fern stehen, daß nicht aus den Particular-Kreisen die Gewalt kommen kann, welche den Lebensgrund der Kirche, den Geist der Ordnung und Gesetzmäßigkeit zu einer constanten Macht zu erheben vermöchte.

Ist in neuerer Zeit in Preußen, in der Rheinprovinz und Westphalen, eine solche Volkswahl für die Gestaltung kirchlicher Ordnung ohne Gefährdung wesentlicher Interessen frei gegeben, so ist darauf kein Gewicht zu legen. Der verderbliche Einfluß ist hier wesentlich durch die damit zusammenhängende Konsistorial-Verfassung paralysirt, welche mit dem Landesherrn an der Spitze, für die Erhaltung der Ordnung sowohl an sich, wie in ihrer Beziehung zu der staatlichen Organisation alle Garantie bietet. Aber auch selbst hier hat man schon vielfach Gelegenheit gehabt, die Incongruenz dieser abstracten Vorstellungen mit der Wirklichkeit des kirchlichen Lebens in so manchen nachtheiligen Resultaten wahrzunehmen *). Deshalb wäre es wohl in vieler Beziehung erwünschter gewesen, wenn die Preußische General-Synode, in ihrer Beschlußnahme über die Umgestaltung der kirchlichen Verfassung, den Antrag ihrer Kommission angenommen hätte, wonach die weltlichen Mitglieder des Presbyteriums, als der Grundlage zur Entwickelung des ständischen Elements, von der Gemeinde nicht schlechthin, sondern aus drei ihr von dem Presbyterium vorzuschlagenden Kandidaten zu wählen sein sollten, indem dann allerdings dem Einfluß der particularen Interessen der Menge doch einige Schranken gesetzt wären. Allein wie hätte wohl ein solcher Antrag in einer Versammlung durchgehen können, in welcher die supranaturalistische wie rationalistische Gesinnung, wenigstens in überwiegender Zahl, dem democratischen Princip sich zuneigte. Inzwischen ist übrigens auch zuzugestehen, daß jener Vorschlag auf der andern Seite zum Theil an denselben Gebrechen leidet, welche die Ergänzung des Presbyteriums durch bloße Cooptation mit sich zu führen pflegt. Denn auch hiernach bliebe immer die Gefahr, daß die von dem Presbyterium zu machenden Vorschläge stets in derselben einseitigen Richtung erschienen, so daß auch hier profane, unkirchliche Tendenzen eben so wie hyperfromme sich verewigen könnten. Insofern möchte die freie Wahl Seitens der Gemeinde, wie sie beschlossen worden, wohl den Vorzug verdienen, sofern nur das Bestätigungsrecht der Behörde

*) s. Rothe a. a. O. S. 178.

bedungen wäre, in welchem alle ungebührlichen Ausschreitungen der Unkirchlichkeit, wie alle Irrthümer in den Persönlichkeiten einigermaßen wohl ein Korrectiv hätten finden können. Denn die Behörde selbst würde ja hier, nach der vorausgesetzten Consistorial-Verfassung, in einer von der Willkühr der Einzelnen unabhängigen Macht ihre Wurzel haben. Allein ein solches Bestätigungsrecht würde entweder leicht in eine ganz leere Form ausarten, oder das Wahlrecht der Gemeinde ganz illusorisch machen. Es bleibt daher kein anderer Ausweg, als wie wir ihn früher vorgeschlagen, und wie wir ihn auch heute noch dem Begriff der Kirche am entsprechendsten erkennen, daß nemlich die Aussonderung der Vertreter der Gemeinde wie einst von den Aposteln so jetzt von der Behörde ausgehe, in welcher die Idee des Allgemeinen, d. i. hier der Kirche, und somit die Wahrheit jedes einzelnen Gemeindelebens ihre Vertretung hat, indem in ihr eine ganz andere Gewähr der Einsicht und des Willens dargeboten wird, um die Kulminationspuncte des Gemeindelebens in Erkenntniß und Gesinnung Behufs Wahrnehmung kirchlicher Interessen herauszufinden, ohne daß deshalb die Mitwirkung des Presbyteriums ausgeschlossen sein darf (s. Ueber die Bedeutung der Synoden S. 26 folg.). Man darf hier nicht das Beispiel entgegenstellen, daß die Apostel selbst die Gemeinde-Wahlform bei den Diakonen angeordnet. Abgesehen davon, daß daraus zunächst nur eine gleiche Wahlform für einen gleichen Wirkungskreis als die berechtigte zu folgern wäre, — denn im Uebrigen sind die Aeltesten nicht auf diese Weise gewählt, — wo findet sich heut eine Gemeinde, von der man rühmen könnte, daß sie „Ein Herz und Eine Seele" wäre, und „beständig blieben in der Apostel Lehre und im Gebet" rc.? Aber auch hier wurden die Gewählten erst vor die Apostel gestellt, so daß offenbar erst ihre Anerkennung die Wahl zu bekräftigen hatte. Ja wir würden selbst eine **Mitwirkung der Gemeinde** ganz im Einklange mit diesem Princip halten, wie auch die Apostel ihre Wahlen der Gemeinde vorlegten, damit die in ihr lebendig gewordene Kenntniß der Persönlichkeiten und die Kraft zur Unterscheidung ihrer Tüchtigkeit zur Vertretung der Gemeinde-Interessen, auch in diesem **Urmoment der Aufbauung der Verfassung**, zu einer Lebensäußerung komme, in welcher die **Möglichkeit** einer **Reaction** zur Ausstoßung des **diametral Entgegengesetzten** gegeben sein könnte. Hat daher der Geistliche seinen Vorschlag abgegeben, und das etwa schon gebildete Presbyterium sich mit ihm einverstanden erklärt, so wird die Angemessenheit der Wahl eine ganz andere Basis haben, wenn sie „**der ganzen Menge wohl gefällt**,“ d. h. die **Zustimmung der Gemeinde** erfolgt. Eben so würde es aber auch auf der andern Seite bedenklich sein, den von der Behörde Gewählten zuzulassen, wenn die überwiegende Mehrheit der Gemeinde (etwa Zweidrittheile) sich dagegen erklärte. Denn bei einer solchen Antipathie würde offenbar die Annahme der **Qualification** des Gewählten zur **Repräsentation des Gemeindelebens** in allen seinen innern und äußern Relationen bei der Irthumsfähigkeit der Behörde alle Garantie verlieren. In solchem Fall müßte daher unbedingt die Bestätigung ausgeschlossen sein *).

*) Daraus folgt übrigens noch nicht, daß wir dasselbe Princip auch in Bezug auf die Wahl des **Pfarrers** angebracht finden, wie es das Allgem. Landrecht Tit. Th. II. §. 339. festgesetzt hat, da hier ganz andere Gesichtspuncte eintreten. Bei diesem Amt handelt es sich nicht darum, blos die Lebendigkeit und Wahrheit dieses individuellen Gemeindelebens gehörig zu repräsentiren, und ihm den rechten Ausdruck zu geben. Vielmehr ist die Hauptaufgabe, die **Wahrheit des göttlichen Worts** in Bezug auf die Individualität der Gemeinde zur Geltung zu bringen, und eben deshalb setzt die Erkenntniß der dazu erforderlichen Befähigung hier noch mehr einen höhern Standpunct voraus, als wie er in der Particularität einer Einzelgemeinde gegeben ist, s. Kirchen-Recht Th. II. S. 81.

Nur auf diese Weise würde in dem Zusammenwirken der Gemeinde und der Behörde alle nur denkbare Garantie für die entsprechende Aussonderung derer gegeben, in welchen die Gemeinde bei ihrer Selbstbesinnung die Blüthe ihrer Gesinnung und Intelligenz vertreten anerkennen müßte, während die abstracte Gemeindewahl auch selbst da, wo die Consistorial-Verfassung mit der Presbyterial-Verfassung verbunden ist, den Segen der letztern mehr oder minder dem Zufall Preis geben würde.

Wenden wir uns auf die andere Seite des Verhältnisses, — zu den Störungen, welche die Entgegensetzung der Kirche gegen den Staat nach dem democratischen Princip für die kirchliche Ordnung mit sich führt. Haltlos, wie die democratische Verfassung schon in sich selbst ist, vermag sie den Stürmen gegenüber, die von dorther sie bedrohen, noch weniger zu einer Stetigkeit der ordnungsmäßigen Fortbewegung zu kommen. Unablässig erneuert sich der Kampf der beiden Souveränitäten, die hier, gleich wie im System der Römischen Hierarchie, mit gleichen Ansprüchen unumschränkter Hoheit in Bezug auf die eine untheilbare Lebensordnung sich gegenübertreten. Die Extreme kommen auch hierin wieder in Berührung. Das lehrt abermals die Geschichte der Kirche von Schottland. Denn wenn dieselbe auch im Wesentlichen die ganze Nation umfaßt, so betrifft diese Beziehung nur die Einzelnen in der Nation, die bürgerliche Gesellschaft als solche, nicht das, was die Wahrheit der Nation als die Wirklichkeit einer sittlichen Ordnung, als ein Reich der Vernünftigkeit und Gesetzmäßigkeit ausmacht, — die Staatsverfassung. Diese Gottesordnung ist der Kirche als ein ihr fremdes Gebiet so fern gegenüber geblieben, wie umgekehrt diese ihr. Beide sehen sich als selbstständig geschiedene Gebiete an, die in keinem Moment zu einer organischen Einheit zusammentreffen. Solche Entgegensetzung kann freilich bei besonderen Persönlichkeiten, oder unter Concurrenz gewisser äußeren Verhältnisse rc. zu einem sehr unbedeutenden, kaum merkbaren Moment herabsinken. Aber das ist rein zufällig. Immer bleibt die Möglichkeit des Conflicts im Keime, der bei jedem Anlaß zu einem so vollständigen Bruch mit der staatlichen Ordnung führen kann, wie er in der schottischen Kirche zugleich mit der Spaltung für den einen Theil eingetreten ist. Der „Gedanke, der" nach Sack (a. a. O. S. 287) „allen Kämpfen der schottischen Presbyterianer, von Knock bis Chalmers, zu Grunde liegt, daß die letzte Entscheidung der Angelegenheiten innerhalb einer nationalen Kirche nicht bei der bürgerlichen Obrigkeit sein müsse," ist in dieser Allgemeinheit so grundwahr wie er falsch ist. So sehr klar der Unverstand auf der Hand liegt, wollte jemand die bürgerliche Obrigkeit schlechthin ohne Weiteres als das letzte und alleinige Gesetz der kirchlichen Ordnung ausgeben, so grundfalsch und beweislos steht bis jetzt die Behauptung da, daß die landesherrliche Gewalt, welche innerhalb der Kirche stehe, nicht in der letzten Instanz die kirchliche Ordnung in der Einheit mit der staatlichen bestimmen dürfe. Wo ist denn bisher erwiesen, daß wenn es geschehe, solche Gewalt keine kirchliche sei, und nicht aus der Kirche stamme, sondern, daß nur die Gewalt, die Behörde, welche „unter Mitwirkung der Einzelgemeinden" aus der Kirche hervorgegangen, die Kirche darstelle, — nur diese eine „kirchliche" sei, nur diese „bis zu einem gewissen Grade die Bürgschaft gebe, daß sie von dem die Kirche beseelenden Geiste Christi sei?" Oder soll man im Ernst den Beweis dafür schon damit führen können, daß sie „in Uebereinstimmung" stehe „mit der Art, wie in der apostolischen Kirche die leitenden Presbyter aus den Gemeinden hervorgingen, und so, mittelbar, von dem Herrn und seinem Geist eingesetzt wurden?" Wo steht denn geschrieben, daß zur Zeit der Apostel die Inhaber der kirchlichen

Gewalt von den Gemeinden erwählt worden, oder daß gar in ihrem Willen, d. h. in dem Willen der Einzelnen die Fülle der Gewalt geruht habe? Oder lehrt die heilige Schrift nicht das Gegentheil? Und wäre jenes auch zu erweisen, wäre damit schon entschieden, daß diese Form für alle Zeiten Geltung habe, in ihr allein die einzige oder doch beste Garantie für die Mitwirkung des heiligen Geistes gegeben sei? Oder haben wir nicht schon oben gesehen, daß und warum die Gestaltung der apostolischen Kirche, als eine von der Individualität des kirchlichen Lebens in diesem Moment bedingte, nichts für die Normalität derselben für die folgenden Zeiten entscheiden dürfe? Im Uebrigen kann es uns freilich nicht in den Sinn kommen, die Richtigkeit der auf solche Argumentationen basirten Principien mit dem Einwande erweisen zu wollen, „daß in einer so aus der Kirche, unter Mitwirkung der Gemeinden, hervorgegangenen Behörde, Körperschaft oder Versammlung ja keineswegs die Bürgschaft liege, daß ihre Beschlüsse stets dem Sinne des Geistes Christi und seines Worts adäquat sein werden." Denn das weiß allerdings wohl Jedermann, daß solche absolute Bürgschaft in keiner menschlichen Verfassung zu finden ist. Gegen solche Argumente hätte Sack (a. a. O. S. 288) nicht nöthig gehabt, sich zu verwahren. Aber das haben wir gegen die Argumentation, daß hier die Frage so gestellt wird, als handele es sich darum, ob die Ordnung der Kirche durch Staatsbehörden oder Kirchenbehörden realisirt werden soll, als gäbe es kein drittes zwischen presbyterianischem Regiment nach schottischem Grundprincip und absolutem Staatsregiment oder Cäsareopapie. Denn was ist es anders als eine gänzliche Verkehrung des Begriffs der landesherrlichen Kirchengewalt, wenn man wider dasselbe zu Felde zieht, als läge in ihm blos eine „Regierung der Kirche durch Staatsbehörden," und dann gegen dasselbe geltend machen zu können meint, „daß der Fehler und das Unrecht schon im Princip liege, daß nicht blos die Unvollkommenheit in der Verwirklichung des Gedankens eintrete, sondern daß der Gedanke selbst schon falsch sei, und deshalb seine Verwirklichung schädlich sein müsse, weil nämlich das kirchliche Bewußtsein, das ein Element des christlichen Glaubens ist, von vornherein dadurch getrübt werde, daß die Lehre, der Gottesdienst und die kirchliche Disciplin von der bürgerlichen Autorität in gleicher Weise befohlen werde, wie Steuern, Rechtsverhältnisse und Kriegsdienst?" Als wäre es irgend einem Menschen, der nur irgend den Unterschied zwischen Staat und Kirche begrifflich erfaßt hat, je in den Sinn gekommen, solche Thorheit zu denken, geschweige geltend zu machen. Denn die Karricatur, welche das Princip im Laufe seiner Entwickelung hier und da angenommen, — wir meinen den crassen Territorialismus — diesen wird man doch nicht als das Princip selbst ansehen wollen. Wann hätte aber dieses je der bürgerlichen Autorität schlechthin die Herrschaft über die kirchliche Ordnung zugesprochen? Oder wenn es dem evangelischen Landesherrn die letzte Entscheidung in kirchlichen Angelegenheiten zubilligte, — wann wäre es ihm wohl eingefallen, daß alle jene Stücke ebenso wie Steuern, Rechtsverhältnisse 2c. angeordnet werden sollen? Von dem Befehlen der Lehre kann ohnehin nicht die Rede sein, da kein Kirchen-Regiment, und wäre es das kirchlichste, darüber Gesetze zu erlassen hat, wenn man darunter nicht etwa blos die Aufstellung liturgischer Formeln 2c. verstanden wissen will. Eben so hängt es schon mit einem falschen Begriff von dem Kirchen-Regiment zusammen, wenn man die Handhabung der Kirchenzucht dem letzteren zuweist, sofern darunter nicht etwa die Disciplin über die Geistlichen gemeint sein soll (s. unten). Was aber als in das Bereich dieses Regiments fallend zu betrachten, darüber hat dasselbe von dem Grunde aus zu entscheiden, auf welchem die Kirche steht, also nach der Lehre der Schrift, und nicht nach den Principien der Staats- und Rechtswissenschaft. Ist nun der Landesherr ein Glied der Kirche, und diese in der Unterschiedlichkeit ihres Begriffs organisirt, d. h. bestehen die von ihm eingesetzten Behörden nicht etwa blos aus „Staatsmännern, die außerhalb der Kirche," sondern aus Männern, die innerhalb derselben und im lebendigen Zusammenhange mit ihrem Leben sind, sind sie also Kirchenbehörden und nicht blos Staatsbehörden, und ist auf der andern Seite eine vollständige Repräsentation der Kirche in den Synoden zu Stande gekommen, so hat der Unterschied des kirchlichen Wesens in der Organisation vollständig seinen Ausdruck gefunden. Die Kirche ist dann in der That zu der Freiheit und Selbstständigkeit innerhalb des Staats gelangt, wie sie ihr eigenstes Interesse nur erheischen kann (s. unten). Soll die Forderung des Presbyterial-Princips weiter nichts bezwecken, so sind wir mit demselben ganz einverstanden. In diesem Sinne wird und muß jeder presbyterianisch denken, der nur irgend etwas von dem eigenthümlichen Wesen der Kirche begriffen hat. Alles dies kommt hier vollständig zu seinem Recht. „Das Bewußtsein des Unterschiedes der Kirche von dem bürgerlichen Gemein-Wesen" wird hier eben so klar unterhalten werden, wie bei einer Leitung der Kirche durch eine sogenannte „rein kirchliche Behörde" wie sie Sack (a. a. O. S. 289) im Sinne hat. Ist aber so alle nur mögliche Garantie gegeben, daß die Kirche unter einer solchen Gestaltung des landesherrlichen Kirchen-Regiments wirklich von dem die Kirche beseelenden Geiste Christi geleitet werde, so wird auch hier Niemand mit dem Einwand kommen dürfen, daß dennoch auch einmal ein fremdartiger Geist eindringen und sich geltend machen könne. Diese

Möglichkeit wird auch bei Leitung der Kirche durch eine Behörde stattfinden, die so rein kirchlich ist, wie man sie nur sich vorstellen kann. Dagegen bleibt aber dort das Grundfehlerhafte weg, was im presbyterianischen Princip liegt, d. h. die Entzweiung des christlichen Lebens, welche durch die absolute Trennung von Kirche und Staat gesetzt wird, der permanente Keim zu Conflicten beider Ordnungen unter einander, wie zu Factionen und Spaltungen innerhalb der Kirche. Will Sack in dem Presbyterianismus „an sich nicht die scharfe Trennung vom christlichen Staat, die unnatürliche Spannung zwischen Kirche und Staat" finden (a. a. O. S. 296), so beweist die Argumentation selbst gerade das Gegentheil. Denn wird darauf Bezug genommen, daß „dem Staat das Recht und die Macht bleibe, alle seine Interessen der Kirche gegenüber geltend zu machen und seine Rechte zu wahren," so ist damit nichts weniger als eine Garantie der Einheit gesetzt. Gerade darin ist der permanente Grund der Spannung zu suchen. Denn so wenig es der Kirche je eingefallen ist, dem Staat jenes Recht zu bestreiten, so gewiß beharrt sie dagegen auf dem Recht, alle ihre Interessen dem Staat gegenüber geltend zu machen und ihre Rechte zu wahren, und da es noch Niemand gelungen ist, die Grenzlinien beider Gebiete abzustecken, so würde in der That nie eine Einigung durch diese Principien zu Stande kommen, wenn sie nicht anders wo herkäme, d. i. aus der Realität des Lebens, welche die Differenzen immer wieder auszugleichen sucht (s. mein Kirch.-Recht Th. II. S. 348 folg.). Eben so können wir darin noch keine genügende Beruhigung gegen die Besorgniß jener störenden Conflicte finden, daß ja „die Bürger und Diener des Staats, wenn sie nur lebendig in der Kirche stehen, als Glieder derselben das, was sie (und namentlich die Staatsbeamten) als heilsame

Berührungspuncte zwischen Staat und Kirche anerkennen, auch innerhalb der kirchlichen Formen und Behörden werden geltend machen können." Sollte wirklich im Ernst diese Möglichkeit auch nur irgend einigermaßen als eine Garantie gelten können? Oder darf man gar die Gewißheit einer solchen Einwirkung darauf schon bauen, daß es „zum Wesen des Presbyterianismus gehört, daß nicht die Geistlichen allein, sondern diese in lebendiger brüderlicher Vereinigung mit den Laienältesten das Kirchen-Regiment führen, und daß es zu allen Zeiten sich erwiesen habe, wie groß der Einfluß dieser letzteren zu sein pflegt?" Denn einmal ist es ja doch rein zufällig, ob Staatsbeamte als Laien-Aelteste gewählt werden. Geschieht es aber auch, so stehen sie da als Glieder der Kirche, nicht als Vertreter der Staats-Interessen. Sie werden daher jene Stellung allein ins Auge fassen, und da auch unter den Staatsbeamten selbst unter Voraussetzung lebendiger christlicher Gesinnung die Ansichten über die Aufgaben der Kirche und ihre Beziehung zum Staat resp. über die Grenzen ihrer beiderseitigen Selbstständigkeit sehr variiren, so ist nicht einmal immer zu erwarten, daß ihre persönliche Gesinnung darauf ausgehen werde, ein freundliches Verhältniß zwischen Staat und Kirche bis dahin zu vermitteln, daß wirklich „das rechte Temperament klerikalischer und patriotischer Gesichtspuncte" allezeit zum Vorschein komme. Woher weiß man aber auch, daß der Einfluß der „staatsmännischen Glieder der Kirche" der überwiegende sein werde? Ja ist dies selbst zu wünschen, wenn man erwägt, daß damit auch ein der Kirche sehr conträrer Geist zur Prävalenz kommen könnte? Wäre aber auch der Einfluß vorhanden, wie sollte irgend in der Gesinnung einiger Staatsmänner eine Bürgschaft liegen, daß der Staat die kirchlichen Beschlüsse seinem Recht und seinem Interesse gemäß finden werde? Der Staat als Staat bleibt hier nach diesen Grundsätzen immer der Kirche in der ganzen Spannung dieses Gegensatzes gegenüber stehen, und damit alle Möglichkeit des Conflicts in ihrem Bestande. Wenn aber endlich zur Begegnung des letztern zugestanden wird, „daß es an sich gar nicht den Grundsätzen des reinen Presbyterianismus widersprechen könne, wenn dem christlichen (also die Kirche als Christi Gemeinde anerkennenden) Staate auch ein begrenztes Einwilligungs- und Mitwirkungs-Recht bei der Ernennung der einflußreichsten Kirchenbeamten zuerkannt würde," so ist das nichts als eine Annäherung an das Princip von der Nothwendigkeit einer organischen Einheit zwischen Staat und Kirche. In solcher Weise hat man selbst vom Römischen Standpunct der Staatsgewalt einen sehr wesentlichen Einfluß auf die kirchliche Verwaltung einräumen müssen. Es wird daher nur darauf ankommen, daß man sich näher darüber ausspreche, wieweit unbeschadet des presbyterianischen Princips dies Mitwirkungs-Recht gehen könne und solle. In dem Maaß, wie dem letztern hierunter Macht eingeräumt wird, wird freilich die Spannung zwischen Kirche und Staat immer geringer werden. Aber niemals wird sie verschwinden, so lange beide Lebensordnungen als zwei gleich berechtigte, und ihre Rechte gegenseitig wahrende Souveränitäten sich gegenüberstehen. Wenn daher Sydow, dieser nicht minder begeisterte Vertheidiger der schottischen Kirchen-Principien, (a. a. O. Vorr. XIII) es als eine Aufgabe des Staats ansieht, „eine strenge Sonderung des Geistlichen und Weltlichen zu wollen," so hat er damit nur soweit Recht, als man es eben nicht, wie er will, im presbyterianischen Sinne nimmt. Aber vollkommen richtig ist es, wenn damit die besondere Organisation kirchlicher und staatlicher Verwaltung, ohne Aufgeben ihrer Einheit in der Macht des innerhalb der Kirche stehenden Landesherrn, gefordert werden soll. Dann hat die Kirche die Selbstständigkeit, die sie bedarf, um nicht vom Katholicismus geworfen zu werden, so wie andrerseits auch der Staat in diesem Verhältniß, wie wir weiter unten erkennen werden, jene unparteiische Stellung behält, die Sydow mit Recht gegen die Schulen und Richtungen in der Kirche festgehalten wissen will, aber nur in der Entgegensetzung staatlicher und kirchlicher Gewalt garantirt glaubt.

Fassen wir übrigens diesen Enthusiasmus näher ins Auge, womit neuerdings das Princip der schottischen Kirche von so vielen Seiten so lebendig als der dermalige Culminationspunct in der Entwickelung evangelischer Kirchen-Verfassung hingestellt und vertheidigt worden, so erkennen wir darin ein sehr unzweideutiges Zeichen, wie das Bewußtsein des kirchlichen Zeitalters in Auffassung der Verfassungs-Verhältnisse noch immer überwiegend auf der Stufe des reflectirenden Verstandes steht. Die Kirche ist zwar aus dem Zustande der Unmittelbarkeit oder Unbefangenheit, ja man möchte sagen Gedankenlosigkeit herausgetreten. Man kann nicht mehr harmlos es mit ansehn, daß der im Besitz des Kirchen-Regiments sich findende Landesherr durch Staatsdiener und Staatsbehörden die Ordnung der Kirche handhabt, wie dies der Territorialismus vulgaris ganz der Sache gemäß hält. Man ist zur Besinnung der hier waltenden Unterschiede gekommen, man hat die Nothwendigkeit ihrer Auseinanderhaltung begriffen, aber man ist noch nicht bis zu der Einsicht fortgeschritten, daß beide Sphären der Lebensordnung nach dem göttlichen Willen zur Einheit gesetzt sind, in welcher durch die organische Zusammenfassung der Unterschiede die Möglichkeit der Entgegensetzung ausgeschlossen wird. Der erste Anfang des Bewußtseins von der Substantialität der Differenz erschien in Deutschland zuerst in dem sogenannten **Kollegialsystem**, welches in der Selbstständigkeit der Kirche als einer „freien Gesellschaft" einen neuen Rechtsgrund zur Erklärung und Rechtfertigung des landesherrlichen Kirchen-Regiments aufzufinden strebte. Dennoch dachte man damals keineswegs daran, auf dieser Grundlage das Recht der Emancipation geltend zu machen. Man begnügte sich damit, die Verhältnisse in der Vorstellung zu zersetzen, ohne gegen den bestehenden, mit der Theorie keineswegs conformen Rechtszustand irgendwie zu polemisiren. Im Gegentheil war man nur darauf bedacht, den Widerspruch des Princips mit der Wirklichkeit dadurch zur Ausgleichung zu bringen, daß man die Rechtsfiction der Uebertragung zu Hilfe nahm, um den Uebergang der Gewalt von der principiell berechtigten Souveränität auf den Landesherrn als factischen Inhaber zu justificiren. Von der innern Nothwendigkeit des Zusammenhangs beider Gewalten konnte man nichts wissen, weil man die Unterschiede, d. h. den Begriff der Kirche selbst, so wie den des Staats nicht in der Totalität erfaßt hatte. Auf diesem Standpunct sind die meisten Praktiker stehen geblieben, weil er in der That nichts als das practische Bewußtsein selbst ist, das durch alle Theorieen von dem, was es einmal instinctiv als Nothwendigkeit erfaßt hat, sich nicht abbringen läßt. Festgewurzelt mit seiner Anschauung in dem Bestehenden, und in der ordnungsmäßigen Fortbewegung des einmal in Gang gesetzten Triebwerks der Verwaltung, ruht der Practiker nicht eher, als bis er diesen Rechtsbestand gesichert weiß. Mag er daher in seinen theoretischen Betrachtungen ausgehen von dem democratischen Princip, oder von dem Episcopalismus, immer wird bei ihm die Gedanken-Entwickelung zur Aussöhnung der Vorstellung mit dem bestehenden führen, immer dieselbe in jeder Grundlage irgend einen Rechtsgrund für die Anerkennung der bewährten Verfassung aufzufinden wissen. Nur diesen Standpunct vermögen wir auch in den Theorieen zu erkennen, in welchen neuerdings Puchta in seiner „Einleitung in das Recht der Kirche"

(S. 156 folg.) eine Andeutung der Lehre von dem Kirchen-Regiment aufzustellen versucht hat. Im Gegensatz gegen das hierarchische Princip findet er die Macht der Kirche, als das Gesetz des Allgemeinen, in der Gesammtheit der einzelnen Gemeinden, obschon er die Herrschaft der Einzelnen ausgeschlossen wissen will. Wie aber aus dieser Gesammtheit das Regiment als eine concrete Gestalt im Einklang mit den übrigen Gebieten des Lebens sich zu organisiren habe, darüber wird nirgends eine bestimmte Antwort gegeben. Wohl aber findet sich eine Andeutung, die wenigstens so viel errathen läßt, daß nach seiner Meinung wirklich die Construction der kirchlichen Gewalt principienmäßig auf puritanischem oder democratischem Wege vor sich gehen soll, indem von den Gemeinden, also doch wohl nach ihrer Willkühr, ein besonderes Amt aufgerichtet werden soll, dem die Kirchen-Regierung aufgetragen wird (S. 166). Damit hat denn aber auch Puchta bezeugt, wie auch er für die Kirche kein anderes Regiment als das begriffmäßige zu erkennen vermag, wie das, was Kreatur des souveränen Volks in der Kirche ist. Auf der anderen Seite ist er jedoch viel zu practisch, als daß er gegen den Fortbestand des landesherrlichen Regiments, welches, beim Licht besehen, offenbar im Widerspruch mit jenem Princip besteht, — denn wer hätte ihm solch Regiment übertragen? — polemisiren sollte. Indem aber auch er sich nur mit jener Fiction der Uebertragung der Gewalt auf den Landesherrn zufrieden spricht (s. unten), giebt er damit zugleich zu erkennen, wie auch er nicht hinaus gekommen über den Standpunct des Collegialsystems, welches in seiner Grundlage nichts weiter ist, als der kirchliche Democratismus, der aber noch nicht bis zum Bruch mit dem Bestehenden fortgegangen ist. Die weitere Entwickelung in dieser Entzweiung des Bewußtseins ist die Vorstellung von der Unversöhnlichkeit der Unterschiede, oder von der Nothwendigkeit der Ausschließung des Landesherrn von jeder Mitwirkung an der Gestaltung der kirchlichen Ordnung. Wo diese Theorie sich zur That gestaltete wider die bestehende Ordnung, würde eine vollständige kirchliche Revolution Platz greifen, wie sie indeß in unserm Vaterlande noch an keinem Punct zum Ausbruch gekommen. Denn die Protestation der Alt-Lutheraner gegen die Einmischung des Landesherrn in die kirchliche Verwaltung ist nicht unter diesen Gesichtspunct zu fassen. Wollen und können sie einmal die kirchliche Gemeinschaft mit dem Landesherrn nicht anerkennen, so haben sie auch von diesem Standpunct aus ein wohlbegründetes Recht, alle landesherrlichen Anordnungen über ihre kirchlichen Verhältnisse abzuwehren, nach dem Grundsatz des Deuteronomiums (17, 15), „du kannst nicht irgend einen Fremden, der nicht dein Bruder ist, über dich setzen.“ Eben so beruht die Entgegensetzung der sogenannten „freien Gemeinden“ gegen das Kirchen-Regiment, wie sie neuerdings in Königsberg und Halle entstanden, nicht sowohl auf einer Polemik wider die Konsistorial-Verfassung, als auf einem Gegensatz in der Auffassung des protestantischen Princips, welcher zu einer Aufkündigung der kirchlichen Gemeinschaft geführt hat. Daß dagegen auch außerhalb des Alt-Lutherthums in weiten Kreisen der Bruch mit dem bestehenden landesherrlichen Kirchen-Regiment wenigstens innerlich Platz gegriffen, haben wir schon angedeutet. So scheu man auch von dem Kreise jener Gemeinschaft sich fern hält, um nicht mit der Schmach behaftet zu werden, welche die ihrem innersten Glaubensgrunde abgewandte öffentliche Meinung über sie als Separatisten und Sectirer verhängt hat*), so beifällig blickt man auf ihren Widerstand gegen das landesherrliche Kirchen-

*) s. Papstthum oder Christenthum S. 24, 25.

Regiment. Nur diese Thatsache, nicht die Motive ins Auge fassend, ist man nur zu bereit, in freudiger Dankbarkeit alles das anzuerkennen, was die Lutheraner, wie man sagt, zur „Befreiung der Kirche" gethan (in einem gewissen Sinne ist das zuzugestehen), indem man daraus zugleich die Hoffnung schöpft, daß das gleiche Princip in der Allgemeinheit der evangelischen Kirche werde zur Geltung kommen. Was aus einer so weitverbreiteten Stimmung in Deutschland sich entwickeln werde, — wer möchte wagen, das vorher bestimmen zu wollen. Aber soviel scheint außer Zweifel, daß, wenn nicht die democratischen Elemente in der Erweiterung der Konsistorial-Verfassung zu presbyterialen und synodalen Formen Raum zur organischen Entfaltung ihrer Kräfte gewinnen, und darin zur Ruhe und Befriedigung gelangen, eine totale Revolution in der kirchlichen Ordnung zum Ausbruch kommen wird. Man darf nur auf die schroffen Gegensätze dogmatischer Erkenntniß hinblicken, welche überall in der Kirche des Vaterlandes auftauchen, und statt in der bisherigen Ordnung der Dinge einen Weg zu ihrer Ausgleichung und Versöhnung zu finden, hie und da gerade in der Entgegenstellung unprotestantischer Grundsätze von Seiten der Kirchen-Behörden noch feindlicher gespannt werden — — und man wird leicht begreifen, daß die Wege zu solcher Umwälzung schon jetzt allzu sehr gebahnt sind. Je mehr diese Gegensätze um sich greifen, und jeder Unzufriedenheit mit dem Kirchen-Regiment den Vorwand zur Aufkündigung des Gehorsams darbieten, desto weiter wird der Kreis der Opposition sich ausdehnen, desto mehr Terrain für seine Wirksamkeit gewinnen. Und in dem Bewußtsein dieser wachsenden Verbreitung und Verzweigung wird sie dann immer muthiger und rücksichtsloser dem bestehenden Regiment Widerstand leisten, so daß am Ende — da Gewalt dem Gewissen nicht entgegenzustellen, und das Gewissen allezeit in Sachen gottesdienstlicher Gemeinschaft zum Vorwand genommen werden kann — alle kirchliche Ordnung ihren Untergang findet. Es wird am Ende nichts übrig bleiben, als ein wüstes Durcheinanderwogen der nach Herrschaft ringenden Parteien, das vielleicht selbst mit gewissen Evolutionen eines gleichen politischen Treibens in Vermengung kömmt, — ein Loswerden aller Leidenschaften, vor welchen dann der in Gott ruhende wahrhaft kirchliche Sinn scheu sich zurückziehen wird, um in den engsten Kreisen wieder der stillen Gemeinschaft in Christo inne zu werden. Wenn aber solcher Greuel der Verwüstung über die Kirche gekommen sein wird, dann wird das wahrhaft kirchliche Bewußtsein wohl zur Besinnung und Einsicht kommen, daß die kirchliche Ordnung in ihrer Entfaltung über die Totalität eines Volks nicht mehr durch die Herrschaft der Menge, nicht im Gegensatz gegen das von der Kirche erfaßte, landesherrliche Regiment zur Wahrheit gelangen kann. Und ist solche Ueberzeugung herangereift, dann wird auch wieder der Moment gekommen sein, wo alle diejenigen, die ein Herz haben für das kirchliche Leben, gern wieder zur Restauration der kirchlichen Verfassung die Hand bieten. Man wird dann gern bereit sein, sich wieder unter das landesherrliche Regiment als die letzte Instanz des in der Kirche gebietenden Willens zu unterwerfen, und in dieser Unterordnung nichts begehren als Magna-Charta der kirchlichen Freiheit, wie die Auseinanderhaltung des kirchlichen Organismus von dem staatlichen innerhalb dieser Einheit, und den Ausschluß aller kirchlichen Gewalt von dem, was nicht Sache der Ordnung ist.

B. Das hierarchische Princip.

Die Voranschauung solcher Zerwürfnisse und Störungen der Ordnung in den auftauchenden Voranzeichen einer Auflösung der in der landesherrlichen Kirchengewalt zusammengeschlossenen Ordnung, so wie der Rückblick auf die fremden Erfahrungen unter der Herrschaft des democratischen Princips, haben dem letzten manche Gemüther in Deutschland abwendig gemacht. Sie glauben in alledem einen unwiderlegbaren Beweis zu finden, daß, wie alle Ordnung in allen Sphären des menschlichen Lebens in einer Macht ruht, die Gewalt hat, d. i. die Obrigkeit, auch in der Gemeinde Gottes eine Autorität gegeben sein müsse, welche über die Ordnung in ihr zu gebieten hat, unabhängig von der Laune und Willkühr derer, welche ihr unterworfen sind. Da gedenkt man an das zweite Element der kirchlichen Ordnung, das geistliche Amt, und an die Macht, die dasselbe von dem Beginn der Kirche an über die Ordnung gehabt. Man weiß, daß grade das Römische Princip, welches die Autorität desselben auf den Gipfel unumschränkter Souveränität gestellt, auf dieser Basis ein Gebäude der Ordnung aufgebaut, das Jahrhunderte lang in fester Gliederung sich erhalten hat. Sollte man da nicht wieder Verständniß finden für die große Wahrheit, die darin verborgen, und mit der Verwerfung ihrer Verkehrung verlassen worden? Kann man sich verhehlen, daß gerade diejenigen unter den protestantischen Kirchen, welche das Römische Grundprincip der Verfassung in gewissem Sinne festgehalten, eine sichere Ordnung und Haltung sowohl gegen die kirchlichen Parteien in ihr, als gegen das außerkirchliche Gebiet des Lebens entfaltet haben? Und wenn man von solchen Gedanken geleitet, immer mehr jener hierarchischen Grundanschauung sich zuzuwenden geneigt wird, sollte darin nicht noch mehr die Erinnerung bestärken, daß die Reformatoren selbst die Autorität des geistlichen Amts als eine von Gott geordnete Macht über die Gemeinde angesehen, ja daß in dem Uranfang der Kirche Niemand weiter über die Ordnung derselben Gewalt hatte als dieses? Und darf es uns dann Wunder nehmen, daß die in dieser Anschauung wurzelnde Meinung in dem Leben des Protestantismus nicht mehr so vereinzelt dasteht, sondern daß im Gegensatz zu dem überhandnehmenden Democratismus andererseits auch immer größere Kreise von denen sich bilden, die den Schlüssel zur Erklärung aller Verwirrungen, aller Unordnungen in der protestantischen Kirche darin allein zu finden glauben, daß man über jene Autorität sich hinweggesetzt, und damit den von Gott selbst in der Stiftung der Kirche gegebenen Halt der Ordnung verloren habe? In der That, so einseitig auch an sich die Vorstellung ist, welche dem geistlichen Amt ausschließlich die kirchliche Gewalt übereignen will, so kann der Beweis doch nicht schwer fallen, daß dieselbe wenigstens jedenfalls mehr Berechtigung hat, wie das Postulat einer Volksherrschaft, sofern nur die Gewalt der Geistlichen nicht zugleich über die Gewissen sich erstrecken soll. Wir sehen hier die Gestaltung kirchlicher Ordnung nach dem Gesetz des Lebens doch schon im Fortschritt begriffen. Es haben sich doch aus der Unbestimmtheit der Vorstellung von einer in der Allgemeinheit der Gemeinde ruhenden Gewalt schon gewisse Bestimmtheiten als wirkliche Autoritäten herausgesondert, welche wenn sie auch Creaturen des Haufens wären, doch in dem Amte selbst, in seiner göttlichen Einsetzung, eine Art Hoheit mit sich führen *). Damit ist doch wenigstens eine festere Basis zur

*) Diese Autorität behält ihre volle Bedeutung überall, wo das Amt nach dem Gesetz der Ordnung innerhalb der Gemeinde ins Leben tritt, mag dieses Wahlgesetz noch so unvollkommen sein — die Autorität eines Dieners des Herrn, angethan mit aller Vollmacht

weitern Aufrichtung des kirchlichen Gebäudes gewonnen. Aber was ist es, was die Geistlichen zu nothwendigen Trägern dieser Ordnung bestimmt? Haben wir nicht selbst anderweit zu entwickeln gesucht, daß der Dienst am Wort der Gesammtheit der Gläubigen befohlen, — daß das Wort Christi: „Wie mich der Vater gesendet, so sende ich euch," nicht an die Geistlichen allein gerichtet, als wären sie allein Nachfolger der Apostel, sondern an alle, welche durch ihr Wort zum Glauben an Christus gekommen? Aber dennoch haben wir nicht minder die Wahrheit hervorgehoben, daß es einen Dienst am Wort gebe, zu dem nicht alle berufen, der nicht im eignen Namen zu führen, sondern in dem der Gemeinde — ein Dienst, der nicht von der Willkühr der Gemeinde, sondern von den Aposteln ausdrücklich als ein Gesetz des kirchlichen Lebens eingesetzt, und mit der Macht bekleidet ist, Gottes Willen an der Gemeinde zu vollbringen (Apostelgesch. 20, 28). Nicht etwa weil die Diener dieses Amtes weiser, weil sie gelehrter oder besser sind, als alle anderen Glieder der Gemeinde, sondern weil sie den Ruf dazu bekommen haben. Ob aber auch dieser Ruf aus einer zeitlichen Ordnung hervortritt, so ist es doch nicht der Auftrag oder die Instruction derselben, welche den Gegenstand und Umfang des Dienstes zu bestimmen hätte. Sind sie gerufen, so haben sie ihr Amt zu führen, als von Gott eingesetzt, also aus Gottes Macht und Gottes Wort (s. oben). Insoweit steht diese Autorität über die Gemeinde, und darum mahnt hier das Wort Christi: „Wer euch höret, der höret mich." Aber wie daraus noch nicht folgt, daß man dem ein-

---

und allem Segen der Verheißung, die auf ihm ruht, weil er auf das Amt gelegt ist. Das macht den Unterschied gegen das absolut democratische Princip, nach welchem es ganz zufällig ist, ob ein Geistlicher oder ein anderer von dem souveränen Volk zum Antheil an der Kirchen-Regierung berufen wird.

zelnen Geistlichen oder auch einer Versammlung derselben um dieser Stellung willen eine Unfehlbarkeit beizumessen, und ihren Worten sich zu unterwerfen habe, als wäre alles Gottes Wort oder Christi Lehre, so folgt auch daraus nicht für sie das ausschließliche Recht der Herrschaft über die Ordnung in der Kirche. Alles dies begründet nur die Unabhängigkeit ihrer Stellung in ihrem Dienst, die Freiheit in der Verkündigung des Evangeliums. Aber eben so gewiß bleibt für jeden die Freiheit, das Wort zu richten, das in der Autorität des Amts erscheint, und nach dem Resultat dieser Kritik dasselbe anzunehmen oder zu verwerfen. Denn wenn das Wort Christi, das er von denen redet, die auf Mosis Stuhle saßen, auch von unsern Dienern am Worte gilt, „Alles nun was sie euch sagen, daß ihr halten sollt, das haltet und thut," — so gilt es doch nur insofern und soweit, als es das Wort der Wahrheit ist*). Man kann den öffentlichen Diener am Wort als an Gottes Stelle stehend respectiren, — man kann mit aller Ehrerbietung das Wort, das er redet, anhören, weil es kraft des von Gott eingesetzten Berufs gesprochen, — und doch dasselbe als ein irrthümliches oder unwahres zurückweisen um Gottes Willen, um des Evangeliums willen. Will man die Wahrheit, daß „der Herr die Geistlichen über die Gemeinden gesetzt, und für sie ausgerüstet," in einem andern Sinne nehmen, als dem, daß er dem Einzelnen, der das Amt durch die Ordnung der Gemeinde bekömmt, gleich jedem andern, der in ein Amt eintritt, die Gaben mittheilen werde, wie es seiner Weisheit und seinem Rathschluß gemäß ist, also nicht nothwendig und unfehlbar specificische Gaben, die anderen Gliedern der Gemeinde unzugänglich sind, — oder will man gar ein Unrecht

*) Luther: Wenn aber Gottes Gebot nachbleibt, so ist der Kirche Gebot nichts anders, als ein schädlicher Schanddeckel, und macht außen einen guten Schein, da inwendig nichts guts ist. —

darin finden, daß „die Gemeinde in den Geistlichen nur ihre Brüder und ihres Gleichen anerkenne," — soll die Forderung: „daß wir uns der Autorität des Herrn in seinen Dienern unterwerfen" sollen, anders verstanden werden, als wie wir sie oben gedeutet, d. h. nicht mehr die Freiheit der Kritik und des Gehorsams damit bestehen bleiben, — so ist das Alles nichts, wie ein Rückschritt zu dem Römischen Princip, wie es oben in seiner Unwahrheit gerichtet worden, man mag es nun mit mehr oder weniger Modificationen wieder auffrischen wollen *).

Anders verhält es sich mit dem Gehorsam, den der Geistliche in Anspruch zu nehmen hat, sofern und soweit ihm ein Antheil an der Realisirung der Ordnung nach dem

*) s. die Kirche in unserer Zeit S. 68, 73. Wenn man übrigens in unserm Kirchen-Recht Th. II. S. 9 u. folg. in einigen Aeußerungen über die Idee der Ordination auch bei uns ein „Hinüberschielen nach den katholischen Vorstellungen von Geistesmittheilung und character indelebilis" oder wenigstens ein „Hinneigen in der Ordination auf die strenge über das Protestantische hinausgehende Seite" hat wahrnehmen wollen (siehe Rheinwald's Repertorium ꝛc. 1842. S. 46), so ist es nur aus einem Uebersehen des Zusammenhangs oder aus einem Haften an einzelnen Ausdrücken zu erklären. Die eigentliche Meinung konnte nach dem, was S. 48 folg. entwickelt worden, wohl nicht zweifelhaft sein. Denn die Anerkennung der Ordination als einer „religiösen Handlung" im Unterschiede von der Einweisung hat das allgemeine protestantische Rechtsbewußtsein für sich (s. Eichhorns Kirch.-Recht S. 701). Der religiöse Inhalt selbst kann aber nicht wohl anders als in den S. 106 von uns angegebenen Momenten begriffen werden, ohne daß damit der Römischen Anschauungsweise Raum gegeben worden. Was aber die allerdings mißverständliche Andeutung (S. 108) betrifft, daß „in der Vorstellung von einem character indelebilis eine Wahrheit liege," so konnte und sollte sie, wie der Zusammenhang ergiebt, selbstredend nichts weiter besagen, als daß sie insoweit gewissermaßen richtig sei, als man sie nur darauf bezieht, daß nach einmaliger Ordination eine Wiederholung der Handlung ausgeschlossen sei.

Gesetz der Verfassung zusteht. Wie der Inhalt des letzteren lautet, ist eine rein historische Frage, und von der Antwort der Umfang jenes Rechts und die Pflicht des Gehorsams abhängig. Da aber das geschichtliche Recht nicht immer das vernunft- und sachgemäße ist, so bleibt hier die Frage, ob und inwieweit die Geistlichen kraft des Dienstes am Wort zur Handhabung der Ordnung in der Gemeinde überhaupt oder wohl gar ausschließlich berufen seien? Halten wir fest an den Begriff dieses Amts, so wird die Ausführung niemals schwer sein, daß eine gewisse Theilnahme an solchem Regiment zu den sich von selbst verstehenden, unveräußerlichen Rechten des geistlichen Standes gehört. Ist der Inhalt des Dienstes am Wort der innerste Lebenskern aller kirchlichen Gemeinschaft, kann alle Ordnung derselben keinen andern Zweck haben, als diesem Dienst zu dienen, so muß die Gesammtheit der kirchlichen Ordnung sich nach dem Maaß ihrer Congruenz für diesen Dienst richten. Wer sollte aber die Erkenntniß dieser Kongruenz besser haben, wer wohl mehr im Stande sein, die Einwirkung der kirchlichen Ordnung auf jenen Dienst, und das aus diesem hervortretende Bedürfniß einer Regelung äußerlicher Beziehungen zu erkennen, als diejenigen, die in der beständigen Uebung dieses Dienstes leben? Müssen sie nicht schon in der Vorrüstung zu demselben, noch mehr aber durch die weitere Entwickelung des Bewußtseins in der permanenten Richtung der Gedanken auf seine Handhabung, vorzugsweise zur Erkenntniß seines Inhalts und der Bedingungen seiner Gestaltung zu einer menschlichen Ordnung vorgedrungen sein? Alle Geistlichen sind daher durch ihr Amt zur Mitwirkung an der Realisirung der Ordnung berufen. Ja, so lange keine andere Potenz in der Kirche gegeben, welche durch die ihr immanente Beziehung zu Gottes Weltordnung an und für sich in eine Relation zur kirchlichen Ordnung zu treten bestimmt ist, ist es nicht möglich, daß das Recht anderer Glieder der Kirche zu solcher Mitwirkung so zur Realisation komme, daß es als ein legitimes anzuerkennen wäre, wenn es nicht von dem Recht der Geistlichen abgeleitet würde. Bis dahin liegt in diesen allein die höchste Gewalt, und nur diejenigen können aus dem nicht geistlichen Stande daran Theil haben, die von den Geistlichen selbst von dem Standpunct ihrer Erkenntniß heraus in partem sollicitudinis berufen sind. Denn so lange keine an und für sich gesetzte Macht der Ordnung besteht, würde die Heranziehung anderer Elemente zur Realisirung der letzteren auf anderem Wege jede Basis entbehren, die irgend eine Garantie der Qualification der Gewählten darzubieten vermöchte. Es bliebe nur die Wahl durch die Masse der Einzelnen übrig, die, selbst etwas Unorganisches, für sich ohne Legitimation zur Constituirung der Grundlage der Ordnung wäre, und somit würde also auch die Congruenz des Wahl-Resultats mit dem kirchlichen Zweck ganz dem Zufall Preis gegeben sein. Wo aber diese Qualification der Gewählten nicht wenigstens irgend wie gewährleistet ist, nicht das Bewußtsein des Verbandes in einem gemeinschaftlich festen Einheitspunct die Geistlichen mit den Nichtgeistlichen zu einer Ordnung der Mitwirkung zusammenschließt, sondern jeder Theil dem anderen mit der Prätension gleicher Souveränität, gleicher Befähigung gespannt gegenüber steht, — was sollte da wohl für Segen von solcher Koncurrenz für das kirchliche Leben zu erwarten sein? Würden nicht wenigstens Reibungen über Reibungen eintreten, in welchen die Wirksamkeit der Geistlichen die größte Verkümmerung zu erfahren hätte, wenn nicht gar eine förmliche Verwirrung der kirchlichen Ordnung zu Wege käme? Allein so wenig wir dies verkennen, so folgt doch daraus noch nicht, daß das gesammte Gesetz der kirchlichen Ordnung ohne Rücksicht auf seine weiteren Relationen zu der allgemeinen Lebensordnung in den Geistlichen beschlossen sein müsse, so daß sie schlechthin als ausschließliche Träger jener Ordnung zu betrachten wären. Das würde wieder die Voraussetzung einschließen, daß mit der Berufung zu jenem Dienst auch eine Mittheilung besonderer übernatürlicher Gaben verbunden sei, zu welchen Niemand außerdem Zugang habe. Und das würde wieder nichts anders heißen, als den Römischen Grund und Boden betreten. Allein schon die heilige Schrift unterscheidet zwischen Gabe der Verwaltung und Gabe der Lehre, unterscheidet zwischen Dienern am Wort, und Vorstehern, die nicht arbeiten an Wort und Lehre, — zum unzweideutigen Beweis, daß auch außerhalb des geistlichen Standes die rechte Erkenntniß von dem Wesen der Kirche, ja sogar eine bessere Gabe zur Handhabung der Ordnung sein könne. Denn das Leben ist es, welches die Gaben verschieden austheilt, und darum muß das Gesetz des Lebens über den Antheil am Regiment entscheiden. Es muß Macht haben, die Gabe zu berufen, wo sie sich findet, je nachdem sie zur Entwickelung gekommen, und je nachdem sie noth thut zum Dienst der Kirche. Nicht in jeder Sphäre des Lebens vermag die Erkenntniß von dem Gesetze aller Lebensordnung lebendig zu werden, und doch ist sie eins der wesentlichsten Elemente, durch welche die kirchliche Ordnung zu ihrem Ziel geführt wird. Blicken wir auf die Geistlichen, so wird zwar niemand leugnen, daß sie in ihrem Dienst zu solcher Erkenntniß ebenfalls Zugang haben können. Aber eben so wenig wird man sich verhehlen dürfen, daß ihre amtliche Stellung weniger Gelegenheit darbietet, jenes Gesetz der Ordnung in seinem Wesen zu durchdringen, noch weniger in der Handhabung solcher Erkenntniß zur Meisterschaft zu kommen. Denn auch dies ist eine Kunst, die erlernt sein will. Daraus folgt, wie wesentlich es der Kirche noth thut, daß die in den Geistlichen vorwaltende Intelligenz ihre Ergänzung finde durch die Einsicht derer, welche auf dem Standpunct des allgemeinen menschlichen Lebens die Relationen der Ordnung vorzugsweise zu erkennen Anlaß haben, wenn sie zugleich als lebendige Glieder am Leibe Christi, als wahrhaftige Priester so gut, wie die Geistlichen sich erwiesen haben. Wie sollen aber diese herausgefunden werden? Etwa durch Wahl des Volks. Was dadurch herauskömmt, haben wir eben gesehen. Oder durch die Geistlichkeit? Aber diese letzteren stehen ja nicht auf dem Standpunct der Erkenntniß der Ordnung nach der Totalität ihrer Bedingungen. Wie sollten sie also die Garantie einer sachgemäßen Wahl der Nichtgeistlichen in sich haben? Ist also zur vollständigen Entwickelung der kirchlichen Ordnung die Koncurrenz von Nichtgeistlichen nothwendig, so leuchtet schon von hieraus ein, daß die Ordnung der Kirche erst in und mit dem Hervortreten einer über Geistliche wie Nichtgeistliche erhabenen Macht zu völliger Realität gelangen kann. Denn nur wo in ihr als dem letzten leitenden Mittelpunct alle Emanationen der Ordnung zusammengeschlossen werden, dürfen wir eine Garantie dafür finden, daß die Momente, welche aus der Allgemeiheit des kirchlichen Lebens heraus zur Mitwirknng an der Ordnung gelangen sollen, so zur Darstellung kommen, wie es dem Gesetz der Ordnung entspricht. Und insofern erhalten wir schon hierin eine Andeutung, wie das landesherrliche Regiment als letzte Instanz der kirchlichen Ordnung selbst zur Vollendung der kirchlichen Verfassung an und für sich, d. h. zur ordnungsmäßigen Ergänzung des nicht geistlichen Moments in derselben ebenso noth thut, wie zur Erzielung der Einheit derselben mit der staatlichen Ordnung.

Hiermit stehen übrigens alle die Stellen der heil. Schrift durchaus nicht in Widerstreit, welche selbst von protestantischer Seite neuerdings wiederum mehrfach für das ausschließliche

Recht der Geistlichen zur kirchlichen Regierung in Bezug genommen worden. Faßt man das Hervorragen des Glaubensbewußtseins in den Aeltesten über die Menge, als Grund ihrer Aussonderung, zusammen mit der Autorität, welche sie als Diener am Wort in Anspruch zu nehmen hatten, so wie mit dem Ansehen, das ihnen als dermaligen alleinigen Handhabern der Ordnung zustand, so enthalten alle einzelnen Aussprüche die rechte Deutung, in denen man die Anordnung einer bleibenden Herrschaft des geistlichen Amts zu finden wähnt. Insbesondere wird man dann nicht mehr jene Mahnung, wie Christus sie an den Petrus, und Petrus an die Aeltesten richtete, „die Schafe der Heerde Gottes zu weiden," als die Uebereignung einer solchen Herrschaft ansehen. Was darin für alle Zeiten Geltung hat, ist nichts als die Weisung, den Dienst am Wort zu üben gegen die, die ihnen befohlen, um Seelen zu gewinnen, und die gewonnenen vollzubereiten, daß sie behalten werden im Stande der Gnade und guten Werke. Das ist die Weide, die Christus selbst allen aufgethan, die durch Ihn eingehen wollen zum Leben, und welche alle diejenigen immerdar anzubieten haben, welche an Seiner Statt den Weg des Friedens zu zeigen berufen sind. Soweit dazu die Ordnung dienen soll, und soweit die Diener am Wort durch das Gesetz derselben zur Theilnahme an ihrer Realisirung bestimmt sind, ist freilich das letztere mit in das Hirten-Amt eingeschlossen. Daß aber das Handhaben des Regiments nicht vorzugsweise dabei ins Auge gefaßt worden, erhellt schon daraus, daß der Apostel die Mahnung ergehen ließ, „zu herrschen, als herrschten sie nicht," ja durch die Gewalt des Beispiels und Vorbildes alle Herrschaft überflüssig zu machen (1. Petr. 5). Es konnte auch um so weniger Anlaß sein, an diese Herrschaft zu denken, als gerade in der apostolischen Zeit, wo der Glaube und die Liebe noch in jugendlicher Kraft und Lebendigkeit die Menge der Gläubigen erfaßt hatte, und die Gemeinde als Ein Herz und Eine Seele da stand, die Ordnung von selbst sich herausstellte, also das Ansehen des Regiments wenig Anlaß zur Aeußerung finden konnte. Ja der weitere Verfolg der apostolischen Mahnung läßt noch klarer erkennen, wie sehr der Gedanke an die damals den Geistlichen zustehende ordnende Gewalt im Hintergrunde blieb. Denn da die Weisung an die Jüngeren, unterthan zu sein den Aeltesten, in Beziehung steht zu der andern „allesammt aber seid einander unterthan," so leuchtet von selbst ein, daß hier nur die Unterwerfung unter das Wort gemeint ist, welches alle Zwangsherrschaft ausschließt, und die Geistlichen nicht weniger den Nicht-Geistlichen, wie umgekehrt diese jenen, unterwirft, sobald die Wahrheit des Worts hier wie da als eine Kraft des Geistes und Lebens sich kundbar macht. Wohl aber kann man hieraus, wie aus allen andern Stellen, welche das Amt der Aeltesten und Bischöfe in der Schrift behandeln, so viel als unzweifelhaft entnehmen, daß das Wort Gottes nichts weniger als eine democratische Oeconomie des kirchlichen Lebens im Sinne hat. Es will nur eine durch das Amt gegebene feste Autorität für die Gestaltung der Ordnung, welche unabhängig von der Willkühr des Volks dasteht, ja nicht einmal von dieser constituirt worden, indem die von den Aposteln eingesetzten Autoritäten wiederum ihrerseits die Aemter bestellen (Tit. 1, 5).

Die Totalität der Ordnung und ihre Einheit ist indeß in keiner Stellung begründet, die nichts ist als ein Amt, eine Emanation der Ordnung, und somit selbst einen festen Organismus zu seiner Constituirung voraussetzt, eine Macht, deren Ansehen nicht von der Willkühr bedingt ist, sondern die das Gesetz in sich selbst hat. Eine solche Macht war die der Apostel kraft der von Christo ihnen für ihre Person gegebenen Beglaubigung. Wer nach ihnen zum Dienst am Wort gelangte, war nicht für seine Person dazu gesetzt, sondern durch einen Act menschlicher Ordnung. So lange der letztere auf der persönlichen Autorität der Apostel ruhte, hatte er ein festes Fundament für sich, weil in dieser Autorität das gesammte Ansehn der Kirche sich concentrirte (s. oben). Nach ihrem Abscheiden hörte zwar das Amt am Wort nicht auf, und blieb als solches in derselben Legitimität und Autorität. Die Darstellung der einzelnen Persönlichkeiten dazu blieb indeß der sich entwickelnden kirchlichen Ordnung überlassen. Wurden die Geistlichen auf diese Weise Creaturen der Ordnung und ihrem Gericht unterworfen — wie hätten sie fortan wohl zugleich noch Träger derselben sein können? Fand die kirchliche Ordnung dennoch gleich in den ersten Jahrhunderten, obschon von Priestern ausschließlich gehandhabt, eine festere Gestalt, als wie dies nach dem Entwickelungsgang des menschlichen Lebens hätte erwartet werden können, und hat sie sich in anderthalb Jahrtausend auf diesem Princip gegen das allgemeine Gesetz des Lebens zu einem wohlgeschlossenen Bau abgerundet, so lag dies in der Fiction der fortdauernden apostolischen Autorität in den Bischöfen als Amts-Nachfolgern der Apostel. Aber auch hier mußte erst die Cathedra Petri als centrum unitatis sich herausstellen, ehe die Ordnung zu einer gewissen Kraft der Ruhe und Festigkeit gelangen konnte (s. oben). Denn alle Autorität will einen Einheitspunct, einen Gipfel haben, in welchem sie als in ihrem Fundament ruhen, wovon sie ausgehen, und wohin sie als in die letzte Instanz sich stets zurückziehen kann. Lassen wir nun die Römische Basis gänzlich bei Seite, behalten wir die Geistlichen nur als die, kraft des Amts über die Allgemeinheit der Christenheit hervorgetretenen Autoritäten, so könnte vielleicht der Gedanke noch Raum gewinnen, daß die Gesammtheit derselben die über die einzelnen Geistlichen gesetzte Macht sei, in welcher die Ordnung beschlossen und gesichert zu betrachten wäre. Allein diese Gesammtheit ist eine in ihrer Erscheinung so in die Vielheit und Unbestimmtheit auseinandergehende Macht, daß darin nicht die Ordnung als in ihrer letzten Instanz ruhen kann. Sobald die christliche Kirche ihrer Bestimmung zu Folge sich über den Erdkreis ausbreitet, kann die Masse der Geistlichen nicht als Totalität sich darstellen, und wenn auch zur Realisirung der Ordnung nur Repräsentanten zur Wirksamkeit gelangen sollten, so würden die letztern doch immer nicht von der Gesammtmasse gewählt werden können. Ist das aber nicht, so würde jede Basis und Garantie ihrer Anerkennung als Gesetz der Ordnung für die Totalität der Kirche fehlen. Abgesehen davon würde es ferner immer außer der Möglichkeit sein, in allen Theilen der Erde von einem Mittelpunct aus die Handhabung der Ordnung vollständig zur Realisation zu bringen. Denn soll der letztere durch Wahl aufgerichtet werden, so würde eine solche Central-Regierung aus so heterogenen Elementen zusammengesetzt werden, daß von ihrer Deliberation nichts Ersprießliches zu hoffen stände. Käme aber auch wirklich eine Entscheidung zu Stande, so könnten die Verhältnisse sich doch inzwischen schon wieder modificirt haben, wenn sie an Ort und Stelle gelangte. Ja man kann unbedenklich von vornherein annehmen, daß sie an und für sich in der Regel nicht passen wird, weil nur der über die Ordnung eines öffentlichen Wesens bestimmen kann, der in ihr lebt, gleichsam ein Fleisch und Blut mit ihr ist. Wie sollten also wohl Personen aus verschiedenen Gebieten der Erde, die mit dem eigenthümlichen Leben der verschiedenen Nationen verzweigte kirchliche Ordnung gemeinsam von einem Gesichtspunct erkennen, und darüber sachgemäße Beschlüsse fassen können? Insofern würde es auch von diesem Gesichtspunct aus nichts helfen, wenn die Abgeordneten aus ihrer Mitte einen Kirchenfürsten wählten, um zur Einheit des Regiments zu gelangen. Denn nur einer einzigen Ordnung, wie sie durch die sittlichen Beziehungen des Lebens abgegrenzt ist, könnte ein solcher mit ganzer Seele angehören. Für die übrigen Kreise wäre er nur ein Figurant, und die wirkliche Handhabung der Ordnung müßte doch auf Stellvertreter übergehen *). Sollte daher aus den Geistlichen die Autorität sich herausbilden, in welcher die Wirklichkeit der Ordnung für die Kirche zu finden sei, so müßte nothwendig eine Abgrenzung derselben zu einem in sich abgeschlossenen Korpus eintreten, und diesem überlassen werden, welche Autoritäten es aus seiner Mitte bestellen, und mit welchem Ansehn es die letzte Instanz bekleiden wolle. Dann wird aber hier wieder nichts wie Willkühr entscheidend, somit die Konstituirung der Macht in ihrer ganzen Wahrheit doch unmöglich bleiben. Diese Willkühr läge zunächst schon in der Abgrenzung der Geistlichen selbst. Angenommen, daß darauf wirklich die Landesgrenze influiren würde, weil die innerhalb ihrer abgeschlossene sittliche Ordnung in ihrem Zusammenhang mit der kirchlichen dazu zwingt, so bliebe doch nichts desto weniger, von dem hierarchischen Princip aus betrachtet, eine solche Grenze rein willkührlich. Wo wäre auch ein consequenter Anhänger desselben, der die Ordnung als darin

*) Wenn die Verfassung der Herrnhuter, nach welcher von einem Mittelpunct aus die Ordnung dieser Partei in allen Weltgegenden gehandhabt wird, von dem hier dargestellten Gesetz eine Ausnahme zu machen scheint, so ist dies eben nur scheinbar. Zwar kann in keiner, der fast in allen Gegenden der Erde anzutreffenden Gemeinden etwas Wichtiges geschehen, ohne die Zustimmung der Versammlung der Brüder-Aeltesten in Berthelsdorff — dieses sich selbst erneuernde Collegium von Depositarien der Glaubens- und Zucht-Artikel, welche Zinzendorff als ein stabiles Moment der Kirche aufgestellt hat. Allein alle die Puncte, die auf diese Weise zu einer Einheit zusammengehalten werden, sind im Vergleich zu der ganzen Christenheit doch eben nur kleine, unbedeutende Puncte, in welchen sich eine selbsterwählte Zucht der Geistlichkeit abgegrenzt und beschränkt hat. Eine Verfassung, die dafür geeignet ist, paßt selbstredend noch nicht für die Totalität des Leibes Christi, wie er das Leben ganzer Nationen zu durchdringen bestimmt ist.

beschlossen anerkennen wollte? Denn wenn man einmal in der Allgemeinheit des geistlichen Amts die Wirklichkeit der kirchlichen Ordnung gegründet ansieht, so hat man schon von der nothwendigen Beziehung dieser Ordnung zu der sittlichen eines bestimmten Landes in der Hauptsache abstrahirt, und wenn man doch dem zwingenden Einfluß der letztern auf die Gestaltung und Abgrenzung der ersteren Raum giebt, so ist dies nichts wie eine Inconsequenz. Sodann hat aber auch wieder die Willkühr ihr Spiel in der Aussonderung der Autoritäten aus der Vielheit der Geistlichen eines Landes. Mag auf diese Weise ein Kollegium oder ein Einzelner als Kirchenfürst aufgestellt werden, — immer blieben sie doch nach Obigem außer der rechten Garantie der Ordnung. Im ersten Falle läge schon in der Mehrheit der letzten Instanz ein Keim der Zerwürfniß ihrer Glieder unter einander. Aber selbst der Kirchenfürst hat, als Wahlregent, so wenig, wie andere gewählte Autoritäten auf dem sittlichen Gebiet, eine Sicherheit für die Geltung seines Ansehens. Das bezeugt genugsam die Geschichte, welche diese Wahrheit sogar in der Entwickelung der päpstlichen Hierarchie sehr lehrreich erkennen läßt. Obschon hier diese Würde von dem Glauben an ihre übernatürliche Wahrheit, gleichsam als die postulirte Incarnation der fortschreitenden Offenbarung des heiligen Geistes, festgehalten wurde, also jeder Gläubige das Gewissens-Interesse hatte, den Gewählten in seiner Würde anzuerkennen, um die Quelle des Geistes nicht unterbrochen zu sehen, so durften die Interessen des Lebens nur stärker werden als dieser Glaube, und die gewöhnlichen Erscheinungen des Lebens mußten auch hier Platz greifen, auch hier die Thatsache, daß der Papst eine Kreatur der Wahl ist, genügen, um zu einer Verkümmerung oder gänzlichen Umwerfung des Ansehens Anlaß zu geben (s. die Geschichte des Schisma, des Concils von Constanz u. s. w.).

Wie solche Autorität gebildet wird, können allezeit Gegen-Autoritäten constituirt werden, da die Einsetzung von den Wahlkörpern, ihrer Gesinnung und ihrer Macht über die Ordnung abhängt. So wie die letzteren schwanken, werden auch Schwankungen aller Art in dem Gipfel der höchsten Gewalt eintreten, so lange nicht der in dem betreffenden Kreise der Ordnung herrschende Geist des Glaubens kraft seiner Lebendigkeit das Gegengewicht hält, und damit die Unvollkommenheit der kirchlichen Verfassung wie in den ersten Jahrhunderten ihre Ergänzung erhält. Die Verfassung oder das Gesetz der Ordnung hat aber gerade die Bestimmung da, wo der Geist des Glaubens zurücktritt, und Fleisch und Blut in dem Wesen der Kirche sich geltend machen wollen, die Wahrheit der kirchlichen Idee wenigstens in ihrer Form oder ihrem Begriff als eine feste Ordnung Gottes aufrecht zu halten, damit daran das ersterbende Leben wieder zur Selbsterhaltung und Besinnung komme, und nicht vollends in dem wüsten Wesen zu Grunde gehe. Das setzt aber den Rechtsbestand einer Macht voraus, welche durch das Gesetz der Ordnung an und für sich unbeweglich als letzte Willens-Instanz über die Ordnung dasteht. Eine solche Macht ist innerhalb der menschlichen Lebensverhältnisse nur die auf dem monarchischen Princip ruhende landesherrliche Gewalt. Soll also die kirchliche Ordnung zur Stetigkeit und Vollendung gedeihen, so kann es erst geschehen, wenn das kirchliche Bewußtsein diese Macht in sich aufgenommen, und in dieser ihrer Bestimmung begriffen hat (s. unten). So lange das nicht geschehen, so lange ein Wahlregiment, sei es so oder so, aufgerichtet worden, kann das kirchliche Leben nicht zur Ruhe kommen, und der Geist der Unordnung wird um so mehr sein Wesen treiben, je größer das Gebiet ist, in welchem die durch die Ordnung zusammenzuhaltende Christenheit sich findet. Wo einmal Wahlregiment ist, da ist auch Volksherrschaft, wenn auch nur eine gewisse Klasse des Volks, hier die Priester — also gewissermaßen die Aristocratie des Volkes — zur Wahl gelangt. Eben darum kommen hier auch fast alle jene Argumente, die wir oben dem auf Volkswillen beruhenden Regiment entgegengestellt haben, wieder zur Geltung. Das erkannte Luther sehr wohl in seinem practischen Sinn, als er den Fall ins Auge faßte (s. Schmalk. Artikel), daß die vermeintlichen göttlichen Grundlagen des päpstlichen Primats von dem Papst selbst aufgegeben würden — ein Fall, dessen Unmöglichkeit freilich Luther auch einleuchtete, da der Papst damit sich selbst aufgeben würde (s. oben S. 147). Aber welche Verwirrung der kirchlichen Ordnung entstehen würde, wenn dieser Fall eintrete, wenn das gewöhnliche menschliche Wahlrecht Platz greifen müßte, um ein solch Haupt aufzurichten, das hat ihm nur allzu klar vor Augen gestanden. „Und ich setze," so lauten die denkwürdigen Worte, „daß der Papst sich wollte deß begeben, daß er nicht jure divino, oder aus Gottes Gebot, der Oberste wäre, sondern damit die Einigkeit der Christen wider die Rotten und Ketzerei desto baß erhalten würde, müßte man ein Haupt haben, daran sich die andern Alle hielten. Solches Haupt würde nun durch Menschen erwählet, und stände in menschlicher Wahl und Gewalt, dasselbe Haupt zu ändern, zu entsetzen; wie zu Konstanz das Koncilium fast die Weise hielt mit den Päpsten, setzten der dreie ab, und wähleten den vierten. Ich setze nun (sage ich), daß sich der Papst und der Stuhl zu Rom solches begeben und annehmen wollt, welches doch unmöglich ist; denn er müßte sein ganz Regiment und Stand lassen umkehren und zerstören, mit allen seinen Rechten und Büchern. Summa, er kanns nicht thun. Dennoch wäre damit der Christenheit nichts geholfen, und würden viel mehr Rotten werden, denn zuvor. Denn weil man solchem Haupt nicht müßte unterthan sein aus Gottes Befehl, sondern aus menschlichem guten Willen, würde es gar leichtlich und balde veracht, zuletzt kein Glied behalten. Müßte auch nicht immerdar zu Rom oder anderm Orte sein, sondern wo und in welcher Kirchen Gott einen solchen Mann hätte geben, der tüchtig dazu wäre. O das wollte ein weitläufig wüste Wesen werden!" Ja wenn auch da, wo blos die Geistlichen wählen, einerseits durch den Ausschluß der Menge eine größere Ordnung wie bei den reinen Volkswahlen garantirt erscheint, so wird auf der andern Seite doch wieder gerade dadurch ein neuer Keim des Gegensatzes und der Unordnung aufgepflanzt. Denn so lange die Römische Voraussetzung von der priesterlichen Würde nicht irgend wie wieder angenommen wird, werden die Nichtgeistlichen nicht zugestehen wollen, daß das gesammte Bewußtsein der Kirche in den Priestern so repräsentirt sei, daß für diese ausschließlich der Beruf zum Gebieten über die Ordnung zu vindiciren wäre, woraus dann nothwendig eine permanente Opposition des nicht-clericalischen Bewußtseins gegen die Aeußerungen der Priesterherrschaft sich entwickeln müßte. Daher erklärt es sich, wie diejenigen, welche von dem democratischen Princip nichts wissen wollen, aber doch das Recht der sittlichen Lebensordnung über die kirchliche Ordnung nicht anerkennen zu dürfen meinen, weil es kein „geistliches Wesen" sei, — wie diese, sage ich, in gewisser Beziehung wieder auf die Grundlage des Römischen Princips zurückzukommen pflegen, wenn es nicht gar schon im Anfang der Reformation zum Theil festgehalten worden (wie bei den Engländern, Mährischen Brüdern u. s. w.). Wie sehr aber diese Voraussetzung alles Grundes entbehrt, wird weiter unten noch klarer werden. Insofern bleibt es dabei, daß die Vielheit der Geistlichen für sich allein weder das Recht noch die Garantie eines dem Begriff entsprechenden Regiments über die Kirche in sich trägt, und daß bis dahin, wo das Gesetz der kirchlichen Ordnung eine in sich constante Basis gewinnt, das ausschließliche Regiment der Geistlichen nur ein Nothbehelf — ein Provisorium ist. Seine Unvollkommenheit kann übrigens auch in der Beziehung zur Anschauung kommen, die freilich eine untergeordnete ist, daß in der Geistlichkeit an sich keine äußerliche Macht gegeben ist, welche für sich selbst im Stande wäre, die Aufgabe des kirchlichen Regiments durchzuführen, d. h. einen gemeinsamen Zustand der Ordnung als eine Erscheinung der Aeußerlichkeit aufrecht zu halten. Denn dazu bedarf es einer Herrschaft über Mittel der Gewalt, wie sie den Geistlichen nicht zu Gebote stehen. Soweit es daher auch in der Kirche auf die Geltung solcher äußerlichen Ordnung ankömmt, soweit auch in ihr ein Bedürfniß sich zeigen kann, den Bestimmungen über die Ordnung Nachdruck zu geben, und die in ihrem Innern widerstrebenden Elemente von allen Störungen der Ordnung abzuhalten, bleibt ihr kein anderer Ausweg als eine andere Macht um Hülfe anzurufen, daß sie die fehlende Gewalt zum Dienst der Kirche bereit stelle. Eine solche liegt nur in der über die Lebensordnung gesetzten absoluten Gewalt, und darum mußte auch selbst die Souveränität der Geistlichen, wie sie unter der Herrschaft des Römischen Princips auf einen übernatürlichen Culminationspunct gekommen, erst in dem Hinzutritt des weltlichen Arms ihre Ergänzung finden, wenn die Wirklichkeit der Ordnung herauskommen sollte. Daß damals diese äußerliche Gewalt auch für die sogenannten geistlichen, in Wahrheit aber nur fleischlichen Zwecke der Kirche — denn geistliche bedürfen keiner Zwangsgewalt — erbeten, und zur Disposition gestellt wurde, ist eine Sache für sich, und lediglich aus dem Römischen Princip selbst zu erklären, welches die geistlichen Interessen mit der äußerlichen Ordnung unter einen und denselben Gesichtspunct fassend, jene wie diese auf äußerliche Weise zur Realisation zu bringen strebte. Wird indeß die Gewalt für solche Zwecke verworfen, so folgt daraus doch noch nicht, daß die Kirche in ihrer Gestalt als menschliche Ordnung überhaupt keiner äußerlichen Macht über die Ordnung bedürfe. Diese Nothwendigkeit der Ergänzung des kirchlichen Regiments — diese Abhängigkeit von einem Andern, in dessen gutem Willen erst die Realität der Ordnung zu Stande kommen soll, ist aber gerade der Beweis, daß die Wahrheit des Regiments auf einer untergeordneten Stufe steht, und erst in einem andern Moment, d. i. in der organischen Einheit mit ihm zu seinem Abschluß kommen kann. Eben so darf auch das nicht außer Acht bleiben, daß wenn das kirchliche Regiment die rechte Sicherheit des Bestandes haben soll, um auf dieser äußerlichen Grundlage ungestört für das Heil der Christenheit zu wirken, eine Macht noth thut, welche die äußern Bedingungen des Daseins, das zeitliche Gut insoweit beherrscht, als der Fortgang der Wirksamkeit dadurch bedingt ist. Diese Macht kann sich innerhalb der Kirche zwar auch unter der Herrschaft einer Hierarchie in gewissem Grade bilden; allein in dieser Gestalt ist sie theils an sich beschränkt, theils den Wechselfällen der Gesinnung Preis gegeben. Die wahre Fülle und Sicherheit des Bedarfs an zeitlichem Gut kann der Kirche erst in dem Zusammenhang mit der landesherrlichen Macht zu Theil werden. Ist aber dieser Zusammenhang nicht eine organische Einheit, so ist jene Gewißheit des entsprechenden Antheils nicht an und für sich gegeben, sondern die Kirche darauf angewiesen, durch Pacisciren und Transigiren die Sicherstellung ihrer äußern Existenz zu erwirken, wie die Schicksale der päpstlichen Hierarchie lehren, nachdem sie die früher unterjochte Gewalt des Staats aus sich frei hat heraustreten lassen müssen (s. unten). Fände sich aber auch Alles zusammen, was das geistliche Regiment für sich zu einem Regiment der Ordnung stempelte, so würde es doch immer hinter der Wahrheit zurück bleiben. Immer noch würde ein Moment, — gleichsam der Schlußstein fehlen, welcher die Einheit mit dem Staat gründete, und damit alle Möglichkeit der Entgegensetzung beider Gottesordnungen ausschlösse, wie dies schon in der Betrachtung des democratischen Gegensatzes der Kirche gegen das landesherrliche Regiment zur Anschauung gekommen ist.

Die unwiderlegliche Wahrheit, wie wir sie oben dargethan, daß die Darstellung einer Einheit des Kirchen-Regiments aus der Totalität der Geistlichen in der ganzen Christenheit mit den Bedingungen aller Lebensordnung unvereinbar ist, enthält zugleich die gewichtige Lehre, daß wenn man nicht das aufzurichtende Ansehen irgendwie mit den Römischen Prärogativen bekleiden will, überhaupt die Vorstellung von einer Einheit der Kirche, welche in der Einheit der Verfassung Realität hätte, alles Grund und Bodens entbehrt, und nur eine Verkehrung des Begriffs der Kirche ist. Denn wenn solche Einheit des Regiments nicht aus den Trägern der in der Kirche gegebenen geistlichen Würde aufgebaut werden kann, so fehlt selbstredend auch jeder Ansatz zu solchem Bau. Hat zu den Zeiten der Apostel solche Einheit bestanden, so beruhte sie auf dem specifischen Ansehen, welches an ihre Person geknüpft war. So wie dies als ein persönlich gegenwärtiges fortfiel, mußte auch die darauf ruhende Verfassungs-Einheit aufhören. Und zwar waltete hier wie da derselbe Gnadenrath Gottes. Mußte die Fortdauer des Apostolats als eines sichtbaren Trägers der unfehlbaren Erkenntniß der Offenbarung wegfallen, damit die Christenheit die Gewißheit derselben allein in dem durch die Kirche waltenden Geiste fände, so sollte derselbige Geist auch da, wo verschiedene Formationen von christlichen Gemeinschaften nothwendig geworden, über den Schein der Aeußerlichkeit sich erheben, und stark werden, im Glauben die wahrhaftige Einheit der Kirche zu erkennen, wie sie in der Einheit des Grundes, dem Worte Gottes, ruht. Dennoch ist solche Einheit der Kirche noch keineswegs blos eine unsichtbare oder gar unbestimmte geworden. Ob sie auch nicht in so handgreiflicher Weise als Einheit ihre Gestalt erhält, wie die Römischen sie sich aufgebaut haben, so ist sie doch nichts desto weniger eine solche, die als lebendige Wirklichkeit, in menschlich erkennbarer Weise, sich offenbart, in dem durch die Gesammtheit der Christenheit — denn die Secten gehen uns hier nichts an — hindurchgehenden Bekenntniß zu der ausschließlichen Geltung dieses unverwüstlichen Grundes der Kirche, an welchem die räumlich getrennten Kirchen als ein wesentliches Ganze wieder erkannt werden. Es fehlt also hier nichts als die äußerliche Einförmigkeit in der Verfassung, ohne welche so viele nach der Gewohnheit einer grobsinnlichen Auffassung eine Einheit nicht herauszufinden vermögen, weil sie immer nur an die durch das Römische Princip aufgerichtete Einheit denken. Daher erklärt es sich, daß so viele Glieder der evangelischen Kirche in ihrem innersten Verlangen nach einer Einheit der Kirche immer wieder von neuem die Wiederherstellung einer ähnlichen Verfassung auf dem evangelischen Grunde nothwendig halten, ohne zu bedenken, daß gerade in den Grundformen Römischer Hierarchie an die Stelle des Wesens nur der Schein der Einheit sich dargeboten hat. Gegen solche Verkehrung des Begriffs der Kirche hat einst schon klar und hell die Augsburgische Konfession gezeugt. Denn also lehrt der 7. Artikel: „daß allezeit müsse eine heilige, christliche Kirche sein und bleiben, welche ist die Versammlung aller Gläubigen, bei welchen das Evangelium rein gepredigt und die heiligen Sacramente laut des Evangelii gereichet werden. Denn dieses ist genug zu wahrer Einigkeit der Kirche, daß da einträchtig nach reinem Verstande das Evangelium gepredigt, und die Sacramente dem göttlichen Worte gemäß gereichet werden. Und ist nicht noth zu wahrer Einigkeit der christlichen Kirche, daß allenthalben gleichförmige Ceremonieen, von den Menschen eingesetzt, gehalten werden, wie Paulus spricht, Ephes. 4: „Ein Leib, ein Geist," wie ihr berufen seid zu einerlei Hoffnung eures Berufs: „Ein Herr, Ein Glaube, Eine Taufe." Das heißt mit andern Worten nichts anders, als daß wahre Einheit der Kirche bleibt, wenn auch in den räumlich geschiedenen Kirchen eine verschiedene Gesetzgebung über das waltet, was menschliche Satzung in dem gottesdienstlichen Leben zu regeln und zu ordnen hat. Wir gehen aber auf Grund der Fortentwickelung der Lebensanschauung über das Gesetz des Lebens weiter, und behaupten, was weiterhin immer klarer werden wird, daß das, was dort mit den inneren Interessen des kirchlichen Lebens für wohl vereinbar gehalten wird, d. i. das Dasein von verschiedenen Gesetzgebungen, daß dies in dem menschlichen Wesen der Kirche nothwendig gegründet sei. In der That soll nicht die evangelische Freiheit, eben so wie der Begriff der Ordnung aufgegeben werden, so muß die kirchliche Verfassung in eine Vielheit von Gemeinschaften auseinandergehen, die durch die Landesgrenze zu einem Ganzen der Ordnung abgeschlossen werden, wenn auch das landesherrliche Regiment über die Kirche nicht begriffen, sondern ein willkührliches Regiment aufgerichtet wird *).

Anderer Meinung sind unter den neueren Rechtslehrern

*) Wie sehr hier das Gesetz des Lebens eine solche Scheidung der Kirchen nach den Territorien erzwingt, das kömmt selbst bei der Verfassung der Altlutheraner in Preußen zur Anschauung, die bei aller Emancipation vom Staat, dennoch das durch ihre Wahl bestellte Kirchen-Regiment auf das Gebiet des Preußischen Staats beschränkt haben. S. übrigens die Auseinandersetzungen dieses Princips im Kirchen-Recht Th. I. S. 305 folg.

Stahl, Puchta, Richter. Der letztere (Kirchen-Recht 1844. §. 46.) will zwar nicht, „die absolute Nothwendigkeit einer gleichförmigen Verfassung" als Gesetz des Protestantismus behaupten, meint aber doch, daß „es im Begriff der Kirche liege, daß ein oberes Regiment die harmonischen Bewegungen der einzelnen Theile des kirchlichen Leibes sichere, und daß die Verbindung der Particular-Kirchen zu Einer äußern Kirche, wenn sie auch bisher noch nicht vollzogen worden, doch gewiß im Geiste der Reformation liege.' Den Beweis dieser Behauptung ist er aber schuldig geblieben. Ja das, was er anführt, zur Erklärung und Rechtfertigung des dem Begriff nicht conformen, thatsächlichen Zustandes, wonach die evangelische Kirche sich zunächst in einzelne Landes-Kirchen mit mehr oder minder eigenthümlicher Verfassung abgeschlossen hat, bietet für die Widerlegung selbst die gewichtigsten Argumente dar. Denn wenn es heißt, daß „die Kirche auf dem Boden menschlicher Verhältnisse die Elemente sammele, welche sie sich assimilire," — daß sie deshalb „sich im Einzelnen nach der Individualität der Völker und Zeiten auch verschieden gestalten könne," „und jede Verfassung als dem Willen Christi entsprechend betrachtet werden müsse, innerhalb derer das christliche Leben sich in Frieden und Freiheit zu entfalten vermöge," — so hätte diesem Gedanken nur weiter nachgedacht werden dürfen, und ein ganz anderes Gedanken-Resultat wäre herausgekommen. Man würde bald erkannt haben, daß die Entwickelung der Kirche zu einer Mehrheit von individuellen Gestaltungen in Bezug auf die Verfassung nach der Verschiedenheit der Landes-Gebiete nicht nur unbeschadet der christlichen Wahrheit geschehen dürfe, sondern daß dies allein ebenso der Natur der Sache als dem Begriff der Kirche gemäß sei. Denn soll die Kirche in der Form menschlichen Wesens erscheinen, und kann dieses nur in der Bestimmtheit verschiedener Nationalitäten sich entfalten, so kann auch die rein menschliche Seite der Organisation der Kirche — die Verfassung — nur in der Bestimmtheit derselbigen Unterschiede, d. i. im Einklange mit dem, was die Wirklichkeit des menschlichen Daseins ausmacht, zur vollen Wahrheit des eigenen Begriffs gelangen. Erst in der Entwickelung dieser Differenzen kann die ganze Fülle und Herrlichkeit der darüber sich erhebenden wesentlichen und unveränderlichen Einheit des Leibes Christi auf Erden recht offenbar werden. Wird aber auf den Geist der Reformation Bezug genommen, so hätte zuvörderst nachgewiesen werden müssen, welches dieser Geist sei. Es wäre das Fundamental-Bewußtsein, welches allen Bewegungen der Gedanken in der Zertrümmerung der Römischen Kirche zu Grunde lag, aber im Verlauf der Ereignisse selbst zu immer klarerer Bestimmtheit sich gestaltete, — dieser Ur- und Grundgedanke wäre aus der Gesammtheit der vor- und nachfolgenden Geschichte, wie aus dem Begriff der Kirche zu entwickeln gewesen. Oder meint man etwa, daß die Aeußerungen der Reformatoren an und für sich den Geist der Reformation ausmachen? Solchen Irrthum glauben wir oben vollständig aufgedeckt zu haben. Daß der Geist der Kirche von der Knechtschaft eines menschlichen Ansehns frei gemacht worden, daß ihm in dieser Freiheit Raum gegeben, sich in der Unendlichkeit seiner Fülle nach allen Richtungen hin nach dem göttlichen und menschlichen Gesetz zu entfalten, das war das Werk der Reformation, das ist ihr Geist. Aber was die Männer, welche Gott als Rüstzeuge dazu ersehen, den Anstoß zu diesem Werk zu geben, — was diese gemeint über ihr Werk, und die Bedingungen seiner Erscheinung und Fortgestaltung, — das kann an sich nichts in Bezug auf die Gestaltung der Ordnung entscheiden. Denn die Erkenntniß dieses Begriffs war von einer weitern Entwickelung des Bewußtseins, einem allseitigeren Ueberblick abhängig, als wie er in dem Augenblick der Befreiung der Kirche gewonnen werden konnte. Was dagegen die von Richter wider unsere Ausführung in dem Kirchen-Recht in Bezug genommenen Schriften von Puchta und Stahl betrifft, so sind die von dem erstern in seinem Recht der Kirche S. 67 vorgebrachten Argumente bereits anderweit (Evang. Kirch.-Zeit. 1842. Nr. 19. S. 150) beleuchtet worden. Es wird auch nur eines Blickes darauf bedürfen, um jedem die Ueberzeugung zu geben, daß hier eine eigentliche Widerlegung gar nicht noth thut. Denn die ganze Beweisführung besteht nur in der Aussetzung alles Beweises, die vielleicht daraus allein sich erklärt, daß die Behauptung über allen Beweis erhaben gehalten ist. Alles was Puchta für den Gedanken einer Einheit der Kirche in der Verfassung vorbringt, ist nichts als die Ansicht, daß „die ganze Kirche eine solche äußere Kirche sein könne," wie „dies der Fall sei, wenn alle christlichen Gemeinden und Particular-Kirchen unter einer gemeinsamen Kirchen-Regierung vereinigt seien." Wird aber damit etwa schon die Wahrheit dieses Gedankens ins Licht gestellt, wenn er blos als eine Möglichkeit der Vorstellung hingeworfen wird? Oder bleibt solche Meinung nicht vielmehr im Reich der Träume, so lange nicht die Möglichkeit der Realisation aus dem Begriff der Sache entwickelt und dargelegt wird? Hätte nur Puchta sich erst practisch klar machen wollen, wie dieser Gedanke vom evangelischen Princip aus gegenwärtig zur Wirklichkeit kommen solle und könne, gewiß — practisch, wie er allezeit auf dem Gebiet der Wissenschaft wie des Lebens sich bewährt hat, — er hätte bald a posteriori zu der Ueberzeugung kommen müssen, daß die ganze Vorstellung wirklich nur der Phantastik angehört, und damit würde er dann auch die Gründe erkannt haben, warum allein bis zum Tode der Apostel eine solche gemeinsame Kirchen-Regierung volle Wahrheit haben konnte. Wenn indeß Puchta sich nicht darauf eingelassen, die Begriffmäßigkeit einer Einheit der Kirchen-Verfassung für die Gesammt-Kirche zu begründen, so hat er doch wenigstens auf der andern Seite den Versuch gemacht — und das mag ihm genügend erschienen sein — die Negative zu beweisen, daß nemlich „auf keine Weise die Existenz mehrerer äußerer Kirchen als etwas rechtlich wesentliches betrachtet werden dürfe." Wie wenig es aber mit diesem Beweise geglückt sei, haben wir a. a. O. gezeigt. Denn von einer Begründung aus dem Begriff der Sache wird auch hierbei nicht ausgegangen. Das Ganze beschränkt sich auf eine Seitenbemerkung über die entgegenstehende Meinung, die er damit widerlegen zu können geglaubt hat, daß sie nur von dem ausgehen könne, und nur dem sich aufdringe, der alles Recht aus dem Staat ableite. Aber das schlägt diese Meinung nicht. Denn es frägt sich doch zunächst, was mit einer solchen Ableitung, die hier in abstracto hingestellt wird, gemeint sei. Wird das untersucht, so wird man finden, daß dieselbe freilich etwas ganz Verkehrtes, aber ebenso auch ganz Wahres sein kann, je nachdem der concrete Inhalt ist. Sollte wirklich damit jene Meinung abgefertigt werden, so hätte doch zuvörderst nachgewiesen werden müssen, daß der Ableitung alles Rechts aus dem Staat immer eine verkehrte Vorstellung zu Grunde liege, oder daß sie wenigstens da zu Grunde liegen müsse, wo daraus die Nothwendigkeit der Theilung der Kirche in Landeskirchen zur Vollendung ihres Begriffs als einer menschlichen Gemeinschaft gefolgert wird. Es wäre allerdings ganz verkehrt, wenn man keine andere Ordnung der Dinge im menschlichen Leben gelten lassen wollte, als die Staatsordnung, und aus dieser schlechthin die Rechtsordnung der Kirche ableiten möchte. Aber das braucht man nicht, um die Nothwendigkeit mehrerer Organismen der Kirchenverwaltung, wie wir sie bei der Ausbreitung der Kirche über die Erde aus dem Begriff derselben entwickelt haben, darzuthun. Sondern die innere nothwendige Beziehung der kirchlichen Ordnung zu den im Staat als solchen geltenden Principien unterliegt noch einer anderen Auffassung, welche auch da, wo zwischen dem Reiche Christi und dem Reich von dieser Welt unterschieden wird, in ihrer Bedeutung für das kirchliche Recht als eine substantielle anerkannt werden kann (s. oben S. 151, vergl. den folgenden Abschnitt C.).

Aus Stahl's Kirchen-Recht könnte man dagegen (S. 255) zunächst gerade das Gegentheil von dem herleiten, was Richter beweisen zu wollen scheint — nemlich die entschiedenste Protestation gegen eine gemeinsame Kirchen-Regierung. Es ist nicht blos der Gedanke, daß „eine Reform des Episcopats mit Nothwendigkeit im Geiste der evangelischen Kirche gelegen," die uns hier entgegentritt, — nicht blos der Gesichtspunct, daß etwa blos „der Primat in seine natürlichen Grenzen eingeschränkt," blos „der untergeordneten Geistlichkeit und den Gemeinden, jedem an seiner Stelle, die ihnen gebührende Selbstständigkeit und Mitwirkung eingeräumt werden mußte." Vielmehr geht Stahl auf dem protestantischen Grunde viel weiter. Es wird von ihm geradezu unumwunden anerkannt, daß „die weltliche Macht nicht blos in ihrem Bereiche von der geistlichen Supremație befreit, sondern auch in das ihr gebührende Majestätsrecht über die Kirche eingesetzt," und daß „dadurch die Kirchengewalt allerdings dann nothwendig zu einer landeskirchlichen werden mußte." Dagegen will Stahl freilich auch, daß „deshalb die allgemeine Kirche als eine höhere Macht und mit einer gesicherten Repräsentation über den Landeskirchen keinesweges aufhöre." Allein er erklärt doch ausdrücklich dabei, daß „ihre Aufgabe nicht mehr die sein durfte, die Kirche zu regieren." Ja er kann nicht umhin, noch in einer besonderen Note die ausführlichsten Gründe für die Unstatthaftigkeit einer solchen Centralgewalt beizubringen, durch welche die Kirche in jedem Augenblick wirklich regiert werden sollte (s. Not. S. 258, 259). Obschon lebendig überzeugt, „daß die innere Einheit und Allgemeinheit der Kirche sich darstellen und wirksam sein müsse in ihrem äußern Zustand," weist er doch entschieden die Folgerung daraus zurück, „daß sie vorzugsweise in der Einheit der Verfassung, d. i. der Kirchen-Gewalt und Kirchen-Regierung, sich darstellen müsse." „Sondern Ein Gott, Ein Glaube, Eine Taufe, das ist" auch ihm „die nothwendige, die unentbehrliche Darstellung der Einheit und Allgemeinheit der Kirche." Ebenso wird auch die Folgerung verworfen, daß die nach seiner Meinung „allerdings auch für die Verfassung in gewissem Grade anzustrebende Einheit und Allgemeinheit eine geschlossene ruhende Einheit sein müsse, nemlich Eine Kirchen-Gewalt, Eine Kirchen-Regierung, die alles durchdringt und beherrscht." Er weist ganz richtig darauf hin, daß „die Kirche hienieden nicht im Stande der Vollendung sei, in welchem allein solche Einheit von ihrem Begriff unzertrennlich sei (wo aber auch derselbe Herr, welcher ihre innere Einheit und Allgemeinheit ist, zugleich ihre äußere Einheit sein werde *), sondern daß sie in dem Stande des Strebens und Wirkens und der Bewältigung des Irdischen und dem Stande menschlicher Unvollkommenheit sei, bei welchem im Gegentheil Einheit solcher Art als anticipirt eher hinderlich wirke." Aber diese Gedanken, welche so überzeugend jede Einheit der Verfassung als im Widerstreit mit dem Begriff der Kirche vor der Offenbarung der Herrlichkeit ihrer Zukunft darlegen, — dieselben richten auch die Vorstellung, nach

*) s. mein Kirchen-Recht Th. I. S. 279 über R. Rothe's Ansicht (die Anfänge der christlichen Kirche 1837), wonach die Vollendung der Kirche in ihren Uebergang in den Staat gesetzt wird.

welcher dennoch auch jetzt schon für die Verfassung in gewissem Grade eine Einheit und Allgemeinheit zu realisiren sein soll. Denn soll keine Central-Regierung eingesetzt werden mit irgend einer Gewalt über die Ordnung aller Kirchenkreise, so ist auch nicht im geringsten Grade eine Einheit der Verfassung da. Ist aber eine Einwirkung von einem solchen Centrum aus auf die Regierung der einzelnen Landeskirchen, so ist auch damit irgendwie eine Art von Universalstaat aufgerichtet, in welchem die lebendige Wirklichkeit und Freiheit der Ordnung für ihre Entwickelung mehr oder weniger Hindernisse zu erfahren hat. Was will nun Stahl von der Repräsentation der allgemeinen Kirche, wie er sie als eine höhere Macht über die Landeskirchen aufgerichtet wissen will? Ist es etwa die Aufrechthaltung der Ordnung? Nein — sondern nur das verlangt er, daß durch dieselbe „die Gemeinschaft der Grundlagen im Bestande und Fortbildung der Kirche erhalten" werden sollen. Darum soll jene Repräsentation „nicht mehr in einem oberen Subject der Gewalt, sondern nur in der Möglichkeit eines organischen Zusammentritts, in dem Concil der Bischöfe bestehen." Dies hängt zusammen mit seiner Vorstellung, daß die bischöfliche Gewalt die der christlichen Kirche entsprechende Verfassung sei, wie er dies insbesondere aus dem Geist der lutherisch-evangelischen Kirche und den urkundlichen Erklärungen ihres Bekenntnisses ableitet. Dies steht indeß wieder in Verbindung mit dem Princip der anglikanischen Kirche, und insofern werden wir weiterhin darauf zurückkommen. Hier haben wir nur die Widersprüche aufzuzeigen, mit welchen jene Vorstellung einer solchen Einheit und ihres Zwecks an sich behaftet ist. Denn wenn ungeachtet jener obigen Begriffsbestimmung doch an die Verfassung der Kirche die Anforderung gemacht wird, „daß sie ein Band gewähre, durch welches die Kirche in jedem Augenblick, wo es erforderlich, gemeinsam berathen, beschließen und anordnen könne," so wird damit unstreitig doch wieder zugestanden, daß das Ganze eine Centralgewalt bilden solle, eine Art Bundesgewalt, als die höhere Autorität, welche die an sich selbstständige Gewalt der Landeskirchen zu beschränken habe. Was ist es aber, was eine solche Centralgewalt zu beschließen und anzuordnen haben soll? Und wie kann sie es ohne die Wahrheit der Kirchen-Regierung in jedem Lande aufzuheben? Die Gemeinschaft der Grundlagen, heißt es, solle dadurch aufrecht erhalten werden. Aber sind die wahrhaftigen Grundlagen nicht so felsenfest gegeben, daß sie sich selbst erhalten, weil die Kirche nicht davon lassen kann, ohne sich selbst aufzugeben? Und wenn es dahin gekommen, daß sie in ihrer Reinheit und Lauterkeit verschmäht werden — werden Beschlüsse und Anordnungen sie wieder in ihr Ansehen einzusetzen vermögen? Daß überhaupt die Wahrheit und Reinheit dieser Grundlagen nicht durch Vorschriften festzustellen, keine Gesetze über die öffentliche Lehre zu geben, wenn man anders nicht dem Princip der evangelischen Kirche ins Angesicht schlagen will, das haben wir oben erwiesen. Aber in Bezug auf die gottesdienstliche Ordnung, die liturgischen Gebete, die Sacraments-Formulare — dürften da nicht gewisse Glaubensgrundlagen aufgestellt oder als bestehend bezeichnet werden, welche die einzelnen Kirchen-Regierungen als unverbrüchliches Grundgesetz in ihren Anordnungen festzuhalten hätten? Allein die Unvereinbarkeit solcher Regierungsschranken mit der evangelischen Freiheit haben wir ebenfalls oben dargethan. So wenig wie ein Einzelner sein Gewissen in bestimmte Glaubenssatzungen irgend einer menschlichen Autorität gefangen geben darf, so wenig darf auch eine landeskirchliche Gewalt ihr Gewissen einer solchen Autorität unterwerfen, vielmehr hat diese allezeit frei aus dem jedesmaligen Standpunct ihres eigenen Glaubensbewußtseins heraus das zu bestimmen, was nach Recht und Verfassung ihrer Anordnung zufallen muß. Soll aber gar eine solche Repräsentation einer „permanenten Verfassungs-Einheit" aller Kirchen gewisse Gesetze, etwa liturgische Vorschriften für alle Theile der Kirche geben, so wäre wirklich in ihr eine Central-Regierungsgewalt eingesetzt, welche die einzelnen Landeskirchen in ihrem Regierungs-Recht beschränkte, ohne daß irgend ein substantieller Grund solcher Beschränkung nachzuweisen wäre. Oder meint man wirklich, daß die Einheit der Liturgie in allen Kirchen der Welt ein genügender Grund wäre, solche außerordentlichen Veranstaltungen zu treffen, wie sie in der Aufrichtung einer Universal-Kirchen-Regierung liegen würden? Sollte damit wirklich der Eingriff in die Freiheit der individuellen Kirchen-Gemeinschaften zu rechtfertigen sein, wonach ihnen nicht mehr die Möglichkeit bliebe, aus der Eigenthümlichkeit ihrer Gabe heraus im Einklang mit dem innersten Wesen des nationalen Lebens freie lebendige Formen der gottesdienstlichen Weise zu erzeugen? Denn daß zur Einheit der Kirche nicht die Einheit der Ceremonieen gehört, hat uns schon die Augustana gelehrt. Mit demselben Recht könnten dann auch andere „Fragen" der menschlichen Ordnung in der Kirche, die man etwa für „wichtig" hält, an dieses centrum unitatis gebracht werden, wie dies einst mit dem Römischen Stuhl geschah, bis sich nach und nach alle Ordnung in ihm concentrirte. Allein in demselben Maaße, wie dies geschieht, würde dann auch wieder der Schein erweckt werden, als wäre hier eine besondere, anderen nicht zugängliche Quelle der Weisheit aufgerichtet, weil zu ihr alle Theile der Kirche mit Uebergehung der natürlichen Schranken der Lebensordnung hinaufsteigen müßten — wogegen das protestantische Bewußtsein nicht stark genug protestiren könnte, — und ebenso würden auch alle jene Gründe

Platz greifen, welche eine alles beherrschende Einheit der Kirchen-Gewalt im Widerstreit mit dem Begriff der Kirche und der Wahrheit des Lebens dargethan haben. So lange daher die einzelnen landeskirchlichen Gewalten noch irgend wie von wahrhaft protestantischem Geiste durchdrungen sind, werden sie sich niemals einer solchen erkünstelten Centralgewalt unterwerfen, niemals auf diese Weise die Freiheit gleichsam ihrer Persönlichkeit aufgeben können. Die Ordnung ist und bleibt nun einmal etwas, was nach dem Wesen der menschlichen Dinge und Zustände nur innerhalb nationaler Verhältnisse in Wahrheit zu realisiren und sicher zu stellen ist. Es ist daher in keiner Art abzusehen, was für die einzelne Ordnung des Landes aus einer solchen Convocation der Vertreter der Landeskirchen Ersprießliches herauskommen könnte. Ueberdies würde die Geltung der Beschlüsse für die einzelnen Kirchen immer von der Zustimmung der landesherrlichen Gewalt abhängen, soweit die allgemeine Lebensordnung damit in Beziehung käme. Dann würde aber doch die Wirklichkeit der Ordnung schließlich durch die letztere bestimmt werden, so daß diese in der That über die kirchliche Bundesgewalt ihre Stellung einnähme. Genug, man sieht, daß das Ganze sich in das Gebiet der Phantastik verliert, so lange nicht evangelische Fürsten und Völker in den Bischöfen oder sonstigen Mitgliedern der kirchlichen Centralgewalt wieder ein höheres Ansehen erkennen, durch welches sie an und für sich zu absoluten Kirchen-Regenten eingesetzt würden. Käme es wirklich dahin, so würden dann freilich auch diese Regenten allein zu bestimmen haben, wo das von ihnen allein zu erkennende Gebiet des Staats aufhöre, und wo es anfange. Sollen sie aber blos zusammenkommen, um Besprechungen und Berathungen zu pflegen, so daß nachher die Kirchengewalt des Landes zu bestimmen hätte, ob und wieweit sie den Inhalt zur Berücksichtigung geeignet halte, so mögen solche Conferenzen der präsumtiv ausgezeichnetsten Männer aller evangelischen Kirchen für diese selbst sehr interessant und anregend sein. Es soll auch nicht die Möglichkeit bezweifelt werden, daß Gedanken dabei zu Tage kommen, welche in dem einen oder anderen Kreise der evangelischen Kirche Anklang finden, und in Folge dessen irgend wie für das kirchliche Leben und seine Ordnung bestimmend werden. Es wird auch zugestanden, daß durch solche Conferenzen das Bewußtsein der Einheit im Geiste in allen Theilen der Kirche lebendiger erhalten werden könnte. Aber das wird bestritten, daß dadurch eine Einheit der Ordnung herauskommt, und eben so geleugnet, daß dergleichen Conferenzen wesentlich für die Erhaltung der Einheit des kirchlichen Geistes sind. Es ist ein ganz anderer Grund, auf welchem diese ruht, der alles weitere überflüssig macht, das ist das Bewußtsein des gemeinsamen Verbandes durch den gemeinschaftlichen Grund der Kirche — den Glauben an den Einen Herrn und Meister und das Wort, das Ihn offenbart. Darum bedarf es solcher künstlichen Veranstaltungen nicht, die ohnehin unpractisch und unausführbar sind. Denn was für Ein Land wohl möglich ist, ist nicht für das ganze Gebiet der Erde, und je weiter der evangelische Glaube sich verbreitet, desto mehr wachsen die Schwierigkeiten. Uebrigens ist jedenfalls der Erfolg sehr problematisch, und insofern steht zu erwarten, daß der nüchterne, besonnene Sinn die einzelnen Kirchen-Kreise umsomehr abhalten wird, mit großen Kosten Deputirte zu solchen Conferenzen zu senden, als die gegenwärtigen Verhältnisse der Cultur ohnehin einen lebendigen, geistigen Verkehr aller kirchlichen Kreise zulassen. Wir sehen ja, wie das, was jetzt der Geist an dem einen Ende wirkt, sogleich an dem anderen Ende der Welt kund wird, und wie die wachsende Erleichterung des persönlichen Zusammenkommens genug Gelegenheit bietet, auch persönlich der Gemeinschaft in Christo sich bewußt zu werden, wo Zeit und Beruf ein freies Zusammenkommen statthaft macht. Es versteht sich übrigens, daß die vorstehenden Bemerkungen in keiner Art wider den Gedanken gerichtet sind, welcher der Zusammenberufung der sogenannten Berliner Conferenz im Anfange des Jahres 1846 zum Grunde lag *). Sofern dieselbe blos darauf abzielte, durch gemeinsame Berathung der Abgeordneten der kirchlichen Landesobrigkeiten sich über die im gemeinsamen Interesse der evangelischen Kirche des deutschen Vaterlandes zu ergreifenden Maaßnahmen zu verständigen, hatte diese Einleitung ihre volle Berechtigung, und erscheint als ein durchaus glücklicher Gedanke. Denn hier handelte es sich doch in der That um die Interessen der Kirche Einer Nation, die, ob sie auch durch die politische Trennung in verschiedene Landeskirchen auseinandergegangen, doch durch die gemeinsamen nationalen Beziehungen, dieselbe Sprache, die gleiche Abstammung, den gleichen Zusammenhang mit einem und demselben in der Geschichte rückwärts liegenden Reichskörper, in der innigsten Gemeinschaft und Wechselbeziehung zusammengehalten wird. Hier handelte es sich also darum, durch eine gemeinsame Verständigung und Vereinbarung in allen Theilen des Vaterlandes eine wesentlich gleiche kirchliche Ordnung in Bezug auf Verfassung und Cultus aufzurichten, damit jeder, wo er auch im deutschen Vaterlande sich finde, überall auch in den äußerlichen Erscheinungen die Manifestation des deutschen Princips im kirchlichen Wesen antreffe, und so sich in der Heimath der deutschen Kirche wisse. Dadurch sollte also der Schade Josephs, wie er im Zerfall des deutschen Reichs zugleich für

*) Diese Beziehung konnte übrigens um so weniger in der Absicht liegen, als jene Bemerkungen bereits ein Jahr vorher niedergeschrieben worden.

die damit in wesentlicher Einheit gewesenen deutschen Kirche entstanden, wieder geheilt werden. Das ist also ganz etwas Anderes als die Aufrichtung einer Central- oder Bundes-Regierung für alle evangelischen Kirchen der Erde. Wer indeß von jenen Maaßnahmen etwa eine größere Sicherstellung der evangelischen Kirche Deutschlands in Bezug auf den gemeinsamen Glaubensgrund erwarten wollte, von dem könnte man auch sagen, daß er Fleisch für seinen Arm halte, statt des Wortes Gottes, in welchem allein jene Einheit ruht. Gewiß würde auch Stahl nicht auf die Nothwendigkeit solcher allgemeinen Concilien gekommen sein, wenn er nicht von der Ansicht ausgegangen wäre, daß es die Aufgabe der Kirchengewalt sei, „die reine, der Kirche anvertraute Lehre zu erhalten," worunter hier „die Grundlehren der Seligkeit" verstanden werden, welche die Kirche aus der heil. Schrift geschöpft habe, d. h. der Inhalt der Bekenntnißschriften, oder die Lehre von der „sie weiß, daß sie der Inhalt der heil. Schrift sei." Wäre das wirklich der Fall, hätte sie das Recht und die Pflicht, die öffentliche Predigt innerhalb solcher Schranken einzuzwängen, ja selbst „theologische Streitigkeiten zu entscheiden" *), so müßte allerdings zur besseren Begründung des Glaubens, daß die Kirche sich in Ableitung jener Grundlehren „nicht geirrt" habe, so wie zur Erhaltung einer Einstimmigkeit der Lehre, die Aufstellung einer Central-Bundes-Autorität als das dringendste Bedürfniß erkannt werden. Von diesem Gesichtspunct aus verstehen wir auch sehr wohl, was Stahl eigentlich unter ihrer Aufgabe, „die Gemeinschaft der Grundlage zu erhalten," gemeint, und weshalb er sie zu Beschlüssen und An-

---

*) s. Stahl a. a. O. II. Abschn. Kap. 2. Natur und Umfang der protestantischen Kirchengewalt.

ordnungen befugt gehalten. Es ist kein anderer, als wie ihn Melanchthon aufgefaßt hatte, wonach dieser (s. oben) um des gleichen Zweckes willen sogar die Monarchie des Römischen Papstes beibehalten wissen wollte, damit nemlich die Einheit der Lehre in der Mehrheit der Nationen festgehalten würde — ein Argument, welches noch heute einen großen Theil der Christenheit dergestalt bestrickt hat, daß um seinetwillen unzählige unter den Gebildeten in der Römisch-katholischen Kirche bleiben, um nur den Spaltungen und dem Parteiwesen in Folge der Lehrstreitigkeiten zu entgehen. Eine solche Unterwerfung setzt indeß den Glauben an die Unfehlbarkeit der Richter voraus, mag es nun ein Kirchenfürst oder ein Convent von Bischöfen sein, und deshalb dürfen wir auch nicht fürchten, daß das freigewordene evangelische Bewußtsein, wenn es auch noch so sehr in Unklarheit befangen ist, jemals in der Allgemeinheit auf solche Verirrung werde wieder zurückkommen wollen. Das hieße ja nichts weiter, als sich selbst geradezu aufgeben und Römisch werden. In der That wäre dann auch schwer zu begreifen, wozu die Reformation geschehen, wenn das ihr Effect gewesen, und wie man dann noch von einer wieder errungenen größeren Freiheit in der evangelischen Kirche sprechen dürfe. Denn in Bezug auf die einzelnen verschiedenen Dogmen würde Rom sich bald zufrieden stellen lassen, und gern Nachsicht gewähren, sobald nur überhaupt die Rechtmäßigkeit der Autorität dieser Central-Kirchengewalt über die Lehre anerkannt würde. Und warum sollten wir das nicht, wenn wir überhaupt eine solche Gewalt anzuerkennen keine Scheu tragen? Oder ist es etwas Wesentliches, ob sie in Rom oder Berlin oder Paris ihren Sitz habe? Und eine solche Kirchengewalt sollte mit dem Grundgedanken, welcher die Reformatoren getrieben, das Joch der Römischen Hierarchie zu zertrümmern, in Einklang gewesen sein, sollte wirklich in ihrem Sinn gelegen haben?

Darauf müssen wir hier noch einen Blick werfen. Denn wenn ihre Aeußerungen hierüber auch an sich nichts entscheiden, so wird es andererseits von Gewicht sein, wenn wir im Gegentheil darzuthun vermögen, wie in der That schon in den ersten Stadien, wo die Reformation Grund und Boden gewonnen, gerade ein Bewußtsein hervorgetreten, welches im Wesentlichen auf denselben Gedanken-Grundlagen ruht, von denen wir ausgegangen sind. Es war hier wieder der gesunde freie Blick des Mannes, in welchem wir gewissermaßen die Incarnation der Wahrheit der Reformation erblicken, der auch hierin kühn und frei das Wesen der Sache erfaßte. Weit entfernt von allen Verirrungen einer hyperreformirenden Richtung, wollte er doch auch nichts wissen von der Wiederaufrichtung dessen, was er eben abgebrochen hatte. In der Anschauung der heiligen Ordnung lebend, welche als die Urerscheinung des kirchlichen Wesens Gottes Wort dem Glauben vorhält, hielt Luther fest an der Autorität, welche in dem geistlichen Amt gegeben ist. Er hielt die Diener am Wort für berufen, die Ordnung der Kirche zu handhaben, frei von der Willkühr der Gemeinde, als von Gotteswegen, und nicht von dieser Willkühr dazu eingesetzt und verordnet. Wie er deshalb den Bischöfen, welche er als die bestehenden, aus dem geistlichen Amt hervorgegangenen Autoritäten vorfand, das Recht des Regiments nicht streitig machen wollte *), so ging er auf die Pfarrherren zurück, als die nächsten Träger der Ordnung, sobald er sah, wie die Bischöfe das Evangelium verfolgten. Es kam ihm zum Bewußtsein, daß abgesehen von dem, was die Entwickelung menschlicher

*) Schmalk. Art. III. 10. Von der Kirche. „Wenn die Bischöfe wollten rechte Bischöfe sein, und sich der Kirche und des Evangeliums annehmen, so möchte man das um der Liebe und Einigkeit willen, doch nicht aus Noth, lassen gegeben sein, daß sie uns und unsere Prediger ordinirten und confirmirten.“

Ordnung mit sich führe, es nur Ein Amt in der Kirche geben könne, der öffentliche Dienst am Wort, — daß der Inhalt dieses Dienstes aber durch das Wort selbst gegeben, und deshalb jeder, der dazu berufen, die Totalität aller Functionen auszuüben befugt sei. Von einer höheren geistlichen Gewalt, wie sie jeder Pfarrherr oder Pastor kraft seines Berufes habe, wollte er nichts wissen. Was die Bischöfe sich in dieser Beziehung vorbehalten, sei ein Raub an denen, welche zu solchem Dienst verordnet worden *). War nun ein Pfarrherr ordnungsmäßig eingesetzt, so erkannte er in ihm die rechtmäßige Autorität zur Handhabung der kirchlichen Ordnung, und verlangte Unterordnung und Gehorsam der Gemeinde. Aber es blieb ihm nicht verborgen, daß wenn nicht eine höhere Gewalt der Ordnung über Pfarrherren und Gemeinden da sei, das Postulat solcher Ordnung nicht völlig zur Realisation kommen könne. Es lag am Tage, daß wenn die Bischöfe, welchen die Pfarrherren von nun an gleichstehen sollten, eine gute Ordnung aufrecht erhalten hatten, sie dies nur dadurch vermocht hatten, daß sie innerhalb ihres Kreises mit souveräner Gewalt dagestanden, sei es, daß sie wirklich landesherrliche Macht geübt, oder doch, in ihrer Anlehnung an den vermeintlichen Fels der Christenheit in seinem Bunde mit der landesherrlichen Macht, wirklich die letzte und höchste Instanz der Ordnung dargestellt hatten. Als daher durch ihr Festhalten an dem Stuhle Petri und ihr Lossagen von dem Einigen Fels der Kirche alle Bande der bisherigen Ordnung zerfielen, da mußte es klar werden, daß hier ein anderes noth thue, und daß die kirchliche Ordnung ihren Cardinal- und Schwerpunct in dem allein haben könne, was die Wirklichkeit der Ordnung im Leben ausmache. Wäre Luthers Meinung gewesen, daß aus dem geist-

*) s. Schmalk. Art. von der Bischöfe Gewalt.

lichen Amt diese Macht gebildet werden könne, daß durchaus Bischöfe zu diesem Behuf da sein müßten, und außer ihnen Niemand in letzter Instanz über die kirchliche Ordnung zu gebieten habe, so ist nicht zu begreifen, warum er nicht darauf gedrungen, daß diese wieder aus der Gesammtheit der Pfarrherren gewählt, und mit der Macht der Kirchen-Regierung bekleidet würden. Es hätte ja doch der Versuch gemacht werden können, ob man mit einem solchen geistlichen Regiment die kirchliche Ordnung zu ihrer Wahrheit bringen könne. Aber Luther hatte zu viel gesunden Sinn, um nicht zu begreifen, daß solchen Bischöfen alles das fehlen würde, wodurch die bisherigen Gewalt und Ansehen gehabt. Man hätte ihnen wenigstens einen Theil der Unfehlbarkeit wieder einräumen müssen, wenn man einen Halt in ihnen hätte haben wollen. Vor solcher Verirrung und Verkehrung der Verhältnisse wurde aber Luther dadurch bewahrt, daß er einerseits die Substanz der Kirche als Gottes Anstalt und Ordnung von den darin zusammenkommenden Einzelnen unterschied, andererseits das Pfarr-Amt auf die gottmenschliche Wahrheit seines Begriffs zurückführte. Ob er gleich das Ansehen des letzteren in der Majestät göttlicher Einsetzung fundirt ansah, wußte er es doch auch von dem falschen Schimmer eines von dem Aberglauben unterhaltenen überirdischen Heiligenscheins zu entkleiden. Aus solchem Pfarr-Amt, das nur um der Ordnung des Dienstes am Wort willen aufgerichtet, und darum rein menschliches Wesen ist, können keine Bischöfe hervorgehen, welche in sich das Gesetz der Ordnung hätten. Deshalb konnte Luther darauf nicht fußen, dabei nicht stehen bleiben, als es galt, der Ordnung eine feste und sichere Basis zu geben. Diese fand er vielmehr nur in der Macht, welche nach göttlichem Willen Gewalt empfing, das menschliche Leben als ein Ganzes gottseliger Ordnung in Einheit zusammenzuhalten, wie sie in der landesherrlichen Macht ihm gegeben war. Treffen wir dagegen auf andere Aeußerungen, in welchen ein entgegengesetztes Princip durchzublicken scheint, so wird dieser Schein zum Theil seine Bedeutung verlieren, wenn wir auf die Veranlassung derselben und ihren Zusammenhang näher eingehen. Anderntheils beweisen dieselben nichts, als daß das Bewußtsein über das Gesetz kirchlicher Ordnung im Werden begriffen war, und noch nicht zu solcher Klarheit sich durchgearbeitet hatte, daß es von dem innern Grunde der Erkenntniß sich hätte vollkommen Rechenschaft geben, und von da aus alle Unterschiede und Gegensätze in dem rechten Lichte hätte erfassen können. Es war gleichsam nur eine Art von Instinct, welcher das Centrum der Wahrheit kirchlicher Ordnung erfaßte, weil es als eine innere Nothwendigkeit dem Bewußtsein sich aufdrängte. Doch konnte sich dieses in der Fremdartigkeit der Gestalt nicht sogleich finden. Auf dem Boden der Römischen Institutionen aufgewachsen, und in der Gewohnheit dieser Anschauungsweise noch befangen, wußte der Geist noch von keinem Grunde der Rechtfertigung für den einmal anerkannten Rechtszustand in dem Begriff der Sache. So ward das Nothwendige von der Reflection nur als eine Sache der Noth betrachtet, und in diesem Begriff die Vermittelung mit den früheren Thatsachen des Bewußtseins gefunden. Und so war es unvermeidlich, daß die Vorstellung des Zeitalters oftmals auf die bisherigen Formen der Darstellung kirchlicher Ordnung zurückkam, und die Meinung durchblicken ließ, daß es wohl noch eine andere Art des kirchlichen Regiments geben könne und solle — eine Betrachtung, die um so mehr immer von neuem wieder Nahrung finden mußte, als das in die Erscheinung getretene landesherrliche Kirchen-Regiment gleichsam noch in seiner rohen, unentwickelten, abstracten Gestalt war.

Der Hauptgrund aber, warum so wenig Luther wie die

anderen Reformatoren zur Klarheit über das Wesen kirchlicher Verfassung vordringen konnten, lag darin, daß sie von dem Gegenstand und Umfang der Kirchengewalt (jurisdictio) noch keinen klaren, dem Grundprincip der Reformation entsprechenden Begriff hatten. Immer waren es Römische Vorstellungen, die, wenn auch zum Theil in einem veränderten Sinne, die Auffassungsweise hierunter beherrschten, und deshalb trotz der Anerkennung der Rechtmäßigkeit des landesherrlichen Regiments immer wieder die Vorstellung seiner Incongruenz zu dem geistlichen Wesen anregten. In der That, so lange man keine andere Art von Jurisdiction kennt, als wie sie die Augsb. Confession und die Schmalk. Artikel aufstellen, nemlich als das Recht, „das Evangelium predigen, Sünden vergeben, Lehre urtheilen, und die Lehre, so dem Evangelium zuwider, verwerfen, Sacramente reichen, und die in öffentlichen Lastern liegen, zu bannen“ — so lange springt es in die Augen, daß die landesherrliche Gewalt damit nichts zu schaffen haben kann. Denn alles das hat nur Beziehung auf den Dienst am Wort, und solchen zu üben, ist niemals die landesherrliche Gewalt in Anspruch genommen. Sondern damit solcher Dienst in aller Ehrbarkeit und Ordnung vor sich gehe, und die Kirche vor dem Eindringen eines wüsten, unordentlichen Wesens gesichert werde, darum wurde jene Gewalt angerufen, als eine Gewähr der Ordnung, wie sie die frühere Stellung der bischöflichen Macht mit in sich begriffen hatte. Solche Gewalt ist auch von dem bischöflichen Beruf zum Dienst am Wort in der Augsb. Confession wohl unterschieden. Weil aber bis dahin Inneres und Aeußeres, Schwerdt des Geistes und die Gewalt über die menschlichen Lebensbeziehungen der Kirche in dem Ansehen des Bischofs zusammengefaßt worden, ja die äußere Gewalt in der Uebung des Dienstes am Wort selbst mit zur Geltung gebracht wurde, nichts desto weniger aber doch alles als geistliche Gewalt galt, und die Möglichkeit der Trennung nicht recht begriffen wurde, so konnte es der Reflection nur widersinnig erscheinen, die Gewalt des Bischofs, als das Recht des Kirchen-Regiments, dem Landesherrn zu überweisen. Denn auch heute ist es ja noch immer nur diese Disparität beider Unterschiede, der Mangel an Einsicht in die Möglichkeit ihrer Vermittelung, warum das natürliche Bewußtschein vor dem Gedanken ihrer Einheit zurückschreckt. Wie sollte es uns also wohl Wunder nehmen, wenn wir auf der andern Seite Luther wieder ängstlich bemüht sehen, die Sache, die er einmal für eine nothwendige, unabweisliche erkennen muß, zu entschuldigen, als stände sie an sich außer dem Recht — wie es uns befremden, daß er den innern Grund, den Begriff nicht findend, sie blos so darzustellen sucht, als seien nur äußere Umstände zur Rechtfertigung anzuführen, als wäre es nur eine Sache der höchsten Noth? Gerade diese Argumentation ist es aber, welche dann weiterhin seine Anhänger und Verehrer verleitet hat, das Rechtsverhältniß wirklich nur als einen äußerlich bedingten Nothstand aufzufassen. Hat man aber die Begriffe gesondert, und das Wesen der Kirchengewalt erfaßt, so wird man sich auch durch die geschichtliche Entwickelung der Verfassungs-Theorie nicht weiter an der Idee irre machen lassen. Man wird es ganz erklärlich finden, wie Luther in diesem Stadium des evangelischen Bewußtseins keinen anderen Rath dem Churfürsten zu geben wußte, um gegen die Bischöfe sein Kirchen-Regiment zu rechtfertigen, als daß er dasselbe in Bezug auf seinen Ursprung nur als etwas ganz Exceptionelles, Provisorisches hingestellt wissen will. Denn das liegt in der Vorhaltung, die er an die Bischöfe gerichtet haben wollte, daß „nachdem sie bisher in den Evangelischen Sachen nichts gethan und seiner Churfürstl. Gnaden Land und Unterthanen mit Gottes Wort zu versorgen unterlassen, daraus seien Churf. Gnaden gezwungen, Aufruhr, Zwietracht und allerlei Unrath (so aus ungleicher Lehre entspringt) zuvorzukommen, selbst das Beste, so sie vermocht, als in der höchsten Noth dabei zu thun" ꝛc. Und eben so erklärt es sich, warum Luther bei der Aufstellung des „Unterrichts der Visitatoren" zu bevorworten sich gedrungen fand, daß obwohl „Sr. Ch. Gnad. zu lehren und geistlich zu regieren nicht befohlen ist, sie doch schuldig seien, als weltliche Obrigkeit darob zu halten, daß nicht Zwietracht, Rotten und Aufruhr sich unter den Unterthanen erheben." Aber was in aller Welt sollte wohl aus dieser Auffassung, dieser geschichtlichen Entwickelung für den Begriff der Sache folgen? Liegt nicht schon das Durcheinanderlaufen der unklarsten Vorstellungen darin, daß Luther es nach dem alten Römischen Grundsatz für Aufgabe der Kirchengewalt, d. i. der Bischöfe, ansieht, mit Gewalt (die sie freilich immer von dem bracchium seculare erst borgen mußten, wo sie nicht selbst Landesherren waren) auf Gleichheit der Lehre zu halten, und ungleiche Lehre, dem Evangelium zuwider, nicht in den Bisthümern zu dulden? und daß dann das gleiche Recht unter diesen Umständen auch dem Landesherrn für seine Lande zugesprochen wurde? Gleichwohl blickt auch hier durch, wie Luther in der Hauptsache nur das, was in der bischöflichen Gewalt auf Erhaltung guter Ordnung abzweckt, also namentlich das Recht Kirchen-Ordnungen zu machen, dem Landesherrn übertragen wissen wollte, und wenn auch dabei zugleich wieder manche Römische Machtvollkommenheit eingeschlossen wurde, so lag das wiederum nur in der Stellung des Zeitbewußtseins. Aus dieser Zusammenwerfung des völlig Heterogenen mußten späterhin alle Verirrungen des Kirchen-Regimentes, alle Ausartungen desselben in der Hand des Landesherrn, und in Folge dessen die Angriffe gegen die Stellung des letzteren zur Kirche hervorgehen, obschon sie die Stellung selbst nicht, sondern nur die Verkehrung derselben als Folge der verkehrten Auffassung von dem Wesen der Kirchen-Gewalt trafen (s. unten). Es ist daher schwer zu begreifen, wie man im 19ten Jahrhundert auf diese unbestimmten, schwankenden, ja zum Theil mit dem eigenen Grundprincip im Widerstreit stehenden Aeußerungen der Reformatoren auch nur das mindeste Gewicht legen kann, um das Souveränitätsrecht der Geistlichen über die Kirchen-Verwaltung zu begründen, wie Stahl (a. a. O. S. 159) und andere gethan. Man kann zugeben, daß den Pfarrherren resp. Bischöfen ausschließlich diejenige Jurisdiction zusteht, welche die Augsburgische Confession und die Schmalk. Artikel ihnen überwiesen haben. Ist dies aber nichts als der Dienst am Wort, wie es dort bezeichnet wird, wer wollte das bestreiten? Und was könnte für die vorliegende Frage wohl daraus zu folgern sein? Wer das, was eigentlich Aufgabe des Kirchen-Regimentes ist, zu besorgen habe, ist damit selbstredend ganz unentschieden geblieben. Wenn aber über Kirchenordnungen und Ceremonien, als das eigentliche Wesen des Kirchen-Regiments, in der Augsb. Confession der Bescheid gegeben wird: „daß die Bischöfe oder Pfarrherren mögen Ordnung machen, damit es ordentlich in der Kirche zugehe" (de potestate ecclesiast.), und der christlichen Versammlung die Pflicht aufgelegt wird, „den Bischöfen und Pfarrherren in diesen Fällen gehorsam zu sein," so lag hier offenbar nicht die Frage vor, wer die Kirchengewalt habe, und als Inhaber derselben zum Erlaß von Kirchenordnungen befugt sei. Sondern nur das war allein ins Auge gefaßt, ob und wie fern den um der Ordnung willen aufgerichteten Satzungen Gehorsam geleistet werden dürfe. Daß die Bischöfe oder Pfarrherren als diejenigen in Bezug genommen werden, von denen sie ausgehen, lag in der Natur der Sache. Denn die Bischöfe waren die bis dahin geltende Kirchen-Autorität, und wenn sie das Evangelium frei lassen wollten, so hatte man im Jahre 1530, wo man noch um diese Freiheit, um das Recht des Daseins einer auf diese Freiheit gegründeten Kirche kämpfte, keine Veranlassung, darüber sich in weitere Untersuchungen einzulassen. Wem hätte wohl damals eine Erörterung einfallen sollen, ob und wie das Amt der Bischöfe nach dem Wegfall der Römischen Basis Bestand haben, und in den Zusammenhang der christlichen Lebensordnung gehörig eingefugt werden könnte? Und wie sollte also wohl daraus die Meinung zu folgern sein, daß allezeit von Bischöfen ausschließlich die Kirchenordnungen ausgehen müßten, ohne Concurrenz landesherrlicher Gewalt oder der christlichen Versammlung? Denn dann hätte man wenigstens zugleich angeben müssen, was geschehen solle, wenn die bisherigen Bischöfe von der wiederhergestellten Kirche sich ausschlössen, und ob etwa frische Bischöfe zu machen wären, und wie man damit zurecht kommen könne — was selbstredend damals keinem in den Sinn kommen konnte. Alles was hieraus im Zusammenhang mit der Forderung des Gehorsams der Gemeinde gegen die Kirchen-Ordnungen herzuleiten, ist nur das, daß die Reformatoren dem Haufen der Einzelnen nicht das Recht zugestehen wollten, Ordnung zu machen, sondern den Pfarrherren, die an die Stelle der Bischöfe getreten waren. Ob aber hiermit die Entwickelung der Verfassung beschlossen sein sollte, und ob und wie die Geltung der Kirchenordnungen, so die Pfarrherren allein aufrichten würden, gesichert bleiben könnte, wenn sie nicht in einer festen unbeweglichen Ordnung des Lebens als bestimmte Bausteine des Lebens selbst eingebaut würden, — alles das ist hier durchaus ganz unentschieden gelassen. Auch würde ohne Zweifel wohl Stahl selbst in allen diesen Aeußerungen kein Fundament für seine Meinung gefunden, nicht daraus bewiesen haben, daß der Lehrstand ausschließlich Subject der obersten Kirchengewalt sei, und daß die bischöfliche Verfassung nach Wort und Geist allein dem protestantischen Bekenntniß entsprechend sei (S. 249. 78), wäre nicht die unklare Vorstellung der Reformatoren von dem Wesen der Kirchengewalt auch von ihm festgehalten.

Ist die Kirchengewalt wirklich, wie Stahl meint, das Recht, Kirchen-Zucht zu üben, wird unter der letzteren gar das Recht der Excommunication verstanden, soll die Aufsicht über die Lehre wirklich dahin gehen, eine einmal festgestellte Lehre zu erhalten, alle Abweichungen davon in den öffentlichen Predigten zu richten, theologische Streitigkeiten zu entscheiden (a. a. O. S. 23, 58, 60, 65, 256), so bedarf es freilich, wie schon oben zugestanden, keines Beweises, daß solche Gewalt niemand anders als den Geistlichen zustehen könne. Denn alle jene Functionen beziehen sich nicht auf die Ordnung der Kirche, sondern sind geistliche Thätigkeiten, die das Innere, das geistliche Wesen unmittelbar betreffen. Aber den Beweis, welcher nur aus dem Begriff der christlichen Kirche, nicht aus den Satzungen der Reformatoren zu führen gewesen wäre, ist Stahl, wie alle vor ihm, schuldig geblieben. Indem er alle Functionen, abgesehen von der Aufrechthaltung der Lehre unter dem Ausdruck der „Schlüsselgewalt“ nach der aus der Römischen Kirche in die Evangelische herübergekommenen Auffassungsweise dieses Begriffes zusammenfaßt, macht er nun zwar darauf aufmerksam, daß darin die Gewalt der Kirche nicht vollständig zum Ausdruck komme. Er erinnert ausdrücklich, daß davon die Kirchen-Regierung als „die Macht der Anordnung“ für die Gemeinschaft, wie sie früher oft gänzlich außer Acht gelassen, und sogar in der Augsb. Confession nur nachträglich berührt worden, zu unterscheiden, und als ein „eben so wesentlicher Bestandtheil der Gewalt der Kirche“ zu erachten sei. Aber gerade die Zusammenstellung und

Verknüpfung dieser Gewalt mit der Schlüssel-Gewalt verrückt wieder den rechten Standpunct zur Erkenntniß beider Gewalten in ihrem Unterschiede, und gehört selbst zu den „Unklarheiten oder handgreiflichen Irrthümern," welche nach Stahl's Klage „von den früheren Zeiten der protestantischen Kirche bis auf die Gegenwart sich constant hindurchgezogen haben" (S. 243). Es ist daher gewiß eins der unglücklichsten Fundamente, welches Stahl nur wählen konnte, wenn er von diesem angeblich nothwendigen Zusammenhang beider Momente aus den Nachweis der eigentlichen Widerkirchlichkeit des landesherrlichen Kirchen-Regiments und der Nothwendigkeit der Wiedereinsetzung des Lehrstandes in das Recht des obersten Regiments führen will. Wäre freilich wirklich die Kirchen-Regierung, in welche Stahl die Aufrechthaltung der Lehre mitbegriffen wissen will, als wesentlich mit dem Bindeschlüssel zusammenhängend zu erkennen — wäre wirklich, wie behauptet worden „die Schlüsselgewalt nur die Begleitung der Kirchen-Regierung, um sie zu sichern, ihr Gehorsam zu verschaffen," *) — dann wäre es allerdings über allen Widerspruch erhaben, daß es „ein Widerspruch sei, die Schlüsselgewalt der Kirche und ihren eigenthümlichen Organen, dagegen die Kirchen-Regierung der weltlichen Obrigkeit beizulegen." Denn es ist allerdings ganz unbestreitbar, wie

*) Wie wenig die Handhabung des Bannes ohne das bracchium seculare zur Aufrechthaltung des Gehorsams geeignet ist, hätte schon die Erfahrung vor der Reformation zum Bewußtsein bringen können. Nachdem aber in weiterer Entwickelung des freigewordenen evangelischen Bewußtseins die Schrecken des Bannes total in die Antiquitäten-Kammer gebracht sind, ist es schwer zu fassen, wie es möglich ist, im 19ten Jahrhundert auf den Gedanken zu kommen, sie wieder theilweise hervorholen zu können, und wie man wirklich der Meinung sein kann, daß die Furcht vor solchem priesterlichen Bann irgend etwas zur Sicherung der Kirchen-Regierung beitragen könne.

Stahl anführt, daß „diejenigen Organe, welche die Schlüsselgewalt wirklich haben und üben" (was doch wohl im Sinne der Augsb. Confession gemeint ist, der im wesentlichen kein anderer als der alte Römische ist) „auch die Regenten der Kirche sind." Und ebenso ist es ganz richtig, daß wenn Jemand „die Regierung abgesprochen wird, demselben auch eine solche Schlüsselgewalt abgenommen" wird, indem allerdings die letztere schon zur Zeit der Römischen Hierarchie, geschweige in unseren aufgeklärten Tagen nicht ohne eine Regierungs-Gewalt geltend zu machen ist. Ist nicht ebendeswegen gerade in der evangelischen Kirche das Institut des Bannes in dem Maaß außer Gebrauch gekommen, als die weltliche Obrigkeit immer weniger geneigt worden, ihre Gewalt dem priesterlichen Spruche als Nachdruck zur Seite zu stellen? Und ist es nicht durch die gänzliche Entziehung dieser Gewalt in der That gegenwärtig mit der Schlüsselgewalt in dem alten Sinne total zu einer Endschaft gekommen? Aus demselben Grunde wird es aber auch mit dieser Gewalt beim Ende bleiben, weil es niemals der Staatsgewalt wieder einfallen wird, ihre Gewalt zur Führung der Binde- und Löseschlüssel wieder zu Diensten zu stellen, und weil ohne solche Begleitung die Wiedereinführung des letzteren nur ein kurzweiliges Spiel wäre, womit man sich höchstens lächerlich machen könnte. Ist das aber nicht allein schon Beweises genug, wie nichtig die ganze Vorstellung einer solchen Art von geistlichen Gewalt ist, wenn sie ohne äußere Macht nicht durchzuführen ist? Was ihr einst, abgesehen hiervon, Bedeutung gegeben, und in einem Theil der Christenheit noch gewisse Macht giebt, ist allein der Glaube an die Unfehlbarkeit der Priester, ohne welche ihre Macht, die Pforten der Hölle und des Himmels aufzuschließen, nicht Bestand haben kann. Indem dieser Glaube aber in der Reformation den Todesstoß bekommen hat, ist auch jene Vorstellung von der Schlüsselgewalt der Geistlichen im Römischen Sinne im Wesentlichen gleich damals vernichtet. Hat dennoch ein Nachklang derselben im evangelischen Leben sich merkbar gemacht, so geschah es blos, weil erst die Wurzel getroffen war, und es deshalb Zeit bedurfte, bis das Leben dieses Baumes total zum Absterben kam. Dieser Moment ist endlich erschienen. Daß dies aber nicht dem Geiste des Evangeliums gemäß sei, daß wirklich nach dem letzteren die Wiedereinführung eines Excommunications-Rechts geboten sei, diesen Beweis ist Stahl schuldig geblieben. Denn daß die Berufung auf die Aussprüche der Bekenntnißschriften nichts über die Wahrheit entscheidet, ist bereits dargethan. Ebenso sind alle Argumente, die Stahl für das Recht der Kirchen-Regierung, eine Lehre aufzustellen und daran die Geistlichen zu binden, anführt (S. 65 folg., vgl. S. 254), oben schon als nicht stichhaltig und im Widerstreit mit dem Grundprincip evangelischer Freiheit erwiesen. So lange daher dieser Beweis nicht besser gelungen, und der andere nicht einmal angetreten, verlieren alle Argumente für die Wiederaufrichtung einer bischöflichen Verfassung allen Boden. Wenn endlich Stahl zum Erweise, daß die Bischöfe wirklich das Subject der Kirchengewalt sind (S. 254), darauf Bezug nimmt, daß „nur, wer die Sacramente zu verwalten habe, die Sacramente verweigern dürfe," so geben wir dies als unbestreitbar richtig zu, wie wir dies auch im Kirchen-Recht Th. II. S. 211 ausgeführt. Aber wenn dadurch das Recht des Geistlichen zum Kirchen-Regiment begründet werden soll, so hätte erst nachgewiesen werden müssen, daß es zum Wesen des Kirchen-Regiments gehört, über das Anrecht an die Sacramente zu entscheiden und abzusprechen. Da indeß das Verwalten und Verweigern, wie wir a. a. O. nachgewiesen, wesentlich ein Ausfluß der Uebung des Dienstes am Wort ist, indem keine Kirchen-Gewalt einen Diener am Wort zwingen kann, die Sacramente zu reichen, sondern dem Gewissen des Einzelnen hierunter Freiheit gelassen werden muß, so fällt auch dies Argument weg. Ist nun weiter gesagt, daß „nur, wer die Seelsorge habe, kirchliche Anordnungen für die seiner Seelsorge Anvertrauten erlassen könne," so würde allerdings unstreitig das Regiment der Seelsorger daraus folgen, wenn zuvor der Beweis zu führen wäre, daß man besondere Kirchengesetze (etwa Auflegung von Bußübungen, Fasten u. dgl.?) bedürfe, um auf den Seelenzustand einzuwirken, und daß die kirchlichen Glieder ruhig solchen zum Besten ihrer Seele erlassenen Gesetzen gehorsamen werden. Hat man einen Zustand von Barbaren im Auge, die eben erst bekehrt worden, und in ihrem Selbstbewußtsein noch nicht zur Entwickelung gekommen sind, so mag das alles nicht unzweckmäßig sein. In der That giebt aber auch Stahl sich selbst den Anschein, als wenn er eine Gemeinde voraussetze, in welcher nach gut Römischer Weise die Gewissen und Geister abhängig sind von dem Ansehen der Geistlichen. Denn so wenig ihm das auch in den Sinn gekommen sein wird, so wird doch jedenfalls jeder in Verlegenheit sein, eine andere Meinung in dem anderweit aufgestellten Argument herauszufinden, wonach „das von selbst gegebene höhere Ansehen der Lehrer und Bekehrer zu einer persönlichen selbstständigen Macht derselben über die führe, so ihre Lehre annehmen" (S. 147). Der Heide, der eben bekehrt wird, erkennt freilich eine höhere Macht in seinem Bekehrer, der sowohl durch seine Lehre, wie das Bewußtsein derselben über den Heiden steht. Ist der Bekehrte aber einmal zum rechten Selbstbewußtsein gekommen, weiß er sich Verantwortung zu geben von dem Grunde seiner Hoffnung, glaubt er nicht mehr an das verkündigte Wort, als wäre es die Lehre der Lehrer, sondern weil er den Geist empfangen, zu wissen, was uns von Gott gegeben, und kraft dessen selbst berufen ist, die Lehre der Lehrer zu richten, so hört die Abhängigkeit in Bezug auf die Lehrer auf, und alle Unterordnung kann sich nur auf das Gesetz der Ordnung selbst beziehen, welches die Lehre frei läßt, wenn es anders nicht nach Römischem Grundprincip gestaltet wird.

Was es eigentlich für eine Bewandniß habe mit dem Amt der Schlüssel und seinem vermeintlichen Zusammenhang mit dem Kirchen-Regiment, wie die Vorstellung von dieser Macht, als eines Rechts für Zeit und Ewigkeit zu binden und zu lösen, lediglich aus der in der Römischen Kirche entwickelten Mißdeutung der apostolischen Vollmacht hervorgegangen, haben wir im Kirchen-Recht Th. I. S. 263 gezeigt. Es ergiebt sich daraus, daß diese Vollmacht im Wesentlichen nichts war, als der Dienst am Wort, wie ihn die Gemeinde als solche zu üben hat, daß aber das darin sich darstellende Gericht nur auf Seiten der Apostel ein unfehlbares war. Weder ein Einzelner, noch ein besonderer Stand, noch irgend eine in der Zeit erscheinende Versammlung darf dasselbe in dem Bewußtsein einer Unfehlbarkeit sich anmaßen. Nachdem die von Christo für ihre Person beglaubigten Zeugen abgeschieden, steht das Gericht über den Glauben, über die Lehre, den Wandel, allein dem in der Gesammtheit der Kirche durch alle Räume und Zeiten waltenden Geist zu (s. oben). Darum mögen die Diener der Gesammtheit immerhin im Dienst am Wort Sünde vergeben, Lehre urtheilen und verwerfen und die Gottlosen richten! Aber die Geltung dieses Gerichts ist abhängig von dem Worte Gottes. Es gilt nicht als ein in einem bestimmten zeitlich hervortretenden Fall des Lebens, aus der persönlichen Erkenntniß heraus sich darstellendes Unfehlbares, sondern nur als ein Gericht, das nur insofern Wahrheit hat, als das Wort, das also verkündet wird, in den von ihm gestellten Voraussetzungen wahr ist. Es ist also immer im Grunde nur das Wort selbst, das da richtet — nicht der Einzelne oder die Gemeinde, — und nur der Geist kann solch Gericht zur Wahrheit und Geltung bringen. Insofern war es gewiß ein instinctiver Zug des freigewordenen Geistes, welcher die Reformatoren in der Zubilligung solcher Gewalt an die Bischöfe und Pfarrherren antrieb, die Einschränkung beizufügen „allein durch Gottes Wort.“ Wird das Gericht nur kraft dieses Wortes gesprochen, nur diesem Schwerdt des Geistes befohlen, das Gericht hinauszuführen durch sich selbst, so ist es nichts anderes als Verkündigung des Wortes, und somit offenbar, daß solche Gewalt in gar keinem inneren Zusammenhang steht mit der ordnenden Gewalt. Es folgt aber auch schon daraus, daß die Gewalt, die als Amt der Schlüssel bezeichnet wird, etwas festsetzen will, was für Zeit und Ewigkeit gelten soll. Dies kann dem Begriff zufolge niemals die Gewalt, die nur durch Vermittelung einer aufzustellenden Gesetzgebung ihre Aufgabe lösen kann. — Nun könnte man zwar die Schlüsselgewalt von der Kirchenzucht noch unterscheiden wollen. Man könnte zugeben, daß die Macht der Kirche, für Zeit und Ewigkeit zu binden, nicht in einem äußerlichen, auf concrete Individualitäten zu beziehenden Gericht hinauszuführen sei — zugeben, daß sich solch Gericht doch in dem Zusammenfassen aller Arbeit der Gläubigen zu einem Gesammtdienst am Wort Gottes einst zu einer Wirkichkeit gestalte, deren Manifestation dereinst am Ende der Tage werde offenbar werden. Aber etwas anderes sei die Zucht, welche die Kirche als Ordnung Gottes auf Erden nach den offenkundig vorliegenden Thatsachen gegen die Einzelnen zu vollziehen habe, um selbst sich in der Heiligkeit ihres Wesens zu bewahren, und in diesem Ernst des Gerichts über das ungöttliche Wesen an das Herz des Sünders anzuschlagen, ob er wieder umkehre und Buße thue für seine Bosheit. Allein solche Zucht ist wiederum nichts als die Uebung des Dienstes am Wort, wie sie allerdings dem verordneten Diener des Worts befohlen, nicht aber ein äußerlich Gericht, in welchem eine äußere Strafe in Beziehung auf das Gemeinschaftsleben zu vollziehen wäre. Könnte man freilich aus dem Verfahren der Apostel in der Leitung der Gemeinde ein Recht der Kirchengewalt herleiten, die Kirchenglieder im Fall des Unglaubens und der Unsittlichkeit oder auch des Ungehorsams aus der Gemeinschaft auszuschließen, so würde allerdings eine solche Wirksamkeit nicht mehr blos als Dienst am Wort anzusehen sein. Es wäre eine Manifestation der Gewalt über die Ordnung der Gemeinschaft und der höchste Ausfluß aus der Macht des Kirchen-Regiments, und insofern klar, daß eine solche Gewalt in der Kirche nicht ohne Concurrenz der als Repräsentation des allgemeinen Willens anerkannten Macht zur Vollziehung kommen könnte. Ein solcher Ausspruch müßte mindestens von der ordnenden Gewalt sanctionirt werden. Damit wäre freilich ein ganz anderer Gesichtspunkt für die Frage nach der Zuständigkeit der höchsten Kirchengewalt gewonnen. Es würde dann leicht zu erweisen sein, daß es außer aller Congruenz mit der Sache wäre, wenn irgend andere Glieder der Kirche zu solcher Gewalt Zugang hätten, als die Geistlichen, da es sich hier um Entscheidungen handeln würde, welche ein Gericht über Glauben und Sittlichkeit voraussetzen, zu welchem niemand nach seiner Stellung zu dem kirchlichen Leben so wohl ausgestattet sein könnte, als die Geistlichen. Allein diese Voraussetzung ist es eben, welche alles Grund und Bodens entbehrt, wie wir bereits anderweit (Th. II. S. 286 a. a. O.) so ausführlich darzuthun versucht haben, daß wir darauf hier lediglich verweisen dürfen. Wie die ganze Wahrheit der Kirchenzucht allein in allen den Befugnissen ruht, welche das Amt der Seelsorge dem Geistlichen giebt, so hat sie auch darin ihre Schranken. Vergebens wird man sich bemühen, den Nachweis zu führen, daß die Kirchengewalt ein Recht habe, aus der Gemeinschaft auszuschließen, es mag ein Grund vorwalten, welcher da wolle. Denn daß die anscheinend entgegenstehenden Bestimmungen der Schrift nur in der eigenthümlichen Gestalt der ersten kirchlichen Organisation, d. i. in ihrem Sichherausarbeiten aus der heidnischen Lebensumgebung, so wie in ihrer Entgegensetzung gegen das staatliche Gebiet ihren Grund hatten, ist a. a. O. gezeigt. Nachdem aber das Christenthum in der Staatsgewalt die Totalität der äußeren Lebensordnung durchdrungen, konnten die Anordnungen der Apostel nicht mehr in ihrem buchstäblichen Sinn zur Anwendung kommen. In diesem Augenblick war die Wahrheit des Christenthums wider die Macht der Welt, wie sie in dem heidnischen Staat als ein organisirtes Dasein ihr gegenüberstand, siegreich hinausgeführt. Ja, indem sie diese Gewalt in Besitz genommen, war sie selbst zur geltenden Macht des Lebens dergestalt erhoben, daß ihre Allgemeinheit und Nothwendigkeit als Thatsache dastand. Fortan konnte ihr äußeres Dasein nicht mehr in Zweifel kommen, und ihre Ausbreitung über das Gesammtgebiet der Erde war entschieden. Gleichzeitig war damit auch die Gefahr verschwunden, welche in dem Werden der Kirche auf den vereinzelten Punkten ihrer Erscheinung in sofern eintrat, als es diesen, mitten in der heidnischen Umgebung, schwer ward, sich in der Wahrheit und Bestimmtheit des christlichen Lebens zu erweisen. Von da ab konnte indeß die kirchliche Ordnung, indem sie in der Einheit mit der Gottesordnung im Staat zu einem Organismus sich entwickelte, schon für sich selbst dazu dienen, alle Unklarheit und Unbestimmtheit, welche eine Verkennung ihres Wesens veranlassen mochte, zu bannen. Die Kirche durfte jetzt nicht scheuen, in irgend einer Berührung mit den unwahren Gliedern zu bleiben. War doch schon jeder böse Schein dadurch vernichtet, daß innerhalb des christlichen Lebens ein äußerliches Gericht aufgerichtet ward wider alles Böse, an welchem die Kirche in dem Bunde mit dem Staat wesentlichen Antheil hatte. Ja, es stand jetzt, wo die weltliche Lebensordnung anerkannt war als der Acker, welcher nur für den guten Saamen eine Bestimmung hatte, selbst des Herrn Wort entgegen, welches ausdrücklich verboten, das Unkraut von den Kindern des Reichs zu scheiden, um nicht in Gefahr zu kommen, den guten Saamen mit auszuraufen (Matth. 13). — Daß dies in dem Augenblick der Christianisirung des Staats nicht begriffen wurde, darf uns nicht wundern, wenn wir die Unfreiheit ins Auge fassen, in welcher die schon aufgekommenen Römischen Grundlehren damals das kirchliche Bewußtsein gefangen hielten, und die Entgegensetzung von Staat und Kirche bedenken, welche dieselben hierarchischen Grundanschauungen künstlich fortzuerhalten trachteten. Anderntheils erklärt sich die Fortdauer dieser geistlichen Gerichtsbarkeit als ein forum externum, d. h. mit rechtlicher Wirkung für die äußerliche Gemeinschaftsbeziehung aus dem Wortlaut der uns überlieferten Bestimmungen über das Verfahren in der apostolischen Kirche. Nach der Stellung des ganzen Weltbewußtseins konnte man damals noch nicht zu der Freiheit des Gedankens sich erheben, in welcher allein erst die hier obwaltenden Unterschiede begriffen, und die Einsicht gewonnen werden konnte, daß jene apostolischen Satzungen nach der gänzlichen Umgestaltung der Weltstellung der Kirche durchaus anders zu deuten, damit sie gerade ihre innerste Wahrheit manifestiren, und nicht das Festhalten jener ersten Formen gerade mit der Substanz des kirchlichen Lebens in Widerstreit komme. Dieselbe Unfreiheit des Bewußtseins erklärt es auch, daß die ganze Römische Anschauungsweise von der Kirchenzucht, d. i. von dem großen und kleinen Banne, auch Anfangs wieder in die evangelische Kirche einzog, obschon diese Institute mit dem Grundprincip dieser Kirche im schreiendsten Widerspruch standen, und deshalb auch ihre Handhabung nie practisches Leben gewinnen konnte. Bis der Geist, in dem endlichen Durchbruch zu seinem Selbstbegriff, auch hierin zur Besinnung des Frevels wider sich selbst gelangte, und das, was schon im Verlauf der Zeit im allgemeinen kirchlichen Bewußtsein zum Absterben gekommen war, in seiner Widerkirchlichkeit erkannte, nachdem die Voraussetzungen, welche in der apostolischen Zeit sie hervorgerufen, weggefallen, und die verkehrte Grundanschauung, welche in der Römischen Kirche sie gehalten, vernichtet worden. Ja gewiß, seitdem mit der Wiederherstellung der Kirche die Entgegenstellung zwischen staatlicher und kirchlicher Ordnung in ihrer Grundlosigkeit erkannt, seitdem in der Einheit des Organismus beider die Staatsordnung zugleich ein immanenter Theil der kirchlichen Ordnung geworden, wie umgekehrt, — nachdem endlich das Walten und Richten der Kirche mit dem Schwerdte des Geistes in die Totalität der Freiheit wieder eingesetzt, jetzt erst zu der Fülle seiner Macht erhoben worden, — — seitdem ist jeglicher Grund zu einer sogenannten kirchlichen Gerichtsbarkeit aufgehoben. Ist einmal die Kirche in ihrer Einheit mit dem Staat zur bestimmenden Lebensmacht erhoben, und kann von dem Einzelnen in ihr keine Verrückung der Wahrheit ihrer selbst auf den einzelnen Puncten ihrer Organisation ausgehen, so darf sie auch nicht mehr Schritte thun, um sich selbst außer Beziehung zu setzen mit dem, der aus ihrer Wahrheit gefallen, wenn sie anders nicht selbst diese Wahrheit verleugnen, und von des Herrn Gebot abfallen will, weil sie damit sich selbst die Wege abschneiden würde, den Verirrten von dem Irrthum seines Weges zu bekehren. Eben deshalb darf sie auch kein äußerliches Gericht halten über die in ihrer Mitte hervortretende Unsittlichkeit, daß sie etwa deshalb eine äußerliche Buße, geschweige eine Ausschließung aus der Gemeinschaft verhängen dürfte. Indem die Lebensordnung eine christliche geworden, und als solche in allen ihren Institutionen sich erweist, werden die Sünden aller Art durch eben diese Ordnung, d. i. durch die Predigt des Worts, welche ein Element des öffentlichen Organismus geworden, schon als unchristlich gerichtet, und damit auf Seiten der Kirche in der Bestimmtheit des äußern Daseins Zeugniß abgelegt, daß sie nicht nur keinen Antheil habe an den Erscheinungen der in ihrem Schooß sich regenden Schlangennatur, sondern solches mit dem Grunde ihres innersten Lebens strafe. Also alles Gericht, was sie hier zu üben hat, ist nur das Gericht des Wortes, mag es im Allgemeinen in der öffentlichen Predigt oder im Einzelnen in der Uebung der Seelsorge Platz greifen, und damit ist alles Majestätsrecht der Kirche völlig gewahrt.

Alles das dürfte zur Genüge klar machen, daß alle jene ehrenwerthen Männer, welche vom Gehorsam gegen Gottes Wort gedrungen, der Erneuerung der Kirchenzucht in der von den Reformatoren aufgefaßten Weise neuerdings das Wort geredet, gänzlich übersehen haben, daß in der Wirklichkeit in dem Worte Gottes die vermeintliche Basis zu einem solchen Postulat gar nicht existirt, ja daß es mit dem Worte Gottes in Widerstreit wäre, wenn die Kirchenzucht, wie Stahl es will, als ein äußerlicher Rechtsspruch „durch äußerliche Mittel, nemlich durch Entziehung der Sacramente und Ausschließung aus der Gemeinschaft" durchgesetzt werden sollte (s. Stahl a. a. O. S. 77). Selbst wenn eine ausdrückliche Lossagung von der Kirche geschehen, und solcher Abfall wirklich zum Aergerniß der übrigen Kirchenglieder gereichte, könnte die Kirche doch nicht, wie Puchta (a. a. O. 106 folg., 143 folg.) meint, ein

Recht haben, eine Excommunication als ein rechtliches Urtheil mit rechtlichen Folgen auszusprechen. Denn dadurch hat sich ein solcher ebenfalls schon selbst ausgeschlossen, und bleibt ausgeschlossen, so lange er in diesem Sinne verharrt, und die Seelsorge der Gemeinde verschmäht. Nachdem die Wahrheit der Kirche Macht gewonnen über das äußere Dasein, bedarf es eines solchen Amts nicht, um ihre Ehre rein zu erhalten. Denn das Wort, das in ihr verkündigt wird, ist fortdauernd Zeuge, daß sie mit solcher Verkehrtheit nichts zu schaffen habe, und eben dieses Wort wird ihre Angehörigen gegen solche Verführungen hinreichend stärken, ohne daß man eine Excommunicationsformel zu Hülfe zu nehmen hätte. Tritt aber ein solcher Abgefallener auf mit öffentlicher Lehre, um Andere zu verführen, so ist es Sache des christlichen Staats, zu ermessen, ob er diesen Erweisungen in der Aeußerlichkeit zu wehren Grund habe, während die Kirche nichts weiter als das Schwerdt des Geistes dagegen zu erheben hat. Auf diese Weise wird dennoch immer eine „sittliche Würdigung der Kirche" zum Ausdruck kommen, ohne daß man, wie Stahl will, zu „Kirchenstrafen" seine Zuflucht zu nehmen braucht. Am widerchristlichsten würde es aber sein, und somit nichts weniger, als „ein lebendiges Bewußtsein" evangelischer Gemeinschaft ausdrücken, wenn die Kirche, nachdem sie von der sittlichen Lebensordnung Besitz genommen, es noch ebenso, wie die katholische Kirche, als eine ihrer wesentlichen Aufgaben betrachten könnte, mit der Excommunication einzuschreiten, um sich „als religiös sittliche Gemeinschaft von entschieden widerchristlicher oder unsittlicher Beimischung zu reinigen" (Stahl a. a. O. S. 216 Not. 58). So lange also die Vertheidiger des Excommunications-Rechts jene in unserm Kirchen-Recht weiter entwickelten Gründe nicht widerlegt haben, — was bis heute noch niemand versucht hat, weil man vielleicht aller Lebens-Erfahrung zum Trotz ein solches Recht als über allen Beweis erhaben ansieht — so lange wird es von diesem Fundament aus nie gelingen, der Behauptung von dem priesterlichen Vorrecht zur Führung des Kirchen-Regiments auch nur den geringsten Schein von Begründung zu geben. Denn ist die Kirchenzucht nichts weiter als Uebung des Dienstes am Wort, und hat das Regiment zwar über die Ordnung desselben, aber nicht über den Inhalt Gesetze zu geben, so fällt damit auch jeder Grund zur Annahme, daß beides in denselben Personen zusammentreffen müsse. Es bleibt vielmehr nur das Gesetz des Lebens, welches allein über die Bedingungen der Gestaltung einer solchen Gewalt entscheiden kann.

Sollte daher Stahl nicht etwa noch andere und bessere Beweise dafür beizubringen vermögen, daß die Beschränkung des Kirchen-Regiments auf die Bischöfe wirklich durch den Begriff der christlichen Lebens-Ordnung gefordert worden, — sollte er überdies nicht zugleich den Nachweis führen können, daß die frei zu wählenden Bischöfe (denn wie anders dieselben bestellt werden sollen, ist nicht gesagt, auch nicht einzusehen), wirklich der christlichen Gemeinde und dem Staat gegenüber als eine selbstständige Macht der kirchlichen Ordnung zur Wirksamkeit kommen, — sollte er endlich nicht im Stande sein, weiterhin überzeugend darzulegen, daß durch ein solches Regiment zugleich die Einheit mit dem Staat, nicht aber eine Quelle beständiger Differenzien und Conflicte zum Verderb von Kirche und Staat erhalten werde, — — so glauben wir auch bis dahin ein wohlbegründetes Recht zu haben, diese ganze Theorie als dem Reich der Phantastik entstammend und dahin gehörend zu betrachten. Wo auch immer Bischöfe als alleinige Kirchen-Regenten eingesetzt werden möchten, immer würde sich nach verschiedenen Verwirrungen und Kämpfen das Verhältniß wieder dahin gestalten, daß sie in ihren verschiedenen Regierungs-Acten der landesherrlichen Gewalt unterthan würden, damit nur Wahrheit der Ordnung für die Kirche und Einheit mit dem Staat herauskomme.

In dieser Beziehung können wir nicht umhin, auf die lehrreiche Erfahrung in der anglikanischen Kirche noch einen Blick zu richten. Sie ist um so lehrreicher, als hier die Bischöfe noch in dem Heiligenschein eines apostolischen Ansehens, d. i. in der Voraussetzung einer besonderen Vollmacht für das Kirchen-Regiment kraft der in der ununterbrochenen Reihefolge der Bischöfe empfangenen Ordination stehen geblieben sind. Auch hier machen sie die Wirklichkeit der kirchlichen Ordnung nicht aus, würden auch losgerissen von dem Mittelpunct ihres Princips dazu ebenso unfähig sein, wie alle anderen Bischöfe, wenn sie nicht auf die landesherrliche Macht sich stützten. Nur diese bildet die letzte Instanz der kirchlichen Ordnung, obwohl im grellsten Contrast mit dem vorausgesetzten specifischen Beruf der Bischöfe zum Kirchen-Regiment. Denn würden wirklich durch die Ordination solche specifischen Gaben auf die letzteren übertragen, so müßte die landesherrliche Gewalt folgerecht ganz ausgeschlossen bleiben, und wenn gleichwohl eine Spitze der Gewalt noth thäte, so würde nichts übrig bleiben, als einen Kirchenfürsten aus ihrer Mitte darzustellen. Allein diese Inconsequenz ist nichts als eine unfreiwillig durch die geschichtliche Entwickelung aufgedrungene Form des Kirchenwesens, nichts als eine nothwendige Folge der unnatürlichen Gestalt, in welcher die Reformation in England ins Leben trat. Wollte man ja doch die Grundprincipien der Römischen Verfassung nicht abschaffen, sondern nur den daraus consequent entwickelten Primat des Papstes aufheben, und statt dessen den König mit päpstlicher Machtvollkommenheit an die Spitze des geistlichen Regiments setzen. Daß dadurch das letztere dieselbe wohlgeschlossene Gliederung und Haltung beibehielt, wie sie von der Römischen Kirche zu rühmen, ist freilich nicht zu leugnen, auch ganz natürlich, weil wirklich alle wesentlichen Formen der letzteren noch geltend blieben. Aber eben dieses geschah auf Kosten der Wahrheit und Freiheit der kirchlichen Ordnung, und so konnte auch der eigentliche Segen des landesherrlichen Kirchen-Regiments, die rechte Wahrheit seines Begriffs hier nicht in Erscheinung treten (s. unten). Aus diesem Grunde können wir es nur für einen Irrthum erkennen, wenn C. Rothe (a. a. O. S. 93) die „unversehrte" Beibehaltung des „großartigen Organismus" der katholischen Kirche in der englischen überhaupt für einen Vorzug der letzteren, sei es auch nur in der geringsten Beziehung, ansieht, ja sogar der Meinung ist, daß „die englische Kirche unter den evangelischen Kirchen die einzige sei, welche wahrhaft eine Weltstellung einnehme, und sich fähig zeige die Enden der Erde zu umfassen." Hat wirklich die englische Kirche eine solche Stellung eingenommen, ist das etwa durch ihre kirchliche Verfassung erzielt? Oder ist diese universellere Beziehung nicht lediglich Folge davon, daß kein anderes protestantisches Volk durch seine politische Bedeutung einen gleichen Einfluß auf alle Gebiete der Erde erlangt hat wie Großbritannien? Hat nicht die englische Kirche in ihrem Verwachsensein mit dem Staate nur an dieser Beziehung participirt? Erst wenn abgesehen von solcher Concurrenz eine Kirche eine solche Stellung einnähme, würde man es vielleicht ihrem Princip beimessen können. Dazu ist aber die englische Kirche eben um des letzteren willen durchaus unfähig, und wenn die allgemeine evangelische Kirche sich noch nicht zu einer solchen Bedeutung emporgehoben, so liegt es nur darin, daß sie selbst in mancher Beziehung noch zu viel von der particularistischen Basis beibehalten hat, auf welcher die englische Kirche ruht. Käme es wirklich für die Entwickelung einer solchen Universalität auf eine dem englischen Princip entsprechende Organisation an, so müßte vor allem das letztere als eine in der Einsetzung der Kirche begründete Substantialität nachgewiesen werden. Dann wäre aber auch einzugestehen, daß die Reformatoren überhaupt unrecht gethan, die Römische Kirche zu verlassen, in welcher dasselbe nur von daher entlehnte Princip zu ungleich größerer Consequenz sich entfaltet, ja eine ungleich großartigere, noch mehr den Schein einer Universalität in sich tragende Gestalt angenommen hat. Ist die englische Verfassung ein Vorzug, so hat die Römische Kirche jedenfalls einen viel größeren. Daß dies äußerlich geschlossene Wesen gewisse Vortheile für die englische Kirche mit sich geführt, wollen wir nicht verkennen. Aber dasselbe ist wieder in viel höherem Grade von der Römischen Kirche zu rühmen. Allein diese Vortheile beziehen sich nur darauf, daß auch von dem gebundenen Wesen eines äußeren Kirchthums ein Segen ausgehen kann, weil es ein Zuchtmeister auf die Freiheit werden kann. Das ist ja allein die große Mission, welche das Papstthum im Mittelalter gehabt — das der Segen dieses tausendjährigen Reichs einer babylonischen Gefangenschaft, in welcher der Geist reifen sollte für das Leben in der Freiheit der Kinder Gottes. So lange die wiederhergestellte Kirche selbst noch jene Ueberreste der Römischen Hierarchie in sich bewahrt, und die Festhaltung und Anspannung dieser Bande als etwas Substantielles betrachtet, mußte eine Kirche, wie die englische, in welcher am meisten Römische Organisation und Gliederung waltete, in ihrem Kirchthum einen Schein des Uebergewichts erlangen. Aber folgt etwa hieraus, daß eine solche Organisation noth thue, um die christliche Kirche zu der ihr verheißenen Größe und Herrlichkeit zu bringen? Wäre das, so laßt uns lieber wieder Römisch werden, daß wir nicht im halben Wesen bleiben, sondern den

Fels erkennen, worauf die Kirche ruht, — daß wir wissen, ob es Petri Stuhl sei, oder Petri Glaube an den geistlichen Fels, welcher ist Christus. Weil wir aber an dem letzten allein festhalten, und den Stuhl fahren lassen, so wissen wir, daß das, was die Kirche groß und herrlich macht, was ihr den Sieg über die Welt giebt, nicht irgend eine Verfassung ist, geschweige eine auf Römischen Voraussetzungen ruhende, sondern der freie selbstbewußte Glaube. Lasset nur die evangelische Kirche zu dem rechten Bewußtsein ihrer Universalität und Freiheit gelangen, — Ihr werdet bald gewahren, wie die nachtheiligen Folgen einer mangelhaften Organisation in den Hintergrund treten werden. Aber Ihr werdet auch bald sehen, wie die so zum Selbstbewußtsein der Freiheit gekommene Kirche sich selbst die rechte Verfassung im Einklange mit dem Gesetz des Lebens geben, und wie sie auf solcher Grundlage zu immer größeren Siegen fortzuschreiten stark sein wird. Allein damit können jedenfalls die hierarchischen Principien nicht Bestand haben, wie sie als Nachklang des Römischen Wesens in der englischen Kirche dastehen. Denn gerade diese Organisation ist es, welche dort noch mehr, wie ähnliches Wesen auf dem festen Lande, der freien Entwickelung des evangelischen Geistes Fessel angelegt hat. Oder weiß man nicht, wie jede freiere Regung des Gedankens in der Erforschung der Gottes-Tiefen von dem bischöflichen Ansehen unterdrückt wird, wie der Stab gebrochen wird über alles, was diesem Ansehen, wie es in den XXXIX Artikeln stabil geworden, zuwiderläuft? Und sind diese Faustschläge in das Angesicht der Freiheit etwa damit gesühnt, daß mit demselben äußerlichen Ansehen die Verirrungen der zur Römischen Kirche sich neigenden Richtung bekämpft werden? Die Gefahr rechtfertigt nicht das Unrecht gegen die Geistesfreiheit. Hätte man ein freies evangelisches Gewissen, so würde man dieser Richtung, die nur auf dem hochkirchlichen

Grundprincip folgerecht fortschreitet, einen freien Boden der Entwickelung innerhalb der Kirche gegeben haben. Das wäre evangelisch, das wäre Glaube an die Macht der Wahrheit des Evangeliums gewesen, während der Widerstand den Widerstand aufregt, und so dem todten Wesen ein künstliches Dasein, wenn auch nur in Convulsionen fristet. Würde man den Puseyismus in der Kirche resp. in der theologischen Facultät der Kirche frei lassen, es würde der englischen Kirche in dieser Caricatur die Unwahrheit des eigenen Grundprincips um so schneller offenbar werden, und so aus dieser Gerechtigkeit, wie sie ein freigewordenes evangelisches Bewußtsein allein üben kann, dieser Kirche der rechte Segen zu Theil werden. Ja es würde das erste Lebenszeichen des zur Freiheit erwachenden Selbstbewußtseins sein. Wie fern England von diesem Standpunct geblieben, und wie gerade der Organismus der Kirchen-Verfassung daran Schuld ist, das wird selbst in den Zugeständnissen derer klar, welche sonst mit Enthusiasmus für die angeblichen Vorzüge dieser Verfassung erfüllt sind. Denn wie sollte wohl wahrhaft protestantisches Wesen in einer Kirche gedeihen, in welcher, wie auch Rothe beklagt, die Gemeinden in demselben rechtlosen Zustande wie in der Römischen Kirche sich befinden, — in welcher das bischöfliche Amt einen so schweren Druck auf die Pfarrgeistlichkeit übt, und in welcher endlich auch jede Spur des synodalen Elements seit der Einstellung der Convocationen gänzlich untergegangen ist. Ja wenn auch diese letzteren wiederhergestellt würden, so würden sie doch für die Fortentwickelung des rechten evangelischen Lebens wenig helfen, so lange noch der Grund-Irrthum der englischen Kirche von der specifischen Befähigung des geistlichen resp. bischöflichen Amts zur Kirchen-Regierung fortbestände, da neben ihm das Bewußtsein der Gemeinde nie recht zur Besinnung, geschweige zur Gestaltung und Geltung kommen könnte.

Daß die englische Kirche seit ihrem Bestehen eifrig darauf ausgegangen ist, diesen Grund-Irrthum, als in dem Evangelium begründet, nachzuweisen, versteht sich von selbst. Allein es sind immer nur dieselben Gründe, welche auch die Römische Kirche für das bischöfliche Ansehen anführt, und wenn daher die Vertheidiger des Episcopalismus Recht haben, so haben die Römischen wenigstens in Bezug auf ihre Verfassungslehre erst recht Recht. Wir können daher nicht umhin, auf diese Argumentation, wie sie in einem der neusten Werke eines englischen Gottesgelehrten enthalten sind, hier einen näheren Blick zu werfen. Wir meinen Sinclair's Dissertations vindicating the church of England with regard to some essential points of polity and doctrine, und zwar vor allen die Abhandlung über das Episcopat, die uns um so näher liegt, als darin ausdrücklich auch auf die Zustände in Deutschland Bezug genommen wird. Wir übergehen seine Beweisführung aus den Schriften der Reformatoren, und fassen nur die sonstigen Argumente für das Recht der Bischöfe ins Auge. Die Grundlegung desselben soll darin gelegen haben, daß der Stifter der christlichen Kirche zwölf Apostel mit den ausgedehntesten Vollmachten verordnet, um in seinem Namen eine geistliche Gemeinschaft (spiritual society) zu bilden, und daß diese auch bei dem Hervortreten anderer Aemter (Diakone, Presbyter) die allgemeine Leitung (general control) über die ganze Kirche gehandhabt haben. Alles unbestreitbare Thatsachen — aber daß daraus nichts für die gleiche Machtvollkommenheit der Nachfolger der Apostel zu folgern, haben wir oben gesehen. Dennoch wird ein solcher Nachweis versucht in der Hindeutung darauf, wie die Apostel, in Vorhersicht ihres Abscheidens von dem Schauplatz ihrer irdischen Arbeit, es nöthig gefunden, für die geistlichen Bedürfnisse der kommenden Geschlechter Fürsorge zu nehmen, und wie sie zu diesem Behuf andere Personen consecirt, um sie mit einigermaßen ähnlichen Vollmachten, wie sie sie selbst hatten, auszurüsten. Da die letzteren jedoch ihre Vollmachten nicht unmittelbar von Gott, sondern von menschlicher Wahl ableiteten, so seien sie in gewisser Beziehung von geringerem Ansehen und subordinirt gewesen. Darin soll das Ende des unmittelbaren apostolischen Ansehens und die Einsetzung des bischöflichen (cessation of immediate apostolical authority and substitution of episcopal) zur Erscheinung gekommen sein. Die Bestätigung dieser Auffassung wird in der Aussendung des Timotheus mit apostolischer oder bischöflicher Autorität über die Kirche von Ephesus, und ebenso in der des Titus als Bischof von Creta gefunden. Allein über die Stellung des Timotheus in der apostolischen Kirche ist doch (s. den ersten an ihn gerichteten Brief, insbes. 1, 3. 3, 2—13. 4, 11—15. 5, 17—22) nur soviel als zuverlässig anzunehmen, daß ihn Paulus in Ephesus zurückgelassen, „um den Irrlehrern entgegenzuwirken" und daß daran sich auch der „Zweck angeschlossen, die neue Organisation der Gemeinde zu Ephesus, vielleicht auch anderer benachbarten Gemeinden, die sich unterdessen gebildet hatten, zu leiten." Und ebenso hatte die Mission des Titus, der von Paulus auf Creta zurückgelassen worden (s. den Brief an Titus), offenbar nur denselben Zweck „für die vollständige Organisation der kirchlichen Verhältnisse daselbst zu sorgen, die Gemüther in der reinen Lehre zu befestigen, und dem Einfluß der Irrlehrer in den neuen Gemeinden entgegenzuwirken." *) Wären also auch jene Missionen wirklich als die Uebertragung eines bleibenden Amts zu betrachten, was kann aus diesen Thatsachen gefolgert werden? Nichts weiter, als daß Paulus

*) s. Neander's Gesch. der Pflanz. und Leit. der christl. Kirche durch die Apostel S. 274 folg.

kraft seiner Apostelschaft jenen Männern das Recht einer Oberaufsicht anvertraut habe, nicht aber die Einsetzung eines besonderen Episcopats als Inbegriff aller apostolischen Vollmachten in der Meinung einer allezeit nothwendigen Fortdauer dieser Würde mit dem ausschließlichen Beruf zur Regierung der Kirche. Das hätte ausdrücklich gesagt werden müssen, und da es nicht geschehen, so ist aus der geschichtlichen Kunde über jene amtlichen Stellungen nur das als Lehre zu nehmen, daß über Geistliche und Laien allezeit eine besondere Macht der Regierung vorhanden sein müsse, ohne daß über die Art, wie sie unter den verschiedenen Gestaltungen des Lebens sich zu organisiren habe, etwas festgesetzt worden. Man könnte daher füglich sogar den Unterschied zwischen *ἐπίσκοποι* und *πρεσβύτεροι* zugeben — zugeben, daß die Presbyter nur den Dienst am Wort in der Gemeinde gehabt, und daß wie die Apostel die Ertheilung der Ordination sich ursprünglich vorbehalten, so weiterhin nicht allen Presbytern diese Befugniß eingeräumt sei (obschon gerade nach der von Sinclair näher erörterten Stelle 1. Tim. 4, 14 in dieser Beziehung große Zweifel sich erheben ließen). Dennoch würde auch damit noch nichts bewiesen sein. Immer würde daraus noch nicht folgen, daß wirklich ein Presbyter, der als solcher von seinem Bischof ordinirt würde, specifische Gaben empfange, wie sie ein Presbyter nicht mitzutheilen vermöchte, oder daß ein Presbyter, weil er noch nicht die Gaben eines Bischofs auf diesem Wege erhalten, die letztern überhaupt nicht mitzutheilen im Stande sei. Wir meinen die Gaben zum Dienst am Wort, in den verschiedenen Stufen des kirchlichen Organismus, wie sie in der Ordination auf das Haupt herabgefleht werden. Hätte dies das Grundgesetz in der Ordnung des Gottesreichs auf Erden sein sollen — wie es die Meinung aller wahren Episcopalen ist, so hätten darüber die Apostel sich mit unzweideutigen Worten erklären müssen. Erst dadurch hätte die Voraussetzung die rechte Basis erhalten, daß ein so ununterbrochener Contact allein zu dem Dienst der Kirche in den besonderen nothwendigen Stationen befähige. Da das aber nirgends gesagt worden, so würde in dem Vorbehalt der Ordination, falls er wirklich erweislich wäre, immer nichts zu finden sein, als daß Vocation wie Weihe nicht von jedem, sondern nur von denen ausgehen dürfe, welche die Macht der Kirchen-Regierung bildeten (hier die Apostel), oder von denen, die dazu von der letzteren bestellt worden. Das war nothwendige Folge der menschlichen Ordnung. Auf diese Weise würde es sich auch ganz einfach erklären, warum die Anordnungen über die Ertheilung der Ordination in der heiligen Schrift an einen sogenannten höheren Stand (to a higher order) gerichtet sind, d. h. an diejenigen, welche die Apostel zu solcher Oberaufsicht und Leitung der Gemeinden berufen, und warum nichts von einer Ordination durch Presbyter vorkommt. Ebendeswegen leuchtet aber auch von selbst ein, daß dies Stillschweigen über nicht-bischöfliche Ordination nicht das mindeste für das specifische Vorrecht der Bischöfe beweise, und daß es der stärkeste Beweis confessioneller Befangenheit ist, wenn jener Anglikaner meint, daß dies Schweigen den tiefsten Eindruck mache, und die festeste Ueberzeugung in jedem unbefangenen Gemüth zurücklassen sollte (this total silence of the word of God on the subject of non-episcopal ordination is calculated to leave the deepest impression and conviction on every candid mind). Die weiteren Beweise beschränken sich auf sehr gelehrte Ausführungen, daß Jakobus Bischof von Jerusalem war, und daß unter den sieben Engeln der Gemeinden, welche die Apokalypse aufstellt, Bischöfe gewesen. Aber auf alles dies kommt es in Bezug auf die Beweisaufgabe gar nicht an. Daß gewisse Personen die Macht der Kirchen-Regierung gehabt, und daß diese

Bischöfe genannt wurden, ist als Thatsache unwiderlegbar. Ja wir haben ja selbst zugestanden, daß das geistliche Amt der uranfängliche Träger der kirchlichen Ordnung ist, daß sich aus ihm die weiteren Unterschiede herausbilden müssen, und daß vor der Aufnahme der Totalität des christlichen Lebens, wie es in der Staatsgewalt sich manifestirt, die Verfassung der Kirche auf dem Regiment der Geistlichen vorzugsweise ruhen muß, wenn nicht die Verwirrung des Democratismus in die Kirche dringen soll. In diesem Sinne kann unbedenklich zugegeben werden, daß das Episcopat die ursprüngliche und apostolische Verfassung der Kirche (the original and apostolical constitution of the Church) gewesen, nicht aber in dem, daß nach der Verordnung der Apostel, d. i. nach Gottes Gebot, die Macht der Kirchen-Regierung unabhängig von der Entwickelung des kirchlichen Lebens für alle Zeiten ausschließlich von Bischöfen ausgehen sollte, d. h. von solchen Personen, die erst dadurch Fähigkeit und Recht zu solcher Regierung erlangen, daß sie von Bischöfen Anerkennung finden, die in einem der Reihe nach ununterbrochenen Contact mit denjenigen Bischöfen stehen, in deren Hände die Apostel ihre Kirchen-Regierung niedergelegt haben. Läßt sich dies nicht aus der Schrift beweisen, so können die weiteren Zeugnisse der Kirchen-Väter vollends keine Beweiskraft haben, es wäre denn, daß man nach Römischem Princip ihre Unfehlbarkeit unterstellen wollte. Denn wir glauben nicht an die Schrift, wie Sinclair, der dies dem Augustin nachspricht, weil die Väter sie bezeugen, sondern weil der Geist in uns zeugt, daß der aus ihr redende Geist Wahrheit ist, und wenn die Uebereinstimmung aller Zeiten in der Anerkennung der Schrift auch unsern Glauben stärkt, so bauen wir doch nicht auf das, was die Väter der Kirche als die Meinung der Apostel erkannt haben, sofern wir es selbst nicht in dieser Urkunde der Offenbarung begründet finden. Denn wie wir immer wiederholen, um die Thatsachen handelt es sich hier nicht, — in dieser Beziehung wollen wir nicht die Zeugnisse der Väter anfechten, da sie selbst in der Regel in der Schrift ihre Bestätigung finden, — sondern um die Deutung dieser Thatsachen oder vielmehr die Consequenzen, die man daraus ziehen zu dürfen meint. Von diesem Gesichtspunct aus sind die Kirchen-Väter nichts weniger als zuverlässig, weil sie an die bischöfliche Autorität sich anklammerten, um den Häresieen gegenüber Gewißheit der Wahrheit zu haben (s. oben). Inzwischen lag zu diesem ängstlichen Sichzurückbeziehen auf den Zusammenhang mit der bischöflichen Reihefolge auch noch eine äußerliche Veranlassung vor, nemlich in der Weltstellung der Kirche. Die Bischöfe als solche, d. h. als Geistliche, hatten, wie wir sahen, nicht das Gesetz der Ordnung in seiner Totalität in sich. Es mußte also ein äußerer Halt für die Geltung ihres Ansehens gesucht werden, eine Garantie der Ordnungsmäßigkeit und Kirchlichkeit der Wahl, wie sie, ganz abgesehen von der prätendirten Unfehlbarkeit, nur in der Anerkennung der anerkannten Bischöfe, also in der fortschreitenden Succession zu liegen schien. Es würde daher auch zu gar nichts führen, wenn wir hier auf alle die Stellen eingehen wollten, die Sinclair zu Gunsten der Episcopal-Verfassung aus den Kirchenvätern anführt. Wer jemals einen Blick in die Schriften von Clemens, Irenäus und Tertullian geworfen, der weiß, daß alle Schriften dieser Männer voll sind von Stellen, in welchen sie diesen Zusammenhang der bischöflichen Reihefolge als die sicherste Gewähr der Wahrheit der Kirche darstellen, oder wohl gar, wie Tertullian, diese Reihefolge selbst gleichsam als eine Art Stammbaum den Häretikern vorführen. Aber das können wir nicht unbemerkt lassen, daß wenn wir, wie Sinclair, solche Argumente von Ignatius gelten lassen, welche den Bischof mit Christus oder Gott identificiren, die Grundlagen der Römischen Kirche nicht weiter anzufechten sind. (See that ye follow all of you your Bishop, as Jesus Christ follows the father — Wherever the Bishop is, there let the people be: as where Jesus Christ is, there is the Catholic church — whatever he shall approve of, is also pleasing to God — hearken your bishop, that God may also hearken unto you.) Dasselbe ist der Fall, wenn man, wie jener, auf solche Stellen des Hieronymus sich beruft, in welchen dieser das Heil und den Rechts-Bestand der Kirche von der Würde des „obersten Priesters" (Bischofs) abhängig macht, und damit den Beweis giebt, wie man ohne es selbst zu wissen in den Principien des Papstthums gefangen sitzt, da im Grunde damit schon die Bedeutung des Papstes als Fels der Kirche zugestanden ist. (Ecclesiae salus in summi sacerdotis dignitate pendet; cui nisi exors quaedam et ab omnibus eminens detur potestas, tot in ecclesia efficientur schismata quot sacerdotes.) Wer von solchen Argumenten aus die Principien der bischöflichen Kirche Englands vertheidigen hört, — wie könnte es den wohl befremden, daß daraus der Puseyismus hervorgegangen, und daß in diesen Grundsätzen überhaupt die Brücke zum Romanismus gebaut ist.

Sähe man in den Bischöfen nur gewisse aus der Klasse der Geistlichen hervorgetretene höhere Kirchenbeamten, so wäre gegen ihr Regiment, sofern es nur in eine feste Macht der Ordnung eingebaut ist, wenig zu sagen, da es an sich von untergeordnetem Interesse ist, ob collegialische Behörden (Consistorien) oder einzelne Beamte (Bischöfe) die Organe der Kirchen-Verwaltung sind. Behauptet man aber, daß nur wirkliche Bischöfe ein Recht zur Kirchen-Regierung haben, oder wie Stahl es ausdrückt, „daß die Bischöfe wirklich das Subject der Kirchengewalt sind, daher alle ihre Anordnungen kraft ihrer Autorität als Oberer der Kirche ergehen," so daß die Fürsten ihren Anordnungen nur die bürgerliche Sanction zu ertheilen haben, welches von dem Glauben der englischen Episcopalisten nicht fern steht — so kann dies nur in sofern Sinn und Halt haben, wenn man damit die Vorstellung verbindet, daß ihnen specifische Gaben zur Kirchen-Regierung beiwohnen, wie sie anderen Christen-Menschen nicht zugänglich seien. Mag man daher immer gegen die Annahme der „Unfehlbarkeit" solcher Bischöfe oder selbst gegen die „Unbeschränktheit" ihres Regiments protestiren, ja selbst von einem besonderen göttlichen Recht der Bischöfe und einer inneren, den Personen anklebenden Würde oder unauslöschlichen Charakter nichts wissen wollen — so lange man die „episcopale Verfassung" als die unbedingt nothwendige, oder auch nur wie Stahl „für die vollkommen entsprechende, naturgemäße Verfassung der Kirche" ansieht (a. a. O. S. 246), in welcher „die Bischöfe der Mittelpunct der Lenkung der Kirche sein müssen," so erscheint das allgemeine Lebensgesetz in der Erweisung seines Einflusses auf die Gestaltung der kirchlichen Ordnung ausgeschlossen, und damit ist wieder der Schein einer übernatürlichen höheren geistlichen Würde als die vermeintliche Wahrheit des Kirchen-Regiments aufgerichtet. Wird aber so gleichsam wieder mit einem Fuß die Grundlage des Römischen Systems betreten, so wird — man mag es wollen oder nicht — auch immer wieder zu der Ausbildung jener Vorstellungen von dem bischöflichen Amt im Römischen Sinne Anlaß gegeben. Dies zeigt sich in der Geschichte der Böhmischen Brüder und Herrnhuter. Zwar ist zu allen Zeiten ausdrücklich erklärt, daß sie die bischöfliche Ordination nur für eine „gute kirchliche Ordnung" gehalten wissen wollten, „wodurch den Dienern der Kirche, welche das Lehramt und die Bedienung der Sacramente zu verwalten haben, eine äußere gesetzmäßige Beglaubigung und Legitimation verschafft wird," *) oder wie es

*) Diese Erklärung ist in ihrem wesentlichen Inhalt auch in den Ver-

anderweit wohl ausgedrückt ist, eam episcoporum ὑπεροχὴν concessam non esse jure aut praecepto divino vel apostol. auctoritate ac de lege necessitatis olim introductam, sed humana ecclesiae politiae ex occasionibus certis institutione — ein Grundsatz, der einen wesentlichen Unterschied gegen die Bedeutung des englischen Episcopats ausmacht, und die ganze Institution in solchem Lichte darstellt, daß gegen sie an sich wenig einzuwenden sein möchte, sobald keine andere äußerliche Basis für die Autorität des geistlichen Amtes gegeben ist (s. vorher). Allein der Accent, den diese Partei weiterhin bei verschiedenen Anlässen wiederum auf den Nachweis der apostolischen Succession in ihrer Bischofswürde gelegt, läßt nur zu klar durchblicken, daß man bei jener gesunden Auffassung keineswegs stehen geblieben ist, vielmehr im Hintergrunde doch immer zugleich von einer andern in die Römische Anschauungsweise hinüberspielenden Vorstellung sich hat leiten lassen. Wäre das nicht der Fall, so hätte man unmöglich an dieser Institution noch festhalten können, nachdem die Weltstellung der Brüder-Kirche sich total umgestaltet, und in dem Zusammenhang mit der landesherrlichen Macht eine ganz andere Legitimation und Sicherheit des Bestandes für die kirchliche Verwaltung hervorgetreten war, als wie sie einst in dem Sichzurückbeziehen auf den Zusammenhang mit den frühern Bischöfen gesucht ward*). Ja bei Lichte besehen, hatte dieses Zurück-

---

handlungen des letzten zu Herrnhut 1836 gehaltenen Synodus Kap. 12. §. 2. wiederholt, Gnadau 1838. Vergl. Grund der Verfassung der evangel. Brüder-Unität, Barby 1789. S. 220.

*) Wie hieraus allein die Einführung der bischöflichen Ordination bei den Mährischen Brüdern hervorgegangen, dieser Zweck allein ins Auge gefaßt worden, s. Cranz: alte und neue Brüderhistorie (Barby 1771). Derselbe erzählt, wie die Synode in Lhota in Bezug auf die Frage, ob die Erlangung einer bischöflichen Ordination für die Regeneration des Lehrstandes nöthig sei, ausdrücklich wegen der Gleichstellung der Presbyter und Bischöfe in der

beziehen von da ab vom Standpunct „der guten kirchlichen Ordnung" betrachtet, eigentlich allen Zweck und Bedeutung verloren. Wollte man sich gleichwohl noch gewissenshalber an den Zusammenhang jener Kette anklammern, in welchem die kirchlichen Oberen durch einen fortschreitenden Contact mit den ursprünglichen Bischöfen stehen, gleichsam als könnte doch in diesem Vehikel ein Zauber liegen, den man nicht bei Seite stellen dürfe, so deutet das zur Genüge darauf hin, daß jene Römische Grundanschauung wirklich sich auch hier wieder irgendwie eingeschlichen hat. Nur auf diese Weise wird es auch erklärlich, wie Einzelne in den Unitäts-Gemeinden im Großherzogthum Posen auf die Wiederherstellung des Zusammenhangs mit der gedachten Kette gedrungen haben, obschon nach der Sicherstellung ihrer kirchlichen Ordnung durch den Einbau in die Landes-Kirchen-Verfassung in Preußen jeder äußere Anlaß dazu fehlte (s. oben S. 102). Werden nicht alle daran sich knüpfenden Consequenzen zugelassen, so ist dies eben nichts wie Inconsequenz oder ein Beweis der Unklarheit, in welcher man überhaupt sich das ganze Verhältniß gedacht hat. Immer bleiben indeß alle diese Erscheinungen sehr lehrreiche Beispiele, wie leicht das kirchliche Bewußtsein verkehrt und in die Irre geführt wird, so daß man gar nicht wieder in die einfachen Grundbegriffe protestantischer Kirchen-Verfassung sich zurecht finden kann, wenn so mit der Grundlage des Römischen Princips in der evangelischen Kirche gleichsam ein Spiel getrieben wird.

---

heil. Schrift dieselbe für überflüssig gehalten, und dahin übereingekommen wäre: „Sie könnten sich mit Predigern begnügen, die nur blos von Priestern ordinirt worden. Damit ihnen aber die Widersacher die Gültigkeit ihres Amts nicht streitig machten, so wollten sie sich um eine Ordination umthun." Vgl. die von ihm citirte Comenii historia fratrum Bohem. Hal. 1702. und A. Regenvolcii systema historico-chronol. eccles. Slavonicarum (Traj. ad Rh. 1652) Lib. I. p. 32.

Von diesem Gesichtspunct erscheint auch die ängstliche Besorgniß in England vor dem Eindringen der Papisterei (popery) vollkommen begründet. Es ist eine dunkle, auf triftigem Grunde ruhende Ahnung, die jedem sagt, daß er in einer kirchlichen Luft lebe, welche mit allen wesentlichen Keimen einer solchen Geisteskuechtschaft inficirt ist, weil die englische Kirche mit der Römischen über einem und demselben Abgrund schwebt. Daher erklären sich auch die reißenden Fortschritte, welche der Papismus in England macht. Denn ein rechtgläubiger Anglikaner, der im Sinne des High-church-principal die Bischofs-Würde ansieht, muß Papist werden, wenn er consequent sein will. Er kann nicht eher auf einen festen Grund seines Princips kommen, als bis er die bestimmte Einheit der auf verschiedenen Puncten als specifische Träger der Kirche erscheinenden bischöflichen Würden gefunden hat. Und ebenso liegt auch am Tage, daß der, welcher an die Bestimmung der Bischöfe zur Fortsetzung des apostolischen Regiments glaubt, nicht eher ruhen kann, als bis er zu einem Kirchen-Wesen gelangt ist, wo dies bischöfliche Vorrecht durch die Ausschließung aller Einmischung der Staats-Regierung in die kirchlichen Angelegenheiten zu seiner vollen Entwickelung und Geltung gekommen ist. Beides findet er aber nur in der Römischen Hierarchie. Um daher solche Verirrungen des kirchlichen Bewußtseins auf protestantischem Gebiet abzuwehren, kann man nicht laut und stark genug seine Stimme gegen die Einführung alles und jedes Episcopalismus erheben. Ja schon aus demselben Grunde muß man selbst die gleichsam in das hierarchische Princip noch festgebannte Theorie des sogenannten **Episcopal-Systems** abwehren, welche in der landesherrlichen Gewalt nur eine Fortsetzung der bischöflichen finden will, damit nicht auf diesem Wege die gänzliche Misdeutung der Aufgabe und Bestimmung des landesherrlichen Rechts in die Kirche eindringe

(s. Kirchen-Recht Th. I. S. 35). Denn dieser nur practisch gefaßte Episcopalismus erregt ebenfalls immer wieder die Vorstellung, als wenn von Rechtswegen den Bischöfen die Kirchengewalt zustehe, oder der Landesherr nur das Recht der Römischen Bischöfe in ihrer früheren Bestimmung fortsetzen solle. Wird aber gar der jetzige Rechtszustand der landesherrlichen Kirchen-Verfassung dadurch in seinen Grundlagen verändert, daß in ihr die bischöfliche Würde nicht als bloßer Titel, sondern mit besonderen Functionen und Vorrechten aufgerichtet wird, so wird immer, wenn dies auch nicht die englische Bischofswürde im Sinne der High-Church sein soll, an diese Einführung der Begriff der Nothwendigkeit eines solchen Wesens sich knüpfen, und dadurch allen weiteren Verirrungen Raum gegeben werden. Denn gewissermaßen kann man wirklich sagen, daß in England blos durch die Thatsache der Beibehaltung der Bischöfe als Kirchenoberen die Vorstellung von ihrer specifischen Würde und der Nothwendigkeit derselben als Träger der Wahrheit der Kirche zur Entwickelung gekommen ist. Wenigstens bleibt es immer höchst merkwürdig, daß in den XXXIX Glaubens-Artikeln von der Bedeutung dieser Würde in diesem Sinne nicht nur nicht das Mindeste gelehrt, sondern geradezu im Widerspruch damit ganz wie in der Organisation der Verfassung der lutherischen Kirche Deutschlands die ganze Verwaltung der weltlichen Obrigkeit beigelegt, und das Recht dazu auf ihre Macht über das Gesammtgebiet der Ordnung gegründet wurde. So unklar auch in dem Artikel 37 *) das

*) The Queen's Majesty has the chief power in this Realm of England and other her Dominions, unto whom the chief Government of all Estates of this Realm, whether they be Ecclesiastical or Civil, in all causes does appertain, and is not, nor ought to be, subject to any foreign Jurisdiction.

Where we attribute to the Queen's Majesty the chief go-

ganze Verhältniß gedacht worden, und um so unklarer sich gestalten mußte, weil die ursprüngliche Reformation eigentlich nur den Primat des Papstes auf den König übertragen hatte, so sieht man doch, daß von dem kirchlichen Regiment des Landesherrn nur der Dienst am Wort einschließlich der Verwaltung der Sakramente ausgeschlossen, im Uebrigen aber das Gesammtgebiet der kirchlichen Ordnung in seine Hände gelegt, also die Macht der im Artikel 36 aufgeführten Geistlichen, Erzbischöfe, Bischöfe, Priester und Diakonen auf jenen Dienst beschränkt werden sollte. Aber eine solche ohnehin nicht näher entwickelte Satzung konnte allein für die Gestaltung des kirchlichen Lebens nicht bestimmend werden. Da die Stellung der Bischöfe in dem letzteren gerade so, wie sie in der Römischen Kirche bestand, unverändert beibehalten wurde, und in keiner Art ein besonderer Anlaß zur Durchbildung der aus der Vorgeschichte dieser Stellung überkommenen Vorstellungen sich fand, so mußten unvermeidlich alle jene Irrthümer an diesem Amte haften bleiben, ja selbst die Gedanken von dem specifischen Vorrecht der Bischöfe im Römischen Sinne wieder aufwachen. Daß damit die Macht des Landesherrn, wie sie ihm als supreme governor of the church eingeräumt worden, im grellsten Widerspruch steht, leuchtet von selbst ein.

Ist eine gleiche Wendung der Sache nicht in der Kirche Dänemarks und Schwedens eingetreten, obschon auch hier

vernment, by which Titles we understand the minds of some slanderous folks to be offended; we give not to our Princes the ministering either of God's Word, or of the Sacraments — but that only prerogative, which we see to have been given always to all Princes in holy Scriptures by God himself, that is, that they should rule all states and degrees committed to their charge by God, whether they be Ecclesiastical or Temporal, and restrain with the civil sword the stubborn and evildoers.

eine bischöfliche Verfassung beibehalten worden, so lag dies darin, daß hier das lutherische Grundbewußtsein in dem Ernst seines Strafgerichts über die bischöflichen Prätensionen die Basis der Reformation gewesen war. Das allein genügte, um von Anfang an die Festsetzung gleicher verkehrter Vorstellungen von der bischöflichen Würde abzuwehren, und zwar dies um so mehr, als diese Grundlage des kirchlichen Lebens beide Kirchen zugleich in der Einheit des Bewußtseins mit der deutschen Kirche erhielt, in welcher dergleichen Verirrungen nicht den mindesten Anschließungspunct finden konnten. Daß aber auch dort, namentlich in Schweden, das bischöfliche Ansehen zu einer hypertrophischen Gestaltung gekommen, d. h. weiter sich ausgebreitet, als wie es mit dem rechten Begriff von der Stellung des niedern Clerus zum Dienst am Wort, und der gleichen Berechtigung desselben zur Mitwirkung an der Realisirung kirchlicher Lebensordnung, so wie mit dem Recht der Gemeinden zu vereinbaren ist, — das wird Niemanden verborgen bleiben, der diese Zustände näher ins Auge faßt. So wird also auch hier wieder der Schlüssel zu solcher Beeinträchtigung kirchlicher Freiheit nur allein in der Thatsache der Beibehaltung der bischöflichen Würde zu finden sein, die entweder ganz andere Glaubensvorstellungen, oder ganz andere Zustände des Lebens voraussetzt. Was aber die Bischöfe dort an Einfluß auf die Gestaltung kirchlicher Ordnung gewonnen, das haben sie doch auch dort wiederum wie in England nur kraft ihrer Anlehnung an die landesherrliche Macht, welche ihrer Autorität Geltung, ihrem Wirken für die Ordnung Einheit und Kraft verleiht, und das kirchliche wie das staatliche Leben zu einem organischen Ganzen des christlichen Daseins verwebt.

C. Die Wahrheit der kirchlichen Ordnung in ihrer Einheit mit dem Staat.

Fassen wir alle bisherigen Entwickelungen zusammen, so haben wir als Resultat, daß so wenig in der kirchlichen Gemeinde in der Abstraction ihres Fürsichseins, wie in der Autorität des geistlichen Amtes an sich, die Momente gegeben sind, aus welchen eine in sich feste Realität des kirchlichen Regiments in Uebereinstimmung mit dem gesammten christlichen Leben zur Erzielung der Wahrheit und Einheit kirchlicher Ordnung sich gestalten könnte. Vielmehr, wenn solches von dem einen oder anderen Puncte aus sich bilden will, so geschieht es entweder auf Kosten der Ordnung oder der kirchlichen Freiheit. Es zeigen sich entweder die Gebrechen der Demokratie oder der Hierarchie, und wenn es auch gelingt, beides durch eine künstliche Organisation der Verfassung, welche beide Elemente zu vereinigen strebt, in gewisse Schranken zu halten, so fehlt immer die Wahrheit und Einheit des Regiments in sich selber, wie sie nur in einem ohne Willkühr aufgestellten persönlichen Gipfel des Regiments gesichert sein kann. Ein solcher ist aber an und für sich weder in der Gemeinde noch in dem geistlichen Amt gegeben. Ja wäre es auch möglich, aus dem einen oder andern oder aus beiden einen solchen Gipfel der Macht mit innerer Wahrheit zu constituiren, so würde damit doch immer nicht die kirchliche Ordnung zur Vollendung ihres Begriffs kommen. Immer bliebe sie in einem Gegensatze gegen die Macht zur Verwirklichung aller Lebensordnung, wie sie in der Landesobrigkeit gegeben worden, und insofern in einer einseitigen Entwickelung, weil sie in der Wirklichkeit nicht von der staatlichen Ordnung isolirt ist, sondern nicht nur innerhalb derselben alle Bedingungen ihres zeitlichen Daseins hat, sondern nach ihrem eigenen innersten Princip die Bestimmung hat, das ganze Leben, also auch das staatliche, als solches mit ihrem ganzen Wesen zu durchdringen. So lange also eine solche Entgegensetzung anhält, würde die Kirche als Lebensordnung in einer relativen Unvollkommenheit bestehen, die erst mit Gestaltung beider Ordnungen zu einer Einheit des Organismus aufhören kann. Sollte daher die zur Zeit der Apostel bestandene Macht der Ordnung über Gemeinden und Geistliche für die Kirche in der Gestalt einer absoluten Wahrheit wieder erscheinen, so konnte es nicht eher geschehen, als bis sie das staatliche Leben mit ihrem Geist durchdrungen, und so dasselbe in sich aufgenommen. Erst dadurch war die Möglichkeit geworden, die hier durch Gottesordnung gegebene, in sich constante Macht zugleich zur Realisirung der kirchlichen Ordnung so wie zür Erhaltung ihrer Einheit mit der staatlichen so weit zur Wirksamkeit kommen zu lassen, als es ohne Aufhebung des eigenthümlichen Lebens der Kirche geschehen darf, und das Gesetz der Ordnung nothwendig macht. Das ist es wohl unstreitig, was Luthern vorschwebte, als er in seiner Schrift „von weltlicher Obrigkeit" den Unterschied gegen das kirchliche Wesen aufstellte, und darauf drang, „man müsse diese beiden Regimenter mit Fleiß scheiden und beides bleiben lassen," aber doch, in dem lebendigen Bewußtsein von der Bestimmung beider zur Einheit eines organischen Daseins, die merkwürdigen Worte hinzusetzte: **„keines ist ohne das andere ganz in der Welt."** Das ist die kurze Summa der Wahrheit in der christlichen Lebensordnung, das der einfache Schlüssel zu allen Theorieen von der Beziehung des Staats zur Kirche und umgekehrt.

Wollen wir aber diese Wahrheit in ihrem innersten Grunde fassen, wollen wir das noch nie ausgedachte Geheimniß der ewigen Einkindschaft beider Gottesordnungen zu begreifen suchen, und sehen, wie gerade die rechte Einheit beider die eigenthümliche Substanz einer jeden in ihrer Wahrheit erhält, so müssen wir eingehen in den Urgrund alles menschlichen Daseins. Da werden wir zugleich den Urgrund der Einheit des sittlichen und religiösen Lebens, die Nothwendigkeit der organischen Vereinigung aller substantiellen Sphären der Menschheit anschauen. Der da gesprochen, „lasset uns Menschen machen, ein Bild das uns gleich sei," — derselbige hat das Leben dieser Zeit nicht geschieden von dem ewigen, sondern der Mensch, als Gottes Wesen in sich tragend, war von Anfang an dazu bestimmt, das Leben in der Zeit als ein Leben in Gott, — ein gottmenschliches, — zu führen. Und ob auch die Sünde in die Welt gekommen, und der Mensch durch den Abfall vom lebendigen Gott dahin gegeben worden, Gottes Wahrheit in Lüge zu verkehren (Röm. 1, 20—25), so blieb doch unvertilgbar in ihm die Ahnung seines göttlichen Ursprungs, seiner Bestimmung für ein Leben außer der Zeit, und eine in dem Fortgang der Jahrhunderte immer klarer hervortretende Hoffnung der Wiederherstellung der Einheit des göttlichen und menschlichen Wesens. Wo daher irgend menschliche Creatur sich organisirte, sei es in Familie oder Volk, da ward das Gottesbewußtsein auch in der Entstellung, wie es war, mit solchem Organismus in Beziehung gebracht als ein Pfand und Zeugniß, daß menschliches Wesen als ein wahrhaftiges, substantielles nur in der Einheit des sittlichen und religiösen Bestand haben könne. Es ist ja ein und derselbige Gott, welcher das sittliche Gesetz, diesen ewigen Zeugen seines Willens, als die Grundlage der menschlichen Gemeinschaft und die Macht ihrer Erhaltung in die Herzen der Menschen geschrieben, der da zugleich denselbigen Herzen den

Hunger nach dem lebendigen Gott eingepflanzt, als dem Quell des Lebens, in dessen Gemeinschaft das sittliche Gesetz erst zum Verständniß seiner selbst und seiner Wirklichkeit gelangt. Davon zeugt das Leben aller Geschlechter und Völker des Alterthums, bis die Zeit erfüllet war, bis Gott selbst das Wesen der Menschen angenommen, indem er Fleisch ward in Christo, und in seinem Leiden und Sterben die Wiederherstellung der gefallenen Menschheit hinausführte zu der Einheit mit Gott, zu der sie geschaffen worden. Was auf Golgatha „vollbracht," — der Sieg des menschgewordenen Gottes über die Welt in ihrer Gottesfeindschaft, — das sollte als der allen Menschen aufgethane Strom einer Gotteskraft durch die Menschheit sich ergießen, um sie in ihrer Totalität hinanzubringen zu derselbigen Einheit in Gott, wie sie in Christo war, und die Welt mit sich versöhnte. Denn er war gekommen, **nicht aufzulösen, sondern zu erfüllen.** Es ist nicht blos der einzelne Mensch, den diese Gotteskraft erfassen will, um ihn aus der mit der Sünde ihm angebornen Entzweiung seines Wesens in das himmlische Wesen zu versetzen, ihm Friede mit Gott und der Welt, ewiges Leben mitten in der Vergänglichkeit der Zeit zu geben. Sie will die Menschheit in ihrer Totalität erfassen, die Welt in allen ihren substantiellen Relationen heiligen, daß in allen das gottmenschliche Leben wieder zur Manifestation komme, als das Werk dessen, der die gefallene Menschheit wieder an sich genommen. Da ist mit Ausschluß der Sünde nichts Menschliches, was nicht geheiligt und zum Einklang mit Gottes Reich erhoben werden könnte. Was Christus sagt in einer andern Beziehung: „Es ist nichts außer dem Menschen, das ihn könnte gemein machen, sondern was von ihm ausgehet, das ists, das den Menschen gemein machet" (Mark. 7, 15), — was der Apostel in demselben Geist wahrhafter Humanität wiederholt: „ich weiß und bin es gewiß in dem Herrn Jesu, daß nichts gemein ist an ihm selbst ohne den, der etwas rechnet für gemein, demselbigen ist es gemein" (Röm. 14, 14), — — das findet in seiner Universalität auch in dieser Beziehung seine Geltung. Wo irgend ein gesundes Christenthum ist, das da weiß, daß „alle Creatur Gottes gut" ist (1. Tim. 4, 4), — das über die Engherzigkeit des Sinnes erhaben, welcher spricht, „du sollst das nicht angreifen, du sollst das nicht kosten" (Col. 2, 21), — da wird dasselbe sich stets auch darin beweisen, daß es überall darauf ausgeht, die Totalität aller menschlichen Verhältnisse in sich aufzunehmen, mit seinem Geist zu beleben zur Wiedergeburt eines neuen, freien, in Gott ruhenden Wesens.

Als der Repräsentant der Welt tritt ihm der Staat entgegen. So lange man freilich in ihm nur ein von Menschen willkührlich gesetztes äußerliches Wesen erkennt, muß es vom christlichen Standpunct schwer werden, eine Beziehung zu ihm zu finden. Oder wenn man ihn gar als dem alten Adam angehörig, als etwas schlechthin unheiliges, ungöttliches ansieht, wird man in dem Gefühl der eigenen Heiligkeit sich dergestalt aufblähen, daß man auch mit ihm sich gemein zu machen scheut. Wo aber der christliche Geist aus der Dumpfheit verworrener Vorstellungen zum Selbstbewußtsein gekommen, und in ihm die Wurzel des eigenen menschlichen Daseins anschaut, da ist der Staat für ihn nicht blos etwas Weltliches, ein Gegensatz des Göttlichen. Nein er ist Geist, der wirkliche Geist eines Volks, wie er sich in der Vollbringung des sittlichen Gesetzes erweist, von Gott eingesetzt als die Fülle der Macht über alles, was Mensch heißt, in einem gegebenen Gebiet der Erde, verordnet zur Ausführung seines Willens, d. i. jenes sittlichen göttlichen Gesetzes, — also der Gipfel des menschlichen Wesens in seiner Erscheinung auf Erden. Ein Werkzeug Gottes, das auch da ist, wo noch kein Christenthum hingedrungen, — als die Macht des Gesetzes, das auch den Heiden in das Herz geschrieben. Kraft dieser von Gott verordneten Gewalt des Staats über die Totalität des Daseins ist die Kirche in ihrer äußern Erscheinung auch dem heidnischen Staat unterthan. Ja noch mehr, sie ist auch diesem zum Dienst verpflichtet, hat auch diesem zu helfen in der Geltendmachung des göttlichen Gesetzes, so weit dieses in dem heidnischen Staat zur Erkenntniß gekommen. Denn ob sie sich auch bezieht auf ein Reich das nicht von dieser Welt ist, so ist sie doch auch dazu gesetzt, daß auch sie an ihrem Theile daran arbeite, daß der Wille Gottes auf Erden zur Erfüllung komme, welches geschieht durch die Verkündigung der Erlösung in Christo, daß die Liebe ins Herz der Menschen ziehe, welche des Gesetzes Erfüllung ist, und alle Gesetze unnöthig macht (1. Tim. 1, 9). Aber eben deshalb geht ihre Mission in Bezug auf den Staat noch weiter. Auch der Staat als solcher, nicht blos die Einzelnen, soll zur Wahrheit seiner Bestimmung kommen. Soll durch ihn der Wille Gottes auf Erden immer mehr in Erfüllung gehen, so muß er selbst in dem, was seine Substanz ausmacht, d. i. in dem Geist seiner Verfassung verklärt werden zu einer neuen Creatur in Christo, und das kann nur geschehen durch die Kirche. So ist die Kirche aus einem doppelten Grunde in eine unauflösliche Beziehung zum Staat gesetzt. Einmal kraft ihrer Bestimmung, die Totalität des menschlichen Wesens einzunehmen, soll sie nicht ruhen, bis alles Wesen im Staate kirchlich, d. i. christlich ist. Es ist ihre höchste und letzte Aufgabe auf Erden, den Staat zu einem Reich Gottes zu machen in der vollen Wahrheit des Begriffs. Ist der Staat Geist, Geist eines Volkes, so hat die Kirche mit diesem wie mit dem Einzelnen sich zu vermählen, und von ihm Besitz zu ergreifen. Nicht etwa, wie die Römische Kirche es wollte, in äußerlicher Beziehung, indem ihr äußerliches Wesen seine äußerliche Gewalt sich dienstbar machen wollte, in der Meinung, auf diesem Wege den Geist zur Geltung zu bringen. Nur der Geist der Kirche soll den Geist des Staats durchdringen, damit aus dem Geiste frei auch in ihm ein Neues erscheine. Andererseits ist die Kirche nach der Naturseite ihres Daseins eine Organisation menschlichen Wesens, und als solche kraft der Totalität der Gewalt des Staats über alles Dasein der Menschheit nicht nur in der Macht des letztern, sondern wie alle anderen menschlichen Gemeinschaften kann sie auch nur in denselben Formen, wie diese, die äußere Lebensordnung darstellen und erhalten, und darum muß sie wie alle andern, soweit es um solch äußeres Dasein in ihr sich handelt, in die Ordnung des Staats irgend wie eingefugt sein. Denn dieser ist das absolute Gesetz aller Ordnung, nur in ihm ist die Realität aller Ordnung gegeben, — alle Formen derselben sind Elemente seines Wesens, auf seinem Boden entsprossen, von ihm entlehnt. Deshalb haben sie nur in Wahrheit Bestand, wenn sie an das allgemeine Gesetz seiner Ordnung sich anlehnen, und insofern kann die kirchliche Ordnung nur durch die Theilnahme an der staatlichen, nur durch die Vermittelung des staatlichen Wesens zur vollen Realität gelangen. Denn ganz außer dem Staat ist überall keine Ordnung möglich, und ohne seine Concurrenz läßt sie sich nur bis auf einen gewissen Punct durchführen.

So lange die Kirche blos in einzelnen Gemeinden erscheint, die unter sich keine bestimmte organische Verbindung haben, läßt sich innerhalb jeder wohl eine gewisse Ordnung darstellen, ohne daß sie von der Beziehung zu dem Staat weitere Notiz zu nehmen brauchen. Aber das Wesen der Kirche, das die Menschheit umfassen will, kann, wie wir oben sahen, nicht innerhalb einzelner Versammlungen zum Abschluß kommen, der Geist der Kirche nicht in den Egoismus independenter Secten sich bannen lassen. Wie die Menschheit überall ein organisches Ganzes in allen seinen Stufen und Gliederungen zu bilden strebt, so kann auch die zu einem neuen Leben in Christo wieder hergestellte Menschheit, d. i. die Kirche, nicht eher ruhen, als bis sie von einzelnen Stämmen oder Gemeinen zu einem Volk sich ausbreitend, sich zu einem organischen Ganzen zusammen gefaßt hat. Hier soll sie in dem neuen Geiste sich zu einem besondern Prozeß eines geistigen Daseins entwickeln, — ein organisches Leben führen, das als solches nach dem allgemeinen Lebensgesetz dieselben Stufen und Gliederungen der Ordnung in sich zu unterscheiden hat, — ein Ganzes, das in demselben Gesetz seine Grenze hat, in der menschlichen Grundlage der Gemeinschaft, d. i. in der Nationalität und Staatsbeziehung, welche das menschliche Leben von seiner Naturseite in eine besondere Beziehung gebracht hat. Sobald das kirchliche Leben sich zu dieser, ein Volk umfassenden Totalität des Organismus entfaltet, so erscheint sie als eine Macht der äußeren Lebensordnung, welche in ihrer gleichen Beziehung auf dieselben vom Staat zusammengehaltenen Lebensverhältnisse, so wie in ihrer gleichartigen Organisation nicht anders als ein Staat im Staat bezeichnet werden kann, so lange sie mit dem Letzteren nicht durch die Einheit des Organismus zu einem Ganzen verbunden ist. Damit sind dann aber zwei souveräne Gewalten mit gleichen Ansprüchen unumschränkter Geltung ihres Princips aufgerichtet, jede berechtigt in alle Lebenskreise der anderen einzugreifen, weil jede von beiden auf einem und demselben Gebiet alle Lebenssphären umfassen will und soll, jede den Geist ihres Wesens in Bezug auf die Geltung der Ordnung zur Wirksamkeit bringen will und soll. Beide Gewalten stehen als zwei Triebräder da, welche die Ordnung in einer und derselben Sphäre, jede von dem ihr gegebenen Impuls aus in Umlauf bringen sollen. Wären nun die Menschen Maschinen, so wäre eine Einheit leicht zu bewerkstelligen. In der Freiheit aber, worin der menschliche Geist sich bewegt, wird wie zwischen den Individuen die Möglichkeit der Divergenz in dem Zusammentreffen beider Geister, d. i. des Staats wie der Kirche in ihrer ganzen Unendlichkeit gegeben. Die Wahrscheinlichkeit eines beständigen Conflictes wird hier um so größer, als auf jeder Seite Individualitäten erscheinen, die ein verschiedenes Grundprincip festhalten, und dasselbe in der Einseitigkeit verfolgen, wie sie durch die in ihrer Nicht-Vermittelung festgehaltene Scheidung beider Organismen um so stärker genährt wird. — Solcher Zwiespalt muß ebenso die Einzelnen, wie die zu einem Lebensprozeß gesetzten Gemeinschaften als solche in dem ruhigen Fortgang zur Erreichung ihres Lebensziels aufhalten. Ja vor allem ist es das innerste Lebensmark der Kirche, das verkümmern muß, wenn durch die Entgegensetzung gegen die staatliche Ordnung, welche die absolute Trennung des Organismus in sich schließt, in ihr selbst ein Gegensatz des Lebens, ein steter Anlaß zum Kampf mit einer anderen Sphäre der Gottesordnung unterhalten wird, — wenn nicht Einheit der Gesinnung und des Strebens ihre Kräfte zusammenhält und dem Einen Ziele — der Auferbauung des Leibes Christi — zuführt.

Fassen wir zunächst die Mitglieder der Kirche als Einzelne ins Auge. Wurzelnd in dem Bewußtsein, daß sie in dem Festhalten an der Gemeinschaft in Christo, — an dem Leibe seines Daseins auf Erden, die Gewißheit ihres Antheils an Christo selbst haben, und darum begehrend, in der Kirche zu leben und zu sterben, wissen sie auch zugleich, daß sie für das Leben dieser Zeitlichkeit ebenso nothwendig eingebaut sind in den von

Gott geordneten Organismus des Staats. Nicht blos, daß sie das leibliche Dasein in ihm haben, daß sie seiner Gewalt unterthan, und nach der Schrift ihm Gehorsam zu leisten haben, — das gilt alles schon von dem heidnischen Staat. Sondern wenn das Leben des Staats ein christliches geworden, müssen die christlichen Glieder desselben zur Erkenntniß kommen, daß alle seine sittlichen Beziehungen wesentlich die ihrigen sind, daß sie ihre Bestimmung als Mensch wie als Christ, als Glied des Staats wie der Kirche, nur in der Einheit ihrer Beziehung zu beiden zu erreichen vermögen. Da genügt nicht mehr die blos äußerliche Gemeinschaft des Gehorsams, sondern wenn anders die sittlichen Interessen jedes Einzelnen gefördert werden sollen, so muß er sich wesentlich mit dem Staat ebenso in Gesinnung und Leben Eins wissen, wie mit der Kirche. Das kann aber nicht geschehen, wenn beide Ordnungen unvermittelt einander gegenüberstehen, wenn in beiden divergirende Willensbestimmungen erscheinen, welche dem Einzelnen nur die Wahl lassen, entweder in den Gehorsam der Kirche, und somit in Gegensatz gegen den Staat, oder umgekehrt zu treten. So hin und hergezogen wird dann der eine, bald an der Kirche irre werdend, dem Staat ganz zufallen, oder mit diesem brechend sich in den kirchlichen Organismus allein einzubauen begehren. Kann daraus aber etwas anderes als Unsegen und Verderben für die Kirche hervorgehen? Denn wer ist es denn, der an dem Reiche Gottes baut? Sind es nicht die lebendigen Steine des heiligen Tempels selbst? Und kann ihre Arbeit Gedeihen haben, wenn sie in Bezug auf das Ziel ihres Baues, — das Reich Gottes — durch die Entgegensetzung seiner beiden nothwendigen Sphären in Verwirrung des Bewußtseins erhalten werden? Oder muß nicht solche Verwirrung kommen, wenn die Glieder der Kirche auf der einen Seite wissen, daß durch die Aufnahme des Christenthums Seitens des Staats des Zaunes Zwischenwand, die Feindschaft zwischen Staat und Kirche, abgebrochen, und beide zur Einheit des christlichen Lebens gesetzt sind, auf der andern Seite aber beide Lebensordnungen bald mehr bald minder durch die Differenz der über beide Ordnungen gesetzten Willensbestimmungen unaufhörlich in allerlei Hader und Zerwürfnisse gerathen? Und kann solcher Störung des christlichen Lebens in Staat wie Kirche anders in der Wurzel abgeholfen werden, als dadurch, daß beide in Bezug auf Verfassung und Verwaltung zu einer Einheit des Organismus sich verbinden? Nur wenn die Glieder der Kirche wie des Staats, die sich zu beiden in gleich nothwendiger Beziehung wissen, in der Gleichheit und Einheit des Bewußtseins zu beiden Verwaltungen bleiben, beide Substanzen als Eins anschauen, als Emanationen einer und derselben Gottesordnung, Sphären eines und desselben Gottesreichs, — und so in allen Beziehungen Einheit der sittlichen und religiösen Gesinnung das Leben des Staats und der Kirche durchdringt, kann die Kirche in ihrer Einheit mit dem Staat das wahrhaftige Gottesreich auf Erden darstellen, kann Kirche wie Staat allein zur Wahrheit ihres Begriffs kommen, und jener Widerspruch des Lebens seine Lösung finden.

Jene Entgegensetzung der staatlichen und kirchlichen Interessen steht aber auch mit den Bedingungen des Daseins der Kirche in ihrer Erscheinung als ein Ganzes im directesten Widerspruch. Sie muß wie der einzelne Christ im Staat leben, sich mit ihm eins wissen, wenn sie nicht den Boden ihres menschlichen Daseins verlieren will. In dieser Beziehung ist und bleibt die Kirche abhängig vom Staat, in welchem ihre äußere zeitliche Existenz allein denjenigen Halt und die Sicherheit erlangen kann, welche den ungestörten Fortgang ihrer Wirksamkeit bedingt. Wohl wissen wir, daß die Kirche auch ohne Staatsschutz bestehen kann, wie die ersten Jahrhunderte beweisen, — daß, wenn auch derselbe ihr entzogen würde, ihr doch allezeit die zur Erhaltung ihres Daseins erforderlichen Mittel zufließen werden durch die Hand Dessen, dem die Kräfte der Welt unterthan sind. Aber etwas Anderes ist es, Fleisch für seinen Arm halten, und etwas Anderes, die Wege erkennen und erfassen, auf welchen der Mensch gewordene Gott in der Gestalt menschlichen Werks den Sieg seines Reichs hinausführen, und dasselbe gestalten will zu einem weltumfassenden Baum des Lebens. Wäre es die Bestimmung der Kirche gewesen, sich allezeit in den Formen ihres Daseins zu bewegen, in welchen wir sie in den ersten Jahrhunderten erscheinen sehen, wo der Reichthum des lebendigen Glaubens den Mangel einer das Einzelne zusammenfassenden Organisation nicht empfinden ließ, — so hätte es freilich einer Beziehung zum Staat nicht bedurft, vorausgesetzt, daß jene Gesinnung sich immer gleich geblieben wäre. Allein die Kirche sollte eine, die Menschheit in ihrer substantiellen Gestalt umfassende Anstalt werden. Das Leben der einzelnen Gemeinden sollte selbst darin seine innere und äußere Haltung haben, — damit die Kirche unabhängig von der Gesinnung der Einzelnen und der Gemeinden das Reich Gottes als eine bleibende Wirklichkeit des menschlichen Daseins darstellte, in welchem der ewige Proceß des Baues an diesem Reich selbst seinen unverrückten Fortgang haben soll. Solche Festigkeit des Daseins, solche das Einzelne zusammenfassende Totalität hat die Kirche erst von dem Moment an erlangt, wo sie sich mit derjenigen Organisation des menschlichen Lebens verband, die in der Nothwendigkeit ihrer Existenz ein unverrückbares Fundament des Daseins, und eben darin zugleich die Fülle der Macht über die Bedingungen der zeitlichen Existenz hat, d. i. der Staat. Darum kann die Kirche auch nur in dem Maaß, in welchem sie mit dem Organismus des Staats zur Einheit sich vereinigt, und dadurch

Antheil an seiner Macht über das äußere Dasein, die Bedingungen des zeitlichen Guts gewinnt, sich zu der Festigkeit und Sicherheit consolidiren, wie sie sie bedarf, um über die Wechselfälle der Aeußerlichkeit und die Schwankungen der Gesinnung sich zu erheben, und so selbst eine Macht des Lebens zu sein, unter deren Schirm die Wahrheit der Gesinnung von Geschlecht zu Geschlecht Wurzeln fassen, und das Wesen der Menschheit in allen Relationen immer tiefer durchdringen könne. Solchen Segen, in Gottesordnung dargeboten, eigenwillig zurückweisen, und sich von dem staatlichen Leben separiren, um sich nicht mit dem menschlichen Wesen gemein zu machen, ist eine selbsterwählte Geistlichkeit, oder ein Versuchen Gottes, ob er nicht aus Steinen Brod machen, und seinen Engeln befehlen könne, seine Gemeinde auf den Händen zu tragen, und über alle Steine des äußeren Daseins hinwegzuheben.

Freilich ist durch die Verbindung mit dem Staat zur Gemeinschaft des Lebens und Wirkens viel äußerliches, gemachtes Wesen, viel Schein-Christenthum in die Kirche gekommen. Aber soll die Kirche, weil solche Gefahren immer von Neuem drohen, sich von der Welt fern halten, oder doch wenigstens von dem Gipfel derselben, dem Staat, — etwa wie ein Einsiedler, der der Kraft seines Christenthums mistrauend, weltflüchtig wird, um nicht in Versuchung zu kommen? Würde sie sich darin als das Reich Dessen erweisen, der solches eingesetzt hat, um die Welt (also nicht blos die Einzelnen) zu erretten aus der Finsterniß zu seinem wunderbaren Licht? Ist sie wirklich so ohnmächtig, daß sie den Widersachern nicht die Spitze bieten, der Schlange nicht den Kopf zertreten könnte? Sollte der, welcher in ihr ist, wirklich weniger stark sein, denn der, welcher in der Welt ist, daß sie diesem unterliegen müßte? Oder wissen wir nicht, daß der Geist der Kirche aus dem

Kampf mit der Welt trotz aller Wunden und Striemen und Eiterbeulen immer wieder siegreich erstanden ist, wie ihr Herr und Meister? Daß auch da, wo sie durch Staatsgewalt zur schmählichen Dienstbarkeit herabgezogen, und in solcher Sklaverei dem Abfall von der Wahrheit selbst nahe war, doch immer wieder ihr Haupt erhoben als die Fürstin und Königin, die sie kraft des in ihr waltenden Geistes von Anbeginn in den Landen gewesen? Ja wissen wir nicht, daß sie da, wo sie am innigsten mit dem Staat sich verzweigt hat, dergestalt, daß die Unterschiede der Organisation kaum noch kennbar geblieben — wir meinen in den deutschen protestantischen Ländern, — daß sie da trotz dem gerade am lebendigsten zum Selbstbewußtsein ihres Wesens gekommen, am freisten das Leben des Geistes zur Geltung gebracht hat? Gewiß man kann sagen, das Größte, was die Kirche für die Menschheit geleistet, hat sie nur in der Gestalt ausgeführt, welche sie in der Einheit mit dem Staat angenommen, — nur mit ihm und durch ihn ist sie der Welt Herr geworden. Das galt sogar schon in einer Zeit, wo sie die Nothwendigkeit einer organischen Einheit mit dem Staat noch nicht begriffen, ja wo sie noch dem Princip nach als ein Fremdes ihm gegenüberstand. Denn trotz dessen war sie doch wenigstens in eine künstliche Einheit getreten, die sie wider Willen als Bedingung ihres Daseins und des Fortschrittes ihres Sieges über die Welt anerkennen mußte. Freilich hatte sie auf diesem Standpunct nichts dabei im Sinne, als die Staatsgewalt zu dem gemeinen Dienst eines Executors ihres oft sehr fleischlichen Willens erniedrigt zu sehen. Konnte aber bei dem Gegensatz dieses Princips eine organische Einheit zwischen beiden nicht zur Realisation kommen, so blieb der Kirche nichts anderes übrig, um der Welt gegenüber die Totalität ihrer Aufgabe zu erfüllen, als sich selbst als Staat zu constituiren, d. i. als die Totalität der äußerlichen Macht über die Lebensordnung. Es gehörte zu dem Entwickelungsgang dieses verkehrten Princips, daß die Kirche, von dem Staat sich emancipirend, auf einem bestimmten Gebiet der Erde sich als äußerliche Macht festsetzte, oder vielmehr selbst ausschließlich die Gestalt des Staats als Kirchenstaat annahm, um von dieser Basis aus als der vermeintlich wahre christliche Staat und rechte Träger aller Staaten den Sieg des Christenthums über die Menschheit hinauszuführen in der Herrschaft über alle Staaten. Das ist auch der Grund, warum die christliche Kirche, soweit sie auf Römischem Princip ruht, wenn sie anders zur Consequenz kommen will, nie die Tendenz aufgeben darf, das Leben des Staats sich dienstbar zu machen, um dem Staatsorganismus sich einzuverleiben, und so die Einheit des Wirkens herauszubringen. Aber die Macht der Kirche über die äußere Lebensordnung der Christenheit ging immer nur so weit, als die Staatsgewalt des betreffenden Gebiets das zu Grunde liegende kirchliche Princip anerkannte, und deshalb seine Gewalt ihr dienstbar zu machen für gut fand. Ja das ganze Römische Princip, so weit es die Reformation verworfen, würde selbst nicht zu der ganzen Aeußerlichkeit und Unwahrheit sich haben consolidiren können, wenn nicht der Staat in dem Glauben an dasselbe ihm diese Consolidation durch seine äußere Macht gegeben hätte. Dieser Frevel an der Freiheit der christlichen Wahrheit ist später wieder dadurch gesühnt, daß der Staat selbst, als er zu dem Selbstbewußtsein gelangte, das Joch von sich geworfen, und so der christlichen Freiheit Bahn gemacht. Was würde noch heute die Römische Kirche, wenigstens da, wo das Leben der Völker zur Freiheit erwacht ist, namentlich in Deutschland sein, wenn sie in Bezug auf ihr äußeres Dasein lediglich auf die Gesinnung ihrer Glieder angewiesen wäre, nicht von der Macht des Staats getragen und aufrecht erhalten würde? Aber wenn wir darauf hinblicken, wie die Römische Kirche in dem Staat festes Fundament des Daseins gefunden, — könnte es dann nicht genügend scheinen, daß die Kirche überhaupt nur in ein Concordat-Verhältniß mit dem Letztern trete, und dieser darin ihr Alles zusage, was zur Sicherheit ihres Bestandes und des Fortgangs ihrer Thätigkeit an Schirm und Schutz und Macht über die Aeußerlichkeit noth thue? Gewiß solches würde genügen, wenn es der Kirche blos um Leben und Brot zu thun sein könnte. Aber es ist doch ein wesentlicher Unterschied für die Entwickelung des kirchlichen Lebens selbst, ob der Staat der Kirche als einer zweiten ihm schlechthin entgegengesetzten Lebensordnung gegenüber stehen bleibt, und nur von diesem Standpunct aus nach dem Maaß der gegenseitigen Verständigung über die Bedingungen und Mittel zur Förderung des kirchlichen Lebens über den Bedarf an äußerlichem Gut entschieden wird, oder ob der Staat mit der Kirche zur Einheit eines organischen Lebens verbunden ist, und in allen Beziehungen, wo das kirchliche Interesse in Frage kommt, von dem Bewußtsein bestimmt wird, daß er wirklich nur seine eigenen Zwecke als die von ihm selbst gewußten und gewollten fördert, wenn er die kirchlichen fördert, weil nicht der Dualismus eines zweiten, von ihm unterschiedenen Bewußtseins dazwischen tritt, sondern ein und dasselbe christliche Bewußtsein beide Lebensordnungen bestimmend durchwaltet. Schon von diesen Gesichtspuncten aus erscheint daher die Vorstellung gerichtet, welche die Kirche in ihrer Entwickelung als menschlichen Organismus in der Gestalt eines Status in Statu festgesetzt wissen will.

Es sind aber noch ganz andere Seiten, welche im Interesse der Kirche die Widersinnigkeit derselben an den Tag legen. Es ist zunächst die Unmöglichkeit, aus den Elementen der kirchlichen Gemeinschaft diejenige Gewalt für sich darzustellen, welche der Bestimmung der Kirche zu einer volksumfassenden Totalität entspricht, — eine Unmöglichkeit, die uns in allen Beziehungen entgegen trat, wo wir die Entwickelung der Gewalt von den beiden Haupt-Grundlagen der kirchlichen Gemeinschaft aus verfolgten. Indem nun der Geist der Kirche sich mit dem Geist des Staats vermählt, will der Leib der Kirche, d. i. ihre Erscheinung als äußere Lebensordnung zugleich mit dem Leibe des Staats eine organische Verbindung eingehen, sobald sie zum Bewußtsein ihrer selbst gekommen und begriffen hat, daß ihr Leib von dem Wesen des Staats, gleichsam sein Fleisch und Blut ist, das eben so wie es eine absolute Sonderung unmöglich macht, so auch alle Keime zu dem Eingehen einer gegenseitigen organischen Verbindung darbietet. Sie will die letztere, um zur Vollkommenheit ihrer eigenen Organisation und somit zur Manifestation der Fülle ihres gottmenschlichen Wesens zu gelangen. Nicht nur, weil noch ein wesentliches Gebiet des menschlichen Daseins beziehungsweise außer ihrem Lebenskreise bleibt, so lange sie nicht mit ihrem ganzen Wesen nach Leib und Geist den Organismus des Staats durchdrungen hat. Denn das kann nur geschehen, wenn sie mit ihm nicht wie mit einem Fremdartigen sich blos äußerlich in Frieden zu stellen weiß, sondern wirklich mit ihm eine **organische Verbindung** eingeht, in welcher **Ein Gotteswille** als Gesetz der Ordnung waltet. Die Kirche muß diese Einheit des Organismus aber auch deshalb wollen, weil diese selbst ein wesentliches Vehikel ist, um die Geisteskraft der Kirche in ihrer Erscheinung als ein Ganzes zu ihrer vollen Wirksamkeit zu bringen. Denn so lange hier die Entgegensetzung in der Organisation zwischen beiden Gottesordnungen anhält, wird die Wirksamkeit der Kirche in einer doppelten Beziehung gelähmt. Einmal insofern, als sie dadurch mehr, wie zur Erhaltung ihres äußerlichen Daseins nothwendig, hingelenkt wird auf die äußerlichen Bedingungen ihres Daseins, und somit abgezogen wird von dem, welches aller Ordnung Ziel und Krone ist, d. i. die Entfaltung ihres innern Wesens, die Verkündigung des Evangeliums. Ja sie kommt sogar dadurch in Gefahr, selbst zu einem äußerlichen Wesen herabzusinken, und diesem letztern um so mehr zu verfallen, je mehr sie Gewicht legt auf den Gegensatz ihrer Ordnung gegen die staatliche, und darin sich abzuschließen trachtet, obschon sie doch die letztere als eine christliche erkennen muß, welche demselben Gott dient wie sie, und in diesem Dienste eben so heilig ist wie sie. Denn in dem Maaß, wie sie diesen äußerlichen Gegensatz geltend zu machen sucht, wird sie zugleich in sich selbst den Hochmuth eines übergeistlichen Wesens nähren, und dadurch immer weniger geschickt werden für den Bau des Gottesreichs. Aber auf der andern Seite wird auch der Staat durch solch hochmüthiges von dem wahren Geist des Evangeliums sich immer mehr entfernendes Wesen zurückgestoßen, und also den kirchlichen Versuchen einer geistlichen Einwirkung immer unzugänglicher. Nur wenn beide sich in der Einheit des Menschlichen wie des Göttlichen ihrer nothwendigen Einheit und Bestimmung für einander bewußt werden, und zu einer organischen, die Möglichkeit der Entgegensetzung ausschließenden Einheit sich verbinden, — wenn alles Leben im Staat wie in der Kirche, harmonisch sich durchdringend, der gemeinsamen Aufgabe für den Bau des Gottesreichs — jeder an seinem Theile — inne werden, kann die Kirche ihre Bestimmung erfüllen, daß sie den Staat zu einem wahrhaften Gottesreich verkläre.

Aus demselben Grunde muß aber auch der Staat seinerseits diese Einheit wollen, weil er selbst damit erst zur Wahrheit seines Wesens kömmt. Denn in dem aufgehenden Selbstbewußtsein wird er, wie der einzelne Mensch, der seiner Sünde inne wird, zur Erkenntniß seiner innern Unwahrheit gelangen, wird begreifen, daß die Sittlichkeit, welche seines Wesens Wesen ist, nur ein Zerrbild bleibt, wenn sie nicht durch die Aufnahme des christlichen Geistes erneuert worden zu dem Urbild, in welchem sie von Anfang eingesetzt gewesen, — wird erkennen, daß der göttliche Geist, dessen Werkzeug und Anstalt er ist, in seiner Wahrheit erst im Christenthum in Erscheinung getreten ist. Und indem dies Bewußtsein den Staat zur Annahme des Christenthums führt, wird die Kraft dieses neuen Wesens ihn immer weiter zu der Erkenntniß bringen, daß nur in dem Maaß, wie dieser neue Geist ihn in allen seinen Institutionen durchdringt, allen Gedanken und Grundsätzen den Lebensodem einer christlichen Gesinnung einpflanzt, überall die dem sündlichen Princip entstammenden Verkehrtheiten überwindet, — daß nur in diesem Maaß der ihm immanente Gottesgedanke erst zu seiner Wirklichkeit kommen, die **Sittlichkeit** eine **Wahrheit** werden kann. Dieser christliche Geist hat aber zunächst den Leib seines Daseins in der Kirche als der Gemeinschaft, in welcher er als der Geist des Herrn webt, und den Proceß seiner fortschreitenden Selbstverklärung hinausführt, um von hier aus die Totalität der Menschheit zu durchdringen. Darum kann nur aus der Kirche*) dem Staat die Wahrheit des sittlichen Geistes kommen, und darum wird der Staat, wo er durch die Erkenntniß des Christenthums wiedergeboren ist zu einer neuen Creatur, auch die Nothwendigkeit begreifen, mit der Kirche ein organisches Leben einzugehen, ihre Ordnung mit der seinigen zu verbinden, damit der Odem ihres Wesens ihn in

*) Es bedarf wohl kaum der Beregung, da es schon aus dem Zusammenhange klar genug hervorgehen dürfte, daß wir hier überall nur die wahre Kirche im Sinne haben, d. h. die, welche durch das Festhalten des Wortes Gottes als ausschließlicher Basis und Autorität sich zu der ganzen Universalität dieses Begriffs entfaltet hat (das Weitere s. unten).

allen Momenten der Entwickelung seines eigenen Lebensprocesses durchdringe.

Aber so gewiß der Staat in die Einheit dieses Organismus einzugehen begehrt, so gewiß wird er, und zwar aus demselben Grunde, nicht eine Einheit wollen, in welcher das eigenthümliche Leben der Kirche zu Grunde gerichtet wird. Denn er will die Kirche nur in ihrer Wahrheit, unverworren mit solchen Elementen, die nicht ihrem Princip entstammen, nicht in ihrer Lebensluft gewachsen sind, weil nur aus der Wahrheit der Kirche das Heil für ihn hervorgehen kann. Darum wird der Staat, der sich selbst versteht und weiß, was die Kirche ist, ihr innerhalb seines Organismus stets den rechten Boden, d. i. Freiheit zur Entfaltung ihrer Existenz geben. Ja wollte es auch der Staat nicht, so würde wenigstens die Kirche niemals dies unveräußerliche göttliche Recht aufgeben dürfen, wenn sie nicht von ihrem eigenen Begriff abfallen wollte. Denn wiewohl sie die Nothwendigkeit ihrer organischen Verzweigung mit dem Staat begreift, so hebt diese Einheit den Unterschied nicht auf, der beide in ein Verhältniß stellt, wie das **Gesetz** zum **Evangelium** steht. Denn soll auch die Kirche den Staat mit ihrem Geist durchdringen, — muß sie sogar da, wo sie mit ihm in die Einheit des Organismus eingegangen ist, die Substanz des letztern schon erfaßt haben, so ist damit der in ihr waltende Geist noch nicht zur Herrschaft über das Gesammtgebiet des Staats gelangt, sondern sie hat nur ein Fundament gefaßt, von wo aus sie ihre Aufgabe zu lösen vermag. Damit sie dieselbe indeß in dem wahren Geist und Ziel der Kirche löse, muß sie sich selbst frei nach dem ihr immanenten Princip organisiren. Aber diese Freiheit schließt wieder nicht die Möglichkeit einer organischen Verbindurg aus, welche die Einheit des Lebens erhält, weil es dazu nur eines Moments des Zusammentreffens beider Lebenssphären bedarf. Von diesem Einen Punct aus sollen beide ihre besondern Bestimmungen und Wege für jenes eine Ziel verfolgen, — ein Moment, der in der Einheit der menschlichen Persönlichkeit gegeben ist, d. i. in dem Heiligthum des Gewissens Einer Persönlichkeit, in welchem beide Bestimmungen eben so wohl in ihrer Einheit wie in ihrer Verschiedenheit zusammengefaßt und auseinandergehalten werden. Darum ist es für die Einheit des Organismus auch an sich gleichgeltend, ob im Staat noch manche Elemente sich finden, die außerhalb der Wahrheit des Christenthums und der Kirche stehen, sobald nur der Eine Punct, in welchem beide Lebensordnungen zusammentreffen, wie er in der Person des Landesherrn sich darbietet, zugleich in der Kirche steht.

Wie die Kirche nicht ruhen kann, bis sie nicht den freien Boden zur Entfaltung ihres Geistes gefunden, so hat auch der Staat ein eigenthümliches Gebiet, wo nichts gilt als sein Gewissen, d. i. seine Ueberzeugung von dem Inhalt und den Bedingungen der Realisation des Gesetzes als des göttlichen Willens. In dies Gebiet darf er keine andere Macht eingreifen lassen, sie mag sich umgeben mit welcher Prätension sie wolle, folglich auch nicht die Kirche, wie sie zeitlich erscheint, wenn sie auch auftritt mit der Prätension, daß sie im Besitze der unfehlbaren Erkenntniß des göttlichen Willens sei. Denn wie der Einzelne sein Gewissen um solcher Prätension willen nicht von andern meistern und bevormunden lassen darf, wenn er nicht der Menschen Knecht werden will, so darf auch der Staat nicht von dem abgehen, was er als den Weg der Sittlichkeit erkannt hat, wenn auch die Kirche den vermeintlichen Gottes-Willen ihm entgegenstellen wollte. Nicht sie hat das Gewissen der Machthaber zu vertreten, sondern diese haben selbst Gott Rechenschaft abzulegen für ihr Thun und Lassen, denn auch von ihnen gilt das Wort: „Es ist dir gesagt, Mensch, was gut ist, und was der Herr von dir fordert, ꝛc.“ (Mich. 6, 8). Sie mögen hören, was andere lehren, hören was die Kirche lehrt, aber Fluch ihnen, wenn sie von fremder Autorität sich blind umherführen lassen, statt selbst den geoffenbarten Gottes-Willen zu erkennen, und nur solche Grundsätze walten zu lassen, die sie selbst als wahrhafte, in dem Geiste Christi gegründet erkennen. Von hier aus begreifen wir, wie der Staat nichts ist, wenn er nicht ein protestantisches Bewußtsein hat, d. h. das Bewußtsein der Freiheit des Glaubens von aller Menschen-Autorität. Es ist der Lebensodem seiner Substantialität. Deshalb mußte von dem Moment an, wo der Staat zu seinem Selbstbewußtsein zu kommen anfing, — welches lange vor der Reformation war, — auch die protestantische Gesinnung schon in ihm sich offenbaren. Er konnte nicht mehr gut Römisch sein, sondern fing an überall Widerstand zu erheben, wo das Römische Gewissen in das Staatsgewissen sich eindringen, und dieses bevormunden wollte. Die Nothwendigkeit einer solchen Selbstständigkeit und Unabhängigkeit des Staats von den Prätensionen der Kirche, also auch das Recht der Entgegensetzung, wo es jene Freiheit gilt, konnte erst mit der Reformation in dem Staatsbewußtsein zur Reife kommen. Ebendeswegen haben auch von da ab alle Staaten, mit Ausnahme des Kirchen-Staats, als der Caricatur des wahren Staats, dem Eindringen dieser Wahrheit sich nicht erwehren können. Auch die katholischen haben als Staaten thatsächlich das protestantische Princip, d. i. den Gedanken der Nothwendigkeit ihrer Unabhängigkeit von der Autorität der Kirche annehmen müssen, um nicht ausgeschlossen zu werden von dem Reichthum des staatlichen Lebens, der sich in dieser protestantischen Freiheit entfaltet hat, — von der Macht, mit welcher die Letztere über die Erde zieht. Ueberall sehen wir, wie auch diese Staaten in immer fortschreitendem Maaß unabhängig von der Autorität Römischer Principien den Gang der Regierung bestimmen, wenn auch noch immer die Gewissen der Machthaber dem Römischen Gewissen unterthan bleiben. Ja, wir sehen, wie die Regierungen, welche in dem Dienst solcher Knechtschaft das Leben der Staaten haben zurückschrauben wollen, zu Grunde gegangen sind. Das ist das Gericht, welches die Weltgeschichte hinausführt über das Römische Princip, — das ein ewiges Zeugniß, wie der Geist Gottes in dem Leben der Völker sich losgesagt hat von dem Wesen dieser Lüge, — daß der Geist des Protestantismus Wurzel gefaßt hat in der ganzen Christenheit, ja sogar da, wo das Heerlager der Römischen Hierarchie noch große Burgen und Befestigungen für sich aufgebaut glaubt. Nie kann der Staat zur Wahrheit des Sittlichen kommen, also auch nicht in Wahrheit ein christlicher sein, wenn er nicht in seinem Gewissen frei dasteht von jeder fremden Autorität, und nur in dem Maaß, wie er zu dieser Wahrheit vorschreitet, vermag er seine Aufgabe, die Realisirung seines Begriffs, zu erfüllen. Eben darum muß auch sein Organismus frei aus dem Gedanken, wie er in dem Staat lebt, sich gestalten, unverworren mit den Elementen, wie der kirchliche Organismus sie kraft des ihm eigenthümlichen Princips setzt, damit nur allein jener Gedanke, nicht aber fremdartige Momente in ihm zur Bestimmung kommen. Denn nur der Geist der Kirche, nicht die organische Gestalt und Persönlichkeit, in welcher er erscheint, soll den Geist, die Gedanken des Staats bestimmen. Je mehr jener Geist innerhalb des ihm angewiesenen eigenthümlichen Organismus zu seiner Entfaltung kömmt, desto kräftiger wird er zu dieser Einwirkung werden, wie umgekehrt das staatliche Leben, wo es sich in der Freiheit von fremdartigen gestaltet, desto unbefangener der Einwirkung jenes Geistes sich hingeben, und somit desto empfänglicher für diese werden wird, wenn nur zugleich kraft des lebendigen Zusammenhangs der beiderseitigen Organisationen Beide das Bewußtsein des Verbundenseins zu einer Einheit durchwaltet.

Von diesem Gesichtspunct hat man wohl das Verhältniß des Staats und der Kirche mit der **Ehe** verglichen, — ein Vergleich, der in der That das Wesen dieser Relation in vielen Beziehungen sehr treffend erkennen läßt, wenn man den Vergleich eben nicht schlechthin gelten lassen will, sondern nur in den Momenten, welche das Analogon klar darlegen. Beide Organismen, wenn sie in der christlichen Gemeinschaft stehen, gehen in die Einheit des geistigen und leiblichen Lebens ein, beide bleiben aber auch gleichsam als gesonderte Persönlichkeiten, jede mit ihrem eigenthümlichen Bewußtsein bestehen, so jedoch, daß sie in Einem Moment zu einer organischen Einheit kommen, so daß man von ihnen sagen kann, daß hier **Ein Fleisch** und **Ein Geist** waltet, und daß die Einheit des Geistes gerade in der Einheit des Fleisches, in dieser organischen Verbindung, — ruhet. Obschon jeder Geist in jedem Organismus sein unveräußerliches Recht hat und behält, — das gilt vom ehelichen Bunde, wie von dem Verhältniß des Staats zur Kirche, — so ist doch hier wie da in Bezug auf die Entfaltung der Lebensgemeinschaft als ein äußerliches Dasein nur **Ein Wille** gesetzt, der darüber entscheidet. Wie dort der Wille des Mannes, so kann auch in dem andern Verhältniß nur Ein Wille bestimmend werden, das ist der Wille dessen, der über die Totalität der Lebensordnung in ihrer äußern Erscheinung Gewalt hat, oder der Wille des Landesherrn als Repräsentant des Staats, in welchem allein die Wahrheit und Einheit der Ordnung zur Realisation kommt, und der deshalb in dieser Beziehung zum **Haupt** dieser Lebensgemeinschaft von Gott gesetzt zu erachten ist. Wie dies unbeschadet der geistigen Freiheit durchzuführen, sehen wir in der Ehe selbst, und weiter noch bestimmter in der Entfaltung derselben zur **Familie.** Als die Grundlage aller sittlichen Lebensgemeinschaft und die erste zur Bestimmtheit eines Organismus entfaltete Sphäre derselben, läßt sie uns zugleich, wenn auch nur im Keime, die Realität einer organischen Einheit der Kirche und des Staats erkennen. Ja sie ist das redendste Zeugniß für die Nothwendigkeit der Einheit der Verfassung beider. Die Gewalt des Hausherrn ist es, welche das Familienwesen als den Urtypus des Staats als ein Ganzes der Ordnung zusammenhält. Wird dasselbe von dem Geiste Christi erfaßt und zum Glauben gebracht, so erscheint in ihm zugleich eine in Christi Namen versammelte Gemeinschaft, d. i. ein Keim der Kirche, die nicht blos durch die Einheit des Glaubens, sondern auch durch ein sittliches Band zu einer Gottesordnung zusammengefaßt ist, obwohl auch in ihr die sittliche und religiöse Gemeinschaft unter einen verschiedenen Gesichtspunct fällt. Denn diese ist dem Gesetz der Freiheit des Evangeliums, jene dem Gesetz der Ordnung unterworfen. Sofern die Glaubensgemeinschaft aber zu einem in der Aeußerlichkeit sich darstellenden Gottesdienst sich entwickelt, und in dieser Gestalt in die, alle Aeußerlichkeit der Erscheinung umfassende sittliche Ordnung fällt, also ebenfalls Gegenstand äußerlicher Reglung und Anordnung ist, kann nur der Wille, in welchem die Ordnung der Familie selbst zusammengefaßt ist, zugleich zur Bestimmung der gottesdienstlichen Ordnung berufen sein, ohne Rücksicht darauf, ob der Hausherr mehr oder weniger Erkenntniß des Heils hat, wie der eine oder andere seiner Hausgenossen. So ist jener zum Haupt der sittlichen wie religiösen Hausgemeinschaft gesetzt, ja sogar Priester wie König, weil in der abstracten Unmittelbarkeit, in welcher hier das christliche und sittliche Gemeinwesen erscheint, die Unterschiede der kirchlichen Ordnung noch nicht zur Bestimmtheit verschiedener Berufsformen herausgetreten sind. Aber freilich besteht diese Einheit des sittlichen und religiösen Hauswesens nur unter Voraussetzung der Gleichheit des Glaubensbekenntnisses, d. h. wenn alle Glieder der Familie durch das Bekenntniß zu Christo sich in der Einheit der Kirche wissen. Was nun von diesem Urelemente des sittlichen Gemeinwesens gilt, das gilt auch beziehungsweise von dem Gipfel desselben, dem **Staat**. Ist er ein christlicher, so ist die kirchliche Gemeinschaft, die in seinem sittlichen Organismus zu einem eigenthümlichen Dasein zusammengefaßt ist, zugleich in Bezug auf die kirchliche Ordnung mit ihm zu einem Lebens-Proceß verbunden, in welchem über die äußere Ordnung der Kirche in ihrem Zusammenhang mit dem sittlichen Organismus nur der Wille in letzter Instanz entscheiden kann, welcher im Staate zugleich die entscheidende Instanz ist, wenn gleich jede Gemeinschaft sich zu einem besondern Organismus zu entfalten hat.

Das ist es, wovon wir ausgegangen, und was wir, von diesem Punct rückwärts auf den Gang unserer Betrachtung blickend, in der Evidenz anschauen. Die Kirche muß mit ihrem Geist in den Staat, und der Staat mit dem Wesen und den Formen seiner Ordnung in die Kirche eindringen, damit in der Kraft dieser gegenseitigen Durchdringung beider Gottes-Ordnungen, ein organisches Gemein-Wesen in Staat und Kirche zur Manifestation komme. Und erst in dieser Einheit kommt jede dieser Lebenssphären zu ihrem Recht. Der Staat wird erst wahrhaftig Staat, wo er mit dem Leben der Kirche frei sich verzweigend und alle Entgegensetzungen aufhebend, dem Geist der Kirche in der Totalität der staatlichen Organisationen Raum giebt, ohne die Selbstständigkeit seines Bewußtseins aufzugeben. Und ebenso kommt die Kirche kraft der Einheit dieser Organisation erst zur Wahrheit ihrer Gestalt, indem sie, ihrem Herrn und Meister gleich, es nicht für einen Raub hält, als ein Göttliches zu erscheinen, sondern ihrer Bestimmung folgend, die Welt selig zu machen, sich selbst entäußert, und darin gleichsam eine besondere Knechtsgestalt annimmt, daß sie in die Fülle des menschlichen Wesens, in die Organisation des Staats eingeht, um dem Sauerteige gleich, das ganze menschliche Leben zu durchbringen. Nur so in der Herrlichkeit der Liebe sich offenbarend, vermag sie in sich selbst das Wesen der Selbstsucht, das in der eigenen geistlichen Hoheit sich bespiegelnd, von dem menschlichen Leben sich fern hält, zu bannen, — erst so kömmt sie aus dem selbstgemachten Wesen zur allgemeinen menschlichen Gestalt — zu wahrem Bürger- und Haus-Recht auf Erden.

Das ist das immanente Gesetz des Staats wie der Kirche, die ewige Basis alles Staats- und Kirchenrechts. Dafür hat selbst das Gericht Zeugniß abgelegt, wie es aus der Wirklichkeit des Lebens herausredet. Wie die staatliche Verfassung und die Gesetze vom Geist des Christenthums umgewandelt worden, so ist auch die Wirklichkeit der kirchlichen Ordnung seitdem überall, trotz aller entgegenstehenden Theorieen in letzter Instanz immer irgendwie von der Macht des Staats bestimmt worden. Das tritt vor allem in den kirchlichen Gemeinschaften hervor, die obschon von den entgegengesetztesten Principien ausgehend, doch beide in gleichem Maaße sich zu einem gesonderten Organismus abschließend, in der stärksten Spannung den Gegensatz gegen die Verbindung mit dem Staat zu einer organischen Einheit verfolgt haben. Wir meinen die Römische und schottische Kirche; jene das hierarchische, diese das democratische Princip repräsentirend. Zwar hat die

Festhaltung eines solchen Dualismus in dem Regimente zweier vermeintlich gleich berechtigter Souveränitäten in die Eine untheilbare Lebensordnung zu allen Zeiten große Verwirrung in das christliche Leben gebracht, nicht aber die zu Grunde liegenden Prätensionen der Kirche zur Geltung bringen können. Immer hat auch hier die Gewalt des Lebens ihr Recht behalten, und jene Verkehrung des Gedankens gerichtet. Sollte auch der christliche Landesherr dem Princip nach nur auf das sogenannte jus majestaticum circa sacra angewiesen sein, kraft dessen er sich gleichsam nur am Rande der kirchlichen Ordnung halten, nur in respectvollem Gehorsam die Decretal- und Synodalschlüsse der heiligen Kirche mit seinem Ansehen sanctioniren sollte, so ist dennoch diese Gewalt in Bezug auf die Organisation aller Formen kirchlicher Institutionen irgendwie mitbestimmend geworden. Ja sie hat mitbestimmend werden müssen, sobald das kirchliche Dasein in die Sphäre des allgemeinen Lebens mehr oder minder eingriff, damit zwischen beiden eine Einstimmigkeit zu Stande käme. Und so ist in der That, trotz aller Theorieen, und trotz des nicht etwa immer vergessenen Respects vor der Heiligkeit der Kirche, die man wohl von der prätendirten Heiligkeit der mit ihr identificirten Vertreter zu unterscheiden wußte, die landesherrliche Concurrenz in der kirchlichen Ordnung immer da, wo es noth that, ein wirkliches jus in sacra geworden, zum Zeugniß von der Wahrheit des Begriffs und der Macht, womit er über die Einseitigkeit und Verkehrtheit menschlicher Meinungen hinwegschreitet. Muß aber die Kirche da, wo die Erscheinungen des kirchlichen Lebens in das bürgerliche eingreifen, sie mag wollen oder nicht, der Gewalt des Lebens nachgeben, und dem Staate das Recht zugestehen, mit seiner Willensbestimmung jene Organisation in letzter Instanz zu bestimmen, — wo wäre die Vernunft der Sache, kraft deren in allen andern Beziehungen der kirchliichen Ordnung dies Recht abzusprechen wäre? Ist der Staat geistlich und kirchlich genug, um an den Grenzgebieten, die doch auch zum kirchlichen Organismns gehören, mit seiner Willensbestimmung einzugreifen, — warum sollte das Wesen des Staats entgegenstehen, um seine Concurrenz zur Realisirung der Ordnung auf den übrigen Gebieten zu rechtfertigen, so lange es sich nemlich auch hier nur allein um die Ordnung handelt. Ist dort der Zusammenhang mit dem bürgerlichen Leben der selbstredende Grund für die Nothwendigkeit des Zugeständnisses, — ist etwa diese Beziehung auf den andern Gebieten dergestalt als nicht-existent zu betrachten, daß sie gar nicht in Anschlag gebracht werden dürfte? Soll blos das gelten, was handgreiflich als solche Beziehung sich darstellt, oder ist sie nicht vielmehr kraft der Einheit des sittlichen und religiösen Lebens überall in irgend einem Grade als existent anzuerkennen? Ist es etwa schon jemand gelungen, irgend eine Grenze zu finden, wo das Interesse des Staats an der kirchlichen Ordnung und dieser an jenem aufhört? Wie wenig man hier ausrichtet, wenn man bei der Beschränktheit solcher Vorstellungsweise beharrt, welche die Vermittelung der Unterschiede nicht aufzufinden weiß, sondern bei den Abstractionen von „Innerem und Aeußerem," „Geistlichem und Weltlichem," wohl gar auch „Ewigem und Zeitlichem" stehen bleibt, kann bei näherer Betrachtung Niemand entgehen. Im Gegentheil, je schärfer diese Begriffe ins Auge gefaßt werden, je mehr sie in ihrer innersten Substanz verstanden werden, um so mehr wird man gerade in ihnen unwiderleglich den Beweis für die Berechtigung des Staats zur Concurrenz bei der kirchlichen Ordnung, und zwar nicht in willkührlicher, sondern in organischer, die Einheit des Lebens sichernder Weise aufzufinden vermögen. Denn alles, was in der Kirche Gegenstand menschlicher Anordnung ist, betrifft ja nur die äußere Form der

Erscheinung des kirchlichen Lebens, während der Inhalt aller Functionen in dem Dienst am Wort nur von diesem und dem darauf ruhenden Gewissen abhängig bleibt *). Jene Formen sind aber im wesentlichen Zusammenhange mit allen übrigen in die Aeußerlichkeit eintretenden Lebensmomenten. So nothwendig daher über diese der Wille des Staates bestimmend werden muß, so darf die Concurrenz seiner Willensbestimmung auch in allem übrigen, was aus dem kirchlichen Organismus nach seiner Ueberzeugung in jene Aeußerlichkeit des Lebens hineinragt, nicht zurückgewiesen werden. Wer das nicht zugeben will, der würde ganz übersehen, daß in der Ordnung der Kirche wahrhaft menschliches Wesen erscheint, das als solches seinen Zusammenhang mit dem übrigen menschlichen Wesen nicht verleugnen kann. Soll aber dieses mit jenem in Einklang geordnet werden, jedes in seiner Sphäre sein Recht erhalten, so darf nicht der Dualismus zweier Willensbestimmungen darüber entscheiden, sondern wie auch jedes innerhalb eines besondern Organismus sich bewegt, doch in letzter Instanz darüber nur Ein Wille zur Bestimmung kommen. Dieser Eine Wille kann aber nur der sein, der durch Gottes Ordnung zur Realisirung der allgemeinen menschlichen Ordnung, also auch der in ihr und im Zusammenhange mit ihr erscheinenden kirchlichen Ordnung berufen ist, falls er innerhalb der Kirche steht. Denn der Staat, der selbst als heidnischer, wenn auch nur gleichsam als Ruine noch die Hoheit einer Gottes-Ordnung und Träger aller Wirklichkeit der Lebens-Ordnung in sich bewahrt, kann, nachdem er das Christenthum in sich aufgenommen, und dadurch in die Wahrheit einer Gottes-Ordnung wieder erhoben ist, nicht mehr im Gegensatz gegen

*) S. mein Kirchen-Recht Th. II. S. 116 folg.; vergl. meine Schrift: „das geistliche Amt im Conflict mit dem Landesgesetz" 2c. Posen 1845.

die Kirche stehen. Vielmehr ist er trotz der Gebrechen seiner menschlichen Erscheinung ebenso geheiligt, wie die Knechtsgestalt der Kirche, und somit die Kluft ausgefüllt, die beide bis dahin getrennt hielt. Sind aber beide Organismen als wesentlich zusammengehörige Theile Einer Lebens-Ordnung zur Anerkennung gekommen, und so des Zaunes Zwischenwand eingesunken, so ist damit auch aller Grund weggefallen, die im Staat durch eine feste Basis von Gott gegebene Ordnung von der Einwirkung auf die kirchliche auszuschließen. Ja sie muß vorzugsweise dazu berufen sein, weil sie in dieser Festigkeit und Unbeweglichkeit ihrer Basis, andere und bessere Garantieen der Ordnung in sich trägt als irgend eine andere, die erst von Menschen in der Kirche durch ihre Willkühr aufgerichtet würde. Es versteht sich aber allerdings, daß hier immer nur von der letzten Spitze der Gewalt die Rede ist, welche zugleich der Anfang aller Gewalt ist, in welcher staatliche und kirchliche Ordnung sich vereinigen soll, und daß damit die Unterschiede nicht ausgeschlossen sind, die zufolge des jedem Organismus eigenthümlichen Lebens sich in der weitern Organisation zu entfalten haben.

Das ist es, worin der Grundsatz von der Unvermengbarkeit des geistlichen und weltlichen Regiments zu seiner Wahrheit kömmt, ohne Gottes Ordnung aufzuheben, oder doch mit sich selbst in Conflict zu bringen. Gerade hier ist aber auch der Punct, von welchem aus jener Wahlspruch erst recht zu würdigen ist, der von jeher von dem democratischen, wie hierarchischen Princip als Grund des Gegensatzes gegen das landesherrliche Kirchen-Regiment vorgeschoben ist, obschon er in seiner Abstraction nichts weniger als zur Entscheidung dieser Frage geeignet ist. Wir meinen die Worte Christi: **„Gebet dem Kaiser, was des Kaisers ist, und Gotte, was Gottes ist.“** Nach dem ganzen Zusammenhange konnte und wollte Christus damit nichts sagen, als daß er die **bürgerliche Ordnung** und das Recht der in ihr gegründeten **Anforderungen** für eben so **heilig** ansehe, wie alles übrige, was **Gottes Gebot** dem Gewissen auferlegt, und daß er deshalb die Erfüllung des einen eben so nothwendig halte, wie die des anderen. Damit ist also selbstredend beides nicht in **Gegensatz**, sondern erst recht in **Einklang** gebracht, da ja das eine so gut wie das andere in **Gottes Gebot** gegründet, also in **Gott und seiner Ordnung seine Einheit** hat. Gerade deshalb ist eben die gleiche Berechtigung der Gebote hingestellt worden. Denn **indem man dem Kaiser giebt, was des Kaisers ist, giebt man eben zugleich Gotte, was Gottes ist**, und zwar gerade so gut, wie wenn man andere sittliche oder religiöse Pflichten übt. Ist hier aber nur von **sittlichen Leistungen und der Gleichheit ihrer Berechtigungen** die Rede, so ist hiermit noch gar nichts Näheres über die Verhältnisse der **kirchlichen Gemeinschaft** gesagt, obschon freilich in dem, was Gottes ist, was also Gott gebietet, auch alles das mitbegriffen ist, was die Mitgliedschaft der Kirche als Verpflichtung auferlegt, folglich auch **alle die Gebote, welche aus der Nothwendigkeit eines rechtlichen Daseins der Kirche** hervorgehen. Noch weniger liegt aber darin irgend eine Andeutung von dem Verhältniß solcher Anordnungen zu dem bürgerlichen Gesetz, überhaupt nicht einmal etwas von einem Unterschiede zwischen **Staat** und **Kirche** überhaupt, am wenigsten aber etwas, was auf die Unstatthaftigkeit einer organischen Einheit beider Ordnungen zu beziehen wäre. Jedenfalls könnte man höchstens daraus die Nothwendigkeit der **Auseinanderhaltung der Unterschiede innerhalb der Einheit** folgern, wie sie indeß schon der Begriff der Kirche wie des Staats selbst ergiebt. Insofern wird man also immer wieder darauf zurückgeführt, nach dem allgemeinen Gesetz des Lebens zu prüfen, ob die Wahrheit der Ordnung erst dann zu ihrer vollen Realität gelangen könne, wenn die kirchliche Ordnung mit der bürgerlichen zu einer organischen Einheit verbunden ist, in welchem Fall jener Ausspruch Christi gar nicht entgegenzustellen sein würde. Denn da auch in der Kirche Ordnung walten muß, auch in ihr eine Unterwerfung unter einen menschlichen Willen um der Ordnung willen nothwendig ist, so versteht sich, daß wenn man um ihretwillen unbeschadet des Gewissens dem in der Kirche stehenden Landesherrn und der von ihm in letzter Instanz realisirten und sanctionirten Ordnung unterthan ist, — daß, sag' ich, man auch hierin Gotte giebt, was Gottes ist. Einmal in der Unterwerfung selbst, weil sie Gottes Wille ist, und dann auch darin, daß man trotz der Unterwerfung den Geist und das Gewissen nicht in Knechtschaft des Gehorsams gefangen nehmen läßt, sondern Gotte giebt, was Gottes ist. Hieran wird niemand durch das landesherrliche Kirchen-Regiment an und für sich gehindert, weil alles Regiment in der Kirche überhaupt nur auf die Realisirung der Ordnung Bezug hat. Wollte man aber einwenden, daß die äußere Ordnung der Kirche von ihrem gottesdienstlichen Leben, dem Dienst am Wort selbst, nicht zu trennen sei, und daß, wenn doch über diesen Dienst der Landesherr nicht Macht haben dürfe, nur der Kirche als der Gesammtheit der Gläubigen ausschließlich die Leitung des gesammten kirchlichen Lebens überwiesen werden müsse, so würde daraus gerade das Gegentheil herzuleiten sein. Denn da alles kirchliche Regiment überhaupt, also auch für den Dienst am Wort, nur die Ordnung bestimmen darf, diese aber in die Allgemeinheit der Ordnung, an welcher das sittliche und rechtliche Dasein des Menschen hängt, eingreift, zur Realisirung der letzteren aber die landesherrliche Macht von Gott eingesetzt ist, so muß dann, wenn diese in der Kirche steht, und somit die Kirche an dieser Macht zur Realisirung der Ordnung auch für ihre eigenen Zwecke Antheil haben kann, das unbedingte oder göttliche Recht dieser Macht über die Lebensordnung, auch für die mit dieser in Einklang stehende kirchliche Ordnung bestimmend werden. Insofern könnte man aus jenem Ausspruch Christi grade umgekehrt die Nothwendigkeit des landesherrlichen Kirchen-Regiments folgern. Denn die Sache der Ordnung ist Sache des Kaisers im weitesten Sinne, wenn gleich freilich da, wo der Landesherr obwohl Christ außerhalb der Kirche sich stellt, nothwendig ein Gegensatz der Gesinnung Platz greift, welcher in den meisten Beziehungen die Einwirkung auf die Kirchen-Ordnung unstatthaft macht, so daß die letztere nicht zur Totalität ihrer Gestalt sich entfalten, und somit auch die Einheit mit dem staatlichen Leben nicht zur Stetigkeit kommen kann. Wo aber dieser Gegensatz aufgehoben, muß die landesherrliche Macht, als Schluß-Moment aller Ordnung auch wieder in ihr Recht über die kirchliche Ordnung eintreten, indem dann auch hier das Wort gilt „dem Kaiser zu geben was des Kaisers ist."

So lange indeß der Staat in dem Organ seiner Willensbestimmung, d. i. in der durch die Verfassung gegebenen Macht, das Christenthum überhaupt noch nicht aufgenommen, mithin in ihm nur der Repräsentant der Welt, wie sie im Gegensatz gegen das Reich Gottes steht, zur Manifestation kömmt, ist allerdings sogar jeder Ansatz zu einem organischen Zusammenhang zwischen staatlicher und kirchlicher Ordnung ausgeschlossen. Bis dahin bleibt für die Kirche nichts übrig, als, so gut es geht, für sich selbst allein eine abgesonderte Ordnung aufzurichten. Werden aber die jenen Moment constituirenden Persönlichkeiten von dem Christenthum erfaßt, so ist, wenn sonst keine Befangenheit oder

Vorurtheil in den Weg tritt, der Abschluß der kirchlichen Ordnung zu der Einheit eines Organismus mit der staatlichen, in der landesherrlichen Gewalt gegeben. Wie dieser Gedanke in dem Moment der Christianisirung des Staats und selbst weiterhin, trotz der entgegengetretenen Römischen Principien sich Realität gegeben, haben wir in unserm Kirchen-Recht (Th. I. S. 388 folg.) geschichtlich zu zeigen versucht. Wir haben dort gesehen, wie schon lange vor der Reformation das erwachende Selbstbewußtsein, als Vorläufer und erster wesentlicher Anfang des Protestantismus den Staat zur Besinnung seines selbstständigen Rechts brachte, und worin der erste Anfang des landesherrlichen Kirchen-Regiments, oder vielmehr seiner Wiederherstellung sich manifestirte. Aber immer war es nur das Bewußtsein des eigenen Rechts, was den Staat hier bestimmte, dasselbe bis dahin durchzuführen, wo die kirchliche Ordnung davon mit berührt wurde. Die Nothwendigkeit und Rechtmäßigkeit der Einheit des staatlichen und kirchlichen Regiments mußte ihm so lange verborgen bleiben, als nicht der Ungrund des Römischen Princips in Auseinanderhaltung beider Momente als Gegensätze, durch die Wiederherstellung des wahrhaftigen Lebensgrundes der Kirche zum Bewußtsein gekommen war. Die Statthalterschaft Christi mußte fallen, Christus selbst, von dem alle menschliche Kreatur gleich fern und gleich nahe ist, mußte in seinem Wort wieder in sein Recht eingesetzt werden, um das Reich Gottes — die Einheit des christlichen Lebens in seinen substantiellen Unterschieden zur Wahrheit zu erheben, d. h. das menschliche Wesen in Staat und Kirche wieder zur Einheit des Wirkens zu bringen. Ist die Prätension von der Einsetzung einer unfehlbaren Quelle der Wahrheit in einem Statthalter Christi als dem Gipfel des Priesterthums vernichtet, ist die Kirche auf dem lebendigen Worte, als dem letzten Grunde und Richter der Wahrheit wieder aufgerichtet, so ist der Gegensatz des Lebens verschwunden. Alle menschliche Ordnung, die in ihm geheiligt, ist nicht nur wieder zu Ehren gebracht, sondern auch in das Recht eingesetzt, welches ihr gebührt als der von Gott verordneten Obrigkeit zur Bestimmung der Ordnung in der Totalität des christlichen Lebens, also in Staat wie in Kirche. Luther durfte nur, wie er von Anfang gethan, die menschliche, aber in Christo erneuerte Macht des Staats in ihrer Heiligkeit, und anderweit die Macht des Papstthums in ihrer Menschlichkeit darstellen, und die Kluft zwischen Staat und Kirche war da ausgefüllt, wo beide sich zu dem gleichen Bewußtsein erhoben. Es blieb in der durch Christus verbundenen Lebensordnung nur die Eine Gewalt übrig, welche, durch die Schrift als Macht der Lebensordnung eingesetzt über alle menschliche Creatur, zugleich der Gipfel und Ausgangspunct für die Realisirung aller kirchlichen Ordnung werden mußte. Insofern war es auch ganz indifferent, ob es in diesem Moment zu einer theoretischen Untersuchung der Frage kam: ob dem Landesherrn als solchem das Kirchen-Regiment zustehe, oder unter welchen Voraussetzungen, und ob er dasselbe etwa als Landesherr oder in welcher andern Eigenschaft zu führen habe. Es bedurfte weder solcher Frage, noch einer Antwort darauf. Es mußte nach der **Natur der Sache** von selbst die landesherrliche Macht, wenn sie in die wiederhergestellte Kirche trat, zugleich jene Stellung in der Kirche einnehmen. Sie mußte es, weil sie einmal durch Gottes Ordnung, als der Gipfel und Schlußstein aller Ordnung, thatsächlich gegeben war, und die Entgegenstellung staatlicher und kirchlicher Ordnung nur in Folge der prätendirten übermenschlichen Vollmacht zur Kirchen-Regierung in dem Lehrstande zum Vorschein gekommen war.

Oder war es etwa nicht allein diese Gewalt in der Natur der Sache, welche einst schon in dem Moment der Christianisirung des Staats entschieden, und sogleich in der Person des christlichen Kaisers die Einheit kirchlicher und staatlicher Ordnung zur Manifestation gebracht, ehe noch theoretische Untersuchungen darüber stattfinden konnten? Und muß der Einfluß jener Gewalt in diesem Moment uns nicht um so bedeutsamer und lehrreicher erscheinen, wenn wir erwägen, daß sie durch die bereits aufgekeimten Römischen Principien hindurch sich Bahn gebrochen? „Und wäre das Papstthum nicht entstanden," wie es aus den letztern nothwendig hervorgehen mußte, „so würden allerdings, bei der Auflösung des Römischen Reichs in mehrere Staaten," wie es anderwärts heißt *), „schon damals die verschiedenen Gemeinden in den neu entstandenen Königreichen sich in National-Kirchen gestaltet haben, jede unter ihrem besondern weltlichen Oberhaupt, der als Vater seines Volks, sich natürlich der Leitung ihrer höchsten Interessen angenommen, und als Gebieter über alle National-Angelegenheiten auch die kirchliche in seine Gewalt hineingezogen hätte." Hätte sich dies nur auf die Realisirung kirchlicher Ordnung, nicht aber auf die Construction der kirchlichen Wahrheit bezogen, so wäre wirklich auch eine solche Gestaltung der Dinge dem Begriff dieser Ordnung, dem Wesen des Reichs Gottes, gemäß gewesen, und also geschehen, wenn das Römische Princip nicht die Entzweiung des Lebens in seinem nothwendigen Gefolge gehabt hätte. Nachdem aber dies Princip zuerst durch den deutschen Geist in Martin Luther gerichtet, und das bis dahin verborgene christliche Leben in seiner Freiheit von dieser Knechtschaft sich wieder zu der Wahrheit der apostolischen Kirche aufgerichtet hatte, da ward der Kirche auch wieder

*) S. die Kirche in uns. Zeit. Düsselthal 1843. S. 21.

der Sinn für die in der göttlichen Ordnung gegründete Einheit ihres Organismus mit dem Staat aufgeschlossen. Ein Sinn, wie er in jedem gesunden Christenthum sich finden wird, das gleich fern von hierarchischen Vorurtheilen, wie von puritanischen Gesinnungen, über Gottes Weltordnung sich nicht hinwegsetzen will.

Wie Luther dazu ausersehen war, den Kern der christlichen Wahrheit in der Freiheit wieder zu erfassen, in seiner Bestimmtheit gegen den Römischen Aberglauben und den im Gefolge der Freiheit wach werdenden Geist des Unglaubens, so war es ihm auch vorbehalten, zuerst die einfache Wahrheit der Einheit der staatlichen und kirchlichen Ordnung herauszufinden, so wenig er auch diese noch begrifflich zu begründen vermochte. Aber auf dem Grunde der gesunden Lehre ruhend — in der Fülle der Freiheit, zu welcher der Mensch sich erhebt, der im Glauben, d. i. im Geist die Rechtfertigung des Lebens durch den Glauben an Christus empfängt, — sowie in der Kraft dieses Glaubens, welcher in seiner selbstbewußten Klarheit zugleich die Unterscheidung von dem Wesen der Ordnung und der Sache des Glaubens in sich schließt, — — in dieser Kraft und Gesundheit erkannte Luther, daß es nichts wie eine Papier-Mauer sei, die das Römische Princip mit der Unterscheidung zwischen geistlichem und weltlichem Stande aufgerichtet, daß es nur **Einen christlichen Körper** giebt, in welchem alle Glieder Christi gleich würdig und unwürdig sind, ohne Unterschied des Standes und Berufes, und daß in Bezug auf äußeres Regiment nur **Eine Gewalt** von Gott in diesem christlichen Körper eingesetzt sei, „die **Landes-Obrigkeit,**“ „welche ihr Amt frei unverhindert zu üben hat, unangesehen ob's Papst, Bischof oder Priester sei, den sie trifft, sintemal weltliche Herrschaft ist worden des christlichen Körpers, und wiewohl sie ein leiblich Werk hat, doch geistlichen Standes ist."*) Aus diesem Bewußtsein der Christlichkeit der Landes-Obrigkeit und ihrer ausschließlichen Bestimmung zur Realisirung der Lebens-Ordnung mußte sich nothwendig das **landesherrliche Kirchen-Regiment** entfalten.

Als es weiterhin darauf ankam, der kirchlichen Ordnung eine feste und sichere Basis zu geben, wollte Luther sie nur in dieser Macht finden. Er blickte hin auf seinen Landesherrn, der mit seinem christlichen Bewußtsein in der wiederhergestellten Kirche lebte, und alle jene Bürgschaften für die Erhaltung kirchlicher Ordnung darbot. In diesem Verständniß für die Wirklichkeit des Lebens ergriff er kühn den Weg, der sich ihm offen zeigte — hinwegschreitend über alle Bedenken, welche die entgegengesetzte Gewohnheit der Anschauung kirchenregimentlicher Beziehungen hätte darbieten können; — stark und muthig, weil er in der Gewißheit der Freiheit des Evangeliums lebte, und darum wußte, daß, nachdem diese Freiheit einmal aufgerichtet, menschliches Ansehen in der Kirche nur um der Ordnung willen zu herrschen berufen sein könne, und daß, wer auch Träger dieses Ansehens sei, das geistige Leben der Kirche gerettet bleibe. Darum wandte er sich frei an den, der die Wahrheit der Ordnung im Leben ist, um für die Kirche Ordnung zu sichern — an seinen **Landesherrn,** ihn auf seinen **göttlichen Beruf** hinweisend, für die kirchliche Ordnung zu sorgen. „Nun in Euer Churfürstlichen Gnaden Fürstenthum," so schrieb er, „päpstlicher Zwang und Ordnung aus ist, und alle Klöster und Stifte Euer Churfürstlichen Gnaden, als dem obersten Haupte, in die Hände fallen, kommen mit auch die Pflicht und Beschwerde, solches Ding zu ordnen,

*) S. die Schrift „an den Adel der deutschen Nation."

denn sich's sonst niemand annimmt, noch annehmen kann, noch soll.“ Das war es, woraus die Wirklichkeit der evangelischen Kirchen-Ordnung hervorging, indem die Wahrheit des zu Grunde liegenden Princips selbst dem vor jeder Neuerung zurückbebenden Melanchthon nicht verborgen blieb. Harum (tabulae legis Moysis), so sagt er in seinen locis, custos esse debet politicus gubernator, quod ad externam disciplinam pertinet. Und weiter: pertinere emendationem Ecclesiarum ad magistratus officium, praesertim cessantibus episcopis aut adversantibus Evangelio. Man sieht hier so wie aus der nachfolgenden Deduction, wie Melanchthon ebenfalls auf **„die Natur der Sache“** eingeht, um das Recht der Obrigkeit für Handhabung kirchlicher Ordnung zu begründen, indem er in dem Sichzurückziehen der Bischöfe allein nicht den Grund findet, sondern nur außerdem auf diesen besondern Grund der Veranlassung und Rechtfertigung aufmerksam macht. Quod enim aliqui dicunt: magistratum profanum non esse judicem controversiarum de dogmatibus, vera et explicata responsio est: Ecclesiam esse judicem et sequi normam Evangelii in judicando. Cum autem magistratus pius vere sit membrum Ecclesiae, judicet et ipse cum aliis piis et eruditis juxta normam, quam dixi. Damit sind also schon damals alle gewöhnlichen Einwendungen gegen das landesherrliche Kirchen-Regiment gebührend bevorwortet. Denn soll überhaupt einmal die Entscheidung über Lehr-Streitigkeiten zum Kirchen-Regiment gehören, so kann die Profanität der Stellung dem Landesherrn nicht entgegengestellt werden, weil er als Glied der Kirche eben so wenig profan ist wie andere, welche darüber richten sollen, und weil die Schranke, an welche die Kirche gewiesen — das Wort Gottes, ihm gegenüber dieselbe Garantie bietet, weil sie für ihn ebenso bindend ist wie für die anderen, mithin die Möglichkeit der Ueberschreitung bei ihm in keinem höheren Grade obwaltet, zumal wenn er sein Recht nur in einer dem Begriff entsprechenden Verfassung, d. i. in der Gemeinschaft der Repräsentation der Kirche, ausübt. Es kam also nur auf das rechte Verständniß jener magistratualischen Beziehung, auf die rechte Entwickelung dieses Grundbewußtseins von der Wahrheit des evangelischen Kirchen-Regiments an, welches die Aufgabe für die folgenden Jahrhunderte war. Es durfte die Staatsgewalt nur selbst in diese Erkenntniß eingehn, — nur zur Besinnung kommen, daß die Voraussetzung, welche bisher das Leben gespalten, eine grund- und bodenlose sei, daß ihr eigenes göttliches Recht angetastet und verkümmert worden, indem ein fremdes Gebiet als ein noli me tangere innerhalb ihrer Herrschaft von Menschen aufgerichtet worden, — — sie durfte solcher Anmaßung gegenüber nur sich bewußt werden, daß nicht erst ein fremdes Gewissen über das Recht und die Heiligkeit ihres Regiments zu richten habe, sondern daß sie nach Maßgabe der eigenen Erkenntniß, unabhängig von jeder fremden Autorität, Gottes Ordnung im Geiste Christi zu handhaben hätte, — — das alles durfte nur tagen in dem Bewußtsein der christlichen Herrscher, und die Staatsgewalt war an ihrem Theil frei geworden von der Vormundschaft, welche sie bis dahin im Joch gehalten hatte. In diesem Bewußtsein erfaßte sie sich zugleich in der Totalität ihrer Macht über das christliche Lebensgebiet in seiner Erscheinung als äußerliche Ordnung, in der Gewißheit, daß kein anderer menschlicher Wille mit der Prätension auf eine Gleichheit des Rechts-Antheils gegenüber treten könnte, wenn einmal nicht die Voraussetzung einer übernatürlichen Begabung Bestand habe. Sobald nun andererseits die Kirche in derselben Freiheit von menschlicher Autorität zu der Erkenntniß des menschlichen Wesens in der

Erscheinung der Kirche gelangte, und darin die Nothwendigkeit ihrer Unterwerfung unter das, auch von Gott stammende, allgemeine Gesetz menschlicher Ordnung im Staat erkannte, so mußte auch der Kirche der Begriff aufgehen, daß die Wahrheit ihrer eigenen Ordnung, die Einheit alles menschlichen Lebens, nur in der organischen Einheit mit der staatlichen zur Realisation komme. In dem Moment, als solches Bewußtsein in Staat und Kirche zusammentraf, war eine neue Ordnung des staatlichen und kirchlichen Lebens aufgerichtet, war für beide eine neue Stufe ihrer innern Entwickelung, in dem gegenseitigen Erkennen ihres nothwendigen Verbundenseins betreten.

Aber freilich war das Bewußtsein von diesem Beruf des christlichen Landesherrn zur Concurrenz bei der Realisirung kirchlicher Ordnung in dem Momente der Wiederherstellung der Kirche, erst in seiner Abstraction — es war da, aber die innere Nothwendigkeit, die Substanz dieses Verhältnisses war nicht verstanden. Die Folge davon war einestheils das Zerarbeiten der Köpfe in allerhand willkührlichen Theorieen, um die Rechtmäßigkeit der Gewalt darzuthun, und mit den Vorstellungen früherer Jahrhunderte über das Wesen der kirchlichen Gewalt in Zusammenhang zu bringen, — was um so tiefer auf Irrwege führte, je weniger man sich noch in dem Bewußtsein der evangelischen Freiheit zurechtfand, je mehr das Wesen des Romanismus sich noch innerhalb der Kirche geltend machte. Auf der andern Seite offenbarte sich diese Unklarheit auch in der Realisirung der kirchlichen Ordnung selbst. Die Landesherrn, selbst ohne den rechten Begriff von dem Wesen ihrer Gewalt in ihrer Relation zu dem kirchlichen Gebiet, und hin und hergezogen von den Pseudo-Theorieen ihres Zeitalters, handhabten dieselbe, wie es am meisten ihrem Interesse entsprach; bald, der päpstlichen Macht gleich, in die Glaubenssatzungen der Kirche eingreifend, oder doch nach ihrer Willkühr eigenmächtig die kirchliche Ordnung mit roher Gewalt gestaltend. Es war eine allgemeine Verwirrung der Begriffe — ein Nachklang des Römischen Wesens, welcher die Gewalthaber mit sich fortriß zur Gewalt wider die Freiheit des Evangeliums, zur Durcheinandermengung staatlicher und kirchlicher Verwaltungs-Grundsätze, ein Zusammenwerfen der Institutionen beider Lebensordnungen. Gerade der Rückblick auf die Art und Weise, wie das landesherrliche Kirchen-Regiment in den ersten Stadien seiner Entwickelung sich gestaltete, die Anschauung der Verkehrtheiten, welche darin an den Tag kamen, und noch heute zum Theil fortbestehen, — gerade dies bildet eine der Hauptklippen, welche bei der Mehrheit der evangelischen Glaubensgenossen der Erkenntniß von der Nothwendigkeit des landesherrlichen Kirchen-Regiments entgegensteht. Fast alle Anklagen und Einwendungen gegen dasselbe nehmen daher ihren Hauptstoff und Anlaß nicht ohne einen gewissen Schein des Rechts. Sollte wirklich der Beruf des Landesherrn als Regent der kirchlichen Ordnung dahin gehen, wie dies seinen Dienern gleich in der ersten Instruction für die Visitatoren, 1527, vorgeschrieben worden, die Kirchenzucht im Sinne der Römischen Kirche zu handhaben, jegliche Art von Unsittlichkeit nicht blos mit Strafen zu belegen, sondern jede Abweichung von dem Glaubens-Bekenntniß zu verbieten, keine Secten zu dulden u. s. w., — sollte wirklich der Staat dann gar noch alle solche Rechte mit unbeschränkter Souveränität wie die Staats-Ordnung geltend zu machen haben, so würde eine Tyrannei über die Kirche gekommen sein, welche viel schlimmer und viel unerträglicher wäre, wie die des Papstthums. Denn dieses hat doch wenigstens noch zum Princip, in seiner Herrschaft lediglich durch den geoffenbarten Gotteswillen sich bestimmen zu lassen. Es will die geistigen Interessen gegen die rohe äußere Gewalt bewahren und gegen die letztere vindiciren, und bietet so innerhalb des Staats doch ein bestimmtes Gebiet dar, wohin die Gewalt des letzteren, wenigstens nicht von Rechtswegen, dringen kann, einen status in statu, der gleichsam ein Asyl offen stellt für alle geistigen Interessen. Damit ist doch wenigstens einige Garantie für die Gewissensrechte gegeben. Soll dagegen der Staat, als die zwingende Gewalt über das äußere Dasein, eben so über die kirchlichen wie staatlichen Interessen mit päpstlicher Machtvollkommenheit schalten, so würde das Kirchliche nur soweit zu seinem Rechte kommen, als der Staat es seinem Zweck entsprechend erachtete, und damit nicht nur alle und jede Garantie für die freie Entwickelung des kirchlichen Lebens aufgehoben, sondern das Gewissensrecht überhaupt völlig Preis gegeben sein. Aber das war nur die menschliche Kurzsichtigkeit, welche in das ganze Wesen der wiedererrungenen Freiheit nicht auf einmal einzudringen vermochte, — die Nachwirkung der Gewohnheit, in welcher man das Kirchen-Regiment als zwingende Gewalt für die Erhaltung der Rechtgläubigkeit und Heiligkeit der Kirche anzuschauen pflegte, also ein Erbstück aus der Römischen Kirche. Der evangelische Geist hatte gleichsam noch kein rechtes Herz zu sich selbst und zu der Macht der Wahrheit in ihrer Freiheit. Obgleich auferstanden zu neuem Leben, war er doch noch voll Mißtrauen, ob er die Kampfe und Stürme der von außen auf ihn eindringenden Häresieen aushalten könnte, — stand so gleichsam noch in dem Moment der Auferstehung, in welchem Christus sprach: „Rühre mich nicht an, denn ich bin noch nicht aufgefahren zu meinem Gott" 2c. Deswegen wollte er alles abwehren, was das noch nicht erstarkte Leben feindlich berühren möchte, setzte gleichsam die Gewohnheit des früheren

Daseins, die Functionen des äußerlichen Lebens wie Christus fort, bis der Moment erschien, wo auch er auffahren sollte wie Christus, daß mit dem Schwinden des Sichtbaren das Wesen des Geistes sich in der Herrlichkeit seiner Kraft und Majestät entfalte. Der Glaube sollte sich erst von dem Princip, das er erfaßt, selbst herausarbeiten aus dem Wesen der Aeußerlichkeit, dem Wesen des Buchstabens und des Gesetzes, was nicht ohne den Fortschritt des gesammten Welt- und Selbstbewußtseins zu gleicher Freiheit geschehen konnte.

Derselbe Luther, der noch 1523 in seiner Schrift von weltlicher Obrigkeit protestirt hatte, daß weltliche Gewalt sich nicht vermesse, den Seelen Gesetze zu geben, um nicht Gott in sein Regiment zu greifen und die Seelen zu verführen und zu verderben, ja! der ebendaselbst erklärt hatte, daß man der Ketzerei nimmermehr mit Eisen und Feuer wehren solle, — derselbe war es, der von der Strömung des allgemeinen Weltbewußtseins fortgerissen, die Gewalt des Landesherrn für seine weiterhin zur Herrschaft gelangte Lehre aufrief, wider alle die, welche andere Lehre aufbringen wollten. Eine Verirrung, welche Jahrhunderte ein eisernes Joch auch über die protestantischen Gewissen festgehalten, und deren Nachwehen sogar in unseren Tagen noch immer in der unduldsamen Behandlung der sogenannten Separatisten und Schismatiker, von Seiten des Kirchen-Regiments zu spüren gewesen sind. Folgt dies aber aus dem landesherrlichen Kirchen-Regiment an und für sich? Hat die Wahrheit des Begriffes damit irgend etwas zu schaffen, oder ist es nicht vielmehr eine Verkehrung derselben, eine Caricatur, welche gerade durch den Gegensatz des Bildes die concrete Wahrheit zur Erkenntniß bringen sollte?

Eben so war es auch dem ursprünglichen Gedanken entgegen, daß der Landesherr als unumschränkter Souverän die kirchliche Ordnung bestimmen sollte, ohne daß das Bewußtsein des kirchlichen Gemein-Wesens in besondern Organen zur Vertretung und Mitwirkung käme. Die Widerbegrifflichkeit und Widerrechtlichkeit dieses Verhältnisses, welches wirklich seitdem formell geherrscht hat, mußte freilich in den früheren Jahrhunderten, wo der Gegenstand des kirchlichen Regiments so gemißdeutet wurde, noch greller sich darstellen. Aber auch abgesehen hiervon widerspricht es ebenso dem Begriff der Gemeinde, die eben das Recht wirklicher Gemeinschaft der Mitwirkung bedingt, wie dem Recht der Subjectivität, die, zur Selbstgewißheit über den Inhalt des religiösen Gewissens gekommen, in ihrer Substantialität sich zu entfalten begehrt, — wenn ein Regiment in der Kirche sich erhebt, das beides ignorirt, und die Gestaltung der auf dieser innern Gesinnung beruhenden Ordnung nach eigenem Selbstbelieben zu bestimmen und aufzudringen sich nicht scheut. Eben deshalb mußte aber auch, wenn auch nur instinctiv, diese Sünde gegen den Geist protestantischer Freiheit gleich von Anfang an zum Bewußtsein kommen, und in dieser Regung gleichzeitig die Reaction und Opposition wach werden, obgleich es ihr durch alle Jahrhunderte hindurch noch nicht gelungen ist, mit den Forderungen der Gerechtigkeit Gehör zu finden, und jetzt erst die Zeit erfüllt zu sein scheint, wo ihr endlich der Sieg des langen Kampfes zu Theil werden soll.

Schon Melanchthon hatte auf eine **Repräsentation** der Kirche im Unterschiede von dem Landesherrn (magistratus) gedrungen, in welcher die Kirche in Gemeinschaft mit jenem von der in ihr lebenden Lehre, als Basis der Handhabung kirchlicher Ordnung, Zeugniß ablegen sollte — eine ecclesia repraesentativa, zu welcher er auch die Laien herangezogen wissen wollte. Denn, sagt er, ecclesia non tantum constat ex doctoribus sed etiam ex reliquo coetu, ideoque promissio veritatis ad universam ecclesiam pertinet et non tantum ad unum ordinem. Und wenn auch seine Stimme in dem Sturm der Ereignisse verhallte, in welchen die Kirche sich ein Recht des äußeren Daseins erringen sollte, so wurde doch das Bewußtsein des Unterschiedes von weltlicher und geistlicher Gewalt auch von den Dogmatikern des folgenden Jahrhunderts festgehalten, und das Postulat einer besondern Mitwirkung des Lehrstandes in der kirchlichen Gesetzgebung eben so wenig, wie die Forderung der Organisation von Concilien und Synoden fallen gelassen. Freilich wollten nicht Alle ein Recht der Concurrenz von Laien in diesen Versammlungen zugestehen. Allein wie schon Quenstädt und Hollaz ihre Stimmen für die Durchführung des reformatorischen Gedankens erhoben, welcher die Erkenntniß der kirchlichen Wahrheit eben so wenig wie ihre Fortentwickelung in den Formen menschlicher Ordnung an das Amt der Priester gebunden erachtete, und darum die Laien (quivis fidelis, litterarum sacrarum periti tam laici quam clerici) als nothwendige Glieder der Concilien anerkannt wissen wollten, so war es weiterhin Spener, der kraft der Freiheit seines evangelischen Bewußtseins auch hier mit seiner Erkenntniß durch die Starrheit der bestehenden kirchlichen Formen brach, und seiner Zeit tiefe Lichtblicke in das Gesetz der Freiheit kirchlicher Verfassung vorhielt. Während er, wie in seinem Jahrhundert kein anderer vor ihm, wider die Starrheit der Orthodoxie und Hierarchie das rechtschaffene, thatkräftige Leben in Christo als die Seele des Christenthums erfaßte, und auf dieser Grundlage den in Schlummer gesunkenen Gemeingeist der evangelischen Kirche in Bewegung setzte, ward er in demselben Sinne ein Vertreter des christlichen Volks wider den Absolutismus des landesherrlichen Kirchen-Regiments und die Aristocratie des Lehrstandes, indem er immer von neuem die Vertretung der Gemeinde im Kirchen-Regiment als

Forderung christlicher Gerechtigkeit und kirchlicher Wahrheit hinstellte. So — darf man sagen — ist der Gedanke von der Nothwendigkeit der **Concurrenz der drei Stände** (ministerium ecclesiasticum, status laicus und magistratus politicus), in welcher nach dem Grundprincip der evangelischen Kirche die ganze Wahrheit der Kirchen-Verfassung ruht, immer wieder lebendig erhalten. Aber die Realisation dieses Gedankens war so lange nicht möglich, als nicht die evangelische Kirche sich in der Universalität und Freiheit ihres Begriffs erfaßte, und darin den bis dahin immer in der Unklarheit gebliebenen Gegenstand des Kirchen-Regiments kennen gelernt hatte. So wenig wie Spener diese Erkenntniß aufgegangen, so noch weniger den von ihm ausgegangenen Pietisten des 18ten Jahrhunderts, welche in ihrer Beschränkung auf die Uebungen der Andacht in dem engen Kreise der Conventikel das Wesen der Kirche fanden, und deshalb immer weiter von dem Gedanken an den Ausbau der Kirche und dem Interesse daran abgeleitet wurden, bis endlich in der Fortarbeit des Geistes zu seiner Selbstbefreiung diese Indifferenz an der Kirche zur Indifferenz an dem Glauben überhaupt umschlug, und in dem Bruch des Geistes mit allem Bestehenden, auch das kirchliche Leben, verlassen von aller Theilnahme der Gemeinde, in dem alten einmal herkömmlichen Geleise sich fortbewegte. Die nothwendige Folge dieser Auflösung alles eigenthümlichen Lebens der Kirche war, daß die landesherrliche Gewalt in der Kirche den Culminations-Punct ihrer Unumschränktheit erreichte. Von einem Recht der Geistlichen war eben so wenig wie von dem der Gemeinde die Rede, bis der kirchliche Geist an der Leere seines Daseins zur Selbstbesinnung kam, und in dem Wiedererfassen des Einigen Felsen auch ein Verständniß für die Ungestalt der bestehenden kirchlichen Formen fand, und die Nothwendigkeit begreifen lernte, daß mit der Erneuerung des kirchlichen Sinnes auch eine lebendige kirchliche Gemeinde-Verfassung nach dem Grundprincip der evangelischen Kirche auferstehe. Auf diesem Wege sollte die Bahn dazu gebrochen werden, daß endlich die Autocratie des Staats, jene dem päpstlichen Joch ähnliche Tyrannei in der Kirche ein Ende erhalte.

Es mußte durch diese Verkehrung der kirchlichen Verhältnisse, jene Verzerrung des landesherrlichen Kirchen-Regiments hindurch gehen, damit in der Anschauung solcher Widersprüche die evangelische Christenheit erst zur Besinnung gebracht würde, daß die wesentliche Differenz zwischen Staat und Kirche dadurch noch nicht aufgehoben wird, daß beide Ordnungen zur Vermittelung ihrer Einheit in einem Momente zusammentreffen. Diese Einheit kann erst dann zur Wahrheit ihres Begriffes gelangen, wenn beide Organismen nach dem ihnen inwohnenden Begriff gestaltet und auseinander gehalten werden. Denn andernfalls würde immer nur eine Vermengung, nicht aber eine Einheit zur Manifestation kommen, welche eben in dem organischen Zusammenfassen die Substanz bestimmter Individualitäten festhält. Die Stellung des evangelischen Landesherrn zu beiden darf nur eine vermittelnde sein, und nur darauf abzwecken, das vinculum unitatis darzustellen, damit kraft der Einheit der menschlichen Subjectivität, die in beiden Lebensordnungen steht, ebenso die Auseinanderhaltung des Verschiedenen, wie die Einheit beider für den Einklang des Lebens begründet werde, — was um so sicherer geschehen wird, je mehr die objectiven Institutionen selbst in dieser Unterschiedlichkeit festgehalten werden, und so dieselben an ihrem Theil der Unterscheidung der verschiedenen Momente der Einen untheilbaren Lebensordnung in dem Bewußtsein dieses Einheits-Punctes als Basis und Bestimmungsgrund dienen.

Es kommt aber nicht blos auf die Auseinanderhaltung der Organismen überhaupt und jede beliebige Einheit derselben, sondern auf eine solche an, welche dem Princip der evangelischen Kirche entspricht. Das bevorworten wir, indem wir die Verfassung der Kirche Englands im Auge haben — „diese am wenigsten reformirte und am meisten geknechtete von allen Kirchen der Reformation," wie ein englischer Schriftsteller sie nennt. Allerdings war hier zu einer solchen Verfassung, in welcher diese Unterschiede festgehalten, und doch die Einheit beider in dem landesherrlichen Regiment begründet worden, gleich bei der Reformation eine Art von Ansatz gemacht. Dem Parlament gegenüber standen die sogenannten Convocationen, nichts anderes als kirchliche Parlamente, aus denen die kirchliche Gesetzgebung hervorging. Und ebenso war die Verwaltung ausschließlich in den Händen der Bischöfe, also von der staatlichen durchaus geschieden. Aber diese Gestaltung war nicht eine freie Entwickelung des evangelischen Lebens, sondern einzig und allein Folge des beibehaltenen hierarchischen Princips, wie es eine nicht zu vermittelnde Kluft zwischen Priesterthum und allen weltlichen Organismen bildete, und unter anderem auch sich in der Ausschließung aller Nichtgeistlichen von der Mitwirkung bei der Verwaltung und Gesetzgebung geltend machte. Auf diese Weise mußte der Segen einer solchen Unterscheidung der Organismen ausgeschlossen werden, und die Kirche auch in der äußerlichen Verfassung wieder der Knechtschaft verfallen, wie sie in der Römischen Kirche bestanden hatte. „Es war unmöglich," sagt ein englischer Schriftsteller *), „sich eine vollständigere Vernichtung (a more thorough exstinction) der Rechte der Unterthanen in Gewissens-Angelegenheiten zu denken, —

*) Will. Howitt's popular history of Priestcraft in all ages and nations. Lond. 1834.

nicht einmal selbst im Papstthum (not in popery itself). Nachdem die Bischöfe so die Gewalt in ihre Hände bekommen, schritten sie bald vorwärts sie zu handhaben und den alten Priestergeist (the old priestly spirit) zu offenbaren.“ Und wie einst der Papst sich von der Concurrenz der Bischöfe und Concilien in der Durchführung der Hierarchie zu befreien gewußt hatte, so gelang es auch der an seine Stelle getretenen Staatsgewalt in England. Seit 1717 wurden die Convocationen zur Nullität herabgesetzt, und damit der letzte Keim zur Entwickelung eines freien kirchlichen Bewußtseins unterdrückt. Seitdem ist die Kirche auf die Fortbewegung innerhalb der Schranken angewiesen, welche die Staatsgewalt ihr unter Beibehaltung der alten stabilen Formen vorgezeichnet hat — ein Joch, unter welchem jede freie Regung des evangelischen Geistes innerhalb der Kirche ersterben muß, weil die Staatsgewalt noch immer im Wachtdienst der von ihr festgestellten und sanctionirten Lehre (established doctrine) steht — noch immer das durch königliche Declaration aufgestellte Staats- und Kirchen-Grundgesetz Geltung hat, nach welchem die geringste Abweichung von dieser Lehre verboten ist (prohibiting the least difference from the said Articles, und weiter: from which we will not endure any varying or departing in the least degree) im Zusammenhange mit dem Befehl, daß jedermänniglich sie in dem buchstäblichen und grammatikalischen Sinn zu nehmen habe (in the literal and grammatical sense). Solche Sprache der gesetzgebenden Gewalt im Namen des Staats und der Kirche ist der rechte congruente Ausdruck für das Wesen der **Cäsareopapie,** d. i. der Hierarchie, welche hier mit der Staatsgewalt sich zu einer monströsen Gestalt verzweigt, und im Widerspruch mit den Fortschritten christlicher Bildung alle jene monströsen Misbräuche erhalten hat, welche längst die Nothwendigkeit einer totalen Reform dieses Unwesens in den heller denkenden Männern dieses Landes zum Bewußtsein gebracht haben *).

Darin offenbart sich aber auch der gewaltige Unterschied zwischen der protestantischen Kirche *Deutschlands* und der *englischen*. Denn während dort zwar auch die Staatsgewalt in dem Landesherrn zur unumschränkten Herrschaft über die Kirche gekommen war, und diese in dem beschränkten Bewußtsein früherer Jahrhunderte sich nicht gescheut hat, eine bestimmte Lehre mit ihrer äußerlichen Macht aufrecht zu halten, so war es doch immer ein *Abfall* von dem *Grundprincip* der *deutschen Reformation*, d. i. von dem Princip, welches *Gottes Wort* allein zur *Stellung* von *Glaubensartikeln* befugt erkannte, und deshalb in seinem öffentlichen Auftreten nur ein *Bekenntniß*, nicht aber ein *Gesetz* des *Glaubens* ausgehen ließ. Insofern hat auch die Staatsmacht sich zu keiner Zeit als *Gesetzgeberin* über die Wahrheit der christlichen Lehre berufen angesehen, wie Heinrich VIII., der nur des Papstes Regiment abschaffte, um sich an die Spitze zu stellen, worauf dann Elisabeth — dieser Heinrich VIII. in einer Weiber-Maske, wie sie Howitt nennt — diesen *Romanismus* im *Protestantismus*, diese *Vermengung* des *staatlichen* und *kirch*-

*) „After such an origin, can any one wonder that it (church of E.) needs *reform*, *thorough reform*; not merely of its *abuses*, which are, as might naturally be expected from so absurd and despotic a constitution, become *monstrous*, but reform and entire remodelling of its canons? While all around it has been progressing in knowledge and better understanding of the rights of conscience and the true nature of Christianity, here has *this eldest daughter of popery* been standing still in body, *covered with* all her deformities, with the mark of the beast blazing on her forehead, and the *filthy rags of cast-off popery* fluttering about her. — Can such a *monster* longer encumber the soil of England?" Howitt a. a. O. S. 188.

lichen Wesens als ein Idiom des englischen Staats- und Kirchenthums stabil machte *). Wie ganz anders mußten sich die Dinge in Deutschland gestalten, wo nicht etwa blos eine Reformation vorgefallen, wie sie die Landesherrn in England zu geben für gut befunden, und durch ein Gesetz aufgedrungen hatten **). Nein, der Sturm des freien Geistes, welcher das deutsche Volk ergriffen, hatte selbst einer Lawine gleich sich über das Land ergossen, und die Fürsten mit sich fortgeführt zu gleicher Freiheit des Bewußtseins, so daß schon 1520 Friedrich der Weise es für unmöglich erklärte, diesem Geiste mit Gewalt Einhalt zu thun. Und dieser von neuem geborne Lebens-Odem des Evangeliums, in sich den Grundgedanken der deutschen Reformation immer weiter ausbildend, war und blieb selbst der sicherste Hort für das Bewußtsein seiner Freiheit von der Autorität des Staats, als Repräsentanten der kirchlichen Gewalt in Glaubenssachen. Zu allen Zeiten und an allen Orten von der Unstatthaftigkeit solcher Eingriffe zeugend, hat er selbst am besten die Differenz des Staatlichen und Kirchlichen in ihren substantiellen Momenten festgehalten, indem er in allem Strudel der Verirrung als

---

*) „He (Henry VIII.) threw off the papal yoke — but not to give the church freedom — nothing could be farther from his intentions: it was only to make it his servant and his slave. He declared himself the head of the church of Christ in these kingdoms. What a head for such a church! The despotism of opinion was only changed in name, and it appears to have been the effect of the merest accident, that is was changed at all." (s. W. Howitt a. a. O. cap. XV.)

**) She (Elisabeth) passed the famous act of Uniformity, by which all her subjects were comanded to observe the rules, her bishops had framed, and to take up with such a reformation of the church, as she had pleased to give them, with herself as the visible head of the church upon earth. S. Howitt a. a. O. S. 182.

Markstein und Leuchte auf die Wahrheit jenes Grundgedankens hinwies, und so jede Vermengung des staatlichen und kirchlichen Wesens im Fundament der Verfassung abwehrte. Nie haben die Landesherrn sich hier im Sinne der englischen Kirche als das „sichtbare Haupt der Kirche auf Erden" betrachtet, sondern wie sie auch das Regiment der Kirche verkehrt haben, so wollten sie doch nur Herren der Ordnung und nicht des Glaubens sein.

Eben deswegen durfte auch der kirchliche Geist nach allen jenen Verirrungen nur wieder zur Besinnung über das ihn tragende Grundprincip kommen, um die Fesseln zu zerbrechen, welche die Entwickelung seiner selbst aufgehalten, und die Lebensordnung verwirrt hatten, ohne daß es hier einer die christliche Ordnung im Staate erschütternden Umwälzung bedurfte, um den Grundgedanken der Reformation in der Verfassung zu seinem Recht zu bringen, wie bei England der Fall sein müßte, wenn es zur Freiheit des evangelischen Bewußtseins, unter Aufgebung aller damit unvereinbaren hierarchischen Principien und Formen, sich erheben wollte. In Deutschland, insbesondere in Preußen, diesem vorzugsweise protestantischen Staate, steht die staatliche Ordnung auf dem alten Fleck; ja selbst die kirchliche Ordnung bewegt sich noch in den alten Formen, obschon die Freiheit des evangelischen Geistes im Wesentlichen längst über alles menschliche Ansehen der Lehre sich hinweggesetzt, der Geist keinem anderen Geiste folgt, als welcher im Innern den Geist bezeuget, der sich im Worte Gottes geoffenbart hat. Das ist der heilige Geist, der gerade in der Freiheit als ein Geist der Ordnung sich bewährt, und darum selbst die einem unfreien oder doch unklaren Bewußtsein entsprungene Form der Ordnung als solche um der Ordnung willen in Ehren hält, wenn er gleich dahin trachtet, von dem ihm aufgegangenen Selbstbewußtsein aus, auch diese Form in Uebereinstimmung mit dem

Geist des freien Evangeliums umzuschaffen. So lange dieser Geist in der wiedererrungenen Freiheit sich behauptet und entfaltet, bleibt die Gestalt jener Form an sich von untergeordnetem Werth. Dieser Geist hält besser das Staatliche und Kirchliche auseinander, als irgend eine Form der Verfassung, in der die Unterschiede blos formell ausgeprägt sind. Man kann auch in der kirchlichen Beziehung von Preußen sagen, was eine französische Zeitung unlängst von seiner politischen Stellung sagte *): „Wir wünschen Preußen eine Repräsentativ-Verfassung, indeß darf es sie erwarten, und wird sie mit Geduld erwarten, weil es bereits dasjenige besitzt, was durch jene Institutionen nur gesichert werden soll: „„**die geistige Freiheit.**““ In der That überall sehen wir, wie trotz aller Reactionen der hierarchischen Gesinnung, das Kirchen-Regiment sich immer mehr darauf beschränkt, nur das, was den Begriff der Ordnung bedingt, zum Gegenstand des Regiments zu machen, und im Uebrigen alle Entwickelung des Geistes sowohl in seinen individuellen wie corporativen Gestaltungen frei zu lassen **). Darum schreitet aber auch der Geist vorwärts, von

*) Journal des Débats vom 23. October 1845, über die Adresse des Berliner Magistrats, und die darauf erfolgte Audienz.

**) Rheinwald's Repertorium rc. Jahrg. 1844 März S. 257 wird zwar bei Beurtheilung meiner Schrift: über die Bedeutung der Synoden rc. nicht blos in Frage gestellt: „ob es überhaupt möglich sei, daß die beiden Seiten der Kirche, so wie dort gefordert, auseinander gehalten werden können, d. h. daß die Verwaltung auf die Erscheinungsseite der Kirche, auf das bloße Ordnen sich zu beschränken habe,“ sondern sogar behauptet, daß „die Erfahrung lehre, daß dies bis jetzt nicht geschehen.“ Allein damit hat Rezensent offenbar zu erkennen gegeben, daß er entweder den Begriff der Ordnung in seinem Unterschiede von dem inneren Leben der Kirche nicht kennt, oder daß ihm der gegenwärtige Zustand der kirchlichen Gesetzgebung und Verwaltung total verborgen geblieben ist. Denn es möchte ihm schwer werden, in dem Laufe dieses Jahrhunderts Acte der Verwaltung nachzuwei-

dieser Erkenntniß aus die Wahrheit des landesherrlichen Kirchen-Regiments immer mehr zur Geltung zu bringen, und dieselbe in der Entfaltung bestimmter Organismen, welche die Verschiedenheiten auseinander halten, zu manifestiren.

Welche Gestalt aber auch das landesherrliche Recht über die kirchliche Ordnung in den verschiedenen Gebieten der Herrschaft des evangelischen Princips annehmen möge — wie es auch im Laufe der Jahrhunderte gemißdeutet und gemißbraucht worden, — es bleibt nichts desto weniger wahrhaftiges Recht, das wir als ein Göttliches bezeichnen dürfen, weil es nach dem von Gott eingesetzten Gesetz der Lebensordnung dasjenige Moment ist, worin allein die kirchliche

---

sen, in welchen darauf ausgegangen wäre, über das innere Leben Anordnungen zu treffen; sondern von dem Erlaß der Agende an, welche selbst nur ein Act der Ordnung ist, ist wenigstens die Tendenz gewesen, das Leben im Glauben frei zu lassen, und nur das zum Gegenstand der Gesetzgebung und Anordnung der Behörden zu machen, was auf die Geltung der Ordnung Bezug hat. Und wenn dies Princip nicht immer rein durchgeführt ist, so hat es doch gegolten, und ist trotz solcher Abweichungen immer von der Verwaltung anerkannt worden. Wäre das dem Rezensenten nicht verborgen geblieben — hätte er überhaupt einen Blick in mein System des kirchlichen Rechts geworfen, welches in seinem III. Buch auf mehr als 300 Seiten den Gegenstand der kirchlichen Gesetzgebung ausführlich zu entwickeln gesucht hat, — so würde auch wohl schwerlich das allerdings nur hypothetisch hingestellte Mißverständniß hervorgetreten sein, als wäre in der erstgedachten Schrift die Meinung dahin gegangen, blos den Synoden, und nicht auch der Regierung die Macht über das innere Gebiet abzusprechen. Denn stärker hat sich wohl nicht leicht jemand, wie der Verfasser, gegen solche Eingriffe der Regierung in das Innere ausgesprochen. Am wenigsten hätte Rezensent aber für den Fall, daß der Verfasser solches Recht der Regierung nicht statuire, die Anforderung an den letzteren machen sollen, „zu zeigen, was Gegenstand der kirchlichen Gesetzgebung sei, und wie diese Gesetzgebung zu dem innern Gebiet sich verhalte," da, wie gedacht, das in der Schrift über die Synoden ausdrücklich bezogene Kirchen-Recht sich darüber ausführlich genug ausgesprochen haben dürfte.

Ordnung sowohl in sich, wie in ihrem Einklang mit dem Staat, zur Bestimmtheit ihrer Wahrheit und zur Stetigkeit ihres Bestandes zu gelangen vermag. Dieses Recht hat aber auch seine vollkommene Bekräftigung in dem menschlichen Recht, dem öffentlichen Recht des deutschen Reichs kraft der Bestimmungen des westphälischen Friedens erhalten, indem der vorgefundene Besitzstand ausdrücklich für ein rechtlicher erklärt ward. Von dem Diöcesan-Rechte der Bischöfe sollte in Bezug auf das Gebiet der evangelischen Kirche für immer keine Rede sein. Denn die Formel: usque ad compositionem dissidii religionis J. P. O. art. 5. §. 48. bezeichnet bestimmt die Unauflöslichkeit des Rechts vom Standpunct der evangelischen Kirche, weil das sich selbst verstehende evangelische Bewußtsein ebensowohl wie die Römische Kirche die Unmöglichkeit einer Vermittelung der Differenz auf anderem Wege, denn durch Aufgeben des entgegengesetzten Grundprincips einsieht, also eine Wiederherstellung jener Diöcesan-Rechte nur mit dem Untergange der evangelischen Kirche eintreten könnte. Und ob auch das wahre Wesen des landesherrlichen Kirchen-Regiments nur unklar vorschwebte, so kam es doch schon hier sehr unzweideutig zur Anerkennung, daß man dasselbe als etwas betrachtete, was mit dem Wegfall jener bischöflichen Rechte, kraft der Gewalt der Landesherrn über die Lebensordnung innerhalb ihres Gebiets von selbst eintreten mußte. Das besagen klar die Worte: Jus dioecesanum et tota jurisdictio ecclesiastica — contra Aug. Confess. electores — eorumque subditos — suspensa esto, et intra terminos territorii cujusque jus dioecesanum et jurisdictio ecclesiastica se contineat. Aber auch selbst die Worte, welche von dem jus reformandi und dem sonstigen Rechte des Staats über die Religion handeln, und beide auf das jus territorii et superioritatis zurückführen, drücken unzweideutig ein durch das gesammte deutsche Reich verbreitetes Grundbewußtsein von dem innern nothwendigen Zusammenhange zwischen staatlichem und kirchlichem Regiment aus, wenn gleich dieser Zusammenhang bei dem Gegensatz kirchlicher Gemeinschaft zwischen Landesherrn und Unterthanen gleichsam nur in den äußern Umkreisen und überdies nur verkehrt zu einer Bedeutung gelangen konnte. Denn so wollen offenbar die Worte gedeutet sein, welche im §. 30. also lauten: quum ejusmodi statibus immediatis cum jure territorii et superioritatis ex communi per totum imperium hactenus usitata praxi etiam jus reformandi exercitium religionis competat — und weiter: nullique statui immediato jus quod ipsi ratione territorii et superioritatis in negotio religionis competit, impediri oportere. Wird einmal überhaupt irgend eine Gewalt des Landesherrn in Sachen der Religion als statthaft erkannt, so ist damit auch ein wirkliches Souveränitäts-Recht über die kirchliche Ordnung ihm da zugesprochen, wo das Princip der Römischen Souveränität nicht mehr entgegenstand; denn es war keine Gewalt da, welche soweit die Bischöfe außer Concurrenz blieben, als eine legitime über die kirchliche Ordnung hätte betrachtet werden können, als die landesherrliche. Welcher Inhalt aber in jener vom Römischen Joch freigelassenen, eigentlichen jurisdictio ecclesiastica auf Seiten der evangelischen Stände begriffen sein sollte, ward im §. 31. bezeichnet, indem unter den annexis des exercitium Aug. Conf. sowohl das Recht der institutio consistoriorum, ministeriorum tam scholasticorum quam ecclesiasticorum, jus patronatus, aliaque similia jura, aufgeführt werden. Kam es hier zu keiner näheren Begründung dieses landesherrlichen Rechts, so spricht sich darin eben nur ein Bewußtsein aus, welches alle Rechtfertigung für unnöthig hält, weil es in ihm nicht nur ein factisch bestehendes, sondern zugleich ein sich von selbst verstehendes, nothwendiges anschaut. Dieser richtige Tact zeigte sich auch darin, daß es Niemand einfiel, den katholischen Landesherrn das Recht der geistl. Gerichtsbarkeit über ihre evangel. Unterthanen zuzugestehen, womit also zugleich zu erkennen gegeben wurde, daß man das Wesen dieses landesherrlichen Rechts doch wenigstens so weit durchschaut hatte, daß man es keineswegs als einen schlechthinnigen Ausfluß der Territorialgewalt auffaßte, sondern nur als ein Recht, welches dem Landesherrn als solchem im Falle der Kirchengemeinschaft zufallen muß. Ja es verstand sich dies Recht so von selbst, daß nur für den Fall des Gegentheiles, d. h. wenn eine besondere specifisch kirchliche Gewalt als letzte Instanz mit Ausschluß jeder Concurrenz des Landesherrn in den evangelischen Landen hätte an die Spitze gestellt werden sollen, es auf eine besondere rechtliche Begründung angekommen wäre.

Dagegen hat die protestantische Wissenschaft auch schon damals einen Versuch gemacht, die Nothwendigkeit und Rechtmäßigkeit des landesherrlichen Kirchen-Regiments aus dem Begriff des Landesherrn und seiner Stellung zu Staat und Kirche ebenso wie aus dem Gegenstand des Kirchen-Regiments zu begründen. Sind es auch nur Anfänge der Entwickelung, so liegt doch in der Grundlegung schon das ganze, die Wirklichkeit und Vernunft der Sache treffende Bewußtsein angedeutet. Dies erkennen wir namentlich in der Exposition des lutherischen Dogmatikers Johann Gerhard (de magistratu politico). Er ist sich der Unterschiede des staatlichen und kirchlichen Wesens sehr wohl bewußt, will beide Regimente durchaus auseinandergehalten wissen (Nequaquam confundimus ecclesiastici et politici muneris partes, sed eas distinctas manere jubemus). Aber da, wo er den Landesherrn in der Kirche findet, erkennt er darin auch die einzig legitime Macht (im Gegensatz jeder willkührlich aufgerichteten) an, welche Gewalt hat, auch in der Kirche das zu bestimmen, was Gegenstand menschlicher Gesetzgebung ist. Interim, so heißt es, tamen magistratus politicus, cum sit membrum ecclesiae et quidem praecipuum, ab illa potestatis ecclesiasticae parte, quae toti ecclesiae communis est, arceri neutiquam potest, cumque magistratui peculiariter incumbat, potestate divinitus sibi concessa ad propagationem religionis uti, ideo ab illa potestatis ecclesiasticae parte, quae externam ecclesiae politiam spectat, non est exclusus. — Und zu weiterem Zeugniß, wie er solche Macht als dem in der Gemeinschaft der Kirche stehenden Fürsten von Gottes und Rechtswegen gebührend betrachtet, erklärt er, daß durch den Passauer Vertrag dieselbe den Bischöfen und dem Papste (velut injustis possessoribus) entrissen, und dem kirchlichen Landesherrn (pio magistratui) zurückgegeben (restituta) sei. Aber dagegen wollte Gerhard freilich nicht von der abstracten Gewalt des Landesherrn die Herrschaft über die Kirche gehandhabt wissen, sondern nur in ihrer Einheit mit dem zur Selbstständigkeit organisirten Bewußtsein der Kirche, in welchem der an sich harte Gegensatz seine Vermittelung und Versöhnung findet. Darum sollte der Landesherr nach ihm nur consensu ecclesiae das, was auf die Ordnung des kirchlichen Gottesdienstes sich bezieht, ordnen, dieser Dienst am Wort selbst aber schlechthin frei bleiben, wie wir dies auch als die Wahrheit des geistlichen Amtes dargestellt haben. Das ist das ächt lutherische Bewußtsein von der Nothwendigkeit und Rechtmäßigkeit des landesherrlichen Kirchen-Regiments, in einer der Wissenschaft sich nähernden Form ausgesprochen, worin dasselbe zugleich bezeuget, wie in ihm das wahre rechtschaffene Wesen des christlichen Gedankens von der Substanz der Kirche Gestalt gewonnen, und wie es ebendeshalb den rechten gesunden Einklang mit Gottes Ordnung im Staat gefunden hat.

So hat der Gedanke der Reformation eben so wenig mit dem Princip des Episcopalismus, wie mit dem des Collegialismus etwas zu schaffen; aber dennoch hält er sich auch frei von der Einseitigkeit des **Territorial-Systems**, wenn es in seiner abstracten Bedeutung genommen wird. Geht indeß die Meinung desselben nur dahin, daß der Landesherr, wenn er in der kirchlichen Gemeinschaft steht, um seiner öffentlichen Stellung willen als Landesherr, für den rechten Träger der Gewalt über die kirchliche Ordnung zu betrachten sei, und daß demzufolge die kirchliche Ordnung innerhalb eines Landes als ein in sich abgeschlossenes Ganzes der Ordnung erscheine, so beruht dies letztere allerdings auf einem ganz wahren Gedanken. Man kann sagen, daß die ganze Wahrheit des Kirchen-Rechts in ihm beschlossen ist, so daß es nur auf das rechte Verständniß, die rechte Explication desselben ankömmt, um darin das ganze Fundament und die Substanz der Kirchen-Verfassung zu haben. Denn das Wort Territorium will eben sowohl auf die Nothwendigkeit der Constituirung der Kirche zur Landeskirche, wie auf die in der Territorialgewalt gegebene feste Macht über die Ordnung hinweisen, in welcher alle andere Ordnung und somit auch die kirchliche ihren vollständigen Anker- und Stützpunct hat, sobald jene innerhalb der Kirche steht. Wogegen die beiden andern Systeme, Collegial- und Episcopal-System, nur solche Momente der kirchlichen Gewalt zum Ausgangspunct nehmen, welche für sich nie das Regiment in der Totalität seiner Wahrheit zum Abschluß bringen. Damit erhalten wir hier zugleich den rechten Schlüssel zur Erklärung jener schon oben angedeuteten Erscheinung, daß da, wo diese beiden Grund-Principien auf dem gesunden Boden deutschen, lutherischen Glaubens Leben gewonnen, auch in ihnen der Geist des Territorial-Systems sein Recht behauptet, und die Entwickelung der Gedanken in seinen Dienst genommen hat.

Denn vor beiden Principien hat hier das landesherrliche Regiment, wenn nicht gar als etwas Unvermeidliches, doch als etwas mit dem Wesen der Kirche wohl Vereinbares, seine Anerkennung gefunden.

Das bezeugt zunächst Stahl, der von der Grundlage des Episcopalismus ausgehend, doch zu dem Zugeständniß gelangt, daß „die **ächte Kirchen-Verfassung** nach protestantischen Principien darauf beruhe, daß dem **Lehrstande**, dem **Volk** und dem **Fürsten**, jedem sein eigenthümlicher selbstständiger Antheil an der Kirchen-Gewalt zukomme, und nur durch ihre Uebereinstimmung und ihr Zusammenwirken die Kirche regiert werde," sowie daß nur „hiermit allein sowohl die Freiheit und Selbstständigkeit als die Ordnung und Stabilität gesichert sei." Und zwar wird in dieser Verfassung das Verhältniß des Regenten so aufgefaßt, daß er, der Regent, „wirklich Subject der Kirchen-Gewalt sei, daher den kirchlichen Anordnungen die kirchliche Sanction ertheile, also alle äußere Geltung und Autorität." Ebenso wird anerkannt, daß „blos auf seiner Autorität die kirchliche Anordnung beruhe, der Lehrstand ihm dazu nur den Inhalt biete, daß dieser aber noch gar nichts sei, noch nicht die Natur einer kirchlichen Anordnung habe, so lange keine Autorisirung hinzukomme, und daß diese nur vom Regenten komme." Insofern wird zugleich zugegeben, „daß die Kirche keine Existenz, keine Verfassung, kein Organ des Kirchen-Regiments ohne den Landesfürsten habe." Und obwohl Stahl nach seiner hierarchischen Grundidee (s. oben) dies nicht als etwas nothwendiges gelten lassen will, so hält er es doch „nach der protestantischen Lehre statthaft," weil, wie er meint (S. 120), „die Kirchen-Gewalt des Landesfürsten nicht Kirchen-Gewalt im vollen Sinne des Worts sei," sondern „nichts anderes, als eine Modification des (protestantischen) Majestätsrechts, nur eine potestas externa, nicht aber die Kirchen-Gewalt in ihrem eigentlichen Begriff umfasse, d. i. die innere Bestimmung der kirchlichen Anordnungen." Allein diese Argumente, die gewissermaßen eine Rechtfertigung oder Entschuldigung der bestehenden landesherrlichen Kirchen-Gewalt sein sollen, legen gerade die totale Begriffmäßigkeit dieses Regiments unumstößlich dar. Denn, was nach Stahl's Meinung die Hauptsache der eigentlichen Kirchen-Gewalt ausmachen soll, nemlich die Bestimmung über die Lehre und die Handhabung der Kirchenzucht, findet in dem Wesen der Kirchen-Gewalt gar keinen Raum, weil die letztere nach ihrem wahren Begriff damit gar nichts zu schaffen hat (s. oben). Vielmehr umfaßt sie im Wesentlichen eigentlich nur das, was man schon in der älteren Zeit unter dem Ausdruck der potestas externa im Sinne hatte, woraus denn zugleich selbstredend folgt, daß in dieser berichtigten Auffassung die landesherrliche Kirchen-Gewalt in der völligsten Uebereinstimmung mit den Grund-Principien der protestantischen Lehre steht, und daß jeder Grund wegfällt, welcher für die Ueberweisung dieser Gewalt an den Lehrstand sprechen könnte. Von hier aus wird daher erst ganz klar, wie nur die irrige Auffassung des Inhaltes des Kirchen-Regiments auf den Gegensatz gegen die landesherrliche Kirchen-Gewalt geführt, oder doch wenigstens der Anerkennung ihrer Nothwendigkeit entgegengestanden hat. Es gilt also im vollen Sinne als wahrer Ausdruck von dem Wesen des landesherrlichen Regiments, daß, wie Stahl sagt (S. 149), „die Landesfürsten die kirchliche Souveränität haben, d. i. die oberste äußere Autorität in, nicht blos über der Kirche, und diese Bestandtheil ihrer Souveränität überhaupt sei." Wird dagegen die Einschränkung beigefügt, daß die Landesfürsten „damit nicht auch Gesetzgebung, Regierung und Gericht (Bann) der Kirche haben, sohin die Souveränität in ihrem blos **formalen** Begriff sei," so wäre dagegen zunächst zu erwiedern, daß dies ein Widerspruch in sich selbst sei. Denn es ist jedenfalls schwer zu begreifen, was überhaupt die **kirchliche Souveränität** bedeuten solle, wenn sie nicht wenigstens einen Antheil an der **Gesetzgebung** und **Regierung** der Kirche habe. Allein diese Einschränkung verliert ihr Gewicht noch von einer andern Seite, so daß man sie um so mehr auf sich beruhen lassen kann. Denn wird sie bei näherem Licht betrachtet, und ihre eigentliche Meinung untersucht, so entdeckt man bald, daß im Grunde mit dieser Einschränkung keineswegs den Fürsten ein wesentlicher Theil der Kirchen-Gewalt abgesprochen wird. Denn was für eine Art „**Gesetzgebung, Regierung und Gericht**" hier im Sinne gewesen sei, deutet schon die dem letzten Worte beigefügte Parenthese an — nemlich der **Bann**, — woraus soviel klar zu entnehmen sein dürfte, daß nur dasjenige Regiment hier vorgeschwebt hat, welches das innerliche Leben der Kirche, die Predigt des Evangeliums, die Seelsorge, zum Gegenstande hat, worüber allerdings die Landesfürsten, wie schon oft erwähnt, überhaupt nichts zu bestimmen haben können. Scheidet das allein hier aus, so bleibt in der That den Landesfürsten **Gesetzgebung, Regierung** und **Gerichtsbarkeit**, wie sie in der Kirche als **Manifestation menschlicher Ordnung** bestehen sollen, und wenn sie auch deshalb noch nicht von der Person des Fürsten allein ausgehen sollen, sondern wie alle Gesetzgebung rc. in ordentlich gegliederter Verfassung, so haben sie doch als Sache der Ordnung wesentlich den Stützpunct in der landesherrlichen Souveränität, als der von Gott eingesetzten Macht über die Lebensordnung. Das wird auch von Stahl gewissermaßen unmittelbar hinterher zugestanden, indem er den Landesfürsten wirklich die **Gesetzgebung, Regierung** und **Gerichtsbarkeit** in der Kirche zuspricht, nicht blos „soweit ihnen ein Antheil daran, nach der protestantischen Lehre vom Majestätsrecht eines evangelischen Fürsten, ohnedies zukommen müsse," sondern weil er einräumen muß, daß in einem gewissen Maaß „dieselben von der kirchlichen Souveränität untrennbar sind." Eines weiteren Zugeständnisses bedarf es wirklich nicht. Denn wenn das feststeht, so kann es nur darauf ankommen, das Maaß des in dieser Souveränität enthaltenen Rechts der kirchlichen Gesetzgebung und Regierung zu bestimmen. Es würde sich dann bald zeigen, daß in der That keiner Kirchen-Gewalt etwas weiteres zukömmt, und daß das, was sonst als Gegenstand dieses Regiments etwa aufgefaßt wird, gar nicht dahin gehört, sondern entweder Dienst am Wort oder eine Macht ist, die so wenig wie die Fürsten, so auch nicht der Lehrstand oder die Gemeinde sich anmaßen dürfen.

Bei solchen Zugeständnissen, womit dieser Lehrer des Kirchen-Rechts sein eigenes Fundamental-Princip vernichtet, wird es ziemlich gleichgültig, ob derselbe die protestantische Kirchen-Gewalt den Fürsten „nicht als einen natürlichen Bestandtheil der Landeshoheit, d. i. nach der Natur der Sache und dem Begriff der Landeshoheit, zu ihr gehörend" anerkennen, sondern sie nur als „einen historisch durch besondere Ereignisse mit ihr verbundenen Bestandtheil" — also nur als „einen juristisch (nicht philosophisch und dogmatisch) wesentlichen Bestandtheil der Landeshoheit" gelten lassen will (S. 135). Denn gerade aus seinen Zugeständnissen geht klar hervor, daß nicht blos ein historischer, sondern innerer Grund für das Zusammentreffen der landesherrlichen und kirchlichen Gewalt vorhanden gewesen, und daß darin ein ganz anderer und stärkerer Rechtsgrund für die Legitimität dieser Verbindung liegt, wie in der Berufung darauf, daß „die Ausübung der (landesherrlichen) Kirchen-Gewalt von der Kirche selbst in ihren berufenen Vertretern als statthaft bekundet sei" (S. 131). Denn wäre kein besserer Grund anzuführen, so würde das Gericht des frei gewordenen Geistes über sie unbedenklich den Stab brechen, da dieser vor der Autorität der Väter nicht weiter Respect hat, wie sie innerlich fundirt ist. Ist das landesherrliche Kirchen-Regiment aber in der Souveränität an und für sich begründet, steht es dem Landesfürsten nicht blos nach dem wirklichen Rechtszustande, sondern nach **„der Natur der Sache,"** vermöge ihrer Landeshoheit (vigore superioritatis territorialis) zu, so kömmt es nur darauf an, dasselbe, wie es auf der kirchlichen Gemeinschaft ruht, in seinem Unterschiede von der Staats-Gewalt festzuhalten, und in dieser Unterscheidung zu einem besondern Organismus sich entfalten zu lassen, wodurch allen und jeden Einwendungen gegen die Rechtmäßigkeit derselben begegnet ist *).

Wie in gleicher Art — wenn auch von dem entgegengesetzten Standpunct aus — Puchta wider Willen für die Nothwendigkeit des landesherrlichen Kirchen-Regiments Zeugniß abgelegt, gleichwohl aber nichts von einem innern Grunde der Nothwendigkeit weiß, durch welchen der Landesherr als Landesherr unter Voraussetzung kirchlicher Gemeinschaft zum Regiment in der Kirche, unabhängig von der Willkühr der Gemeinde von Gottes und Rechtswegen gesetzt ist, haben wir bereits oben in der Beleuchtung der von ihm geltend gemachten Souveränität der Gemeinde angedeutet. Die von ihm beigebrachten Gründe der Zweckmäßigkeit der angeblich stattgefundenen „Uebertragung" des Kirchenregiments an den Landesherrn, — Gründe, welche von dem Wesen der landesherrlichen Souveränität an sich hergenommen worden, legen unwiderleglich die Ahnung dar, daß hier keineswegs eine solche,

*) Vergl. die Lehre von der Organisation der ordnenden Gewalt. Kirchen-Recht II. Buch, II. Hauptst. II. Abschn. 1. Cap.

aus Gutdünken hervorgegangene Uebertragung geschehen, sondern nur das, was in der Nothwendigkeit der Sache lag. Dies würde auch Puchta bei der practischen Betrachtung des Verhältnisses nicht verkannt haben, wenn er den Begriff des Staates nicht in allzu enge Grenzen gefaßt hätte, indem er das Recht vom Wesen des Staats trennte, und als etwas über demselben stehendes betrachtete, von welchem Standpuncte der innere Zusammenhang alles Rechts mit dem Staat, als der Fülle des menschlichen Rechts, also auch des kirchlichen Rechts, verborgen bleiben mußte. Weil aber Puchta den Begriff der Sache nicht hatte, daß er die Nothwendigkeit daraus hätte erweisen können, — was blieb ihm übrig, als denselben salto mortale zu machen, wie alle Collegialisten vor ihm, d. h. den unwidersprechlichen Besitzstand mit der Annahme einer Fiction zu rechtfertigen, wie sie aller Wirklichkeit widerspricht. Das ganze Fundament ruht bei ihm wie bei jenen auf nichts, als auf dem Gesichtspunct der Angemessenheit des Verhältnisses, wie sie die Anschauung der Thatsachen des Lebens ihm aufgedrungen. „Wem, so fragt Puchta, hätte auch dieses Amt eher anvertraut werden können? Die Kirche würde heut, wenn sie wählen sollte, keine andere Wahl treffen können. Es ist nicht die Macht allein, die dieser Kirchenobere besitzt, — — vornemlich ist es die hohe, über alle kleinlichen Rücksichten und Interessen erhabene Stellung des Fürsten, welche ihn zu dem wünschenswerthesten Regenten der Kirche macht u. s. w." Ist das etwas anderes und besseres, mehr das Wesen der Sache, die innere Nothwendigkeit des Zusammenhanges erfassendes, als wie vor ihm der Collegialist Schnaubert schon 1789 das landesherrliche Kirchen-Regiment zu begründen gesucht hat? *)

---

*) Ueber Kirche und Kirchen-Gewalt nach Grundsätzen des natürlichen und protestantischen Kirchen-Rechts. „Wenn der Regent selbst Mit-

Dasselbe Zeugniß für die Nothwendigkeit des landesherrlichen Kirchen-Regiments finden wir bei Richter in seinem Lehrbuch des Kirchen-Rechts, das ebenfalls auf Puchta's Fundamental-Anschauung basirt ist *). Bei der abstracten Vorstellung stehen bleibend, daß die Gesammtheit der Gemeinden, oder „die Kirche," „das Subject der Kirchengewalt" sei, und daß übrigens Staat und Kirche gegenseitig ihren „individuellen Beruf" frei anzuerkennen, jeder sich selbstständig zu entwickeln habe, ohne daß dadurch „ein Gegensatz beider begründet werde" (§. 50. 53. 60), ist auch Richter nicht dazu fortgeschritten, wenn auch nur in bestimmten Umrissen zu zeigen, wie von dieser Basis aus das Gesetz der kirchlichen Verfassung in Uebereinstimmung mit dem Begriff der Kirche sich nothwendig zu gestalten habe. Es hätte doch wenigstens der Nachweis versucht werden sollen, wie jene „höhere innere Einheit," in welcher Staat und Kirche stehen sollen, eine lebendige Wirklichkeit werde, und worin die Garantien dafür zu suchen seien, daß „jedes nach seinem Antheil und Berufe, für die allmählige Hervorbildung des Gottesreichs auf Erden

„glied der Kirche ist, so ist es gar nicht auffallend, wenn die Kirche „auf den Gedanken kömmt, ihm die Kirchen-Direction und Ausübung der Kirchengewalt zu überlassen. Die Kirche steht ohnehin „unter seinem Schutz; er unterstützt, wenn's nöthig und thunlich „ist, ohnehin schon als Regent alle kirchlichen Verfügungen mit „weltlichen Zwangsmitteln, und setzt die kirchlichen Collegialrechte, „auf Anrufung der Kirche, mittelst des weltlichen Arms in Vollzug. „Sollte die Kirche nicht ihm auch die Rechte der Kirchengewalt, die „sie doch selbst und in Versammlungen auszuüben nicht für gut finden, eher als einem Andern überlassen? in wessen Händen sind sie „wohl besser aufgehoben als in dessen, der ihnen auch zugleich als „Regent den gehörigen Nachdruck verschaffen kann." Vergl. Kritik des Collegial-Systems in meinem Kirchen-Recht Th. I. S. 62.

*) S. meinen Versuch einer Kritik dieses Werks in der Monatsschrift für die unirte evangelische Kirche," von Eltester, Pischon ꝛc. Augustheft 1846.

wirke," keiner störend in den Organismus des anderen eingreife, damit jene höhere innere Einheit heraus komme. Denn die Anforderung oder der fromme Wunsch reicht dazu nicht aus, sondern die objectiven Institutionen in Staat und Kirche sollen eben diese Bürgschaften enthalten. Wäre dieser Gesichtspunct verfolgt, so hätte auch das Anerkenntniß hervortreten müssen, daß die Wahrheit der kirchlichen Verfassung ebenso wie jene Einheit ein völliges Problem bleibe, wenn beide Lebensordnungen nicht in der Person des Landesherrn ihren Einheitspunct haben. Statt dessen ist aber das landesherrliche Kirchen-Regiment nur als etwas aufgefaßt, das nur aus „einer Grundanschauung der Sächsischen Reformation" zu erklären, nach welcher das Regiment „im Namen der Kirche von den inmitten der Gemeinschaft des Bekenntnisses stehenden Landesherrn geführt werde" (§. 50). Darnach hat es also auch hier den Anschein, als wäre vom Standpunct des Begriffs ein anderer Inhaber der Kirchengewalt zu postuliren, den der Landesherr nur vertrete, während gerade das Regiment des letzteren als ein Postulat aus der Natur der Sache dasteht. Aber auch Richter ist viel zu practisch, um die Theorie von der Volks-Souveränität in ihrer Abstraction für die Entwickelung der kirchlichen Verfassung zur Geltung kommen zu lassen. Daher sehen wir, wie er an vielen Orten seiner Darstellung über den Zusammenhang der staatlichen Macht mit der kirchlichen und die Unvermeidlichkeit ihrer Concurrenz zur Realisirung der kirchlichen Ordnung, selbst in Bezug auf das sogenannte jus in sacra, Aussprüche gethan hat, welche unzweideutig für die Nothwendigkeit einer organischen, alle Möglichkeit der Entgegensetzung ausschließenden Einheit beider Gewalten sprechen, — zum Zeugniß, daß Richter, ebenso wie Eichhorn*), durchaus practisch

*) Grundsätze des Kirchen-Rechts Th. I. S. 687—690; vergl. die

von solcher Nothwendigkeit durchdrungen ist, wenn ihm gleich der Begriff des landesherrlichen Kirchen-Regiments nicht so klar geworden, daß er daraus jene Nothwendigkeit hätte begründen und mit dem Begriff der Kirche in Einklang bringen können. So wird §. 158 ausdrücklich anerkannt, daß zwar die Synodal- und Presbyterial-Verfassung dem Staat nur das jus circa sacra zugestehe, daß „indeß sobald der Regent dem evangelischen Bekenntniß angehöre, die Kirche in dieser Besonderheit nicht verbarren könne," sondern zu ihm „mit Nothwendigkeit in nähere Beziehung trete, und der Kreis der ihm über sie zustehenden Rechte sich erweitere." Ebenso wird in Bezug auf die Gesetzgebung ausdrücklich bevorwortet, daß es „nicht allein die aus der Kirchengewalt entspringenden Gesetze seien, durch welche das kirchliche Leben geordnet werde, sondern daß auch von der Staatsgewalt Normen für die letzteren ausgehen." „Denn die Kirche," heißt es weiter, „steht mit dem Staat in immerwährender Wechselwirkung. Diese ist von ihrer Seite geistiger Natur, insofern sie mit ihrem Princip den Staat durchdringt und erleuchtet. Der Staat dagegen, auf dessen Boden die Kirche die Elemente ihres äußeren Bestehens sammelt, wirkt ebenfalls auf die letzteren unmittelbar und materiell ein. Dieses geschieht durch die aus dem Hoheitsrechte entspringende Gesetzgebung, welche das äußere Leben der Kirche beherrscht, und für die eigentliche kirchliche Gesetzgebung bald die Ergänzung bald die Schranken bildet" (§. 175). Weiterhin ist in Bezug auf den Dualismus, welchen das Gegenüberstehen der staatlichen und kirchlichen Gewalt, als zwei gleich berechtigter Souveränitäten, mit sich führt, zugestanden (§. 182), daß in solchem Fall „Princip

---

Kritik in meinem „Recht der Einen allgemeinen Kirche" Th. I. S. 85 2c.

gegen Princip stehe, zwischen denen kein Friede und keine Versöhnung sei, und mithin zuletzt die Macht des Staats hier zwingend in die Mitte trete, indem sie alle kirchlichen Anordnungen, die äußere rechtliche Geltung fordern, an die Prüfung und Genehmigung der Regierung bindet." Wogegen von der evangelischen Kirche gerühmt wird (§. 183), daß sie „zu dem Staat in einer ganz andern Beziehung stehe, als die katholische; daß sie nicht mit ihm um ihre und seine Erweiterungssphäre rechte, sondern die Gesetzgebung über ihre äußeren Beziehungen als rechtliche Corporation, die Gerichtsbarkeit über die Rechtsverhältnisse der Geistlichen u. s. w. ihm anheimstelle, weil er zur Handhabung der rechtlichen Ordnung von Gott geordnet ist," wobei in Bezug auf „die eigentliche kirchliche Gesetzgebung" nach dem Princip der bestehenden Verfassung nur bedungen wird, daß sie „sich auf den Beirath von Gliedern des Lehramts und rechtskundigen Laien stützen solle." Faßt man alle diese Aeußerungen in ihrem rechten Sinne, geht man auf ihre innere Begründung und zieht aus ihnen die weiteren Consequenzen, so kann über das wahre Wesen des Kirchen-Regiments kein Zweifel bleiben. Denn sie sprechen unzweideutig das Bewußtsein der Wahrheit aus, daß die Erscheinung des äußeren Daseins, in welcher die Kirche eingegangen ist in das Wesen der Menschheit, unterthan geworden dem Gesetz aller Lebensordnung, und daß, falls dieses in der Totalität seiner Momente innerhalb der Kirche zur Realisation kommen soll, das Gesetz der staatlichen Ordnung in der Kirche zur Geltung kommen müsse. Ist aber damit nicht zugleich zugegeben, daß wenn die Wahrheit der kirchlichen Ordnung concret werden, und nicht der Dualismus in der menschlichen Lebensordnung bleiben soll, beide Ordnungen, staatliche wie kirchliche, nach ihrem Begriff zu einer organischen Einheit verbunden sein müssen, und daß solches erst dann zur Wirklichkeit gekommen, wenn die kirchliche Gewalt mit dem Gipfel der Macht über das Lebensgebiet in der Einheit einer menschlichen Persönlichkeit zusammengetroffen, falls dieser Moment göttlicher Weltordnung innerhalb der Kirche gegeben ist? Gerade dies ist es aber, was wir oben über den Grund und das Wesen des landesherrlichen Kirchen-Regiments auszuführen gesucht haben.

Mehr unumwunden hat C. Rothe *) sich für die Nothwendigkeit der Einheit des staatlichen und kirchlichen Regiments ausgesprochen. Fern von der Einseitigkeit des collegialischen oder puritanischen Standpunctes einerseits, und dem Episcopalismus, selbst in der von Stahl aufgefaßten milderen Gestalt andererseits, erkennt er die Nothwendigkeit der Einheit zwischen Staat und Kirche, erkennt er als Grund, der allen Oppositionen zu Grunde liege, den unwahren Begriff von dem Wesen des Staats. „Mag das Verlangen," so heißt es, „nach einer Trennung von Staat und Kirche aus dem subjectiven Freiheitstriebe, oder aus einer Ueberspannung des Gegensatzes von Welt und Reich Gottes hervorgehen, es ist immer dasselbe Unrecht, das man dem Staate anthut. Man verkennt ihn in seiner göttlichen Würde und Bedeutung für die irdische Sphäre, man läßt nichts von ihm übrig, als den inhaltsleeren, abstracten Begriff einer Macht, die für die äußerliche Ordnung da ist. Jene erstere Richtung darum, weil sie überhaupt nur mit abstracten Begriffen zu rechnen versteht, und ihre Kirche ein eben so inhaltsleeres, ungeschichtliches Ding ist, eine Gesellschaft, die von ihrem eigenen Belieben abhängt; die andere, weil sie für sich selbst allen göttlichen Inhalt in Anspruch nimmt, und außerhalb ihrer nur Welt und Sünde sieht. Möchten diese letzteren, von denen der Staat gewöhnlich

---

*) Die wahren Grundlagen der christlichen Kirchen-Verfassung. 1844.

am allerverächtlichsten behandelt wird, doch aus der Geschichte lernen — und die Geschichte der Congregationalisten Nord-Amerika's wird ihnen dazu dienen können, — daß diejenigen, welche mit dem Staat gar nichts wollen zu thun haben, des Staates am wenigsten entbehren können, daß sie ohne ihn die Welt räumen müßten, daß er zu ihrem eigenen Begriffe nothwendig gehört, daß jene vermeinte gänzliche Trennung vom Staate nichts weiter ist als eine große Illusion." Und eben so zeigt er dem Episcopalismus gegenüber, wie die Trennung von Kirche und Staat außer der Realität der Verhältnisse, außer der Wahrheit des Lebens sei (S. 168). Er erkennt die „Widersprüche" an, „in welche Kirche und Staat mit ihrem eigenen Begriff gerathen würden, wollten sie eine Trennung versuchen;" er giebt zu, daß „die Kirche im Staat befaßt ist und sein soll." Wenn aber Rothe gleichwohl widerstrebt, das, was er als die unvermeidliche Nothwendigkeit auf der einen Seite zugeben muß, als das der Idee entsprechende, Vernünftige anzuerkennen (S. 170), — wenn er deshalb diese Rechtsverfassung der Kirche im Staat gleichsam als ein Uebel betrachtet, welches nicht in der Sache seinen Grund habe, sondern in einer Art von Verschuldung (S. 171), — als eine Dienstbarkeit, in welche die Kirche gekommen sei, „nicht weil es die Idee so erfordere," sondern „weil es der Wille des Herrn sei, weil sie zu dienen verdient habe." — wenn er deshalb den Begriff der Einheit zwischen Staat und Kirche nicht zugeben will, sondern in diesem Einssein der Verfassung nur „eine Unterworfenheit" unter den Staat sieht, und deshalb von der Kirche verlangt, „daß sie das wisse," „in Demuth sich darin ergebe," aber die Erinnerung nicht aufgebe, „daß sie die freigeborne Tochter eines großen Königs und ihr jetziger Zustand eine Knechtschaft sei," — — so wird damit der Wahrheit wieder so viel Abbruch gethan, wie ihr kurz vorher zugestanden worden. Rothe giebt damit den Beweis, daß ihm die rechte Wirklichkeit der Dinge doch nicht ganz klar geworden, und zwar deswegen, weil er theils den Begriff des Staats nicht in seiner ganzen Hoheit erfaßt, anderntheils aber die Substanz der Kirche, die Wahrheit ihres menschlichen Wesens, verkannt hat, welches die Nothwendigkeit ihrer Knechtsgestalt bis an das Ende der Tage in sich schließt. Hätte er sich daran gehalten, daß die Kirche nur in ihrer Erscheinung als menschliche Lebensordnung in den Organismus des Staats eingebaut ist, und nur von dieser Seite in Dienstbarkeit unter der Gewalt des Staats insofern erscheint, als sie nicht selbstständig aus sich heraus dieselbe Gewalt über die Lebensordnung entwickeln kann, wie sie im Staat von Gott gegeben ist, — daß aber im Uebrigen die Kirche über alle Fürstenthümer und Gewalten erhaben ist, wie ihr Herr und Meister es ist, — — so würde ihm diese Knechtsgestalt nicht anstößig sein. Er würde in derselben und trotz derselben die wahre Hoheit und Selbstständigkeit der Kirche als unberührt und ungebrochen anerkannt haben. Denn diese ruht einzig und allein auf ihrem innern Leben, dem Geist, welcher das Leben und die Wahrheit ist, und in seiner Herrlichkeit besteht, ob auch das Wesen des Leibes — die Erscheinung der Kirche — den Bedingungen der Zeitlichkeit unterworfen ist. So gebührt auch der Kirche alle Gerechtigkeit zu erfüllen, unterthan zu sein allem Gesetz des menschlichen Lebens, d. i. dem Willen Gottes des Vaters, indem sie in dieser Gestalt der Erscheinung sich unter Gottes Ordnung im Staate beugt. An ihrer Persönlichkeit und Selbstständigkeit verliert sie dadurch so wenig, wie, nach dem was wir oben bemerkt (S. 300), das Weib, indem es den Mann als das Haupt der Lebensgemeinschaft anerkennt. Immer bleibt doch die Kirche die freigeborne Tochter des großen

Königs, und trotz der Knechtsgestalt nicht in Knechtschaft, sondern in Freiheit. Was Rothe für ganz undenkbar hält, „daß die Kirche eben so wohl ihre Selbstständigkeit bewahre wie der Staat, wenn das Subject der Staatsgewalt als solches schon das Subject der Kirchengewalt ist, — das ist und bleibt doch wahr, wenn die Mitgliedschaft der Kirche auf Seiten des Landesherrn vorausgesetzt wird. Es ist keineswegs blos eine hermaphroditische Einheit, sondern „eine Einheit der Liebe," weil hier wirklich „ein in zwei Personen herausgesetzter Unterschied" Platz greift, von denen die eine die Gewalt über die Ordnung der Lebensgemeinschaft hat. So kann man in gewissem Sinne allerdings sagen, so parador es auch klingen mag, daß „es ja gar nicht anders sein könne, als es jetzt ist," sofern man dabei nur das landesherrliche Kirchen-Regiment vor Augen hat, indem die Einheit zwischen Staat und Kirche nur durch ein solches Regiment sich realisiren kann, und ebenso darf man sagen, daß dies eine wahrhaftige Einheit sei. Es versteht sich, daß wir von der „Mangelhaftigkeit der empirischen Wirklichkeit" hierbei gänzlich absehen, welche Rothe bei seiner Polemik ebenfalls nicht im Sinne hat. Alles Seufzen und Gebet und Hoffen auf Erlösung, kann und darf sich, wenn man nicht Gottes Ordnung widerstreben will, nur auf eine vollkommenere Gestaltung derjenigen Verfassung beziehen, welche in der deutsch-protestantischen Kirche in der Einheit mit dem Staat wirklich geworden ist. Aber man verkennt das Wesen der Kirche wie des Staats, wenn man eine Erlösung von dieser Einheit „innerhalb des irdischen Weltlaufs" hofft und anstrebt, „ehe der Herr selbst kommt," oder wenn man wohl gar, wie Andere, die Wiedererweckung der Apostel zur Regierung der Kirche erwartet. Nicht als ob wir zweifelten, daß solches in Gottes Macht stehe. Aber wenn wir dennoch so verwegen sind, auf das Bestimmteste es zu verneinen, daß solche **außerordentliche Eingriffe** in den **Gang des Lebens** geschehen werden, so stützen wir uns auf das, was das Wesen der Kirche uns lehrt, auf die Ueberzeugung, daß die **Einheit des Staats und der Kirche** unter Vermittelung des **landesherrlichen Kirchen-Regiments tief in der menschlichen Natur**, und dem Antheil, welchen die Kirche daran hat, begründet ist. Wir bleiben bei der Ueberzeugung, daß wie der Mensch — den herrlichen Schatz in irdenen Gefäßen tragend — so auch die Kirche durch die Kraft des Geistes Gottes und Christi, trotz der Knechtsgestalt, wie sie der irdische Weltlauf mit sich führt, herankommen könne und werde „zur Einheit des Glaubens und der Erkenntniß des Sohnes Gottes," und „ein vollkommener Mann werden, der da sei in dem Maaße des vollen Alters Christi," — in der Einheit des Göttlichen und Menschlichen, in einer Einheit von Kirche und Staat, ohne daß ein **Wunder** dazwischen zu kommen braucht. Sind der Kirche die höchsten Gnadengaben des Geistes, die apostolische und prophetische, entzogen, so ist es nur geschehen, weil es nach Gottes Rathschluß zum Heil der Kirche diente, wie aus gleichem Grunde die sichtbare Gegenwart Christi entzogen ist. Hat aber die Kirche wirklich jene Gnadengaben verloren? So wenig wie die Gegenwart Christi selbst. Der da gesprochen: „Siehe, Ich bin bei Euch alle Tage bis an der Welt Ende," — der ist es, der aus seiner Fülle noch immer den Geist ausgießt in allen seinen Gaben. Erscheinen sie nicht mehr in derselben Gestalt, nicht mehr in einzelnen Persönlichkeiten concentrirt, wie damals, sind sie deshalb weniger da? Und ist die Kirche um deswillen „zerstreut," in vielfache Gemeinschaften gesondert, — erkennen wir darin nicht die Arbeit des Geistes, der in der Fülle seiner Gaben in allen Gestalten sich offenbaren will? Wird der Segen dieser Mannichfaltigkeit nicht immer mehr in das Licht treten, wenn der Geist die Hülle weggenommen, welche jetzt die Glieder am Leibe Christi zertheilt hat, und das Bewußtsein der Gemeinschaft in Christo die Unterschiede in der Erkenntniß überwunden hat? Ist die Kirche scheinbar ohne besonderen Halt in ihrer Unterworfenheit unter das Gesetz menschlicher Ordnung, so ist sie doch trotz dessen „nicht ohne Halt in sich selbst;" und wenn sie ihren äußeren Bestand nur halten kann an der irdischen Ordnung und Gewalt, so ist das unbeschadet ihres inneren Lebens, und also verordnet, damit sie in das menschliche Wesen eingehend, dasselbe in seinen substanziellen Ordnungen durchdringe und heilige, und in dem organischen Verbande mit ihm es zu einem gott-menschlichen Wesen verkläre. Das ist allein der Grund, warum es ein Frevel ist und bleiben wird, wenn jemand „ungeduldig und eigenmächtig die Kirche aus dieser Dienstbarkeit herausführen wollte." Wäre es wirklich eine Knechtschaft des in Christo freigewordenen Geistes, so würde an alle die, welche zu dieser Freiheit hindurchgedrungen, fort und fort der Ruf ergehen, aufzustehen wider solche Schmach, ja das Leben zu wagen, bis die Kirche aus diesem Diensthause geführt worden. War das nicht die Losung wider die Knechtschaft des Papstthums, welche durch den Muth und das Blut treuer Zeugen überwunden ist? Wer aber das versuchen will, Staat und Kirche zu lösen, da wo sie als eine organische Einheit des Lebens durch Gottes Ordnung aufgerichtet worden, und dazu wohl gar Gottes Wort zum Vorwand nehmen, der wird an Gottes Ordnung anlaufen und selber zu Schanden werden. Die organische Einheit der Kirche mit dem Staat ist die höchste Stufe, zu welcher die Kirche als Ordnung menschlichen Wesens sich zu erheben vermag, weil in ihr die Fülle — das Urbild des Reichs Gottes auf Erden seinen bestimmtesten und wahrsten Ausdruck erhält, „die vollendetste Gestalt, deren die Kirche auf Erden fähig ist."

Soll aber die Wahrheit dieser Gestalt zur Wirklichkeit werden, sollen die Einwendungen — der Zweifel an ihrer Wahrhaftigkeit und Schriftmäßigkeit, wie er im Hinblick auf die mannigfachen Caricaturen ihrer Erscheinung immer wieder sich erhebt, bei allen Vernünftigen und Gläubigen auf immer vernichtet werden, so kann es erst dann geschehen, wenn einestheils die Kirche eines Landes im Ganzen und Großen sich zu der Wahrheit der christlichen Kirche in Erfassung ihrer Universalität und Freiheit erhoben hat (s. oben), und andererseits der Staat gleichfalls in diese Freiheit und Allgemeinheit des christlichen Bewußtseins eingegangen ist. So lange die Kirche noch durch irgend ein menschliches Ansehen sich die christliche Wahrheit bestimmen läßt — sei es der Papst in Rom, oder das Ansehen der Reformatoren, oder das Gericht eines Concils — so lange bleibt sie, wenn auch nur relativ, in Gegensatz gegen den Staat stehen. Das Hangen an der Creatur, d. i. an dem gemachten, menschlichen Wesen, setzt eine Abhängigkeit voraus, welche das freie Eingehen in Gottes Ordnung, in den Staat, zu einem organischen In- und Miteinander-Wirken bis auf einen gewissen Punct unmöglich macht. Immer wird man nur so weit den Einklang finden, als jene Autorität, welche die Wahrheit des Christlichen bestimmt, also die menschliche Beschränktheit, es zulassen will; statt, daß allein der Geist Gottes in seiner Freiheit, wie er denselbigen Geist in der staatlichen Ordnung wieder erkennen und verstehen wird, darüber bestimmen soll. Ja indem man unter einer besondern Autorität zu einer besondern Kirche sich abschließt, richtet man schon eine besondere Ordnung der Dinge auf, die, als auf menschlichem Grunde ruhend, nothwendig im Gegensatz steht gegen alles, was nicht darunter sich beugt, und tritt damit aus der Allgemeinheit des Christlichen, d. i. Göttlichen, heraus, das nicht in diese engen Schranken sich bannen lassen will, und darunter ist das Leben des Staats mit begriffen. Es wird ein status in statu aufgerichtet, d. i. ein Gegensatz gegen die staatliche Ordnung, indem man ein Staat für sich sein will. Bei der Römischen Kirche springt dies von selbst in die Augen. Aber man wird nicht minder erkennen, daß je strenger ein Protestant an der Autorität irgend welcher Symbole haftet, er in desto größerem Gegensatz gegen den Staat steht, immer mehr die Tendenz hat, die Kirche als ein specifisch geistliches Wesen in Gegensatz gegen den Staat zu stellen. Einer solchen Richtung erscheint der Staat wieder in dem Begriff von Welt. Sie hat kein rechtes Verständniß für das, was er durch das Eingehen in das Christenthum geworden — das Allgemeine durch Christus wiederhergestellte Göttliche, — kann sich nicht finden in das, was er von diesem Standpunct aus ordnet für seine Zwecke, die eben sowohl wie die kirchlichen in dem Zusammenhang des ganzen göttlichen Rathschlusses über die Menschheit stehen. Sie vermag die Ebenbürtigkeit, die Einkindschaft beider nicht zu erkennen, und findet sich stets verletzt durch das, was der Staat von diesem allgemeinen Standpunct aus thut, wenn es mit ihren beschränkten Confessions-Principien nicht stimmt. Denn stände auch wirklich der Staat auf demselben religiösen Standpunct, so müßte er doch sein eigenes Wesen verleugnen, wenn er seine Principien an solche confessionelle Schranken binden wollte. Das Ewige, Göttliche in ihm, das Wesen der Sittlichkeit treibt ihn immer wieder, dieses Allgemeine in Gegensatz gegen alle Prätensionen irgend welcher Beschränktheit festzuhalten und geltend zu machen. Insofern bleibt das Verhältniß einer Opposition zwischen Kirche und Staat, so daß ein einiges Regiment, eine organische Einheit kirchlicher und staatlicher Verwaltung nicht in Wahrheit sich realisiren kann *).

*) Ist das letztere dennoch in den evangelischen Staaten da geschehen,

Dasselbe gilt umgekehrt in dem Fall, wo der Staat nicht evangelisch ist, d. h. wo er das Evangelium nicht in seiner Freiheit von Menschen-Autorität erfaßt hat. Zwar muß der Staat immer in einen gewissen Zusammenhang mit der Kirche treten, damit die Wahrheit der Ordnung zur Realisation komme, und deshalb muß das Zusammenwirken trotz aller Fluctuationen immer eine Gravitation zur Einheit haben, aus welcher allein die lebensbestimmende That hervorspringt. Aber in eine organische Einheit mit der Kirche kann der Staat dadurch allein nicht kommen, daß er ein christlicher wird. Dazu gehört, daß er das Christenthum in seiner Universalität und Freiheit aufnehme, also ein evangelischer werde in dem wahren Sinne dieses Wortes, wo der in Christo frei gewordene Geist über der Creatur steht, — d. h. niemand in Glaubenssachen unterworfen ist, als dem Worte des Evangeliums. So lange der Staat nicht zu solcher Freiheit des christlichen Bewußtseins sich erhoben, ist er gewissermaßen noch im Vorhofe der Kirche. In der Abhängigkeit von dem Ansehen eines solchen selbstgemachten Kirchenthums, welches das Dasein der freien Kirche verwirft, wird er sich immer bestimmt finden, in die Angelegenheiten der letzteren irgendwie feindlich einzugreifen, und so ein unauflöslicher Gegensatz zwischen beiden bleiben. Ist der Staat aber frei geworden durch das freie Evangelium — steht seine Verfassung und Verwaltung in der Freiheit dieses Bewußtseins, so ist er selbst über den Gegensatz aller religiösen Parteien erhaben. Er steht über dem Dualismus der Confessionen, und kann gerecht sein

wo die evangelische Kirche innerhalb confessioneller Schranken die ausschließliche Wahrheit des Christenthums gebannt wähnte, so lag es darin, daß die Kirche nicht zu einer selbstständigen Vertretung gekommen war, sondern die unumschränkte Souveränität des Landesherrn über Staat und Kirche, jede Möglichkeit eines Gegensatzes ausschloß.

gegen alle, wenn er auch mit der bestimmten Erscheinung der auf demselben Bewußtsein ruhenden Kirche, als der Einigen wahrhaftigen Trägerin des in Christo frei gewordenen Geistes, sich verbindet. Denn in dieser Allgemeinheit des Geistes steht dieselbe mit der Allgemeinheit des Begriffs des Staats in der Einheit des Wesens.

Hält man diesen Gesichtspunct fest, so wird man das als vollkommen begründet erkennen, was Marheineke von jedem Staate ohne Unterschied sagt *), daß seine Aufgabe sei, „protestantisch" zu sein. Es gilt dies nicht blos in dem oben angegebenen negativen Sinne, wonach er unabhängig von jeder fremden Autorität nach seinem eigenen Gewissen frei die Staatszwecke zu realisiren hat, — sondern zugleich in dem Sinne, daß er selbst mit dem Geist seiner Substanz in das innerste Princip des protestantischen Bewußtseins eindringen soll. Auch in diesem Sinne steht „diese im Begriff des Staats enthaltene Bestimmung durchaus nicht im Widerspruch mit dem Princip der gleichen Gerechtigkeit gegen beide Confessionen." Denn die wahrhaft protestantische Gesinnung stellt den Staat über diesen Gegensatz, stellt ihn auf den Standpunct der Freiheit des Gedankens wie der Gerechtigkeit des Urteils. Nur wenn dies die Voraussetzung ist, hatte Marheineke ein Recht, die weitere Behauptung aufzustellen, daß „diese Verpflichtung (der gleichen Gerechtigkeit) der protestantische Staat vollkommen, der Römisch-Katholische weniger erfüllen könne, weil er durch die Hierarchie mehr oder weniger gebunden, das Dogma derselben einfließen lasse auch in die Staats-Verwaltung." Denn wäre der protestantische Staat nicht in die Wahrheit des evangelischen Geistes eingegangen, hätte er nicht in der Einheit des Princips mit der

---

*) Die Reform der Kirche durch den Staat. S. 57.

Evangelischen Kirche, sich über alle diese Gegensätze und die darin eingeschlossenen excludirenden Tendenzen erhoben, so würde dies auch von ihm nur annäherungsweise Geltung haben. Steht aber die Evangelische Kirche in derselben Freiheit des Bewußtseins, so darf man sie auch nicht wieder so herabsetzen, daß man, wie Marheineke, auch sie als eine innerhalb des Gegensatzes stehende Partei betrachtet, und deshalb den Staat allein als das absolut Allgemeine ansehen will, das über sie, wie über die Römische Kirche in gleicher Art erhaben wäre. Hat der Staat gegen die Evangelische Kirche keine andere Stellung, als daß er sich um „ihre Gottesdienste, Riten und disciplinarischen Institutionen" nicht weiter zu bekümmern habe wie um die der Römischen Kirche, — soll er nur verlangen, daß sie wie die letztere „von dem allen ihm die nöthige Kenntniß gebe," und im übrigen sich nur darauf beschränken, den sittlichen Geist in ihr, wie in der Römischen und durch beide zu erhalten, so ist keine Einheit zwischen Kirche und Staat, sondern ein Dualismus zwischen ihr und ihm, wie im Verhältniß desselben zur Römischen, wenn auch beides graduell verschieden sein mag. Dann ist aber auch die ganze Theorie von dieser Einheit gerichtet. Dieser Widerspruch in Marheineke's Grundsätzen ist es, der ihm schon in Zeller's theologischen Jahrbüchern (Heft III. 1844) vorgehalten worden. Denn gerade in Bezug darauf, daß die Evangelische Kirche nur von allen ihren Institutionen dem Staat die nöthige Kenntniß geben soll, wird mit Recht gefragt — „ist damit nicht jene Einheit des Staats und der Kirche, wenigstens der wirklichen Kirche gegenüber, aufgegeben, und die Berechtigung auf das, von Marheineke perhorrescirte, jus circa sacra reducirt?" Denn daß die „höhere Einheit," welche der Staat über den Confessionen einnimmt, und welche, wie Marheineke andeutet, darin bestehen soll, „daß er (der Staat) das allgemein christliche Leben in den Confessionen zu erhalten, und sich dadurch nicht blos einen freien, sondern auch einen „„inhaltsvollen““ Standpunct zu geben habe,“ — — daß dies gerade der Standpunct und das Princip der Kirche der Reformation sei, das will dieser Recensent (Zeller) ebenso wenig gelten lassen, wie dies von Marheineke zur Bestimmtheit des Begriffs gebracht ist. Ja dem Recensenten ist sogar die Annahme eines solchen „inhaltsvollen“ Standpuncts „nicht unbedenklich.“ Denn, so fährt derselbe fort, „das Christenthum existirt nun einmal nur in der Bestimmtheit der Confession, das Urteil des Staats über Christlich und Nicht-Christlich müßte daher gleichfalls durch die Confession der Regierenden bedingt sein, eben damit aber die Angehörigen der andern Confession nothwendig in ihrem Glauben verletzen.“ Und eben in Bezug darauf wiederholt Zeller die Frage, „ob nicht durch den Gegensatz der Confessionen die Einheit des Staats und der Kirche überhaupt aufgehoben und die gänzliche Freilassung beider Seiten gefordert werde?“ Das alles wäre wirklich ein unwiderleglicher Einwand gegen jede Einheit des Staats und der Kirche, wenn es keine absolut wahre Religion, keine absolut wahre Kirche gäbe; wenn der Staat ein wahrhafter sein könnte, ohne mit der wahren Religion eins zu sein. Aber die Unwahrheit solcher Vorstellungen glauben wir oben genügend aufgedeckt zu haben. Wäre der Staat an sich in der Wahrheit des sittlichen Geistes, so hätte er damit die absolute Wahrheit selbst, und es fiele dann freilich für ihn jeder Anlaß weg, sich mit dem Christenthum und der dasselbe tragenden Kirche zu einer Gemeinschaft des Lebens zu verbinden. Aber so gewiß Gott in Christo Mensch geworden, und die gefallene Menschheit zu ihrer Gottmenschlichkeit wieder hergestellt hat, so gewiß ist der Staat außer seiner Wahrheit, so lange er nicht eins ist mit der Kirche. Erst im Christenthum erlangt das Gesetz der Sittlichkeit seine Wahrheit, weil die Substantialität der

Sittlichkeit selbst und des Staats die Religion ist, indem der Staat auf der sittlichen Gesinnung, und diese auf der religiösen beruht, das wahrhaft Sittliche aber nur dann Folge der Religion sein kann, wenn die Religion den wahrhaften Inhalt hat, d. h. die in ihr gewußte Idee Gottes die wahrhafte ist. Kann man also von irgend einem Staate sagen, daß er über den Gegensatz der Confessionen sich erhoben, und die Wahrheit des sittlichen Geistes in den verschiedenen Confessionen erhält, so ist er dies erst durch die christliche Kirche geworden, — dadurch, daß er sich mit der Kirche, als der Quelle und Trägerin der absoluten Gottes-Wahrheit, und mithin auch der Sittlichkeit, zu einer Einheit des Organismus verbunden hat. Diese nothwendige Beziehung des Christenthums zum Staat hat Marheineke in ihrem ganzen Umfang anerkannt. „Zur Sittlichkeit, heißt es „(S. 29), schließt sich die christliche Religion auf als „ihre höchste Blüthe, so ist der Staat selbst ihr höchstes Erzeugniß, und er der wahre nur als christlicher." Aber das Christenthum ist nur in der christlichen Kirche. Diese muß also doch irgendwo als eine Wirklichkeit des Daseins in der Bestimmtheit einer äußeren Lebensordnung bestehen. Es muß eine Kirche geben, welche nicht blos diese oder jene Glaubensformeln, sondern die Fülle des Christenthums in sich faßt, und damit sich über alle Gegensätze menschlicher Meinungen erhebt. Nur wenn darin die Wahrheit des Protestantismus liegt, kann es einen Sinn haben, jeden Staat, seinem Begriff nach protestantisch zu nennen; denn er muß allerdings irgendwie, wenigstens strebend, diesen universellen Standpunct einnehmen, wenn er überhaupt zum Selbstbewußtsein gekommen ist und nicht von seinem eigenen Begriff abfallen will.

Nimmt man indeß freilich die Evangelische Kirche in dem beschränkten Sinn, wie noch heute die Mehrheit der ihr Angehörigen ihn auffaßt, als eine Kirche, deren Wesen an einem bestimmten, formulirten Bekenntniß hängt, an welchem sie ein Grundgesetz und Grund-Symbol ihrer innerlichen und rechtlichen Wahrheit hat, so ist sie nichts weiter als eine Partei neben andern Parteien, wenn sie auch wirklich den wahrhaftigen Inhalt hat. Denn nur wenn dieser sich selbst in der Freiheit geltend macht, — wenn die Kirche sich des menschlich Gemachten im Unterschiede der allgemeinen, göttlich geoffenbarten Wahrheit bewußt wird, und deshalb die Wahrheit in der von ihr selbst erkannten Form des Inhalts nicht dergestalt abgeschlossen hält, daß sie sich in kirchlichen Gegensatz gegen anders Glaubende stellen mag, ist sie die allgemeine Kirche. Andernfalls hat sie den wahren Inhalt noch nicht recht. Solchem Partei-Wesen gegenüber steht der Staat freilich allein als das absolut Allgemeine da, das sich als solches mit keiner Partei verbinden, keine Gemeinschaft des Lebens mit ihr eingehen kann. Soll er aber, wie wir zuvor gezeigt, mit der christlichen Kirche eins werden, damit er selbst zur Wahrheit, und die Wahrheit der alle Interessen der Menschheit umfassenden Lebensordnung zur Wirklichkeit komme, so erhalten wir auch von dieser Seite den Beweis, daß die christliche Kirche in ihrer Allgemeinheit und Freiheit, als eine über die verschiedenen christlichen Religions-Parteien erhabene Gottes-Ordnung in die Welt der Erscheinung eingetreten ist, oder eintreten muß. Jenes Postulat — die Erkenntniß von der sittlichen Aufgabe des Staats und den Bedingungen ihrer Durchführung — muß somit ebenfalls dahin führen, die irrigen Vorstellungen von der Kirche zu beseitigen. Auch sie muß in der Allgemeinheit der Christenheit zum Bewußtsein bringen, daß nur diejenige Kirche die wahre sein kann, welche durch die Allgemeinheit ihres Grundes den Stempel der wahren Katholicität an sich trägt, weil nur unter dieser Voraussetzung der Staat sich mit ihr,

Behufs Lösung seiner Aufgabe zur organischen Einheit verbinden kann.

Wollte man dagegen einwenden, daß keine Kirche, ohne die Bestimmtheit ihrer Gestalt zu verlieren, sich zu einer solchen Allgemeinheit erheben könnte, so haben wir die Grundlosigkeit solcher Vorstellung im V. Abschn. (die Symbole) bereits nachgewiesen. Man würde aber auch damit auf die Einheit des sittlichen und religiösen Lebens verzichten, und das würde wieder auf die Meinung hinauslaufen, daß der Staat von allem Zusammenhange mit einem bestimmten Kirchenthum abstrahiren solle, und keine Kirche als die allein wahre anerkennen dürfe. Das hieße aber im Grunde nichts anderes, als daß der Staat und seine Verwaltung gar keine Religion haben dürfe — eine Meinung, die bereits als mit dem Begriff des Staats im Widerspruch stehend dargethan ist. Aber gerade diese Vorstellung ist es, welche in ihrer allgemeinen Verbreitung am meisten der Erkenntniß von der Nothwendigkeit einer organischen Einheit des Staats und der Kirche entgegensteht. Worin sie ihren Grund hat, ist nicht schwer zu erkennen. Entweder hat man keine Ahnung von der absoluten Wahrheit des Christenthums, oder man kann den Staat, der Kirche gegenüber, nur als etwas ganz Aeußerliches sich denken, und deshalb in ihm keine Relation zur Kirche erkennen, — nicht begreifen, daß er in Wahrheit die Form der Allgemeinheit des Geistes repräsentirt, und deshalb nur durch ihn und im Zusammenhang mit ihm, die Form des Allgemeinen in die Kirche eingehen kann, während diese ohne jene Formation die Gestalt als Partei behält, wenn sie nicht nach Römischen Principien den Character eines Universal-Staats sich anmaßen will.

Diese Verkennung der Hoheit und geistigen Substantialität des Staats, in welcher seine Ebenbürtigkeit mit der Kirche begründet, finden wir namentlich unter den Protestanten in

Frankreich, und zwar unter denen, die der streng kirchlichen Richtung zugethan, am entschiedentsten ausgesprochen. So bei Vinet in seinem Essai sur la manifestation des convictions religieuses, et sur la séparation de l'église de l'état envisagée comme conséquence nécessaire et comme garantie de principe. Paris 1842. Ebenso bei Gasparin in seiner Schrift: Interêts généraux du protestantisme français. Paris 1843. — „Das Evangelium," sagt Gasparin, „hat Seelen gezeugt, „Seelen, unabhängig von einander, deren Glauben mit Na„tion, Regierung, Familie, gar nichts zu schaffen hat, „sondern eine rein persönliche Sache ist." Er wie Vinet halten die Einheit von Staat und Kirche für ein Unding. Ihre Meinung kömmt etwa darauf hinaus, daß weder der Staat die Kirche, noch die Kirche den Staat brauche, ja letztere soll nicht einmal Schutz von dem Staat verlangen. Noch mehr — die Kirche soll sogar an den Staat das Verlangen stellen, daß er zu keiner Religion sich bekenne, damit der individuellen Freiheit nicht von außen Gewalt angethan werde. „Wenn die Kirche das Christenthum national macht, macht sie „es heidnisch." „Es kommt die Zeit, wo der Gedanke einer „National-Religion so sinnlos und lächerlich erscheinen wird, „wie der einer nationalen Arithmetik, Geographie, Moral!" Gewiß hat Gasparin Recht, wenn keine andere Einheit zwischen Staat und Kirche möglich wäre, als diejenige, durch welche das Christenthum nur den nationalen Interessen dienstbar und von dem National-Willen abhängig gemacht würde. — Aber wenn eine „National-Religion" vor der Wahrheit des Christenthums sinnlos und lächerlich ist, ist es deshalb schon eine „religiöse Nation?" Wenn die Kirche das Christenthum heidnisch macht dadurch, daß sie dasselbe „national" macht, folgt daraus etwa, daß die Kirche auch „die Nation" nicht christlich machen dürfe? Oder umfaßt nicht das Christenthum als die Wiederherstellung des gefallenen Menschengeistes, wie die einzelnen Menschen, so auch die besonderen Volks-Individualitäten, die Nationen? Werden nicht auch diese durch das Christenthum wiedergeboren zu einem neuen Leben, zu einer eigenthümlichen Organisation? Und wenn das ist, muß dann nicht die christlich gewordene Nation in dieser ihrer eigenthümlichen Gestalt mit allen ihren substantiellen Interessen, somit vor allem in der Entfaltung ihres sittlichen Geistes, d. i. dem Staat in einem inneren organischen Zusammenhang mit der Kirche stehen, aus welcher die Substanz ihres innersten Princips, die Sittlichkeit, ihr immer wieder von neuem als eine Lebenskraft zuströmt? „Wer," sagt Marheineke (a. a. O. S. 30) „den tiefen Halt der Religion in den Gemüthern kennt, wird „es gewiß unmöglich finden, eine so große und allgemeine In-„stitution, als der Staat ist, von allem Einfluß der Religion „auf ihn abzusondern." Im Gegentheil erkennt auch er sie als „das letzte und tiefste Fundament" an, „worauf die Staatsgebäude ruhen." Das kann aber im ganzen Sinne nur von der absolut wahren Religion gelten, und darum muß der Staat, wenn er sich auf das Fundament der Fundamente gründen und zur Wahrheit seines Begriffs kommen will, selbst ein klares, bestimmtes „Bewußtsein über die Wahrheit der Religion" haben, auf welcher er ruhen will. Ist nun dem Staat die christliche Religion als die absolut wahre offenbar geworden, und ist dieselbe von einem kirchlichen Leben untrennbar, so muß er auch in sich zur Gewißheit bringen, welche unter den verschiedenen Kirchen, die als die wahre christliche gelten wollen, durch ihr eigenes Princip als die Wirklichkeit derselben sich darstelle, da nur diese ihm, als dem Allgemeinen gegenüber, gleichsam in der Ebenbürtigkeit erscheint. Ist keine Kirche als die absolute Wahrheit anzuerkennen, ist in keiner durch ihren Begriff die Nothwendigkeit der Einheit mit dem Staat gesetzt, so bleiben sie allerdings von dem letzteren alle gleich weit entfernt; aber auch dieser selbst vermag nicht den Standpunct einzunehmen, wie ihn auch Marheineke postulirt. Und was vom Staate im Allgemeinen gilt, gilt auch von allen denen, die zur Realisirung seines Begriffs durch einen Antheil an seiner Verwaltung berufen sind. Gäbe es keine über die Gegensätze erhabene wahre christliche Kirche, so hätte der Grundsatz Recht, daß der König als solcher, — ja wie einige auch wohl sagen — jeder Beamte als solcher — keine Religion haben dürfe. Denn diese Forderung kann doch, wenn sie einen Sinn haben soll, nur das meinen — und darin liegt ihre Wahrheit — daß jeder seinen confessionellen Standpunct nicht in der vom Römischen Princip postulirten Beschränktheit, sondern in der Freiheit des Princips der Reformation einnehmen soll, wenn er anders in Gerechtigkeit an der Realisirung der allgemeinen Gesetzlichkeit und Sittlichkeit mitwirken will. Kann er das nicht, vermag er sich nicht über solche Einseitigkeit und Beschränktheit zu erheben, so ist und bleibt er ein Parteimann im prägnanten Sinne des Worts, und als solcher wenig geschickt zur unparteiischen Verwaltung. Aber jene Meinung hat ihren Grund eigentlich nur in der Pilatus-Weisheit oder dem Pilatus-Unglauben des Jahrhunderts, der auf alle Religionen und Confessionen mit dem stolzen Bewußtsein herabsieht, daß sie alle mehr oder minder Aberglauben enthalten, und daß die religiöse Wahrheit nur etwas Subjectives sei. Freilich wird durch die willkührliche Annahme noch keine Kirche zur absolut wahren. Hält also der Staat eine von den erscheinenden Kirchen für die allein wahre, ohne daß sie durch ihr eigenes Grundprincip als die Eine Allgemeine dargestellt würde, so ist dies nichts, wie eine subjective Ueberzeugung der Gewalthaber, ein Aberglaube, durch welchen die Einheit des Staats und der Kirche nicht vermittelt werden kann. Nur in der objectiven Wahrheit der Letzteren ruht allein die Nothwendigkeit der Einheit mit dem Staat, weil, wie wir sahen, die wahre Religion und die wahre Sittlichkeit des Staats in der Identität des Geistes ihre gemeinschaftliche Wurzel haben. Soll also die Einheit des Staats und der Kirche, wie wir sie als Bedingung der Vollendung beider begriffen haben, zur Realisation kommen, und soll es gerechtfertigt sein, daß der Staat sich für eine bestimmte Kirche entscheidet, — soll es möglich sein, daß ein Beamter, der mit ganzer Seele in dem Princip einer Kirche lebt, doch gerecht gegen alle christliche Parteien ohne Unterschied sein kann, so muß es eine Kirche geben, die durch den Begriff des Christenthums selbst als die **wahre allgemeine Kirche** gesetzt ist, d. h. die das zur Basis hat, was jeder Christ als den Grund der Kirche anerkennen muß, wenn er nicht selbst aus dem Christenthum heraustreten will, d. i. **Christus,** wie ihn das als urkundliche Quelle der Offenbarung in der ganzen Christenheit anerkannte Wort darstellt. Daß eine Kirche, die diesen allgemeinen Grund als **ausschließliches Kennzeichen der Wahrheit** der Kirche in ihrem Bewußtsein erfaßt hat, in der Reformation in das äußere Dasein getreten ist, und noch besteht, ja immermehr in dieser Wahrheit zur Realisation kommt, haben wir oben gesehen. Also die **Evangelische Kirche** — darauf kommen wir immer wieder zurück — die Evangelische Kirche in der Wahrheit ihres Princips, d. i. in der Allgemeinheit und Freiheit, wie sie durch ihr Grund-Princip dargestellt wird, ist die Kirche, welche über die Kämpfe der Parteien hinausgedrungen ist, und nur weil sie dies ist, weil sie die zur Allgemeinheit und Freiheit wiederhergestellte ursprüngliche christliche Kirche ist, kann sie die Bestimmung haben, in die Einheit des Wesens mit dem Staat einzugehen, in dieser Einheit die Wirklichkeit des sittlichen und religiösen Lebens auszumachen. Sie ist es, welche in der That die Wahrheit der Parteien in sich schließt, und außerhalb des Gegensatzes steht, wenn gleich durch das Sichselbst=Absondern der anderen auch auf sie der Schein eines Gegensatzes fällt. Nur diese Universalität und Freiheit macht es möglich, daß sie das Christliche in allen Parteien anzuerkennen fähig ist. Wer also ein Mitglied dieser Kirche ist, wer in das Princip derselben mit ganzer Seele eingegangen ist, nur der allein ist fähig -- er sei ein König oder ein Geringer — ein ebenso lebendiges Glied der Kirche wie des Staats zu sein, — ebenso mit ganzem Herzen und freiem Gewissen die Pflichten der Kirche wie des Staats in aller Unparteilichkeit und Gerechtigkeit zu erfüllen. Daraus folgt aber noch nicht, daß ein solcher gar keine bestimmte Gesinnung, kein entschiedenes klares Verständniß und Bekenntniß der christlichen Wahrheit haben darf. Er mag das entschiedenste Bekenntniß zu dem seinigen machen, was je in der Christenheit hervorgetreten ist — je entschiedener, desto klarer und lebendiger wird es sein und als eine Kraft des Lebens sich bewähren; aber er soll es nicht in der einseitigen Exclusivität festhalten, durch welche der Bekenner sich in Gegensatz gegen anders Bekennende stellt, sondern er soll sich mit allen Parteien in der Einheit Christi, und somit in der Einheit der Kirche wissen, und sich das Verständniß für die abweichenden Ansichten bewahren. Nur in der Freiheit und Allgemeinheit dieses christlichen Bewußtseins, in dieser Liebe, Gerechtigkeit und Unparteilichkeit bewährt sich die Wahrheit der Mitgliedschaft der Evangelischen Kirche. Denn es gehört zum innersten Wesen der letzteren, daß sie **tolerant** ist, im umfassendsten Sinne des Worts, wenn sie gleich in der

Erfassung des Glaubensinhalts zur höchsten Bestimmtheit bringt. Denn sie weiß ja wohl, daß auch in anderen Bahnen die Seligkeit in Christo zu erlangen ist, weil sie den Sauerteig kennt, der auch solche Bande und Bollwerke, die es erschweren, zu durchdringen vermag. Andererseits ist sie sich wohl bewußt, daß sie an der Bestimmtheit ihres Wesens, ihrer Erkenntniß, nichts durch die Anerkennung des Christlichen außerhalb ihres Princips verliert. Nicht blos deshalb, weil dies nicht durch sie ausgeschlossen ist, sondern sich selbst ausgeschlossen hat, — weil sie weiß, daß die unendliche Fülle der Gaben, von dem ersten Anfang des dämmernden Bewußtseins einer Erlösung in Christo, bis zur selbstbewußten Erfassung der ganzen Tiefe und Breite des christlichen Gedankens, in der Kirche sich bewegen soll, — — sondern vor allem deshalb, weil sie den Grund hält, der in alle Ewigkeit ihr die Bestimmtheit der Wahrheit erhält, den Felsen-Glauben, der alle Häresieen und Spaltungen zu Schanden macht, den Glauben an die Wahrheit, daß der Geist Wahrheit ist, und daß er deshalb trotz der Freiheit sich allezeit zu einer Bestimmtheit der äußeren Ordnung gestalten, und seinen Sieg über die Gegensätze hinausführen werde.

Wenn also Marheineke sagt, daß der Staat, weil er „die Verwirklichung des sittlichen Geistes und die practische Sittlichkeit selbst" ist, „über den kirchlichen Dualismus erhaben" ist, und „einen Standpunct über demselben" einnehme, d. h. über den beiden getrennten Kirchen, so leidet dies keine Anwendung auf die evangelische, in ihrer Universalität und Freiheit, die, wie wir sahen, mit dem sittlichen Geist in substantieller Einheit steht, so daß diese Einheit das Kennzeichen und der Prüfstein ist, daß sie von ihrer Wahrheit nicht abgefallen ist. Aber umgekehrt ist auch der Staat, wie wir ebenfalls sahen, nicht in der Wahrheit des sittlichen Geistes, nicht Staat im wahren Sinne des Worts, so lange er nicht in das Bewußtsein der Evangelischen Kirche eingegangen, nicht mit ihr als Wirklichkeit der allgemeinen christlichen Kirche zur Einheit des Lebens sich verbunden hat. Kommt also der Staat erst durch das Princip dieser Kirche in die Wahrheit seines Begriffs, so kann keine Erhebung über sie, kein Gegensatz zwischen beiden sein. Nicht ihr, sondern nur ihrer Verzerrung gegenüber kann der Staat auf den Geist und die Urgestalt des Christenthums sich berufen, wie Marheineke will (S. 59). **Denn sie ist selbst dieser Geist, diese Urgestalt,** von der man sagen kann, daß sie bestand „bevor das Christenthum den Staat auf seiner Seite hatte, und zu diesen beiden Confessionen sich entzweite." Aber eben so gewiß ist, daß sie erst wirklich geworden in der sogenannten **Entzweiung**, indem in ihr die wahre Kirche erst als eine Substanz des äußeren Daseins zu derjenigen Bestimmtheit sich erhob, wie sie allein durch die Ausscheidung der Unwahrheit der Kirche in dem Sichbilden des Gegensatzes gegen die Reformation zur Erscheinung kommen konnte. Erst als dieser Gegensatz zu einer besonderen Gestalt sich abgesondert und consolidirt hatte, in welcher die Kehrseite der Kirche, die Parodie des Reichs Gottes, repräsentirt wurde, — da konnte es erst zur Anschauung kommen, daß es noch ein anderes Dasein der Kirche gebe, als wie es bis dahin in der Römischen Kirche erschienen war — eine Kirche von einer so fundamentalen Divergenz gegen die letztere, daß niemand zweifeln durfte, daß nur entweder hier oder da die Wahrheit sei, nur diese oder jene die Substanz der Kirche ausmache. Und eben damit mußte begriffen werden, daß wenn die Kirche der Reformation die rechte Wahrheit der Kirche sei, während ihrer babylonischen Gefangenschaft nur auf diese in der Römischen Kirche verborgene Wahrheit die Verheißungen Christi zu beziehen gewesen, wie einst das im Judenthume verborgene wahrhafte Christenthum Träger dieser Verheißungen war. Daß dies der Cardinal-Punct sei, von dessen Entscheidung alles abhängt — daß nur ein **Entweder — Oder** hier vorliegt, ist von der Römischen Kirche allezeit sehr klar erkannt, — nur in der protestantischen waltet fort und fort die Unklarheit über ihre Stellung zur Römischen, und somit auch über die Substanz ihres eigenen Fundaments vor. Man ist hier von der unbedingten Wahrheit des Letzteren so wenig überzeugt, daß man die eigene Kirche nur als eine Form unter anderen Formen, eine Art unter anderen Arten betrachtet, welche namentlich durch die Römische Kirche erst ihre Ergänzung finden soll. Indem aber die Römische Kirche mit dem Abschluß des tridentinischen Concils wider Gottes klares und wahres Wort, die Freiheit des Evangeliums verdammte, also den Grund und Boden verwarf, auf welchem die Kirche zu ihrer Wahrheit sich wieder herzustellen begehrte, und auf welchem allein die Wahrheit der Kirche ruhen kann — sagte der auf diesem Grunde ruhende Geist Gottes auch von diesem Wesen als solchem sich los. Von da ab sehen wir hier statt dessen den Geist der Politik, Diplomatie und Intrigue als Erbstücke des Concils ihr Wesen fortsetzen, um die bis dahin befehdete Staats-Gewalt in den Dienst ihres Princips hineinzuziehen, und mit ihr im Bunde das kirchliche Gebäu gegen die anstürmenden Wogen des freigewordenen christlichen Geistes künstlich fortzuerhalten *) (s. unten). Die Reformation war also nicht sowohl eine Entzweiung, als vielmehr eine **Wiederherstellung der Kirche** durch Ausscheidung der Unwahrheit ihres Wesens, ihre Selbstoffenbarung in der Bestimmtheit ihrer Substanz. Insofern liegt darin allerdings die Nothwendigkeit für den Staat, ent-

*) S. Kirchen-Recht Th. I. S. 144.

weder für das eine oder andere — für die Wahrheit oder ihre Kehrseite sich zu entscheiden. In diesem Sinne muß er nothwendig in den Dualismus, d. i. in die Unterscheidung der Gegensätze eingehen. Will Marheineke (S. 59) dies bestreiten, so kann er dabei die Evangelische Kirche nur in einem gewissen Abfall von ihren Principien im Sinne haben, d. i. in jener Beschränktheit, die mit dem Staat, als der allgemeinen und objectiven Freiheit, nicht in der Ebenbürtigkeit erscheint. Daß Marheineke nur ein solch beschränktes Wesen dabei im Auge hatte, lassen die folgenden Bemerkungen immer klarer durchblicken, wonach zwar „die Entzweiung" in die beiden Confessionen „zum volleren und tieferen Leben des Christenthums in der Welt als eine geschichtliche Nothwendigkeit" erkannt, aber dagegen auf die höhere Stellung des Staats diesem Dualismus gegenüber hingewiesen wird. Als „das Inhaltvolle des Standpunctes" wird „die christliche Liebe, Gerechtigkeit, Gewissenhaftigkeit in Bezug des Staats auf die beiden Kirchen" bezeichnet, und die Zuversicht ausgesprochen, „daß von dieser Gesinnung des Staats eine Rückwirkung auf beide Confessionen ausgehen werde," — „nicht nur auf ihre äußere Stellung und Haltung," sondern daß diese Gesinnung „auch auf ihre Gesinnung einen wohlthätigen Einfluß ausüben werde" (S. 59). Aber in dem Sinne, wie dies auf die Römische Kirche paßt, kann es auf die Evangelische Kirche nur dann passen, wenn sie in ähnlicher Beschränktheit erscheint. Denn die freigewordene allgemeine Kirche nimmt schon durch ihren Begriff eine solche Stellung und Haltung ein, braucht den Staat nicht, um auf einen über diese Gegensätze erhabenen Standpunct, den Marheineke den „dritten, höhern" nennt, erhoben zu werden. Sie steht schon darauf, und was der Staat in solcher Gesinnung auf die verschiedenen christlichen Religions-Parteien wirkt, um den Geist der gegenseitigen

Bruderliebe und Einigkeit in ihnen zu befördern, — das vermag er nur durch den Geist, der aus der allgemeinen christlichen Kirche auf ihn übergeht. Die Evangelische Kirche braucht also nur sich selbst in ihrer Wahrheit zu begreifen, sich in ihrer Universalität und Freiheit zu erfassen — dann ist sie selbst wahrhaft zu sich selbst zurückgekehrt — vermag dann sich vollständig in sich selbst zu fassen und zu entwickeln. Es versteht sich aber, daß damit noch nicht geleugnet werden soll, daß das organische Leben in der Einheit mit dem Staat auch an seinem Theil der Evangelischen Kirche dazu dienen wird und soll, sie in dem Geist dieser Universalität, der Einheit des Sittlichen und Religiösen zu erhalten und zu fördern.

Wenn übrigens bisher in allen publicistischen und kirchenrechtlichen Theorieen die Evangelische Kirche gewöhnlich mit der Röm.-katholischen Kirche als gleichberechtigt zusammengestellt, beide in demselben Verhältniß als Parteien dem Staat gegenüber gedacht werden, so liegt dies nicht immer blos in dem Mangel der Erkenntniß von dem wahren Begriff der Kirche. Es hat noch einen anderen Grund darin, daß beide Kirchen zufolge der bisherigen Entwickelung der Rechtszustände Deutschlands wirklich gleichberechtigt sich gegenüberstehen, also vor dem historischen Staatsrecht völlig gleich sind. Aber daraus folgt noch nicht, daß sie es sind vor dem Begriff der Kirche und des Staats. —

Jemehr nun der Staat das Princip der Evangelischen Kirche in seiner Allgemeinheit und Freiheit in sich aufnimmt, desto mehr wird die in ihm ruhende sittliche Idee sich Realität geben, — wird er die rechte Stellung gegen alle Religions-Parteien, besonders aber gegen die der Evangelischen Kirche gegenüberstehenden christlichen gewinnen. So lange sie die sittliche Ordnung selbst respectiren, wird er ihnen

Freiheit lassen, ihre gottesdienstliche Ordnung nach ihrem Gutdünken einzurichten; also nicht blos der Römischen Kirche, und denjenigen protestantischen Parteien, welche hierauf ein staatsrechtlich begründetes Recht haben, sondern allen, die in der einen oder anderen Richtung hervortreten. Es wird ihm nicht mehr einfallen, wie bisher in der Regel geschehen, im Dienst der einen oder andern Partei gegen die Constituirung solcher Secten Partei zu ergreifen, als könnte und dürfte kein Christenthum Dasein haben, wenn es nicht einer besonderen Schule, oder einer bis dahin berechtigten Weise sich anschließt. Daß der Preußische Staat die Altlutheraner im Gegensatz gegen die Evangelische Kirche frei gelassen, und den Neukatholiken der Römischen Kirche gegenüber, wenigstens bis jetzt, thatsächlich Freiheit des Daseins gegeben, ist einer der sprechendsten Thatbeweise seines Fortschrittes ebensowohl auf der Bahn des sittlichen Geistes, wie in der Bethätigung evangelischer Gesinnung (s. Abschn. IV.) — eine That, worüber die Engel im Himmel jauchzen und das Reich der Finsterniß gern seinen Grimm auslassen möchte. Die Gewalt des Landesherrn über die Religion der Unterthanen, wie sie nach dem Westphälischen Frieden unter dem Ausdruck jus reformandi Anerkennung hatte *), wonach der Landesherr ein Recht haben soll, eine Confession auszuschließen — ein Recht, wie es von der Wirklichkeit des öffentlichen Lebens in mehren Staaten Europas, wie Preußen, England, Frankreich, längst gerichtet und verdammt worden, wenn es etwa nicht blos auf die Ausschließung des öffentlichen Dienstes der Unsittlichkeit sich beziehen soll, — diese Gewalt muß als ein Frevel an der Wahrheit des Christenthums, an dem Begriff des Staats wie der Kirche, verworfen werden. Auf die Gefahr hin, daß die Kirche,

---

*) Vergl. Kirchen-Recht Th. II. S. 354.

mit welcher der Staat sich verbunden hat, in Secten über Secten sich auflöse, und damit seine eigene Lebenskraft sich zersplittere, soll der letztere diese Sectenbildung frei lassen, weil nur in der Selbstgestaltung und Selbsterhaltung der Kirche, als einer Einheit, dieselbe die Substantialität ihres Wesens bewährt, und nur in dieser Freiheit und Lebendigkeit die Kirche diejenigen Kräfte entwickeln kann, welche mit den Institutionen des Staats zu einer organischen Zusammenwirkung gelangen können. Diese Freiheit besteht aber nicht, wenn der Staat die Vollberechtigung des Antheils an den bürgerlichen Rechten von einer besondern Art der christlichen Confession abhängig macht, wenn er nicht ohne Unterschied jedes Bekenntniß zu Christo, — „alles was durch die Taufe gekrochen ist," zulassen will zu allen Rechten der Mitwirkung an der Aufgabe obrigkeitlicher Gewalt. Will der Staat ein oder das andere Bekenntniß bevorzugen, und daran besondere bürgerliche Rechte knüpfen — so ist dies ein Frevel an der christlichen Freiheit. Insoweit hat das Wort von Fox (Sermons on the Mission, Character and doctrine of Christ) seine volle Wahrheit, wenn er sagt: „So lange irgend von einem besonderen gottesdienstlichen Leben (the ceremonies of one particular faith), irgend ein Beruf des bürgerlichen Lebens oder der Genuß seiner Vortheile abhängig gemacht wird (are connected with filling any particular occupation entering into the relations or enjoying any of the advantages of civil life) — so lange besteht keine Freiheit der Religion. Es ist eine trügerische Unterscheidung, die zuweilen gemacht wird, daß ein Staat wohl bevorzugen (patronize), nicht aber bedrücken (punish) dürfe. Die Regierung kann keiner besonderen Religion den Vorzug geben ohne andere im Druck zu halten." Aber unwahr ist dieser Gedanke, wenn daraus zugleich die Gleichstellung aller Nichtchristen mit den Christen in Bezug auf die Fähigkeit des

Antheils an der obrigkeitlichen Gewalt bewiesen werden soll; was nur auf demjenigen Standpunct einen Sinn hat, der überhaupt keine absolut wahre Religion in der christlichen anerkennt, und deshalb von der nothwendigen Beziehung des Staats zu ihr keinen Begriff hat *).

So sollen also Römische Katholiken und „Deutsch-Katholiken,“ Protestanten und „freie Protestanten,“ Lutheraner und „Alt-Lutheraner,“ und wie die Parteien alle heißen mögen, die bestehen oder noch werden könnten — wir wiederholen es, **„alles was durch die Taufe gekrochen ist,“** und darin das für die Welt der Erscheinung geltende Siegel und Unterpfand seiner Beziehung zu Christo empfangen hat — alle diese sollen als Christen Zugang haben zu allen Rechten und Aemtern des Staats. Denn in welchem dieser Bekenntnisse zu Christo der Geist Christi am lebendigsten geworden, am meisten ein rechtschaffenes Wesen der Sittlichkeit hervorgerufen habe, — ob nicht trotz der Unvollkommenheit des einen oder andern Bekenntnisses doch seine Anhänger ebenso sehr oder gar mehr von diesem Geiste durchdrungen sein können, wie die Anhänger des besseren Bekenntnisses — — über alles das mag der Staat wie der Einzelne wohl ein Urteil haben, nicht aber ein Gericht der Entscheidung, weil dieses allein dem Geiste Gottes gebührt. Alles worüber der Staat da, wo es um Zulassung zu irgend einem Antheil am Regiment sich handelt, zu richten hat, ist nur ob und wie der einzelne Christ sich offenkundig in Wort und That als ein Mann der Sittlichkeit bewährt hat. Nur von diesem Gesichtspunct aus — nur insofern dadurch der Glaube an sittliche Gesinnung, an Wahrhaftigkeit und Gottes-

*) S. mein Kirchen-Recht Th. II. S. 368 folg., über die Emancipation der Juden.

furcht erschüttert ist, kann der Staat ein Recht haben, selbst den zurück zu weisen, der sich geradezu vom Christenthum losgesagt, oder wohl gar seinen Uebertritt zu einer nicht-christlichen Religion erklärt hat. Denn seine Beziehung zur christlichen Kirche wird dadurch rechtlich und formell nicht geändert. Insofern hat auch die Frage, ob ein Christ ein Jude werden kann, für den Staat gar kein Interesse. Es versteht sich von selbst, daß der Staat kein Recht haben kann, dem Christen zu wehren, in der Weise eines Juden zu leben und an den gottesdienstlichen Gebräuchen derselben Theil zu nehmen — denn damit würde er sich eines schweren Eingriffs in die Gewissensfreiheit schuldig machen, — aber durch solch jüdisches Leben hört ein solcher in rechtlicher formeller Beziehung noch nicht auf ein Christ zu sein, so wenig wie derjenige, der sich einem unchristlichen heidnischen Lebenswandel ergiebt, oder wohl gar Gott und Jesum verflucht. So gewiß er auch innerlich dadurch aus der Kirche heraustritt (s. oben S. 254), so gewiß ist, daß die Taufe nicht ungeschehen gemacht werden kann und darin immer ein gewisses Band bleibt, das ihn mit der christlichen Kirche rechtlich verbindet — ein Band, das immer seine Realität und Objectivität darin erweist, daß wenn ein solcher Verirrter sich bekehrt von dem Irrthum seines Weges, derselbe nicht wieder getauft wird. Hiernach kann also der Staat auch solche Lossagung vom Christenthum an sich ganz ignoriren. Er hat auch solche Leute nach wie vor im formellen Sinne als Christen zu betrachten, und übrigens der Kirche zu überlassen die Waffen des Geistes wider solche Verirrungen zu kehren *).

---

*) Vergl. Kirchen-Recht Th. II. S. 363. Wenn wir übrigens daselbst das Verbot der Preuß. Regierung an die Rabbinate, dergleichen Apostaten anzunehmen, gerechtfertigt erklärt haben, so ist das nur in dem Sinne zu verstehen, daß eine rechtliche Incorporation

Wird dies übrigens nicht wohl anzufechten sein, so bedarf es vollends keiner weiteren Ausführung, daß der Staat sich um die Uebergänge aus dem einen christlichen Bekenntniß zum andern gar nicht zu bekümmern, sondern, wenn es darauf irgend ankommt, jeden dahin zu rechnen habe, wohin derselbe gehören will, selbst wenn er auch mit den kirchlichen Behörden seines Bekenntnisses zerfallen sein sollte. Denn solchen Differenzen gegenüber kann der Staat, wenn er anders sich in Wahrheit als ein protestantischer beweisen will — nur die Stellung einnehmen, wie sie schon das Preuß. Landrecht aufgefaßt hat, wonach derselbe seinerseits jede Ausschließung „wegen bloßer von dem gemeinen Glaubensbekenntniß abweichender Meinungen" als durchaus unstatthaft betrachtet (§. 55. Tit. 11. Th. II.) *).

---

in die Judenschaft nicht möglich ist, weil der Christ rechtlich nicht aufhören kann Christ zu sein — nicht aber in dem Sinne, daß die Zulassung zur religiösen Gemeinschaft gehindert werden dürfte.

*) Hieraus beantwortet sich auch einfach die als Tages- und Parteifrage so reichlich ausgebeutete Streitfrage — ob nemlich Dr. Rupp in Königsberg, der von der Landeskirche sich losgesagt hat, aber Mitglied der Evangelischen Kirche sein und bleiben will, als solches zu betrachten ist. Kann es nach dem Princip des Gustav-Adolph-Vereins nicht auf eine Kritik der Gesinnung und Rechtgläubigkeit, sondern nur auf die „äußere rechtliche Zugehörigkeit zur Evangelischen Kirche" ankommen, so ist die Frage nur bejahend zu beantworten. Denn es gehört gerade zu dem innersten Wesen des protestantischen Rechts, daß darnach unmöglich jemand, der wie Dr. Rupp Mitglied der evangelischen Kirche gewesen ist, wider seinen Willen das Recht der Mitgliedschaft verlieren kann, indem die Lossagung von einer bestimmten Ordnung der kirchlichen Gemeinschaft (Landeskirche) ebenso wenig von selbst die Beziehung zur Evangelischen Kirche überhaupt aufheben kann, wie daraus das Recht einer Excommunication zu begründen wäre.

Hieraus folgt dann aber auch mit Evidenz, daß vom Standpunct der formellen Bestimmungen des Vereinsstatuts die Zurückweisung des Dr. Rupp aus der Haupt-Versammlung des Gustav-

Ist aber der Vollgenuß der bürgerlichen und staatlichen Rechte für alle christlichen Parteien garantirt, so muß es im Uebrigen allerdings dem Staate unbenommen bleiben, denjenigen Parteien, welche von der Landeskirche sich trennen und außerhalb derselben ein Dasein begehren, die äußeren Bedingungen ihrer corporativen Berechtigungen in dem Staatsorganismus vorzuschreiben. Was er indeß in dieser Beziehung zugesteht, das hat er auch ohne Weiteres in Vollzug zu setzen, ohne Rücksicht, ob der Eigensinn oder der Unverstand ihm Schwierigkeiten entgegenstellen. Wir haben schon oben (S. 110) das Unrecht beklagt, welches wider die Alt-Lutheraner begangen wird, daß sie nicht von dem Moment der Publication des Gesetzes vom 23. Juli 1845, welches ihnen rechtliche Duldung zusichert, von der Mitgliedschaft der Landes-Kirche befreit erachtet worden sind. Wir müssen es nicht minder als ein Unrecht betrachten, daß die Organisation dieser Partei in Korporationen, wovon die übrigen Rechte bedingt worden, und wovon man auch jene Exneruation bedingt ansehen will, noch immer nicht zur Ausführung gebracht ist. Wohl wissen wir, daß die letztere Maaßnahme dadurch aufgehalten wird, daß der provisorische Vorstand dieser Partei noch um größere Zugeständnisse unterhandelt. Allein kann dies ein Grund sein, welcher die Vorenthaltung von Rechten entschuldigen könnte, die man gegeben, damit für diese gottesdienstliche Gemeinschaft ein Rechtszustand geordnet würde, und so in ihm endlich die Rechtsungewißheit ihrer kirch-

Adolph-Vereins völlig ungerechtfertigt war, wie selbst die Evangel. Kirchen-Zeitung in dem uns so eben zugegangenen Vorwort zum Jahrgang 1847 (Nr. 5.) offen anerkannt hat. „Von der schwankenden Tendenz des Vereins," so heißt es, „appellirt man an die festen und deutlichen Statuten. Allein auch diese bieten, wie sich schon von selbst versteht, keinen sicheren Anhalt, kaum einen Vorwand für die Ausschließung dar."

lichen Handlungen in Bezug auf bürgerliche Folgen ein Ende habe? Es gilt auch gegen solche Parteien das alte Wort, was man so oft dem Staat in seinem Verhalten gegen Rom vorgehalten — man muß handeln nicht unterhandeln. Es hätte nur eine polizeiliche Ermittelung da eintreten dürfen, wo diese Gemeinden sind, — und ihrer förmlichen Constituirung hätte nichts im Wege gestanden, ja hätte vor Jahr und Tag beendigt sein können. —

Auf der anderen Seite ist es zugleich Aufgabe des christlichen Staates, die Wahrheit des evangelischen Geistes auch darin zu beweisen, daß er innerhalb der Kirche, mit welcher er sich verbunden, nicht auf die Entwickelung der Glaubens-Meinungen einwirkt. Er wird sein Ansehen von allen Streitigkeiten dieser Art zurückhalten, weil er auf dem evangelischen Grunde das Recht des freien Geistes anerkennt, der aus sich selbst heraus die Erkenntniß der Wahrheit frei zu entwickeln hat, und deshalb für alle Geister Raum haben will, daß sie auf einander platzen, in der Gewißheit, daß der rechte Geist die Oberhand behalten werde.

Hält der Staat diesen Standpunct der Toleranz und Freiheit fest, so werden die verschiedenen Parteien in ihm stets ihre sittliche Ausgleichung finden, welche sie von der gegenseitigen Verfolgung fern hält. Ja der Staat wird dann selbst zu ihrer Versöhnung beitragen und den Weg bahnen, daß die Wahrheit endlich durch sich selbst den Sieg erhalte. Aus diesem Grunde wird er auch nicht darauf ausgehen, Vermittelung zwischen der Wahrheit und Unwahrheit zu versuchen, Unions-Projecte zu machen zwischen dem, was sich nicht von selbst verbinden will, sondern abwarten, bis die Gegensätze sich gelöst, oder bis der, der in der Wahrheit ist, den andern mit dem Schwerdte des Geistes überwunden hat. Denn es ist einmal „das Recht der Religion in den Confessionen," wie auch Marheineke (S. 60) anerkennt, „auf die Allgemeinheit und geistige Herrschaft in der Welt auszugehen;" und „nur die Confession wird sich wahrhaft mit dem Christenthume eins wissen dürfen, welche nicht mit Gewalt oder List, sondern allein durch die Macht der erkannten Wahrheit siegen will." —

Ist in dem evangelischen Staate allein die freie, widerspruchslose Einheit zwischen Staat und Kirche gesetzt, und hat darin die Staatsgewalt ihre rechte Stellung zur Kirche gefunden, kraft welcher alle menschliche Gewalt in der letzteren nur auf die Realisirung des Gesetzes der Ordnung abzielt, so ist damit erst für die Entwickelung der kirchlichen Verfassung zu einem eigenthümlichen Organismus der rechte Grund gelegt. Nur wenn der Staat selbst wahrhaft freigeworden durch das evangelische Princip, d. h. wenn seine Verfassung und Verwaltung im Bewußtsein der frei gewordenen Kirche sich bewegt, und er damit aller substantiellen Unterschiede sich klar bewußt geworden, — nur dann vermag er diese Unterschiede, die in ihm sich bewegen, zur Entwickelung eines besonderen organischen Lebens frei zu lassen. Die rohe geistlose Gewalt kennt keine Unterschiede und ihre Berechtigung auf ein eigenthümliches Dasein. Ihr gegenüber gilt nur die starre Einerleiheit des Gehorsams, der gleichen Unterwerfung unter das Gesetz ihrer Willkühr. Ist also der Landesherr, als die Subjectivität, in welcher der Wille des Staats Bestimmtheit der Persönlichkeit, und damit die staatliche und kirchliche Ordnung ihre Einheit hat, von der Wahrheit des evangelischen Princips durchdrungen, so muß er auch seinen Beruf erkennen, diesem kirchlichen Leben einen äußern Boden zur Entfaltung solcher Freiheit zu geben. Er muß sie frei lassen zur Darstellung einer eigenthümlichen Lebensordnung, daß sie sich aufbaue ausschließlich auf dem Grunde, dem sie entstammt, und allein aus den Elementen, die auf diesem Grunde gewachsen sind.

Denn nur von dem Landesherrn kann die rechtliche Basis für eine solche, dem Begriff der Kirche entsprechende, Organisation ausgehen. Nicht nur, weil er als Repräsentant des Staats nach dem Begriff der Kirche, der Gipfel und Schlußstein ihrer rechtlichen Ordnung ist, in welchem alle Organisation wurzeln muß; sondern insbesondere auch deshalb, weil er nach geschichtlichem Recht im Besitz der Fülle solcher Gewalt über die Kirche ist. Die Freilassung der Kirche zu einer bestimmten Selbstständigkeit ist also auf seiner Seite ein Act der Selbstentäußerung. Haben sich bis dahin die evangelischen Fürsten dazu nicht bewogen gefunden, so lag es offenbar nur darin, daß sie selbst nicht zur Erkenntniß der rechten evangelischen Freiheit herangereift waren, und es nicht sein konnten, weil die Evangelische Kirche sich in dieser Freiheit selbst noch nicht klar begriffen hatte. Darum kann ein evangelischer Fürst kein erhabneres Denkmal evangelischen Geistes, kein besseres Zeugniß seiner Selbstbefreiung durch den Geist des Protestantismus, seines Glaubens an die Macht der Wahrheit geben, als wenn er die Individualität des kirchlichen Lebens zu einer ihrem Wesen entsprechenden Organisation kommen läßt *). Diese kann nur in solchen Institutio-

*) Wie ernst Preußens König Friedrich Wilhelm IV. diese große Aufgabe der Zeit — diese Mission des Preußischen Königshauses verfolgt, -- in welchem Geist er Hand an dieses Werk gelegt, das bezeugen die Einleitungen zur Constituirung einer geordneten Repräsentation der Kirche — die provisorische Convocation der Kreis-Synoden, Provinzial-Synoden und endlich der General-Synode — — alles zu dem Zweck, wie das Königliche Wort es ausgesprochen, daß „die Kirche aus sich selbst sich auferbaue" — alles in dem wahrhaft evangelischen Geist, in welchem der König selbst persönlich die Mitglieder der General-Synode aufgefordert, bei ihrer Arbeit „über die engen Schranken des Vaterlandes — ja — ich möchte sagen," sprach der König, „über die Schran-

nen sich manifestiren, in welchen die *Freiheit* und *Selbstständigkeit* der Kirche ebenso ihre Garantie wie ihren Ausdruck hat. Der Staat soll nicht mit seinen Staatsrücksichten und Interessen sich auf dem kirchlichen Gebiet geltend machen; und umgekehrt sollen nicht kirchliche Principien in die Staatsverwaltung verwirrend eindringen. Das wird aber nur dann geschehen, wenn die *Landeskirche* durch *specifisch kirchlich organisirte Behörden* verwaltet, zugleich aber für dieselbe eine *Repräsentation* (*Synoden*) eingesetzt wird, mittelst deren das individuelle Leben in ihr zum Antheil an der Verwirklichung der Ordnung gelangt. Und zwar hat diese Organisation einen doppelten Zweck. Einmal soll in derselben für den Einzelnen das Bewußtsein der Freiheit und Selbstständigkeit, als Bedingung der Fortdauer der Uebereinstimmung des kirchlichen Gemeinsinnes mit der Verfassung und den Gesetzen, lebendig erhalten werden. Andererseits geht der Aufbau eines solchen Organismus aber auch darauf, daß an ihm das Streben der Kirche nach Darstellung einer Einheit in Zusammenfassung aller Gläubigen innerhalb der Landesgrenze sich anlehnen könne, damit durch solche *Consolidation der Kirche* in sich selbst, dem Auseinanderfallen derselben in kleine Gemeinschaften und Vereine gewehrt werde.

Wie von diesem Princip aus die kirchliche Verwaltungs-Behörden zu organisiren seien, haben wir in den S. 141 angegebenen Schriften weiter auszuführen gesucht. Darnach wird also damit noch nicht dem Begriff genug gethan, wenn man, wie es

---

ken des *Bekenntnisses* den Blick hinwegzurichten auf die *gesammte christliche Kirche* auf Erden, die Mission ins Auge zu fassen, die der Herr unsrer Evangelischen Kirche gegeben hat, welche keine andere ist als der Beruf, der an die *ganze Kirche aller Zeiten* ergangen und in der *Lebenskraft der apostolischen Kirche* wirklich ausgeführt ist."

in Preußen durch die Verordnung vom 27. Juni 1845 geschehen, den **Consistorien** als Kirchen-Behörden noch vollständiger wie schon früher, alle sogenannten innern oder geistlichen Angelegenheiten der Evangelischen Kirche überweiset, und dagegen den Regierungen als Staats-Behörden nur die Wahrnehmung der äußeren resp. Vermögens-Interessen überläßt. Denn eine solche Unterscheidung steht im Widerspruch mit der Wirklichkeit des Lebens, die als ein Lebendiges ein Ineinänder des Innern und Aeußeren ist, so daß das Eine nicht richtig aufzufassen, ohne das Andere damit zugleich in Beziehung zu nehmen. Beides will aus Einem Geist in Einer Verwaltung behandelt sein, damit nicht die Concurrenz verschiedener Behörden und Gesichtspuncte die Interessen auseinander ziehen und verschieben, oder gar Conflicte und Reibungen den Gang der Verwaltung lähmen. — Ebenso dürfen wir rücksichtlich der Gestaltung der **Synoden** und der Lösung ihrer Aufgabe, hier auf die dort gedachte Schrift über die Synoden Bezug nehmen. Was wir dort als den Weg der Organisation und das Ziel derselben angegeben, — das ins Werk zu setzen erkennen wir im Wesentlichen noch heute als eine Aufgabe der Zeit, damit die Evangelische Kirche auch in der Verfassung zu derjenigen Freiheit und Selbstständigkeit sich erhebe, welche der Fortschritt ihrer Entwickelung bedingt, ohne daß sie deswegen mit der allgemeinen Lebensordnung in Conflict zu kommen Gefahr liefe.

Nur einen Einwand können wir hier nicht unberegt lassen. Er betrifft die wiederum neuerdings von einer sehr gewichtigen Stimme angeregte Frage, ob Nichtgeistliche von der Theilnahme an den Synoden ausgeschlossen bleiben müssen. Es soll allerdings nicht verkannt werden, was Marheineke geltend macht, daß die Synoden nur in dem Maaße für die Fortentwickelung des kirchlichen Organismus von Einfluß sind, als in ihnen wirklich das Bewußtsein der Kirche zur Vertretung gekommen, und daß dies vor allem dann anzunehmen, wenn diejenigen in der Versammlung Sitz und Stimme haben, welche den Inhalt des Glaubens wissenschaftlich durchdrungen haben. Wir wollen gern zugeben, daß im Ganzen und Großen diese Erkenntniß zugleich das lebendige Interesse, das Leben im Geist der Kirche in sich schließt, und daß es mit dem bloßen unmittelbaren Glauben und Gefühl an dieser Stelle nicht abgethan sei. Einer Theorie gegenüber, welche blos Frömmigkeit, gutes Herz, Gefühl, innern Sinn in solchen Versammlungen repräsentirt sehen möchte; oder jener anderen, welche nach der Lehre von der Volks-Souveränität dieselben zusammengesetzt wissen wollte, würde jene Argumentation unbedingt Recht behalten. Aber dennoch können wir auch jenes Princip nur für ein einseitiges erkennen. Es ist einmal ein Irrthum, wenn man meint, daß das wissenschaftliche Bewußtsein allein in den Synoden vertreten sein soll, und nicht weniger die Ansicht, daß die wissenschaftliche Einsicht bei keinem andern zu finden, als bei dem, der zu dem geistlichen Stande vorgebildet und darin zur Uebung gekommen sei. So thöricht es wäre zu meinen, daß die Nichtgeistlichen mehr Einsicht in die Natur und Bedürfnisse des kirchlichen Lebens haben, wie die Geistlichen, so richtig es auch sein mag, daß im Allgemeinen, wie Marheineke sagt, wohl anzunehmen, daß wenn die Geistlichen nicht wissen, was das Beste der Gemeinden sei, die Nichtgeistlichen es noch viel weniger wissen werden, so wenig folgt daraus, daß die Geistlichen ausschließlich zur Vertretung des kirchlichen Bewußtseins berufen sind. Haben sie das Beste an Einsicht und Gedanken für das Wesen der Kirche, so wird es sich stets durch sich selbst geltend machen, auch trötz der Zulassung der Nichtgeistlichen zur Berathung kirchlicher Gegenstände. Das ist die Prävalenz, die ihnen, wie wir schon anderweit bemerkt haben, insofern nothwendig bleiben wird, als in der That zur Zeit nicht zu behaupten ist, daß eine solche Einsicht in weiten Kreisen des kirchlichen Lebens verbreitet ist, obschon auch diese Unterschiede, dieses Vorrecht eines bestimmten Standes, immer mehr im Verschwinden begriffen sind. Aber daß die Geistlichen die beste Einsicht haben, das ist doch nicht a priori ausgemacht, sondern hat sich selbst erst auszumachen in der Versammlung, zu welcher ohne Unterschied des Standes der Zutritt offen stehen muß. Was vorauszusetzen in jedem Mitgliede, soll nur vernünftige Einsicht in das Wesen der Kirche sein. Muß man aber, um diese zu erlangen, gerade theologische Wissenschaften getrieben haben? Ist es das Leben selbst nicht, welches auch ohne solche Studien solche bewährte Einsicht geben kann? Und wird diese, auf einem andern Boden entsprossen, nicht gerade eine wesentliche Ergänzung bilden zu der Erkenntniß, welche in der Uebung des geistlichen Dienstes gewonnen worden? Wird die letztere, so wichtig sie auch sein mag, in ihrer Isolirung nicht immer etwas einseitiges sein? Wollte man aber „Gedanken, Wissen, Geschick, vernünftige Einsicht" in kirchlichen Gegenständen, außer dem geistlichen Stande nicht für möglich halten, so würde man damit wieder in die Knechtschaft des hierarchischen Princips sich zurückbegeben, was am wenigsten Marheineke's Meinung gewesen sein kann. Will man nun davon nichts wissen, und doch die Zusammensetzung der Synoden auf die Geistlichen beschränken, so kommt man offenbar in Widerspruch mit sich selbst. In der That läuft in gewisser Beziehung eine solche Theorie auf dasselbe hinaus, als wenn man die Vorstellung hätte, daß in einer Repräsentation der Allgemeinheit des Staats nur die Staatsbeamten zugelassen werden dürften. Von ihnen muß man auch anerkennen, worauf schon Hegel aufmerksam gemacht hat,

„daß sie nothwendig tiefere und umfassendere Einsicht in die Natur der Einrichtungen und Bedürfnisse des Staates haben, so wie die größere Geschicklichkeit und Gewohnheit dieser Geschäfte, und daß sie ohne Stände das beste thun können, wie sie auch fortwährend bei den ständischen Versammlungen das beste thun müssen." Dies zeigt sich auch schon bei den Provinzial-Ständen in Preußen, wo die besten Gedanken in der Regel von denen ausgehen, welche Beamte gewesen sind. Aber daraus folgt noch nicht, daß nur Beamte in die Stände-Versammlung Zutritt haben dürfen. Denn ihre besondere Erkenntniß kömmt in der Organisation der Behörden zur Geltung, und das ständische Element, in dessen Analogie hier die Synoden erscheinen, soll nur dazu dienen, die außerhalb der Behörden in der Allgemeinheit des kirchlichen Lebens vorhandene Intelligenz zur organischen Mitwirkung bei der Realisation der kirchlichen Lebensordnung zu bringen. Darum hat man ja sogar hie und da in den Repräsentativ-Verfassungen bedungen, daß entweder alle Beamten oder doch gewisse Kategorien von dem Zutritt in die Stände-Versammlungen ausgeschlossen bleiben sollen. Ist das in einer andern Absicht geschehen, als daß das hier ins Auge gefaßte außeramtliche Bewußtsein von der Aufgabe der Staats-Verwaltung sich frei und rein in seiner Individualität darstelle? Denn man begreift dort sehr wohl, daß man sehr wohl Einsicht und Verstand in den Angelegenheiten des bürgerlichen Lebens haben kann, wenn man auch nicht gerade ein Staatsamt bekleidet, — daß man nicht allemal die Rechte oder Kameralia studirt zu haben braucht, um über die Zweckmäßigkeit eines Gesetzes ein Urtheil zu haben, ja daß oft ein richtigeres, einsichtsvolleres Urtheil über den Einfluß eines Gesetzes auf das Leben, von einem practischen Landwirth oder Gewerksmann abgegeben wird wie von einem Beamten, dessen Urtheil trotz der wissenschaftlichen Vorbildung oft ein einseitiges und befangenes ist. Wie lächerlich würde man sich machen, wenn man blos die Beamten eines sachgemäßen Urtheils fähig halten wollte! Ist es aber etwa anders auf dem kirchlichen Gebiet? Handelt es sich in den Synoden etwa darum, Lehrstreitigkeiten zu entscheiden, Glaubenssätze festzustellen? Dazu möchten freilich wohl die Geistlichen eher fähig sein, wie andere kirchliche Glieder. Aber darüber haben die Synoden nichts auszumachen. Ihre Aufgabe ist, ähnlich wie in den Stände-Versammlungen, nur Theil zu nehmen an der Realisation kirchlicher Ordnung. Wollte man nun den Unterschied des Amts in den Synoden in der Art geltend machen, daß man jeden andern als die Geistlichen von einer Mitwirkung bei Bestimmung der kirchlichen Lebensmomente ausschlösse, so würde man damit nur zu erkennen geben, daß außer dem geistlichen Amt eine Einsicht in das Bedürfniß des kirchlichen Lebens nicht möglich sei. Wäre aber damit nicht das Princip der Reformation aufgegeben? Denn das ist das Wesen der letzteren, daß „jeder Unterschied von Laien und Priestern" schlechthin in ihr „aufgehoben" ist, — daß „es keine Laien mehr giebt," weil „jeder für sich angewiesen ist, in Rücksicht auf sich in der Religion zu wissen, was sie ist" *). Ist das aber, hat jeder Christ eben so gut Zugang zur Erkenntniß der Gottes-Offenbarung, wie der Geistliche, steht er ebenso gut wie dieser in der Erfahrung des christlichen und kirchlichen Lebens, so wird man auch zugestehen müssen, daß man nicht braucht Theologie schulmäßig studirt und ein geistliches Amt erlangt zu haben, um eines Urtheils über kirchliche Organisation und über allgemeine Bestimmungen des kirchlichen Lebens fähig zu sein. Denn daß man auf jenem Wege leichter zu einer solchen Einsicht, eher

*) s. Hegel's Geschichte der Philos. III. S. 257 (II. Aufl. S. 230).

zu einer Gewandtheit in Auffassung und Entscheidung der darauf bezüglichen Fragen kommen kann, darauf kann es hier nicht ankommen. Ist die Einsicht der Nichtgeistlichen von geringerem Gehalt, so wird sie auch durch das Uebergewicht der Intelligenz der Geistlichen von selbst in den Hintergrund gestellt werden (s. Ueber die Synoden rc. S. 30). Denn das geht freilich nicht an, daß man die letzteren etwa deshalb, weil sie ein Amt haben, aus den Synoden ausschließen könnte. Sie sind nicht blos Beamte in dem gewöhnlichen Sinne der Lebensordnung, sondern kraft des Dienstes am Wort machen sie selbst wesentlich mit das allgemeine kirchliche Leben der Gemeinden aus, und stehen deshalb in Unterschied von den Behörden, welche lediglich zur Realisation der kirchlichen Ordnung eingesetzt sind. Darum sind sie nothwendige wesentliche Mitglieder in der Repräsentation des kirchlichen Lebens, ohne deshalb auf ein ausschließliches Recht der Mitgliedschaft Anspruch zu haben. Denn so wenig das kirchliche Leben ohne diesen Dienst, so wenig dieser Dienst ohne das kirchliche Leben der Gemeinde. Erst wenn die Geistlichen in diesem Kampfe mit der, auf dem allgemeinen Gebiet des kirchlichen Lebens sich entwickelnden Intelligenz sich gemessen, wenn ihr Wissen um den Glauben und die Einsicht in die Bedingungen des kirchlichen Lebens sich in einer Versammlung bewährt haben, wo nach Hegel's Ausdruck „eine Gescheidheit die andere auffrißt," wird sie für die Kirche diejenige Bedeutung haben, die man ihr gern von vorn herein vindiciren möchte. Nur durch das gegenseitige Messen der Kräfte unter Geistlichen und Nichtgeistlichen, kann die Kluft zwischen beiden, dieses immer sich noch merkbar machende Erbstück aus der Römischen Kirche, ausgefüllt werden, — kann der hierarchische Sinn in den Geistlichen gründlich gebrochen werden. Marheineke meint zwar, daß es mit der Hierarchie und ihrem Fort-

25 *

schritte in der protestantischen Kirche keine so große Noth habe, daß die Scheu davor bewegen könnte, die Nichtgeistlichen in solcher Nähe zu Wächtern darüber zu bestellen. Hierin hat er allerdings in so weit Recht, daß niemand fürchten wird, wieder unter das Joch der Priester zu kommen, daß diese wiederum den Geist in Zaum legen dürften. Aber damit ist die Sache noch nicht abgethan. Es gilt, in den Geistlichen selbst den hierarchischen Sinn auszurotten, der dem Segen ihrer Wirksamkeit im Dienst am Wort wesentlich entgegensteht, indem er den Geist des Hochmuths nährt, und die Herzen der Gemeinden ihnen entfremdet. Dieser Sinn, dieser Wahn, als könnten sie allein geistliche Sachen geistlich richten, steckt zu tief in den Geistlichen, hat bisher in dem Verlauf von bald zwei Jahrtausenden zu viel Nahrung erhalten, als daß derselbe ohne Dazwischenkunft einer organischen Ausgleichung des Verhältnisses, d. i. durch die Gleichstellung derselben mit den Nichtgeistlichen in der Organisation, ausgerottet werden könnte. Dazu reicht die Oeffentlichkeit der Synodal-Versammlungen allein nicht aus; obwohl auch diese an ihrem Theil dazu wirken würde, das organische kirchliche Wirken dem Gemeinde-Leben näher zu stellen.

In einer solchen Organisation der Synoden ist die dem Princip der Presbyterial-Verfassung zu Grunde liegende Forderung der Theilnahme aller Gemeindeglieder an der Realisation der kirchlichen Ordnung, zu ihrem vollen Recht gekommen, — aber nicht in der Abstraction, sondern in organischer Weise, im Einklang mit dem Begriff der Ordnung, als der Einheit des Allgemeinen und Individuellen, so wie im Einklang mit der staatlichen Ordnung. Hier ist es, wo der Stand der Nichtgeistlichen (status laicus) und der Lehrstand (das ministerium ecclesiasticum) als gleichberechtigte Momente des kirchlichen Lebens erscheinen, die in dieser Gleichheit in dem kirchlichen Organismus repräsentirt werden, zugleich aber in diesem zu einer Einheit in dem Landesherrn (magistratus politicus) zusammengeschlossen werden. Nur so kömmt **die Lehre von den drei Ständen** als die Zusammenfassung aller substantiellen Momente der Kirchen-Verfassung zu derjenigen Gestalt, welche der tragende Grundgedanke dieses Princips gewesen ist.

Hat so in einem Lande die Verfassung der Kirche sich zu den Formen entfaltet, in welchen sie allein zum Bewußtsein ihrer Freiheit und Selbstständigkeit, wie zur vollen Wirklichkeit einer festen einigen Lebensordnung gelangen kann, so ist damit auch der rechte Grund gelegt für die Entwickelung der **Staats-Verfassung.** Denn der Geist der Reformation, wie er schon länger als ein Jahrhundert vor der Reformation in dem Widerstand gegen die Kirchengewalt sich regte, — dieser war es ja, welcher den Staat zuerst aus den Banden einer fremden Autorität losriß. Er war es, der den Weg bahnte, das Staatsleben zur Totalität seiner selbst zu consolidiren, und in das Bewußtsein seiner eigenen Freiheit zu erheben, — ein Bewußtsein, welches in dem Kampfe um den Rechtsbestand des Staats in seiner Einheit mit der freigewordenen Kirche, zur weiteren Bestimmtheit gelangte. Dies war die Grundlage zur Entwickelung eines neuen Volkslebens, — der Anfang einer neuen Ordnung der Dinge, welche Staat und Kirche zu neuen Formen der Freiheit wiedergebären sollte. Soll daher der Staat sich zur vollen Wahrheit seines Begriffs erheben, sollen die wahrhaftigen Formen zur Realisirung des göttlichen Willens in dem menschlichen Dasein zu Stande kommen, so kann es nur dann geschehen, wenn diese Formation von dem Geiste der Reformation, von dem Gedanken der Einheit des Staats und der Kirche getragen wird.

Daß die Entwickelung der Staats-Verfassung auch oftmals einen andern Gang genommen, und zu Formen der Freiheit geführt hat, welche unverkennbar in dem Wesen des Staats ihren Ursprung haben, ist damit nicht geleugnet. Aber welcher Geist auch oft darin gehaust, ja diese Formen seinen selbstsüchtigen Zwecken dienstbar gemacht, das ist nicht minder offenbar. Die Geschichte aller Zeiten, besonders der Gegenwart, kann es ja bezeugen, wie dieser Geist in seiner satanischen Feindschaft wider Gott und Menschen nicht rastet, wider das Leben der Kirche, wider die Grundfesten aller menschlichen Ordnung anzukämpfen. Und sind die Manifestationen eines solchen Geistes hie und da minder verderbt gewesen — hat noch eine gewisse Ordnung, ein Geist der Verständigkeit und Vernünftigkeit, der Gesetzmäßigkeit und Gottesfurcht, Oberhand behalten, — ist es nicht dadurch allein geschehen, daß der mit dem Christenthum über die germanische Welt gekommene Geist stärker ist, als der Geist dieser Welt, und darum eine Macht behalten hat, welcher selbst die Geister der widerstrebenden Menschen unbewußt haben zufallen müssen? — Soll also die Entwickelung der Staats-Verfassung im evangelischen Geist geschehen, so muß sie Hand in Hand gehen mit der Formation der kirchlichen Verfassung. Ja es scheint sogar, als müsse man die Initiative bei der letzteren ergreifen, damit dem rechten Geiste für die Entwickelung der anderen Bahn gemacht werde. Wird der kirchliche Organismus in die Form der Freiheit und Selbstständigkeit des Bewußtseins erhoben, so wird der bessere Geist des Volks losgemacht und in Bewegung gesetzt, der sonst vielleicht mehr oder minder durch die Aeußerlichkeit der Verhältnisse in der Gliederung des Staatslebens gebunden, weder zu Wort noch That des Lebens gelangt. Wir meinen den Geist der **Religiosität**, den **christlichen Geist**, der ein Geist der Kraft und der Liebe und der Zucht ist. Ist dieser frei und eine Kraft des öffentlichen Lebens geworden, so wird in ihm auch das wahre Licht des Verstandes gegeben sein für die vorhandenen Staats-Formen, in welchen der Geist des Volks den Proceß seines Lebens an den Tag gebracht hat unter der Leitung der **wesentlichen Weisheit**, „durch welche die Fürsten regieren und die Rathsherrn das Recht setzen.“ Er wird begreifen lernen die Straßen des Rechts, welche alle Völker geführt sind, — das Gesetz Gottes, welches durch alle verkehrten Wege der Menschen hindurch sich als Rath und That, als Verstand und Macht bewiesen, — und in dieser Erkenntniß scheu werden, das zu zerbrechen und zu verderben, worin Gottes Weisheit einen Segen gelegt hat. Er wird den Ruf dieser Weisheit hören, die auf den Höhen am Wege und zwischen den Straßen schreit, — und in ihrem Rath, in der Furcht des Herrn vorwärts schreiten in dem Ausbau des öffentlichen Lebens, um dieser Formation nicht nur den Geist der Ordnung einzupflanzen, sondern ihr auch diejenige Richtung zu geben, in welcher sie den Staat in seiner Einheit mit der Kirche immer mehr dem Urbilde zuzuführen im Stande ist, welches das Wort Gottes ihm vorhält, d. i. die Gestalt des **Gottes-Reiches** auf Erden. Es wird eine Ordnung der Dinge erscheinen, welche auf dem Geist Gottes ruhend, den Willen Gottes auf Erden — das ewige Gesetz der Sittlichkeit auszurichten bestimmt ist, — eine Ordnung, in welcher die Gewalt der letzten Willensbestimmung, d. i. des **Landesherrn**, in ihrer göttlichen Mission, d. i. als **eine von Gott verordnete über die menschliche Willkühr erhabene, Gott allein zur Rechenschaft verpflichtete Macht** unangetastet bleibt. Und eben so werden gegenüber dem Organismus der an der Regierung theilhabenden Behörden, alle Glieder des Staats als freie, wie sie in der organischen Gliederung des Volkslebens sich darstellen, zur Theilnahme an der Realisirung der öffentlichen Ordnung in der Gesetzgebung gelangen. Wird so jedermann, kraft dieser Theilnahme mit dem eigenen Willen, dem eigenen Gewissen, die allgemeinen Zwecke als den Willen Gottes erfassen, so wird allen Einzelnen das Bewußtsein erhalten bleiben, daß sie nicht willenlose Massen sind, sondern daß das Recht der Subjectivität, das Recht der selbstbewußten Persönlichkeit in seiner freien Selbstbestimmung für das Gesetz der Vernünftigkeit, in dem öffentlichen Organismus zur Anerkennung gekommen. So muß und wird allen offenbar werden, daß das Allgemeine, die öffentliche Ordnung, nichts will, als was die Individuen selbst als die höchsten und letzten Zwecke des menschlichen Daseins anerkennen müssen, — nur so kann in allen die freie Uebereinstimmung mit dem Gesetz und der Verfassung als die Grundfeste der öffentlichen Ordnung, lebendig werden und bleiben. Nur wenn die Staatsverfassung auf dieser Idee eines freien, das Recht der Persönlichkeit anerkennenden Gottesreiches ruht, und in der Wahrheit dieses Begriffs durch die Beziehung erhalten wird, in welcher sie zu der gleichfalls in den Staats-Organismus eingebauten Repräsentation der Kirche steht — wenn so beide auf den Grund hingeführt werden, welcher das ganze Staats- und Kirchen-Leben trägt — **der in Christo offenbar gewordene Gott,** der jeden mahnt, an diesem Felsengrunde festzuhalten und darauf zur Einheit des Lebens sich zu gründen, — — erst dann ist die **Reformation,** diese Wiederherstellung der Kirche zu ihrer Universalität und Freiheit, das **Christenthum** selbst als die Befreiung des Menschengeistes zu einem gottmenschlichen Dasein, eine **Wahrheit** geworden.

Solchen Gang der Entwickelung in Ausbildung der Staats- und Kirchen-Verfassung scheint das Königreich **Preußen** gehen zu sollen, um darin seine Mission zu erfüllen, welche es für die Geschichte der Menschheit, für die Gestaltung der Kirche Christi auf Erden hat, — daß in ihm der **wahrhaftige Staat** in seiner Einheit mit der Kirche, allen anderen Staaten voranleuchtend, sich darstelle. Die Stunde, in welcher das gesammte Volks-Bewußtsein in die Einheit eines Organs zur Mitwirkung an der Realisirung der Staats-Ordnung zusammen gefaßt werden soll, wird erst dann in Preußen gekommen sein, wenn der Staat die Kirche zur Freiheit der Entwickelung ihres individuellen Organismus aus sich heraus läßt, damit diese gleichzeitig als eine Kraft des öffentlichen Lebens sich rege, und an ihrem Theile auf dem Gebiete des Staats den Geist der Ordnung und der Zucht belebe. Wird so die Reform der Kirche von dem Staat ausgehen, so wird dann auch wiederum die Reform des Staats durch die Kirche vor sich gehen. Ist die **Reichs-Synode** zur Organisation gekommen, dann wird der König auch die **Reichsstände** *) zusammen treten lassen. Denn warum hätte Fried-

*) Wie bald diese Divination, welche bereits vor fast zwei Jahren niedergeschrieben, einer Erfüllung entgegengereift, beweisen die Königl. Patente vom 3. Febr. 1847, deren wir hier nur noch in dieser Note gedenken können. Sehen wir recht in der Sache, so ist es ein großartiger hochherziger Vorschritt im Ausbau der Preuß. Staats-Verfassung, der wie er der Zeit nach der Zusammenberufung der General-Synode gefolgt ist, so vielleicht auch in ähnlicher Art nur dem völligen Abschluß einer reichsständischen Verfassung vorangehen wird, wie die General-Synode ein Vorläufer der förmlichen Reichs-Synode gewesen ist.

Nicht als meinten wir, als müßte noch den „Rechten, der Würde und der Macht der auf Friedrich Wilhelm IV. von seinen Vorfahren ruhmreichen Andenkens vererbten Krone," irgend ein Abbruch geschehen. Nur wenn sie „unversehrt" auf alle Nachfolger übergehen, halten wir die Realisation der wahren Idee der „christlichen Monarchie" im Preuß. Staat garantirt. Allein soll der ganze Segen, wie er nach

rich Wilhelm III, warum Friedrich Wilhelm IV., beide in der Hochherzigkeit ihres Willens, in der Liebe zu ihrem Volk, damit gezögert, — wäre es nicht deshalb geschehen, weil die Erfahrung ihnen gezeigt, wie in der Freilassung solcher Organisation stets der Geist dieser Welt die letztere für sich auszubeuten gewußt hat? So hatten sie die Nothwendigkeit begriffen, den Geist ihres Volks auf dem Wege zu solchem Ziele zuerst die Schule der Geduld und der Selbstmäßigung durchlaufen zu lassen, um sich darin in seiner Gesetzmäßigkeit und Gottesfurcht zu bewähren. So sollte immer mehr der Geist ihm eingepflanzt werden, in welchem das freigewordene Bewußtsein des Volks allein fähig ist, die ewigen Gedanken zu begreifen und zu würdigen, denen alle Staatsordnung allein dienstbar sein soll, d. i. der Geist, der **Jedermann Ehre thut,** die **Brüder lieb hat, Gott fürchtet** und den **König ehrt.** Ist aber dieser Moment gekommen — ist der Geist der Kirche zur Manifestation eines selbstständigen Lebens gelangt, daß das bürgerliche Bewußtsein an diesen Geist sich anlehnend, dem ewigen Ziele entgegengehen möge, so wird auch

---

altem deutschen Begriff auf der Institution der „Stände" ruht, in Erfüllung gehen, soll wirklich in ihnen eine Intelligenz und Gesinnung zum Ausdruck kommen, welche um ihres substantiellen Inhalts willen für die Staats-Verwaltung Bedeutung haben würde, so dürften einestheils allerdings noch andere Momente und die jetzigen in anderer Weise zu den Provinzial-Ständen Zugang haben, dann aber auch für alle Beziehungen aus den letzteren eine Auswahl erfolgen müssen, in welcher jede der Provinzial-Versammlungen die Wahrheit ihres eigenen Begriffs vorzüglich repräsentirt ansähe, damit so nicht eine mechanische, sondern organische Zusammenfassung dieser Besonderheiten in eine Einheit allein zur Vertretung des Landes käme.

Der Erfolg der Wirksamkeit einer solchen Repräsentation würde aber auch dann immer durch eine völlige Freistellung des nach §. 16. jetzt kaum zu realisirenden Petitions-Rechts bedingt sein.

der König dem allgemeinen Bewußtsein seines Volks nicht wehren, zu gleicher Selbstständigkeit und Freiheit eines Organismus herauszutreten. Es ist ja ein und derselbe Grundgedanke, der hie und da solche Freiheit fordert — das **Gesetz des Geistes** selbst, welches will, daß das in Christo freigewordene Leben Raum gewinne zur Selbstentwickelung in allen substantiellen Beziehungen, immer mehr herankomme an die Wahrheit der Bürgerschaft in dem heiligen Gottesreich. Das ist eine andere Ausgestaltung der Staats=Verfassung, als wie der bisherige Gang der Dinge in andern Ländern erkennen läßt, und darum wird auch ein anderer Segen für König und Volk daran sich knüpfen.

Um aber den Rath Gottes zu begreifen, wie Er **Preußen** gerade solchen Weg geführt, wie Er es ausersehen, die Wirklichkeit der **christlichen Monarchie** in ihrer **Freiheit** und **Wahrheit** in dem organischen Zusammenhang mit der **Kirche** darzustellen, müssen wir hier einen Blick werfen auf die besondere Stellung, in welche Preußen zu der Evangelischen Kirche getreten ist.

So wie die Wahrheit der Kirche und ihre Kehrseite sich schieden (s. S. 369), so sollten auch in ihren Grundprincipien die christlichen Staaten sich scheiden, je nachdem sie in den Dienst der Unwahrheit traten, oder die wiederhergestellte Kirche als Princip ihres Lebens erfaßten. Als das Gericht des Geistes über die Welt ging, und die Herzen der Völker dem freien Evangelium zujauchzten, — als ein Volk nach dem andern von dem Dienst der Roma abfiel, und diese verlassen von der Magie ihrer Zaubersprüche zu beben anfing, wie die Bäume im Walde beben vor dem Winde, — — da erkannte das Thier, das listiger ist als alle Thiere des Feldes, daß kein anderer Hort und Halt sei für diesen Dienst seines Gefallens, wie in der Macht des weltlichen Armes, —

daß nur durch diese Gewalt ein Damm zu setzen sei gegen die Fluth, die daher zog, und die morschen Stützen der Kirche zu zertrümmern drohte. Gerade diejenigen Staaten, welche am meisten Romanische Elemente in ihren Organismus aufgenommen — wie Italien, Spanien, Frankreich — gerade diese waren es, die, in der Meinung der Uebereinstimmung ihres eigenen Vortheils mit diesem Princip, auf diesen Ruf hörten, und eingehend in den Bund mit dieser Unwahrheit, abfielen von dem freien germanischen Princip, während der Norden Europa's, so weit er von der Cultur erfaßt war, das alte Stammland des germanischen Wesens — der skandinavische Norden, England, Holland — diesen Dienst zurückwiesen, und ihr Herz der neuen Botschaft des freien Evangeliums zuwandten.

Dieselbe Spaltung sollte in **Deutschland** geschehen — dieser Wiege des neuen Lebens und seiner Consolidation im Gegensatz gegen den Romanismus. Es sollte ein Römisch-katholisches und ein freies germanisches Deutschland hervortreten, in diesem die Wahrheit des germanischen Staates durch blutigen Kampf sich herausarbeiten — ein Kampf, der nur scheinbar Deutschland vernichtete, um es auf den Gipfel der geistigen Macht zu heben. Politische Gewalten, die, obschon Jahrhunderte darnach ringend, noch nicht zur Selbstständigkeit einer Staatsmacht herangereift waren, — diese traten hier an die Spitze der Bewegung für die Befreiung der Kirche. Der Kampf gegen die Reichsgewalt in ihrem Widerstande gegen die Freiheit des Evangeliums sollte hier für die Zukunft des Staats und der Kirche entscheiden. Der Sieg für die Geltung evangelischer Freiheit ward das festeste Fundament, auf welches die Selbstständigkeit dieser Staaten im Gegensatz gegen die Reichsgewalt sich gründete, und eben darin sollte zugleich dem neu sich bildenden Staatsleben der specifische Character des protestantischen Princips, als eine neue Phase der Weltgeschichte, aufgedrückt werden. Vor dieser Macht, wie sie von der Kraft des in Christo freigewordenen Geistes getragen, zum Siege über die Welt d. h. das äußerliche und knechtische Wesen bestimmt war, — vor ihr mußte die deutsche Reichsgewalt dahinsinken, weil sie in dem Widerstande gegen die Wahrheit, mit dem Römischen Stuhl im Bunde, sich selbst das Gericht des Unterganges gesprochen. Es ward ein Zwiespalt in ihren eigenen Organismus gesetzt, den sie nicht mehr zu bannen vermochte, ein Keim des Todes, damit aus dem abgestorbenen, in sich zerfallenden Leben eine neue Macht sich erhebe, welche die Aufgabe der neuen Welt-Bewegung begriffen.

Zwar vergingen noch Jahrhunderte, ehe die Auflösung des deutschen oder vielmehr des sogenannten heil. Römischen Reiches erfolgte. Aber von jenem Moment des Kampfes an wurde die Reichs-Gewalt immer mehr zum Scheinwesen herabgesetzt, während das neue evangelische Staatsleben sich in gleichem Maaße siegreich erhob, und obschon anfangs vielfach zersplittert, zur Einheit des deutschen evangelischen Lebens sich concentrirte. Zwei Mächte waren es, die unter den evangelischen Fürsten Deutschlands durch Ansehen und Macht hervorragend, den Mittelpunct jenes neuen Lebens bildeten. Aber **Sachsen**, obschon allen Fürsten in Ergreifung der evangelischen Wahrheit und Freiheit vorangegangen *), verkaufte

*) Was der Papst Leo dem Churfürsten Friedrich als Besorgniß andeutete, daß fromme Leute seiner und künftiger Zeiten einst klagend ausrufen würden, „die verderblichste Ketzerei, womit die Kirche Gottes betroffen, ist durch die Hülfe und Gunst dieses edlen und hohen Hauses aufgekommen" (Luth. W. XVII. S. 173), — das war wirklich in Erfüllung gegangen. Seit 1653 hatte Chursachsen das Directorium des Corpus Evangelicorum, dieses reichsgesetzlichen Vertreters der evange-

wie Esau das Recht seiner Erstgeburt. Von dem Augenblick ab, wo es um eine Königskrone von der Freiheit des Evangeliums abgefallen war, fiel auch seine weltgeschichtliche Bedeutung für die Wiedergeburt des deutschen Reiches zur Wahrheit eines freien evangelischen Staates in seiner Einheit mit der freigewordenen Kirche, und das Haus **Brandenburg** erbte den Segen der Verheißung. Von Stufe zu Stufe in seiner Macht angewachsen, und wenn auch anfangs nur dunkel seine Mission für die neue Aera der Weltgeschichte ahnend, nahm es selbst die Königskrone als eine That der Freiheit und als Zeugniß seines Selbstgefühls fast in demselben Augenblick, wo Sachsen sie um jenen schimpflichen Preis erkaufte. Von da ab war auf ewig das Geschick des freien deutschen Wesens an das Haus Brandenburg gebunden, — von da ab hat es allezeit als Hort und Vorkämpfer für evangelische Wahrheit und Freiheit gegolten. Seine Königskrone sollte aber an **Preußen** geknüpft werden, nachdem es diesen Sitz des alten deutschen Ordens in sich aufgenommen — ein Orden, der schon damals vorbildlich darauf hingewiesen, daß Preußen in der Totalität des an diesen Namen sich dermaleinst knüpfenden Gebiets, der Repräsentant des wahren deutschen Wesens sein werde — das Mutterland für die Befreiung Deutschlands durch die Wahrheit des Evangeliums, wie für die Verbreitung deutscher Gesinnung in ihrer Einheit mit evangelischer Freiheit. Denn in diesem Orden war gleichsam schon die deutsche Herrschaft vorgebildet, welche dereinst an seine Stelle treten, und von diesem Sitze aus jene Wiedergeburt Deutschlands, die Verbreitung deutschen evangelischen Wesens hinausführen sollte. Wir haben hier nicht näher

lischen Interessen zur Erledigung der zahlreichen Beschwerden über die Verletzungen des westphälischen Friedens (vergl. Richter's Lehrb. des Kirchen-Rechts §. 37.).

zu untersuchen, ob Preußen in allen Momenten seiner geschichtlichen Entwickelung der Bedeutung dieser Mission sich vollständig bewußt gewesen. Aber so viel ist gewiß, seit Friedrichs II. glorreicher Herrschaft, welche die Reichsgewalt bis zu ihrem gänzlichen Verfall auf immer in Schach gesetzt, ist Preußens Stellung, der Fortschritt seiner siegreichen Macht für die Geltung deutscher evangelischer Freiheit entschieden, wenn gleich Friedrich selbst, so wenig wie die deutsche Welt, deren Herzen ihm zufielen, den ewigen Grund der Wahrheit in seiner Tiefe begriffen hatte, auf dem Preußens siegreiche Zukunft ruhte. Nur die Freiheit von Menschenknechtschaft war es, die er in seinem Siegesbanner trug, ohne das **Evangelium** zu kennen, in welchem diese Freiheit erst ihre Wahrheit hat. Aber was er nicht begriffen, das haben seine Nachfolger auf dem Throne erkannt, — daß der Glaube an das Evangelium allein der Sieg ist, der die Welt überwindet, — daß Preußen nur, indem es diesen Glauben festhält in seiner Freiheit, seinem großen Ziele entgegengehen kann. Nur in ihm wird es den Punct des Archimedes finden, von dem aus es allezeit Kraft haben wird, die ganze Welt des alten Wesens aus ihren Angeln zu heben, und die Wahrheit des germanisch-christlichen Geistes, die Realität des freien christlichen Lebens in seiner Einheit mit der sittlichen Ordnung zu gründen.

Das ist es, was Preußen so große Bedeutung für Deutschland, ja für Europa giebt, die Macht, mit der es die Herzen der deutschen Welt an sich zieht, mit der es zum Mittelpunct deutschen Lebens, deutscher Thatkraft geworden ist. Mag immerhin die äußere Einheit Deutschlands in eine Vielheit kleiner Staaten zerfallen sein — in der geistigen Uebermacht, welche Preußen durch sein Princip — das freie germanisch-christliche — über das Reich ausübt, ist eine andere höhere Einheit aufgerichtet, welche die Wahrheit und Kraft des deutschen Wesens zusammenhält, und welche die Widersacher niemals überwältigen werden. Solche Einheit ist nicht das Werk der **Zollvereine**, sondern die Schöpfung des freien deutschen Geistes, der selbst erst diese Vereine geschaffen, wiewohl wir damit nicht in Abrede stellen, daß die letzteren wiederum mittelbar seinem Fortschritt zur Vollendung der Wiedergeburt Deutschlands zu seiner Einheit dienstbar sind. Ob auch einige Theile, noch von undeutschem Sinne gefangen gehalten, solcher Einheit widerstreben, der deutsche Geist arbeitet selbst unaufhaltsam der Realisirung derselben entgegen. Denn alle Creatur in Deutschland sehnet sich nach solcher Einheit, solcher Freiheit, wie sie in dem freigewordenen Evangelium dargeboten wird, — nach der Einheit des kirchlichen und politischen Lebens, in welchem der Geist der Regierung Preußens sich manifestirt. Darum müssen ihm alle Herzen zufallen auf seiner Siegesbahn zur Ueberwindung aller Feinde des freien deutschen, des evangelischen Wesens. Das ist die rechte Einheit, die alle äußere Einheit weit überwiegt; denn sie ruht auf dem Geist, und so lange die darauf gegründete Hegemonie Preußens besteht, sind die deutschen, die evangelischen Interessen, ein freies germanisches Leben in Staat und Kirche gesichert, wenn gleich Deutschland selbst in eine Vielheit von Staaten auf immer zertheilt bleiben sollte. Denn so lange jenes währt, ruht auf der letzteren ein Segen, weil in dieser Vielgestaltigkeit des öffentlichen Lebens der germanische Geist in seiner Fülle und Mannigfaltigkeit sich entwickeln, und so immer mehr zu der von Anfang in ihm ruhenden Universalität heranreifen kann, die ihm eben die weltgeschichtliche Bedeutung gegeben.

Aber Preußen, als der Höhepunct des deutschen Volksgeistes, der Vertreter des freien deutschen Wesens, wird jene große Aufgabe für die Wiedergeburt Deutschlands zur evangelischen Freiheit, für die Vollendung seiner politischen Einheit, nur dann erringen, wenn es sich selbst begreift in dem, was seine Größe gemacht, die **protestantische Freiheit;** immer bestimmter sich in Gegensatz stellt gegen das Römische Princip, und von der Versuchung sich fern hält, wie sie manche in ihm liegenden Elemente selbst darbieten, jenen Gegensatz durch Verlassung seines eigenen Princips zu verwischen und aufzulösen *). Je gewisser, je mehr Preußen in der Kraft der protestantischen Freiheit den Muth hat, dem religiösen Gewissen zur Entfaltung in seiner Allseitigkeit, ebenso wie der Stimme

*) Nicht als meinten wir, daß Preußen, in welchem fast zwei Fünftheile seiner Bevölkerung sich zum Römisch-katholischen Glauben bekennen, diese Unterthanen nicht mit gleicher Gerechtigkeit, gleicher Liebe umfassen sollte. Vielmehr so gewiß es den Geist der Evangelischen Kirche in sich aufgenommen, wird es denselben gerade darin beweisen, daß es in ihnen nur Christen sieht, Mitglieder der Kirche, die es bleiben, wenn sie schon selbst sich von ihr abgesondert haben (s. S. 55). Ja es wird zugleich alles geschichtliche Recht der Römischen Kirche heilig halten, als das Gefäß, in welchem der heilige Geist auch jetzt noch die vorbereitende Zucht auf die Erscheinung der Freiheit des Geistes treibt. Ueberhaupt so lange dort noch christliches Leben und Wesen in irgend einer Art genährt und gepflegt wird, wird der Staat nur dieses Wesen in seinem Verhalten, seiner Achtung gegen diese Kirche ins Auge fassen, wie dies jeder rechtschaffene evangelische Christ thut, wenn er auch in der Grundlage ihres Princips, ihrer Entgegensetzung gegen die Allgemeinheit und Freiheit der Kirche nur ein Werk dessen erkennen kann, der ein Widersacher der Wahrheit Gottes von Anbeginn gewesen. Denn ein anderes ist allerdings der Wahrheit die Ehre geben in der Kritik einer Institution, und ein anderes die Gesinnung der Menschen richten, welche von dem Irrthum erfaßt der Wahrheit der Kirche entfremdet worden. Die Feindschaft gegen jenes Princip schließt die Liebe gegen die Personen nicht aus. Wie daher der Einzelne, ob er auch diese Liebe in sich zu bewahren strebt, deshalb nicht aufhören wird, die Klarheit über beide große Gegensätze in sich festzuhalten, und auf den Grund der Freiheit, den er erfaßt hat, sich immer tiefer zu gründen, so soll es auch der Staat nicht.

der Wahrheit, dem deutschen Worte, freien Lauf zu lassen, die Gefahr nicht scheut, auch die Feinde der Wahrheit, die Feinde des germanisch-christl. Geistes, offen hervortreten zu lassen, in der Gewißheit, gerade in diesem offenen Kampfe sie um so sicherer zu überwältigen und zu bändigen, — desto mehr werden deutscher Geist und evangelische Freiheit in Preußen ihren Hort, ihre Macht haben. Und so wird es zur Erkenntniß kommen, daß es die **Macht des Evangeliums** ist, welches Deutschland wieder zu einem einigen, freien aufbaut, wie es nur dadurch als politische Macht zerfallen war, daß es nicht in seiner Totalität das frei gewordene Evangelium ergriff, sondern den Gegensatz gegen dasselbe — das Römische Princip — als wesentlichen Bestandtheil seines Staats-Organismus in sich aufnahm. Wie es vom Evangelium gerichtet worden, so muß es durch dasselbe gerettet werden. Was seinen Verfall entschieden, muß auch der Hebel seiner Wiedergeburt werden. Nur dann wird erst die deutsche National-Einheit, in welcher die Kraft dieses Volkes ruht, eine Wahrheit werden, wenn die ganze deutsche Nation wieder frei geworden von dem Römischen Wesen, welches in ihr Zwietracht säete — wenn sie in dem Evangelium die Wahrheit der Freiheit begriffen, welche das Lebens-Element des deutschen National-Bewußtseins ist. Denn es giebt keine wahre National-Einheit und Freiheit ohne das Evangelium, welches jegliches Volk erst zu seiner Wahrheit als Volk wiedergebären muß.

Hätte man die Wahrheit dieser Freiheit erkannt, — würden wohl die Völker jenem Trugbild einer falschen Freiheit nachlaufen? Würden sie statt in Christus die Freiheit zu erwählen von dem Joch der Menschen, so begierig auf die Stimme des Lügengeistes lauschen, der, sich selbst überhebend über alles, was Gott und Gottesdienst heißt, das Wort zur

Loosung genommen „die Freiheit ist die Religion?“ Wie soll aber das Wort Gottes die Welt überwinden, wenn es in der Unfreiheit bleibt, in der Fürsten wie Völker es so gern gefangen halten möchten? Woher soll der Welt das Heil, die Befreiung des christlichen Geistes kommen? Wie von Deutschland aus zuerst das Bewußtsein des Evangeliums sich Bahn gebrochen, so muß auch die Erkenntniß der Wahrheit dieser Freiheit von hier aus durch die Welt geführt werden (s. S. 59). Erst wenn hier die Kirche in der Freiheit des Evangeliums völlig Gestalt gewonnen, wenn mit ihr der **Staat**, d. i. Preußen, welches die Wahrheit des deutschen Staats repräsentirt, zu einem freien Organismus sich zusammengeschlossen, wird auch in den andern Landen der Welt offenbar werden, daß nur darin der Segen der Verheißung zu ererben ist. Erst dann werden die inneren Stürme sich legen, welche die Europäische Welt seit dem Ende des vorigen Jahrhunderts bewegen. Was anders hat den Untergang Polens herbeigeführt, als der Widerstand gegen die Reformation — die schreckliche Tyrannei über die Gewissen im Hohne gegen alle Landesgesetze, in welchen dieses Reich vor allen anderen Staaten die Freiheit der Religions-Uebung gesichert hatte *), — bis endlich in der Erbitterung wider dieses Treiben der Römischen Söldlinge, wider diese Umkehrung alles göttlichen und menschlichen Rechts das eigene Herz des Landes sich wider sich selbst kehrte, und lieber dem Auslande sich als Beute ergeben wollte als diese Schändlichkeiten länger ertragen, die Jahrhunderte auf dem Lande gelastet. Welch schreckliche Gerichte sind über Frankreich gekommen, weil es im Dienst des Römischen Wesens Jahrhunderte — ja selbst nach seiner Restauration der Frei-

*) History of the rise, progress and decline of the reformation in Poland by count Valer. Krasinski. London 1838.

heit des Evangeliums auf die schmachvollste Weise Widerstand geleistet! — noch dauern sie fort, noch kann es nicht ruhig werden. Denn ob es schon das Evangelium endlich frei zu lassen angefangen, — noch hat dieses nicht in seiner Freiheit in dem Organismus des Staatslebens Wurzel gefaßt. Darum sind es noch immer andere Geister, die auf dem Vordergrund der öffentlichen Verwaltung hausen, und darum ist auch fast heute noch dort alles wie ein Wirbel, wie Stoppeln vor dem Winde. Wie fürchterlich wüthet das Gottesgericht noch jetzt über Spanien! — Das ist der Fluch aller Seelen, die um die Wahrheit des Evangeliums betrogen sind durch Menschen-Tyrannei über die Gewissen, — das ist der Sünde Sold, das Blut, das über das Land kommt von allen, die um der Wahrheit willen ermordet sind. Noch kann man den Weg des Friedens nicht finden — ein Strom des Verderbens über den andern geht durch das Land, daß das Herz aller Bewohner bebt, und ihre Kraft sie verläßt. Welcher Sturz drohet England, wenn das Römische Wesen überhand nehmen sollte? Und welche Katastrophen werden Oestreich und Rußland zu bestehen haben, wenn sie, der eine mit dem Römischen, der andere mit dem Griechischen Papstthum im Bunde, fortfahren, wider die Freiheit des Evangeliums zu kämpfen, — ja die schmählichste Tyrannei über die Gewissen zu üben — eine Tyrannei, die in Rußland so schmählich ist, daß kaum die Heiden von etwas Mehrerem zu sagen wissen. Aber eben deshalb ist auch der Fluch der Völker darüber ergangen, und das Strafgericht Gottes wird nicht ausbleiben. Es giebt keine Rettung als das Erfassen des Evangeliums in der Fülle seiner Freiheit. Das ist das Wort des Lebens, das allein den Sturm aller Leidenschaften zu beschwören vermag. Das ist die Kraft Gottes, die da stillet das Brausen des Meeres und das Toben der Völker. O daß doch Fürsten wie Völker weise würden, zu verlassen die finstern Wege und zu betreten die Einige rechte Bahn des Heils, das Licht zu ergreifen, das allein ihren Gang gewiß machen kann, d. i. des **Herrn Recht**, das Er zum Licht der Völker gestellt (Jesaias 51, 4), daß nicht das Strafwort an ihnen in Erfüllung gehe: „Sie lassen ihnen nicht sagen, sondern gehen immerhin im Finstern, — darum müssen auch alle Grundfesten des Landes fallen!“

VII. Die Wissenschaft und die Kirche.

Was im Geiste des Menschen lebt, das will er auch wissen. Denn eben in diesem Wissen, in dem Erfassen und Begreifen der Thatsachen des Bewußtseins als eines Gegenständlichen, offenbart sich die Wirklichkeit des Geistes — es ist der Weg des Fortschreitens zu seiner Selbstoffenbarung. So auch der in Christo freigewordene Geist, der in dieser Befreiung erst zur Substantialität des Geistes zurückkehrt. Wie er in der Kirche lebt, und daran arbeitet, einzugehen in die Wahrheit des Reiches Gottes, hinanzukommen zu der Wirklichkeit der Freiheit in Christo, in welcher er zur Herrschaft des Universums berufen, frei geworden ist von dem Wesen und Banden der Creatur, — so ringt er auch darnach zu sich selbst zu kommen, sich zu begreifen als den Geist aus Gott, und in diesem Selbstbegriff, Gott selbst und damit die Totalität seiner Offenbarungen in der Natur und Geschichte zu begreifen. Er will wissen von sich selber, erkennen die ganze Tiefe des Reichthums

Gottes in der Weisheit, die an ihm selber offenbar geworden, will Ihn ergründen in seinem Zusammenhang mit der Totalität alles Seienden. Denn hat Christus, der Sohn des lebendigen Gottes, in ihm eine Gestalt gewonnen, so erkennt er, daß er Antheil hat an jenem ewigen **Logos**, der im Anfang war und bei Gott war und Gott war, in welchem das Leben und das Licht der Menschen ist, d. i. das ewige Wort, das selbstbewußte Wissen Gottes von Gott. Wie das Wort, von Gott in Ewigkeit geboren, schon da war im Anfang der Wege, so wird in jedem Menschen, in welchem der Geist aus Gott eingepflanzt ist, auch der Logos desselbigen Geistes gegeben, d. i. das Sichwissen als dieses göttlichen Geistes, wenn es auch, gebunden durch die Macht der Aeußerlichkeit, nicht in jedem zum Durchbruch kommen kann. Aber in jedem ist wenigstens die Kraft und das Streben, sich als diesen Logos, die Gestalt Christi in unserm Geist zu erfassen als Logos, d. i. ihn zu wissen in der Vermittelung der Gedanken, oder der Grundformen, in welchen der Geist in der Bewegung zu seiner Selbsterkenntniß die Allgemeinheit seines eigenen Inhalts selbst wiederum in der Allgemeinheit faßt, und sich somit über die Aeußerlichkeit und Zufälligkeit der Anschauung und Vorstellung erhebt. Der Zusammenhang dieser Gedanken des Geistes, als der ganze Inhalt seines Wissens von sich selber in allen seinen Substantialitäten und Relationen zusammengefaßt in eine Einheit, ist die **Wissenschaft.** Sie umfaßt das Gesammtgebiet des Seins, d. i. **Gott** selbst in allen seinen Offenbarungen. Die wahre Wissenschaft und die wahre Theologie können also nicht in Gegensatz sein. Denn die letztere ist nichts als ein Theil der Gesammt-Wissenschaft, die ihren Gipfel und Ausgangspunct in der Theologie hat. Damit ist aber allerdings nicht gesagt, daß allemal die Wissenschaft, und näher die Theologie, in ihren Resultaten mit dem Inhalt des kirchlichen Bewußtseins zusammentreffen werden. In der freien Bewegung, welche der Wissenschaft zugestanden werden muß, kann dieselbe ebenso auf Irrwege sich verlieren, daß sie an der Macht der Realität des Lebens, d. i. an der fortschreitenden Offenbarung des heil. Geistes wieder zur Besinnung kommen muß; wie umgekehrt das kirchliche Leben, wenn es in todten Formen zu erstarren droht, durch den vorwärts schreitenden Geist der Wissenschaft wieder zum Leben und Wirken zurückgeführt werden muß. Steht beides im Einklang, hat die Wissenschaft in ihren Resultaten keinen andern Inhalt, als das kirchliche Bewußtsein, so kann man die Wissenschaft eine kirchliche nennen. Wie aber beide auch in der Entwickelung divergiren mögen, immer müssen wieder Puncte kommen, in denen sie zusammentreffen. Das liegt in der Einheit des Geistes, von welchem beide Bewegungen ausgehen.

Es giebt also keine Wissenschaft, welche den Namen derselben verdient, welche nicht im Zusammenhange steht mit der Einen Wissenschaft, deren Wahrheit nur darin ruht, daß sie von einem objectiv gegebenen Inhalt ausgeht. Freilich ist damit kein empirisch gegebener gemeint, sondern der Inhalt aller Inhalte, ohne den es keinen Inhalt, kein Sein, kein Wissen giebt, d. i. der Urgrund alles Seins — Gott — und seine ewigen Offenbarungen — der Geist aller Geister, das Licht aller Lichter, die Substanz aller Substanzen. Eben deswegen ist er ebenso der absolute und höchste Gegenstand alles Wissens, wie der Weg und die Wahrheit alles Wissens — der Anfang und das Ende aller Weisheit. Denn für sich selber vermag der Geist des Menschen so wenig zur Wahrheit seiner selbst, wie des Universums zu kommen, weil er nichts ist ohne Gott, d. i. den Geist, in dem wir leben, weben und sind. Die Forderung der absoluten Voraussetzungslosigkeit in der Erkenntniß würde nur dann einen Sinn haben, wenn der Mensch selbst ohne alle Voraussetzung wäre. Aber er ist nicht durch sich selber da, lebt nicht durch sich selbst. Die Vernunft des Zusammenhanges, durch den er da ist und sein Dasein hat, die Vernunft des eigenen Geistes begreift er nicht ohne den Urgeist, die Urvernunft, in der alles Dasein, alle Vernunft gegründet ist — den lebendigen persönlichen Gott. Es giebt aber auch nichts außer Gott, der allem Wesen Leben und Odem giebt, in welchem alles, was da ist, seine Substanz hat, und darum ist Er gleichsam der einzige, alles umfassende Gegenstand des Wissens. Denn in Ihm und mit Ihm haben wir alle Schätze der Weisheit und der Erkenntniß. Was wir aber sonst erkennen, ist nicht erkannt, wenn es nicht in Ihm begriffen wird, d. h. wie Er es geordnet und in Zusammenhang gestellt mit seinem Wesen und seiner Offenbarung — welches Wissen aber wiederum nur kommen kann von Ihm, der Alles in Allem ist. Das ist der Grund, warum wir vorher sagten, daß alle Wissenschaft in die Theologie aufgeht, daß sie der Gipfel wie der Anfang aller Wissenschaft ist.

Aber der Mensch, wie er für sich selber ist, vermag nicht zu Gott zu kommen — nicht Ihn zu erkennen in seines Wesens Wesen, nicht zu erfassen das Licht, in welchem alles andere Licht erst sein Licht hat. Wie er von Natur, ist er gefangen gehalten von dem Wesen der Creatur, ist Fleisch und nicht Geist, weil er sich selbst, den eigenen Willen erwählend, dem Fleisch ergeben hat zum Dienst statt dem lebendigen Gott. Das hat die Scheidewand zwischen Gott und ihm aufgerichtet, ob er schon ursprünglich gemacht zu Gottes Ebenbilde und damit in die Einheit des göttlichen Wesens gesetzt ist. Weil der Mensch sich geschieden von Gott, hat sich Gott von ihm geschieden. Die Kluft zwischen beiden kann Niemand ausfüllen, denn Gott allein. Das hat Er aber auch gethan, indem Er, sich der gefallenen Menschheit wieder erbarmend, selbst eingegangen in das Wesen derselben, selbst Mensch geworden in Christo, und in Ihm die Wiederherstellung der Menschheit zur Wahrheit des göttlichen Ebenbildes hinausgeführt hat. Aber nur denen, die Ihn aufnehmen, giebt Er Macht, Kinder Gottes zu werden, und ohne solche Macht kann Niemand zu Gott kommen, Niemand die Nacht durchbrechen, welche die Menschen in Irrthum und Sünde verderbet. So giebt es also keine Einheit zwischen Gott und dem Menschen, ohne den einigen Mittler Christum Jesum, ohne das Eingehen in die Gemeinschaft seines Wesens durch den Glauben an Ihn. Denn ob in Ihm auch so die Realität der Menschheit war, daß er allein mit Wahrheit des Menschen Sohn genannt wird, so bezeugt Er doch zugleich von sich selbst die Einheit seines Wesens mit Gott in dem, wie geschrieben steht: „Wer mich siehet, der siehet den Vater" — „Ich und der Vater sind Eins." Darum ist er so Gott wie Mensch, und also beides in Ihm Eins, so das Wort, daß wir sind göttlichen Geschlechts, erst in Ihm wahr geworden. Ja man kann gewissermaßen sagen, darum ist Er erst wahrer Mensch, des Menschen Sohn, weil Er wahrer Gott ist, weil Gott in Ihm ist. Denn außer Christo bleibt die Creatur von Gott geschieden, verfallen der Sünde und dem Tode, und in diesen Banden der Knechtschaft kann er nicht hinankommen zur Wahrheit des Begriffs des Menschen, zu dem er geschaffen ist als der Herr der Erde, zu dem Bilde Gottes, das Ihm gleich sei. So ist Christus in seiner Person selbst die Wiederherstellung der gefallenen Menschheit, so die Versöhnung unserer und der Welt Sünden, weil er in seiner Menschheit, durch die Fülle des Gehorsams die Feindschaft aufgehoben, in welche die

Menschheit durch die Verwerfung des göttlichen Willens eingetreten ist. Damit ist erst die Finsterniß vernichtet, welche das Licht nicht zu begreifen vermag, und dazu mußte das wahrhaftige Licht in die Welt kommen, das alle Menschen erleuchtet. Wer aber das Licht, das ihm in Christo dargeboten wird, nicht annimmt, bleibt für immer ausgeschlossen von der Erkenntniß der Wahrheit. Denn Er ist selbst die Wahrheit, die wesentliche Weisheit, in welcher verborgen liegen alle Schätze der Weisheit und Erkenntniß. Er ist es, der Weisheit giebt — aus seinem Munde kommt Erkenntniß und Verstand. Wer Ihn findet, der findet das Leben. Ja Er ist die Weisheit, die draußen klagt, und läßt sich hören auf den Gassen. Sie ruft an den Ecken der Lärmplätze — sie redet ihre Worte an den Thoren der Stadt: „Wie lange wollt ihr Albernen albern sein? und die Spötter Lust zur Spötterei haben? und die Narren die Erkenntniß hassen? Kehret euch zu meiner Zucht. Siehe ich will euch ausschütten meinen Geist, ich will euch kund thun meine Worte." „Dann wirst du verstehen Gerechtigkeit und allen geraden und guten Weg." (Spr. Salom.) Wer sich aber weigert, während Er ruft, wer nicht darauf achtet, während Er seine Hand ausreckt, und lässet fahren allen seinen Rath, über den wird auch ergehn das Gericht der Weisheit: „Sie sollen essen von den Früchten ihres Wesens und ihres Raths satt werden." Wer den Grund alles Lebens, die Quelle aller Weisheit verachtet, der muß gerathen auf den Weg des Bösen, muß kommen unter die verkehrten Schwätzer, und gehen den Weg der Finsterniß (Spr. 2). Ist die Weisheit nur die Geburt des eigenen Geistes, so bleibt sie trotz alles entgegenstehenden Scheins ein Gebilde der Finsterniß des Geistes und der Verkehrtheit des Herzens. Das Höchste, wozu es der menschliche Geist in der Beschränkung auf sich selbst bringen kann, sind nur Ahnungen, Andeutungen der wahrhaftigen Erkenntniß. Erscheint dennoch in ihnen ein wahrer, substantieller Inhalt, so ist er nur entlehnt aus dem Licht, welches kraft Gottes Offenbarung in Christo über die Welt aufgegangen ist. Aber zum Begriff desselbigen kommt Niemand, als wer in Christo wiedergeboren ist zur Wahrheit und Freiheit des Geistes in seiner Einheit mit dem göttlichen Geiste. Nur wer auf diesem Wege durchgedrungen durch den Vorhang des Geistes, durch das Hüllen, damit alle Völker verhüllt sind, — nur der wird schauen in das vollkommene Gesetz der Freiheit; der allein ist tüchtig, wenn er anders die Gabe der Erkenntniß hat, zu erkennen Gottes Weisheit im Geheimniß. Denn dann hat er Antheil an dem Geist, der uns in Christo gegeben, daß wir wissen können, was wir empfangen haben, daß wir erforschen die Tiefen der Gottheit, und mit ihr das Wesen aller in Ihm ruhenden und bestehenden Dinge. Auf diesen Grund allein kann die Wahrheit aller Wissenschaft oder die Philosophie sich gründen. Er ist das Fundament aller Fundamente, die Gewißheit aller Gewißheit. Hier ist die Unendlichkeit Gottes, die Unendlichkeit der Welt dem Blicke des Geistes aufgethan, hier die Kraft Gottes, sie zu erfassen, gegeben. Da ist alles, was den Hunger des Geistes nach Wissen stillen kann. Denn es giebt keine Schranke der Erkenntniß, die sich entgegenstellen könnte, — es gilt dagegen kein Schulgebäude einer menschlichen Dogmatik, kein Bekenntniß irgend einer Kirche. Mit dem Worte: „ich achte, wir haben auch den Geist Gottes," wird alles niedergeworfen, was irgend die Freiheit des Blicks in die unendliche Tiefe der Weisheit aufhalten wollte, was als ein Anderes, Fremdes sich da zwischen stellen möchte. Es ist der Geist, der hier zum Geiste redet, und die Geheimnisse der Welt offenbar macht.

Aber ohne jene Basis, ohne die absolute Voraussetzung der Thatsache der Wiederherstellung der Menschheit in Christo, ist keine Wahrheit der Wissenschaft möglich. Zwar ist man wohl darauf ausgegangen, jene Thatsache selbst auf dem Wege der reinen Speculation, d. i. unter Aufgeben aller und jeder Voraussetzung, aus dem Begriff des menschlichen Geistes darzuthun. Man hat zeigen wollen, wie die Einheit des Menschlichen und Göttlichen durch den Menschengeist selbst gesetzt ist, und wie sie durch denselbigen Geist aus der Abstraction ihrer Unmittelbarkeit zu einem concreten Inhalt gebracht, und damit die Versöhnung des Einzelnen wie der Menschheit mit dem allgemeinen Geist hinausgeführt wird. Diese Tendenz ist es, welche seit dem Hervortreten der Hegelschen Philosophie als ein neues Princip die Wissenschaft bewegt hat. Allerdings können auch in solcher Entwickelung die christlichen Wahrheiten in gewisser Form wieder zum Vorschein kommen. Wir sehen ja, wie nicht blos die Menschwerdung Gottes in einer sinnlich wahrnehmbaren Persönlichkeit *), sondern so-

*) S. Hegel's Religions-Philosophie Th. II. 2te Aufl. 1844. S. 282. „Das Bewußtsein der absoluten Idee, das wir im Denken haben, soll also nicht für den Standpunkt philosophischer Speculation, des speculativen Denkens, hervorgebracht werden, sondern in der Form der Gewißheit für die Menschen überhaupt; nicht daß sie es denken, die Nothwendigkeit dieser Idee einsehen und erkennen, sondern darum ist es zu thun, daß sie ihnen gewiß wird, d. h. daß diese Idee, die Einheit der göttlichen und menschlichen Natur zur Gewißheit komme, daß sie für sie die Form unmittelbarer sinnlicher Anschauung des äußerlichen Daseins erhalte, kurz, daß diese Idee als in der Welt gesehen und erfahren erscheine. So muß sich diese Einheit in ganz zeitlicher, vollkommen gemeiner Erscheinung der Wirklichkeit, in einem diesen Menschen für das Bewußtsein zeigen, in einem Diesen, der zugleich gewußt werde als göttliche Idee, nicht nur als höheres Wesen überhaupt, sondern als die höchste, die absolute Idee, als Gottessohn." —

„Um diese Gewißheit und Anschauung ist es zu thun, nicht

gar der lutherische Abendmahlsbegriff (freilich in völlig calvinistischer Färbung) als nothwendiges Resultat speculativer Betrachtung dargestellt werden *). Ja noch mehr, wir erfahren selbst, wie der Ausdruck „Gott ist todt," in dem sogar orthodoxe Theologen unserer Tage nur eine Aeußerung „der frommen Thorheit unserer Väter" finden **), als in seiner speculativen Substantialität gerechtfertigt nachgewiesen wird ***).

---

blos um einen göttlichen Lehrer, ohnehin nicht blos der Moral, aber auch nicht blos um einen Lehrer dieser Idee, nicht um Vorstellung und Ueberzeugung ist es zu thun, sondern um diese unmittelbare Gegenwart und Gewißheit des Göttlichen denn die unmittelbare Gewißheit der Gegenwart ist die unendliche Form und Weise, wie das „Ist" für das natürliche Bewußtsein ist. Dieses Ist vertilgt alle Spur der Vermittelung, es ist die letzte Spitze, der letzte Lichtpunkt, der noch aufgetragen wird. Aller Vermittelung durch Gefühle, Vorstellung, Gründe fehlt dies Ist, und nur im philosophischen Erkennen durch den Begriff im Elemente der Allgemeinheit kehrt es wieder." Vergl. Gesch. der Philos. Th. III. S. 88.

*) Relig.-Philos. II. S. 339.

**) S. Stier's Andeutungen für gläubiges Schriftverständniß. Zweite Samml. S. 71.

***) S. Hegel's Religions-Philos. S. 298 und 300. „Der Tod hat nun zunächst diesen Sinn, daß Christus der Gottmensch gewesen ist, der Gott, der zugleich die menschliche Natur hatte, ja bis zum Tode. Es ist das Loos der menschlichen Endlichkeit, zu sterben; der Tod ist so der höchste Beweis der Menschlichkeit, der absoluten Endlichkeit: und zwar ist Christus gestorben den gesteigerten Tod des Missethäters; nicht nur den natürlichen Tod, sondern sogar den Tod der Schande und Schmach am Kreuze: die Menschlichkeit ist an ihm bis auf den äußersten Punkt erschienen." —

„Es tritt nun aber auch eine weitere Bestimmung ein. Gott ist gestorben, Gott ist todt — dieses ist der fürchterlichste Gedanke, daß alles Ewige, alles Wahre nicht ist, die Negation selbst in Gott ist; der höchste Schmerz, das Gefühl der vollkommenen Rettungslosigkeit, das Aufgeben alles Höheren ist damit verbunden. — Der Verlauf bleibt aber nicht hier stehen, sondern es tritt nun die Umkehrung ein; Gott nämlich erhält sich in diesem Proceß, und dieser ist nur der Tod des Todes. Gott steht wieder auf zum Leben: es wendet sich somit zum Gegentheil."

Aber beweist das alles etwas anderes, als daß Hegel selbst von der Allgewalt des christlichen Geistes beherrscht gewesen, und daß unter diesem Einfluß seine Gedanken-Entwickelung fortgerissen worden? In dem Christenthume lebend mit einer Tiefe des Gemüths, wie sie dem Unbefangenen nicht verborgen bleiben kann, und in seinem wissenschaftlichen Forschen nur darauf ausgehend, das Wahrhafte, das Vernünftige in allem Substantiellen, Wirklichen zu erkennen, hatte er zu tiefe Blicke in das Reich des Wissens gethan, um nicht die Realität der christlichen Kirche als eine wahrhaftige ewige Substanz zu erkennen. War das aber, so mußte ihm auch so zur Gewißheit kommen, daß er außer der Wahrheit des Geistes bliebe, wenn er in seinen Entwickelungen nicht zu demselben Resultat gelangte, wie es die Christenheit als das Fundament ihres Daseins und Lebens erfaßt hat. Es mußte ihm einleuchten, daß seine Philosophie, die durchaus objectiv sein wollte, bodenlos wäre, wenn sie von dieser Objectivität sich losrisse, weil er dadurch die Objectivität und Wahrheit aller Geschichte des Menschengeistes verloren hätte. Daher erkennt er nur das als die Aufgabe der Philosophie an, daß sie dem Inhalt der Religion — und die absolut wahre ist ihm nur die christliche — durch den speculativen Begriff Gerechtigkeit, d. i. vor dem Gedanken selbst, widerfahren lasse. Darum sagt er, daß die Philosophie innerhalb des Christenthums entstanden, und keinen andern Inhalt, als den Weltgeist selber haben könne, — daß, wenn dieser sich in der Philosophie begreife, er sich auch in jener Gestalt (der Religion), die vorher ihr feindselig war, begreife, daß also die Religion mit der Philosophie einen gemeinschaftlichen Inhalt habe, daß die Theologie durchaus nur das sei, was die Philosophie ist (Gesch. der Philos. Th. I. S. 95, Th. II. S. 268). —

Dieser Zusammenhang ist unwiderleglich wahr — wir haben oben dasselbe gesagt, selbst die Einheit der Wissenschaft und der Theologie nachgewiesen. Aber die wirkliche Einheit ruht allein in der Offenbarung Gottes in Christo, und wie alles nur durch Ihn und im Zusammenhange mit Ihm zu begreifen, so ist auch jene Einheit nur von hier aus in dem Festhalten an dieser absoluten Voraussetzung zu erweisen. Soll aber die Einstimmung der christlichen Religion mit der Wissenschaft aus dem allgemeinen Begriff des menschlichen Geistes, aus den in ihm ruhenden Gesetzen des Denkens entwickelt werden, so ist das nicht anders herauszubringen als dadurch, daß der Gedanken-Entwickelung selbst Gewalt angethan wird. Es muß eine Kunst der Dialectik geübt werden, der man es bald genug anmerken kann, wie sie nur darauf ausgeht, es mag gehen wie es wolle, den Weg zum Resultat zu bahnen, das man schon vorher fertig hat. Denn von jenem Grunde aus — wenn man folgerecht fortschreitet, ist dasselbe niemals zu gewinnen, wie diejenigen überzeugend dargethan haben, welche dies Princip in seiner Consequenz ergriffen und durchgeführt haben. Wir dürfen hier nur an David Strauß, an Bruno Bauer und Feuerbach erinnern. Aber auch abgesehen von der Unwahrheit in der Art der wissenschaftlichen Begründung — ist denn das Resultat, welches wider das Princip gewonnen, wirklich das, worauf man ausgegangen? Ist es wirklich der specifisch christliche Inhalt? Oder sind die allgemeinen Formen und Ausdrücke, die man beibehalten, nicht vielmehr hier, wie in vielen andern Theilen dieser Philosophie zum Theil blos eitel Abstractionen — ein Schematismus, der, wie er in allen Realitäten des Daseins wieder zu erkennen, weil Gott seine Gedanken hineingelegt, auch in dem Christenthum als ein Reflex seiner Wahrheit aufzufinden ist? Aber so wenig wir blos mittelst des Denkvermögens resp. seiner Kategorien die Wahrheit des concreten Inhalts aller andern Substantialitäten zu erfassen vermögen, so noch weniger das Concrete in den Thatsachen des christlichen Bewußtseins. Denn das Princip, dieselben aus der Natur des Menschen abzuleiten, steht an sich im directesten Widerspruch mit der Basis des christlichen Bewußtseins. Dasselbe ruht auf dem Abfall des Menschen von Gott und der Nothwendigkeit seiner Wiederherstellung, sieht also etwas ganz anderes in der Erbsünde, als das Wesen der von Gott geschaffenen Natürlichkeit des Menschen. Nach ihm handelt es sich nicht blos um das Aufheben dieser Natürlichkeit, welches sich durch die bloße Erziehung bei jedem von selbst macht (Gesch. der Philos. Th. II. S. 106), sondern um eine **neue Geburt**, aus der allein eine **neue Creatur** werden kann. Es weiß nichts davon, daß der Ungehorsam gegen das göttliche Gebot, wie es in der Geschichte des Sündenfalls dargestellt ist, ein nothwendiger, in der Natur des Menschen gegebener sei, wie jene Philosophie lehrt. „Als Mensch," sagt diese, „muß er davon (von dem Baume der Erkenntniß des Guten und Bösen) essen, sonst ist er kein Mensch, sondern ein Thier" (das. S. 105). Gott aber spricht: „Dieweil du gegessen von dem Baume, davon ich dir gebot und sprach: du sollst nicht davon essen, verflucht" rc. Wo bleibt da die Einstimmigkeit zwischen dem so denkenden Bewußtsein und dem Princip der christlichen Religion? Darf man da noch sagen, daß dasselbe blos für die Gedanken ausgebildet, der denkenden Erkenntniß angeeignet worden? Oder ist es nicht zu einem ganz andern geworden? Und kann mit einem solchen Verfahren etwa dem Interesse der Wissenschaft oder des christlichen Bewußtseins entsprochen werden?

Um zur Erkenntniß der christlichen Wahrheit zu kommen, muß vielmehr der Weise wie der Niedrigste aus dem ungebildeten Haufen, denselben Weg gehen. Es giebt keinen andern, als den Glauben, d. i. die Erfahrung des inwendigen Menschen, daß in Christus die Fülle der Gottheit gewohnt, daß wir durch ihn erst zu Gott kommen, durch ihn erst mit Gott versöhnt werden. So muß jeder, auch der Weise, sein Ich, seine Vernunft aufgeben, um der Vernunft Gottes theilhaftig zu werden, und kraft dessen hinanzukommen zu aller Höhe und Tiefe der Erkenntniß. Aber in solche Demüthigung einzugehen, — wie sollte das nicht den stolzen Geistern widerstehen, die im Selbstgefühl ihrer Weisheit gewiß sind, daß der Geist Gottes ihnen, so wie Christo, von Natur einwohne. Es empört ihr Gefühl, ihre selbsterrungene Weisheit für nichts zu achten — sie wollen sie selbst als ein Göttliches anerkannt wissen, und was dagegen als göttliche Offenbarung von außen an sie kommt, nur so weit gelten lassen, wie es mit der philosophischen Idee, d. i. mit den Gedanken des eigenen Geistes im Einklange steht. Statt darauf im wahren Sinne des Worts auszugehen — wie man es als „Aufgabe der Welt" anerkennt — daß die denkende Erkenntniß so „zur Versöhnung komme," daß sie „in sich habe die göttliche Idee, und der Reichthum der Gedankenbildung der philosophischen Idee vereinigt werde mit dem christlichen Princip," — bleibt man stehen bei „dem absoluten Recht des Denkens, daß es versöhnt werde, oder daß das christliche Princip dem Gedanken entspreche" (Hegel Gesch. d. Phil. III. S. 107). So wird jenes Princip nach diesem gebildet, statt daß das denkende Erkennen in seiner Ausbildung das christliche Princip, als die Quelle der Wahrheit, erfassen, und so mit demselben in Vereinigung kommen soll. Es gehört freilich die ungeheuerste Selbstverleugnung dazu für den, welcher in der christlichen Welt geboren und durch die von ihr ausgehende Macht der Bildung zum Bewußtsein seiner selbst als freier Geist gekommen, dies alles als das Werk eines Andern zu erkennen, eines Anderen, der auch in menschlicher

Gestalt war und an Gebehrden wie ein Mensch erfunden ward. Es ist eine gewaltige Selbst-Demüthigung, die Wahrheit als „ein Empfangenes, Gegebenes, schlechthin auf äußerliche Weise Gesetztes, Geoffenbartes" zu betrachten, woran man anknüpfen soll. Davon will die neuere Philosophie nichts wissen, sie will vom eigenen Geist allein ausgehen, — außer ihm nichts Gewisses, nichts Festes, Klares und Offenbares erkennen. Hört man sie selbst, so ist das so hoch her geredet, daß es klingt als müsse es vom Himmel herabgeredet sein, als müsse es gelten auf Erden. Denn was könnte dem gesunden Menschenverstande einleuchtender sein, als jenes Selbstgefühl der alles beherrschenden Weisheit? Was sollte ihm mehr in der Gestalt eines Wahnes erscheinen, als die Meinung, daß „die Religion in der Form von Positivem behalten" sei — daß „das Christenthum auf den planen Faden des Wortes Gottes zurückzuführen sei, wie es in den Schriften des neuen Testamentes vorhanden ist," oder daß „nur das, was von der ersten Erscheinung des Christenthums berichtet ist, als die Grundlage des Christenthums anzusehen sei?" Wiewohl alle diese Sätze in der That, recht verstanden, unwiderlegliche Wahrheit enthalten, so erscheinen sie doch Thorheit vor der Kritik einer Philosophie, die stolz darauf herabblickt in dem Bewußtsein, daß „diese Worte (der Bibel), dieser Text so beschaffen, daß er dem Belieben der Vorstellung alle Breite lasse?" (S. 109 das.) Will man dagegen den Spruch der Bibel für sich anführen: „der Buchstabe tödtet, der Geist macht lebendig," so zeigt die Philosophie, daß man damit in der Erforschung der Wahrheit auf Grund des Textes nicht weiter komme. Denn „der Geist," wird gesagt, „heißt nichts Anderes, als das denen Inwohnende, die sich an den Buchstaben machen, die ihn geistig auffassen und beleben, d. i. die mitgebrachten Vorstellungen und Gedanken sind es, die sich in dem Buchstaben geltend zu machen haben." „Es werde daher ganz allein auf den Geist an und für sich ankommen, wie dieser beschaffen sei, denn die Geister seien sehr verschieden." Will man nun weiter „die Stellung davon, daß der Geist den bloßen Buchstaben lebendig zu machen habe, näher so angeben, daß der Geist nur das Gegebene erklären solle, d. h. daß er den Sinn dessen fassen solle, was in dem Buchstaben unmittelbar enthalten sei," so will die Philosophie darin nichts als ein Zeichen finden, wie „weit man in seiner Bildung zurück sein müsse, wenn man den Betrug nicht einsehe, der in diesem Verhältnisse liege." Denn „erklären ohne eigenen Geist, als ob der Sinn ganz nur gegeben wäre, sei unmöglich. Erklären heiße klar machen, und es solle mir klar werden; dies könne nichts, als was schon in mir ist. Es solle entsprechen meiner subjectiven Entscheidung, den Bedürfnissen meines Wissens, meines Erkennens, meines Herzens, u. s. f., so nur sei es für mich, man finde, was man suche; und indem ich es mir klar mache, mache ich darin meine Vorstellung, meinen Gedanken geltend." „Wenn man sage „„klar machen,"" so verstecke man, was die Sache sei, in ein Wort. Macht man sich dies Wort selbst klar, so sei nichts darin, als daß der Geist, der im Menschen ist, sich selbst erkennen wolle, und nichts Anderes erkennen könne, als was in ihm liegt" (Gesch. d. Philos. III. S. 98, II. Ausg.). — Alles das hat beziehungsweise seine Wahrheit, seine Geltung. Wir wissen *), daß das Wort der Offenbarung, als es menschliche Formen angenommen, in christusähnlicher Gestalt erschienen. Wir finden in ihm einen Abglanz seines Wesens, enthaltend den Reichthum und die Fülle der Offenbarung, wie wir sie in Ihm, dem Herrn des Lebens selbst schauen. Alle Gaben, als Ausfluß des Einen

*) S. Kirchen-Recht Th. I. S. 182, vergl. oben Abschn. I. und II.

Geistes, haben sich in diesem Worte kund gegeben. Wie Christus Allen Alles war, so sollte auch dies geoffenbarte Zeugniß von Ihm sich für Alle genugsam erweisen. Jeder sollte, je nach seinen Gaben, auf Grund der verwandten Gabe, in demselben erkennen den Einen Geist — den Geist Christi, um in dieser Wahrheit Ihn in sich aufzunehmen. So geschieht es, daß Christus, obschon der Eine, in jedem in einer andern Weise sich verklärt. Aber dennoch bleibt es ein und dasselbige Bild, was die ewige Sonne in alle Herzen wirft, die es aufnehmen. Weil aber der Glaube nicht jedermanns Ding, und das Maaß und die Stufen des Glaubens unendlich verschieden sind, so geschieht es freilich, daß der eine dies, der andere jenes aus dem Worte der Offenbarung macht, und so muß es, wie Hegel meint, allerdings scheinen, als werde „aus der Bibel eine wächserne Nase gemacht," so daß „dieser dies, jener jenes darin finde." Aber dennoch bleibt das Wort Gottes ein festes (βέβαιος), wie es von sich selber zeugt (2. Petri 1, 19), das darum noch nicht „unfest wird," weil es „sich so zeigt, wenn es betrachtet wird vom subjectiven Geist." Schon das Zeugniß der Geschichte, wenn nicht die eigene Erfahrung, beweiset es genug für alle die, welche Augen haben zu sehen, daß und wie das Wort Gottes in seiner Festigkeit sich immer wieder geltend gemacht hat. Kraft der Einheit des durch die Kirche waltenden Geistes, wird immer eine Einheit des Bewußtseins von dem Inhalt der Offenbarung auf allen Gebieten der frei gewordenen Kirche sich herausstellen. Und eben dasselbige durch die Jahrhunderte fortgegangene Zeugniß ist der sicherste Beweis dafür, daß das, worauf die Kirche Christi sich gründet, die in der Schrift bezeugte Offenbarung Gottes in Christo, keineswegs blos, wie Hegel meint, „nur die Ahnung ist von dem, was der Geist ist und wissen wird als wahr." Man bezeugt nur, wie man selbst keine Ahnung hat von der Substantialität und Normalität dieses Inhalts, wenn man meint, daß „die Weise," in der hier „die erste Erscheinung des Christenthums beschrieben," „noch nicht auf sehr ausdrückliche Weise das enthalten könne, was im Princip des Christenthums liege." — Es ist und bleibt eine Verkehrung der Sache, wenn man die Behauptung aufstellt, „man könne beinahe sagen, daß wenn man das Christenthum auf die erste Erscheinung zurückführe, es auf den Standpunct der Geistlosigkeit gebracht würde, weil Christus eben selber sage, das Geistige wird erst nach mir kommen, wenn ich weg bin," — und ebenso eine Verkehrung, die Sache so zu stellen als läge in dieser Verheißung der Beweis, daß „dieser, der Geist, in alle Wahrheit führen werde — nicht der Umgang Christi und seine Worte" (S. 111 das.). So kann man den Geist, den Christus verheißen, und der in die Welt gekommen, nicht trennen von dem Wort seiner Offenbarung, das als solches beglaubigt ist. Ohne den Geist, der in die Wahrheit leiten und Christum und sein Wort verklären soll, bleibt freilich das letztere todt. Aber **dieser Geist kommt erst mit und in dem Wort,** d. i. das Wort, das Christus seinen Jüngern gegeben, ehe er von hinnen ging — das Wort Gottes, welches die Wahrheit ist (Joh. 17), und als solches erst den Geist der Wahrheit offenbar machen kann in dem, daß dieser in der Einheit mit dem Wort, das ihn bezeuget, sich als der wahrhaftige Gottes-Geist erweiset. Insofern kann es also selbstredend nicht Geistlosigkeit sein, auf den Anfang, d. i. auf den Inhalt der ursprünglichen Gottesoffenbarung zurückzugehen. „Denn er — der Geist" — spricht Christus, „wird nicht von ihm selbst reden, sondern was er hören wird, das wird er reden — derselbige wird Mich verklären, denn von dem Meinen wird er es nehmen und euch verkündigen." Was aber der Herr des Lebens in den Tagen seines Fleisches geredet, das wissen wir, daß es das Seine ist, und darum, was auch der Geist verkündigen möge, — es muß in der Einheit mit diesem Worte sich manifestiren, wenn es als das Seine anerkannt werden soll, und darum bleibt das Wort, das er gesprochen, der ewig geltende Text, aus welchem der Geist eben so die Wahrheit Gottes, wie die Gewißheit seiner selbst zu nehmen hat. Das ist die Wahrheit, das ist **Christus**, den Er verklären soll. Denn es ist die Offenbarung des Namens Gottes, die in diesem Wort geschehen, ein **„vollendetes Werk,"** das nur der Verklärung bedarf, wie Christus in seinem hohenpriesterlichen Gebet bezeugt. An dies Wort sind wir Alle gewiesen, — nur indem wir es aufnehmen, an dasselbe uns halten, sind wir gewiß, den Geist zu erlangen, der in die Wahrheit leitet. Nur in diesem Licht sehen wir alles andere Licht, nur wer das Wort der Wahrheit höret, das Evangelium von unserer Seligkeit — nur der wird versiegelt mit dem heiligen Geist der Verheißung (Ephes. 1, 13).

Also bleibet es dabei — nur wer sich selbst aufgiebt, das Ich als solches, indem er Christum ergreifet, — nur der findet das Leben, findet die Wahrheit. Wie der Mensch, indem er sich selbst erwählete, von Gott geschieden ward, und in die Nacht der Finsterniß gefallen ist, so muß er sich aufgeben und Gott ergreifen, um zur Wahrheit seines eigenen Begriffs und der Erkenntniß des Universums zu kommen. Hier ist also nicht davon die Rede, die Freiheit des Geistes aufzugeben gegen Menschen, oder auch nur menschlicher Meinung sich zu Knechten in Gehorsam zu begeben. Es gilt nur, sich selbst Gott zu begeben zum Gehorsam, um die Knechtschaft der Welt zu überwinden und die Wahrheit der Freiheit in Gott — den Einigen Weg zu Gottes Kraft und Weisheit zu ergreifen. Sind wir aber also aus den Todten lebendig geworden, ist so die Nacht vergangen und der Tag des selbstbewußten Lebens in Christo angebrochen, so bleiben wir Schüler des offenbar gewordenen Gottes und seines Wortes, Schüler des Geistes, der von beiden ausgeht, und haben als solche immerdar zu lernen, um zur Weisheit zu kommen. Es bleibt die Aufgabe, den von Gott objectiv gegebenen Inhalt zu begreifen, alle Thatsachen, wie sie im Reich der Natur und des Geistes, als Gottes Gedanken, als die Offenbarung seines Wesens niedergelegt sind, zu erkennen, und den Zusammenhang aufzufinden, in welchem sie mit dem Gipfel aller Offenbarung im Reiche Gottes stehen. Nur so dürfen wir hoffen den zu verstehen, der Alles in Allem ist, Ihn nicht blos als das absolute Wesen, sondern „als das System des Universums, der Natur und des eigenen Selbstbewußtseins, als die ganze Entwickelung seiner Realität zu erkennen."

Hierzu gehört aber vor allem die Kenntniß aller Particularität des Inhalts, ohne welche der Begriff nicht zur Wahrheit kömmt. Was zunächst das sinnliche Universum betrifft, so hat Hegel die Nothwendigkeit dieser Erkenntniß mit besonderem Nachdruck hervorgehoben. Er erklärt es für „eine wesentliche Seite," „die Gegenwart, äußerliche Existenz, welche der Geist sich giebt, das Weltwesen, wie es ist, kennen zu lernen"; weil ohne Erkenntniß des Particulären, d. i. der empirischen Natur, das Erkennen nicht zu seiner Entwickelung kommen, — die Wissenschaft nicht fertig werden könne ohne diesen „Gang vom Einzelnen, vom Besonderen zum Allgemeinen" (Gesch. d. Philos. III. S. 283, II. Ausg. S. 258). „Ohne diesen Gang wäre die Philosophie nicht zur Existenz gekommen." „Geist ist wesentlich Verarbeitung als eines Anderen." Ein gewichtiges Zeugniß für die Nothwendigkeit von dem auszugehen, was Gott selbst als objectiven Inhalt der Erkenntniß gegeben hat. Dasselbe gilt aber auch in Bezug auf die Erkenntniß der zweiten Weltschöpfung, d. i. der Wiederherstellung der Menschheit in Christo. Wie das Particuläre der Natur, so muß hier das Wort erkannt werden, wie es in der heil. Schrift in sinnlich wahrnehmbarer Gestalt erschienen, um das ewige Wort, die Offenbarung des Namens Gottes zu erkennen. Freilich darf „das ganze Geschäft des eigenen Vorstellens und Denkens" nicht blos exegetisch sein. Aber ohne Exegese, ohne die geschichtliche Kenntniß der Entwickelung des Schriftverständnisses, wird niemand auf wissenschaftlichem Wege zum Begriff der wahren Idee des Christenthums kommen. Erst solche historische Kunde wird die ewigen Gedanken enthüllen, welche wir dann wieder auf die particularen Thatsachen aller Gottesoffenbarungen, und vor allem in der Entwickelung des menschlichen Geschlechts, zu beziehen haben. Denn freilich die bloße historische Betrachtung für sich thut es nicht, offenbart nicht das Wesen der Dinge. Nicht alles, was geschehen in der Entwickelung des menschlichen Geistes, darf als etwas Wahres, als Norm für den Fortschritt des Lebens gelten. Freilich geschieht nichts ohne Gottes Zulassung. Ja wir müssen von der Totalität aller Entwickelungen anerkennen, daß sie Gottes Werk und Willen sind. Aber ist deshalb das Einzelne, was geschieht, schon in seinem Willen gegründet? Ist nicht der menschlichen Freiheit Raum gelassen, daß sie, frei dem Gesetze Gottes folgend, sich durch sich selbst entwickele? Hat nicht auch die Macht des Bösen Gewalt behalten, den Willen des Menschen wider Gottes Gebot zu verkehren? Und ist die Erkenntniß, aus welcher heraus der Mensch sich seine Welt gestaltet, nicht selbst in der Entwickelung, daß sie aus der Nacht zum Tage fortschreite, aus den Banden der Natürlichkeit zur Freiheit des Selbstbewußtseins? Ist also in der Reihe der menschlichen Organisationen nicht vieles, wenn nicht Verkehrtheit, doch blos Stufe der Entwickelung? Also die geschichtliche Thatsache entscheidet nichts über ihre substantielle Bedeutung für das menschliche

Leben, sondern auf den Inhalt allein kommt es an, — auf die Erkenntniß, ob das, was geschehen, wirklich aus der Wahrheit Gottes hervorgegangen, ob es dem Gesetz entspricht, welches Gott für die Entwickelung der Menschheit gegeben. Darauf kommt es an, wenn wir das Sittliche und Substantielle, das Göttliche in den menschlichen Organisationen herausfinden wollen. Zu solcher Erkenntniß kommen wir aber nur kraft des Geistes aus Gott, der uns gegeben ist, daß wir in Ihm und durch Ihn die Welt, wie uns selbst richten sollen. Das ist nicht die menschliche Vernunft, wie sie in der Isolirung auf sich selbst dasteht, sondern die, welche wieder eingetreten in den Zusammenhang mit Gott, mit dem Urquell aller Wahrheit und alles Lichts, — sich in Einheit weiß mit der Totalität der Offenbarungen Gottes im Geist und in der Natur. Das ist der ewige Canon für die Prüfung alles Seienden, das ewige Recht der menschlichen Subjectivität. Weil aber Gottes Wahrheit eine werdende ist, der Mensch selbst von Jahrhundert zu Jahrhundert in der Erkenntniß fortschreitet, so kann er auch die Tiefen dieser Wahrheit nicht begreifen, ohne die Kette des Zusammenhanges, in welchem sich die ewigen Gedanken entwickelt haben, die über das Leben der Gegenwart Gewalt haben. Aus der Einsicht in diesen Zusammenhang kann erst die Sicherheit des Urtheils sich herausbilden, das selbst in dem Zusammenhange dieser Kette steht. Denn jede denkende Vernunft ist Product der Geschichte. Ob sie auch zur Freiheit des Gedankens durchgedrungen, so weiß sie sich doch im nothwendigen Zusammenhange mit der Entwickelung des Selbstbewußtseins des Geistes durch die Reihe der Jahrhunderte. Sie kann diese Arbeit nicht ignoriren, welche an ihrer eigenen Menschwerdung gearbeitet. Wie sie auch das Haupt frei erhebt, frei das Urtheil bestimmen will, so will sie es doch erst dann fällen, wenn sie die Acten der Geschichte gelesen, wenn sie den Proceß durchgemacht, aus welchem die eigenen Gedanken-Resultate hervorgetreten sind. Erst von diesem Grunde aus will sie die Thatsachen richten in ihrer Bedeutung für die Gestaltung der Geschichte der Menschheit. Wie in der Natur, so giebt es ein ewiges Gesetz des Geistes, das ihm immanent ist, nach welchem er sich entwickelt. Hegel nennt dies die Entwickelung des menschlichen Selbstbewußtseins zur Freiheit. Wird dabei nur immer der **persönliche Gott** als der freie Gesetzgeber über dies Gesetz, das Gesetz des Geistes und der Natur, waltend vorausgesetzt, — immer die Abhängigkeit des Menschen von Ihm, dem persönlichen, Welt und Person bildenden und richtenden Gott lebendig im Bewußtsein behalten, so erhält jenes Princip die rechte Basis, den rechten Inhalt. Wie auch die Dialectik, von ihrer Beziehung auf sich selbst allein getragen, oft in die Kreuz und Quere gegangen, — immer bleibt das Große an dieser Philosophie, daß sie des nothwendigen Zusammenhanges zwischen den substantiellen Thatsachen der Welt und den Gedanken des Geistes sich bewußt geworden — eine Erkenntniß, die sie in dem so oft mißverstandenen und doch völlig wahren Satze ausgesprochen: „Was wirklich ist, das ist vernünftig, und was vernünftig ist, das ist wirklich.“ Das ist die wahre Vernunft des historischen und philosophischen Princips auf dem Gebiete der Wissenschaft. Darin ruht der Einklang zwischen dem historischen und philosophischen Recht. Es hat keines seine Wahrheit, ohne daß es sich bewährt durch das andere. Denn das wahre philosophische Recht ist Gottes Recht — die ewigen Gesetze der Menschheit. So weit sie geschichtlich geworden, bleiben sie ewig, aber freilich nicht als etwas todtes, sondern in der freien Entwickelung des Geistes. Was indeß geschichtlich geworden, muß erst in dem Licht des frei gewordenen christlichen Geistes gerichtet werden. Was in diesem Licht als substantiell, wirklich erkannt wird, wird auch als Gottes Werk begriffen werden, und was in diesem Licht als wahrhaft vernünftig sich erweist, das werden wir auch in den Thatsachen der Welt, auf dem Gebiete des Geistes als Gestalten der Wirklichkeit wieder finden, oder wenigstens sehen, wie es in der Fortbewegung des Menschengeistes dieser Realisation entgegenstrebt. Das ist der Grund und das Wesen, aber auch die Grenze aller Kritik. So werden wir überall Gottes Gedanken, als das Gesetz der Geschichte, in dieser wiederfinden, aber so auch von jener hyperhistorischen Richtung befreit bleiben, die gern das Lebendige bei den Todten sucht, und so gern geneigt ist, das was einmal in den vorangegangenen Jahrhunderten zur Organisation gekommen, für etwas Nothwendiges, Bleibendes, für den Inbegriff der göttlichen Weisheit anzuerkennen und festzuhalten. Wir aber wollen die Frage überall frei behalten, ob das Geschehene, Bestehende vor dem freien, sich selbst verstehenden, in Gott ruhenden Selbstbewußtsein bestehen könne? Nur in solcher Freiheit des Geistes wird der Mensch zum Herrn der Erde. Das ist die Wahrheit der Subjectivität, die nicht ist ohne die Einheit mit der Objectivität, d. i. mit allem, was in der Natur und Geschichte der Menschheit wirklich geworden — eine Einheit, wie sie durch die Wiederherstellung der Menschheit in Christo, durch die in Ihm geschehene Gottesoffenbarung erst zur Wahrheit geworden ist. Damit ist die Entfremdung zwischen dem Geist und Gottes Schöpfung aufgehoben. Der wiedergeborne, d. h. christliche Geist erkennt frei die Substanz seines eigenen Wesens, d. i. in Wahrheit Gottes Wesen, in der Natur und Geschichte. Alle Räthsel der Welt sind ihm gelöst — der verborgene Rath Gottes ist offenbar geworden. Nicht als wäre diese Offenbarung eine fertige, als wäre alles schon entwickelt. Sie ist nur an sich gesetzt — aber mit dem in Gott frei gewordenen Bewußtsein ist die Welt erschlossen, der Zugang zu der Erkenntniß der Tiefen der Gottheit, zur Erkenntniß aller Dinge gegeben. Es geht von einer Klarheit zur anderen, von Erkenntniß zu Erkenntniß, wie in der Erforschung des Wortes Gottes, so in allen andern Gottesoffenbarungen, und je tiefer der Geist eindringt in das Wesen aller dieser Geheimnisse, desto klarer erkennt er auch die Einheit derselben. Denn es ist **Ein Geist**, der da ist Alles in Allem.

Halten wir das fest, so werden wir von hier aus auf den Eingang unserer Betrachtung zurückblickend völlig begreifen, daß und warum die wahre Wissenschaft mit dem Inhalt des kirchlichen Bewußtseins, dieses mit jener immer wieder in Einklang kommen muß. Aber diese Einstimmung kann nicht erzwungen werden — sie muß das Werk der freien Entwickelung sein. Soweit ein Zwang eintritt, bleibt ebenso die Wahrheit der Wissenschaft wie der Kirche ausgeschlossen. Selbst der wahre Inhalt ist kein solcher, wenn er nicht in Freiheit erfaßt wird. So lange der Geist noch von einem Anderen, einem Aeußerlichen abhängig, ist er unfrei, noch nicht zu sich selbst gekommen. Es ist für ihn kein wahrhaftes Eigenthum, keine wahrhafte eigene Ueberzeugung möglich *). **Es mußte erst durch die Wiederherstellung der Kirche das Joch des menschlichen Ansehens vernichtet werden**, ehe die **Freiheit der Wissenschaft** und damit ihre Wahrheit erscheinen konnte.

Bis zu diesem Moment war alle Wissenschaft befangen in dem Stoff der Objectivität. Ein Bewußtsein des Geistes und seiner Beziehung zur Welt war wohl vorhanden, aber das-

*) Vergl. Hegel's Gesch. der Philos. I. S. 36.

selbe noch nicht durchgebrochen zur Zusammenfassung seiner selbst in der Bestimmtheit des Selbst als des Persönlichen, worin das Selbstbewußtsein des Geistes erst zur Wirklichkeit kömmt. Nur wenn der Geist sich in seiner Unterschiedlichkeit von der Objectivität und zwar in völliger absoluter Bestimmtheit begreift, wird er sich als Geist gegenständlich — nur dann erst hat er sich gefunden, ist er für sich selber geworden, und damit die Erkenntniß der Wahrheit seiner selbst wie der Welt und der Gottheit gegeben. Denn erst in diesem Selbstbewußtsein weiß man sich in der Ewigkeit des Seins und gewinnt damit den Schlüssel der Erkenntniß aller Geheimnisse der Offenbarungen Gottes. Dies Selbstbewußtsein kömmt nicht ohne das Christenthum — es ist sein eigenstes Product. Aber es ist mit dem Christenthum erst an sich oder im Keime gesetzt. Wie der Geist Zeit gebraucht, um die christliche Wahrheit zu ergründen, sie in ihrer Freiheit zu erfassen, so trat auch das Selbstbewußtsein als Manifestation seiner selbst — als die Realität des Geistes da erst auf, als die Kirche selbst aus den Banden der Aeußerlichkeit sich frei gemacht, alles knechtische Wesen in der Unterwerfung unter menschliche Meinung überwunden hatte. Da erst erfaßte sich der Geist in der Unendlichkeit und Tiefe seiner Freiheit. Da erst kam er zur Wahrheit seiner selbst. Da erst begriff er, daß alle Wahrheit der Erkenntniß darauf allein ruht, daß sie von ihm selbst als Wahrheit ergriffen wird. Da erhob er sich zu der Einsicht, daß alles, was nicht in mir wahr geworden, nicht von mir als freiem als ein Freies und Wahres erkannt worden, für mich nichts ist. Cogito — ergo sum — diese Gewißheit des freien, persönlichen, geistigen Seins in dem Bewußtwerden des Selbstbewußtseins und seiner Fortbewegung im Processe der Gedanken, — das war es, was die neue Bahn brach auf dem Gebiet der Wissenschaft. Es war die erste Lebens-Aeußerung des sich selbst erfassenden Selbstbewußtseins. Aber als erstes Moment hatte es noch die Gestalt der Unmittelbarkeit, der Abstraction. Das Ich in dieser Selbstbefreiung war zuerst nur Negation der Abhängigkeit von dem äußerlichen Stoff — ein abstractes Insichgehen, Vertiefen in sich selbst, wobei es die Wahrheit der Objectivität aus den Augen verlor. Nur das Eine hielt der Geist fest, daß alle Wahrheit in ihm selbst gegründet sein müsse, und darum wollte er sie auch nur daraus sich aufbauen. Das ist das Wesen des **Rationalismus**, der mit Descartes angefangen. Seine Mission für die Entwickelung des menschlichen Bewußtseins lag darin, daß der Geist in der Verfolgung dieses Princips zu sich selber kommen sollte. Aber auch solches konnte nicht auf einmal geschehen. Auch um diese Bahn zu durchlaufen, brauchte der Geist Zeit. Auch hier mußte er gewisse Stadien durchmachen, ehe er sein eigenes Princip verarbeitet hatte, und zum Verständniß seiner selbst gekommen war. Bis dahin blieb die Substanz der Objectivität ihm verhüllt. Der Rationalismus ist nothwendig skeptisch, ungläubig, bis er sich selbst aufhebt, indem das Selbstbewußtsein sich in seiner völligen Bestimmtheit und Totalität erfaßt. Denn sobald der Mensch sich in seiner Wahrheit als des persönlichen, freien Geistes erkennt, muß er nothwendig auch das Gottesbewußtsein wiedergewinnen, muß er das Verständniß der christlichen Wahrheit finden, in welchem ihm erst das Gottesbewußtsein Wahrheit und Bestimmtheit hat, ohne welche ihm nicht die Wahrheit seines eigenen Wesens aufgehen kann. Daher erklärt es sich, warum wir von dem ersten Aufgehen des Selbstbewußtseins in Descartes bis zu seiner Vollendung in Fichte nur den Unglauben auf dem Gebiet der Wissenschaft finden. Drei wesentliche Momente sind es, die wir in dieser Bewegung des Selbstbewußtseins zu seiner Vollendung unterscheiden. Der Geist erfaßt sich „als das persönlich Denkende im Allgemeinen“ -- das erste Stadium seiner Selbstbefreiung. Mit der That war der Geist in der Reformation vorangegangen — das Bewußtsein solcher That kam nach. Aber sie ward nicht in ihrer Substanz begriffen, daher das Befangensein des Geistes in dem Wahn, daß die letzten Gründe aller Erkenntniß in der ihrer selbst bewußt gewordenen Vernunft liegen — das Wesen des unbedingten Unglaubens. Es erscheint sodann zweitens die Negation dieses Wahns. Das Bewußtsein des Unvermögens der Vernunft zur Erkenntniß aller Dinge bricht durch. Es kommt zum Bruch mit der Objectivität, weil man keine Vermittelung des Geistes mit ihr finden kann. Das Wesen des Kantschen Kriticismus. Bis endlich drittens die Einheit des Geistes mit der Objectivität durch die Vernichtung der letzteren sich wiederherstellt, so daß nichts als das Persönliche, das Ich als die Einige Substanz bleibt — die Vollendung des Selbstbewußtseins in der Form des Rationalismus, wie sie in Fichte erschienen.

Aber gerade auf dieser Spitze der Selbstisolirung kam der Geist zur Besinnung, daß er, statt sich selbst zu erfassen, alle Substanz und damit sich selbst verloren. Es bedurfte nur der Versenkung in die Unendlichkeit der Tiefen des eigenen Ichs, um die Unendlichkeit der Leere in dieser Abgeschlossenheit inne zu werden. So sollte man erkennen, daß es nicht Ich sein konnte ohne ein Du, d. i. ohne einen Persönlichen, in dessen Bewußtwerden erst das rechte Selbstbewußtsein gegeben sein kann. Denn indem der Geist in der Fülle seiner Selbstanschauung sich in der Bestimmtheit eines Persönlichen weiß und nur in dieser Persönlichkeit die Wahrheit des Geistes begreift, so kann er, der nicht von sich selber da ist, auch den Grund seines Daseins nur in dem Urpersönlichen, d. i. Gott finden. So kommt das Selbstbewußtsein in seiner Vollendung nothwendig zum Gottesbewußtsein — der Geist zum Vater der Geister, und in und mit ihm gewinnt er die ganze Objectivität wieder, die er in dem Proceß des Herausarbeitens seiner selbst aus den Banden der Objectivität verloren hatte. Nun versteht er die Welt als Werk Gottes, indem er die Gedanken Gottes, wie sie der eigene Geist bezeugt, in der Welt wiederfindet. Und wie in der Natur, so erkennt er Gott in der Geschichte, d. i. in dem Geist der Menschheit, wie dieser, von Gott bestimmt, sich entwickelt — sieht, wie die Menschheit denselbigen Proceß durchmacht, den er selbst auf der Bahn der Befreiung zum Selbstbewußtsein durchlaufen ist. Aber der größte Theil von denen, die zum Selbstbewußtsein vorgedrungen, stehen noch in jenem ersten oder zweiten Stadium. Wenige haben in sich das Fichtesche Princip bis dahin ausgebildet, wo es nothwendig zur Erfassung des Gottesbewußtseins, das in seiner Wahrheit nur das christliche ist, umschlagen muß. Selbst auf der Höhe der Wissenschaft stehen noch so manche, die den persönlichen Gott und seine Wahrheit in der Natur und Geschichte noch nicht gefunden. Und eben deshalb haben noch immer so wenige ein rechtes Verständniß für die Wirklichkeit, die als Gottes Werk im Staat und in der Kirche vor ihnen steht. Ist aber auch das Selbstbewußtsein so weit vorgedrungen, daß es die Versöhnung seiner selbst mit dem Absoluten, mit der Objectivität sucht, gleichwohl aber dieselbe nur aus den eigenen Denkgesetzen ausschließlich ableiten will (das Hegelsche System), statt sie als Willen und Werk des persönlichen Gottes zu erkennen, so bleibt ein unauflöslicher Widerspruch zwischen dem Geist und dem Absoluten, ein Widerspruch des Geistes mit sich selbst. Es geschieht keine wahrhafte Versöhnung, wie sie nur in dem Einssein mit dem persönlichen, in Christo offenbar gewordenen Gott zu erringen ist. Also immer ein Beweis, daß trotz aller Höhen und Tiefen der Speculation dennoch das Selbstbewußtsein nicht zur Erfassung seiner selbst in der Totalität gekommen, der Begriff der Persönlichkeit nicht in seiner Fülle aufgegangen, sondern daß der Geist noch in gewisser Beziehung gleichsam in der Objectivität, d. i. hier der Objectivität der Denkgesetze gefangen geblieben ist. Nur deshalb ist er noch nicht zu der Freiheit und Wahrheit des Gottesbewußtseins und damit zur wahrhaften Selbstbefreiung durchgebrochen, und somit in dem Princip des Rationalismus, d. i. der Entfremdung von Gott noch theilweise stecken geblieben.

So ist die Wahrheit des Geistes nicht ohne das Selbstbewußtsein in der Totalität der freien Beziehung auf sich selbst; die Freiheit dieser Beziehung aber wiederum nicht in ihrer Wahrheit ohne die selbstbewußte Wiedergeburt zur Wirklichkeit des Geistes durch das Eingehen in die Gemeinschaft mit Gott. Erst wo das Selbstbewußtsein sich selbst in Gott — d. i. nicht dem abstracten, sondern dem im Fleisch geoffenbarten Gott — gefunden, in ihm zur Wahrheit der Freiheit gekommen ist, erkennen wir in ihm die Realität der Ebenbildlichkeit Gottes, begreifen wir, wie der Mensch durch das selbstbewußte Einssein mit Gott wieder zum Herrn der Erde erhoben, und dadurch ihm die Macht gegeben ist, alle Erkenntniß der Objectivität zu ergründen und zu beherrschen. Darum muß der wahrhaft freieste Geist, der zur Fülle des Bewußtseins seiner selbst durchgedrungen, zugleich der religiöseste sein. Aller Unterschied zwischen ihm und jedem andern, der durch den Glauben an Christum frei geworden, kann nur darin bestehen, daß jener sich des Glaubens in seinem Grunde durch die Vermittelung des wissenschaftlichen Gedankens bewußt geworden, während der andere das Bewußtsein des Zusammenhanges des Ichs mit dem Gottbewußtsein nur auf unmittelbare Weise hat.

Um dieser Einheit des wissenschaftlichen und kirchlichen Bewußtseins willen kann niemals der Fall eintreten, daß es um der kirchlichen Interessen willen noth thäte, der Entwickelung des wissenschaftlichen Bewußtseins eine bestimmte der Kirche entsprechende Bahn vorzuzeichnen. Jener Eine Geist, der hier wie da waltet, wird selbst dafür sorgen, daß trotz aller Ausschreitungen immer wieder das Resultat der Wissenschaft mit dem objectiven Geist in der Kirche wie im Staat zusammenstimme. Ja im Gegentheil hat die Kirche das Interesse, daß die Freiheit der Wissenschaft auf keine Weise, also auch nicht zu ihren Gunsten berührt werde. Gerade sie selbst würde am meisten darunter leiden. Denn da die Wissenschaft nur in der Freiheit Wahrheit des Bestandes hat, so würde mit ihrer Vernichtung auch der Kirche der Segen genommen werden, welcher kraft der Einheit des Geistes ihr aus der wissenschaftlichen Entwickelung nothwendig zuströmen muß. Wenn daher im Dienst am Wort das letztere selbst noch eine Schranke der Freiheit blieb, so muß hier für die Bewegung der Wissenschaft eine schrankenlose Freiheit gelten, wenn sie anders nicht aufhören soll, Wissenschaft zu sein. **Hier gilt nur Geist gegen Geist, und nichts als Waffen des Geistes.** Hier muß also auch dem Unglauben Raum gelassen werden, soweit die Gewalt des Geistes selbst ihn nicht in die Schranken zurückweist, damit der wahrhaftige Geist sich an ihm als die Kraft Gottes bewähre, der das Gericht gegeben ist über die Geister der Finsterniß. Gewinnen diese eine Zeit lang Macht, kömmt durch sie Verführung in die Welt, in die Kirche — das darf uns nicht irre machen. Es gilt auch hier das Wort: „es muß ja Aergerniß kommen, doch wehe dem, durch welchen es kömmt!" Denn das Gericht ist immer zur Hand,

d. i. das Gericht des Geistes Gottes, das immer wieder der Wahrheit den Sieg verschafft. So liegt es im Interesse der Kirche wie der Wissenschaft, daß die Gedanken Freiheit haben zu ihrer Aeußerung, daß das Wort der Rede wie der Schrift nicht durch vorbauende Anstalten gebunden werde. Der freie germanisch-christliche Geist ist schon gewichen, wenn wir nicht den Muth haben, jenen Gefahren zu trotzen. Nur der versteckte Feind, der im Finsteren schleicht, ist gefährlich, nicht der offene. Nicht äußere Gewalt, welche der Möglichkeit des Worts wehrt, bändigt den Geist des Bösen, sondern allein das Schwerdt des Geistes. Nur wer im Geist überwunden, ist recht überwunden. Nur wenn die Wahrheit, die Wissenschaft so frei durch sich selbst den Sieg errungen, offenbart sie sich in ihrer Wahrhaftigkeit. Darum lasset nur alle Geister frei und aufeinander fallen, wenn ihr stark seid in dem lebendigen Gott und in der Macht seiner Stärke, wenn ihr Glauben habt an den Glauben, der die Welt überwindet; — der rechte Geist wird wohl das Feld behalten.

Aber wie auch auf wissenschaftlichem Gebiet unbeschränkte Freiheit der Meinung bestehen muß — daraus folgt noch nicht die schrankenlose Freiheit für den öffentlichen Unterricht. Wo ein Dienst ist, ein amtliches Verhältniß, da ist auch das Recht und die Pflicht einer Aufsicht, da besteht Recht und Pflicht der Diakrise in der Berufung, wie des Gerichts wider die Verkehrung des Dienstes gegen Gottes Ordnung. Dasselbe gilt also auch in Bezug auf die Lehrämter an den öffentlichen Unterrichtsanstalten, welche dazu eingesetzt sind, das Gesammtgebiet des menschlichen Wissens der wissenschaftlichen Betrachtung vorzuhalten. Nur dürfen freilich nicht Menschen-Satzungen die Basis des Gerichts sein über die wissenschafliche Verarbeitung der christlichen Lehre (S.

Kirchen-Recht Th. II. S. 483). Ja selbst da, wo der directe Angriff gegen den Lebensgrund der christlichen Weltordnung ein Recht des Gerichts gäbe, wird doch die Macht, welche die Gewalt der Aufsicht hat, desto zurückhaltender mit ihrem Urtheil sein, je mehr sie selbst Glauben an die Wahrheit, und in diesem Glauben den Muth hat, die Verkehrung des Gedankens sich selbst und dem allgemeinen Gericht des Geistes zu überlassen, so lange jener Angriff noch in den Formen der Wissenschaft sich hält. Denn gerade in diesem Glauben wird sie die Gewißheit haben, daß die Entwickelung des Gegensatzes selbst wesentlich dazu dienen muß, in denen, welche sich an ihm geübt, und in der Freiheit des Geistes ihn überwunden haben, der eigenen Ueberzeugung eine desto festere Basis zu geben, und so den Inhalt der Wahrheit zum wahrhaften Eigenthum zu machen. Auch von der Erkenntniß, dem Glauben gilt das Wort: daß sie selig zu preisen, wenn sie die Anfechtung erduldet. Auch die Zucht, die beide in den Kämpfen zu erfahren haben, wird eine Frucht der Gerechtigkeit schaffen in denen, die dadurch geübt sind. Aber solcher Muth zur Freilassung solchen Kampfes kömmt auch hier nicht ohne den lebendigen Glauben an den Glauben, der die Welt überwindet. Wenn auch einzelne Lehrer auf unseren Hochschulen in der Entwickelung des christlichen Lehrbegriffs abweichen von dem, was im allgemeinen kirchlichen Bewußtsein Geltung hat, — was schadet das der Kirche? Ist nur Freiheit in der Bewegung der Gedanken, — wird nicht die Glaubenskraft und Klarheit des einen Lehrers das Correctiv für die dialectischen Verirrungen des andern werden? Und was bleibt anders, als der Gewinn der Möglichkeit einer durch den Gegensatz hindurch gegangenen allseitigen Ausbildung für die, welche hier in die wissenschaftliche Erkenntniß des christlichen Lehrbegriffs eingeführt werden sollen? Gehen einige von diesen in dem Kampfe solcher Gegensätze unter, — kann es dagegen eine Rettung geben? Dann müßte man auch alle Waffen der Wissenschaft von ihnen fern halten, an denen jeder sich selbst verwunden kann. Was sich nicht durch sich selbst auf diesem Gebiete halten kann, ist für das wissenschaftliche Leben doch verloren. Aber die Kirche? — Wird diese nicht aus diesen Bildungsstätten ungläubige Diener am Wort erhalten? Diese Möglichkeit wird immer bleiben, auch wenn für die Lehrfreiheit die engsten Schranken gezogen werden. Denn der Glaube kömmt nicht aus dem dialectischen Proceß — am wenigsten aus einem unfreien. Auch täuscht man sich, wenn man überhaupt den Einfluß unkirchlicher Lehrer an den Hochschulen auf die Entwickelung der Gesinnung von so großer Bedeutung hält. In einer Zeit, wo der Glaube in dem denkenden Theil eines Volkes lebendig ist, wird die Weisheit eines sog. freigeistigen Aufklärers wenig Anklang finden, sondern ohnmächtig verhallen. Wo aber in einem Lande der Geist des Unglaubens um sich gegriffen, und einem Strudel gleich, die Gemüther mit sich fortreißt, würde auch die innerhalb bestimmter Schranken sich bewegende wissenschaftliche Entwickelung der christlichen Lehre vergebens darauf ausgehen, den Glauben in den jugendlichen Gemüthern zu erwecken und zu erhalten. Es bliebe also da, wo der Glaube auf anderem Wege Eingang gefunden, für die Kirche nur der Nachtheil, daß die wissenschaftliche Bildung, die hier erzielt werden soll, eine beschränkte bliebe, sobald sie nur innerhalb solcher vorgezeichneten Schranken cultivirt werden dürfte. Denn damit geht die Lebendigkeit und Wahrheit aller wissenschaftlichen Bewegung zu Grabe, obschon sie gerade an ihrem Theil dazu dienen soll, die Kirche vor dem Wesen einer todten Orthodoxie zu bewahren, in der so leicht das innere Leben des Glaubens abstirbt oder verkümmert. Werfen wir nur einen Blick auf die englischen Hochschulen, und vergleichen wir sie mit den deutschen, um zu begreifen, daß die Freiheit keine Gefahr bringt, wohl aber der kirchliche Schulzwang da, wo es das freie Leben der Wissenschaft gilt. Wo ist der regste wissenschaftliche Sinn für die Erforschung der christlichen Wahrheit in ihrem Zusammenhange mit den letzten Gründen alles Wissens, mit dem Selbstbewußtsein, wie es frei in Gott ruht? Wo ist die Fülle des selbstbewußten Glaubens in der Freiheit, die keines Menschen Ansehen achtet, aber doch in Christo den einigen Grund der Seligkeit findet? Ist es nicht bei den Deutschen, wo auf den Hochschulen die Wissenschaft das Recht des freien Kampfes behauptet, und kein Ketzergericht der freien Entwickelung der Forschung über den Inhalt des Glaubens wehrt? Und sehen wir nicht doch aus diesen Bildungsstätten immer noch eine große Schaar von Geistlichen hervorgehen, die durch Lehre und Wandel die Innigkeit und Rechtschaffenheit ihres Glaubens beurkunden? Ja sehen wir nicht, wie in dem Maaß, wie die Freiheit in dieser wissenschaftlichen Bewegung zugenommen, die Zahl der des Glaubens erfüllten Diener zunimmt? Gab es eine Zeit, wo wir den Unglauben unter den Geistlichen prävalirend fanden, so war es die Wirkung der allgemeinen Gesinnung des Zeitgeistes, der auch die Universitäten erfaßt hatte, so daß diese freilich auch ihrerseits wieder der Weiterverbreitung dieser Richtung dienstbar wurden. Aber der Grund des Uebels lag nicht in ihnen, sondern außerhalb, und wie hier der Geist des Glaubens wieder lebendig wurde, überwand er auch das Wesen des Unglaubens auf den Universitäten und mit ihm den Erbfeind aller göttlichen Weisheit. Darum möge immer diese Freiheit der deutschen Universitäten, als die Blüthe des germanisch-christlichen Geistes bestehen, — sie werden dennoch immer ein rechter Heerd und Ankerplatz für das Fortschreiten des kirchlichen Bewußtseins bleiben; ja dieses selbst mit dem rechten Inhalt der wahren Freiheit erfüllen. Denn **wahrhafte Wissenschaft** ist **nicht ohne den Geist Dessen, der selbst der Geist der Weisheit und des Verstandes** ist. Und wo sie ist, da wird sie auch allezeit den **Geist des Glaubens** pflanzen, aber nur in der **Freiheit.** Denn wo der **Geist des Herrn** ist, da ist **Freiheit.**

Beilage.

Das Ordinationsformular

wie es von der General-Synode in Preußen im Jahre 1846 in Vorschlag gebracht worden.

Wer zum Lehramt der evangelischen Kirche gesetzmäßig berufen ist und durch Gebet und Handauflegung dazu eingesegnet werden soll, hat öffentlich zu bezeugen, daß er im gemeinsamen Glauben der evangelischen Kirche stehe, demnach zum Ersten weder seine eigenen Meinungen noch irgend welche menschliche Satzungen, sondern das Wort Gottes in den prophetischen und apostolischen Schriften zum Richtmaß seiner Lehre nehme, zum Andern, daß er in derjenigen Auslegung der heiligen Schrift, welche nach dem Gesetz der Sprachen durch den heiligen Geist geschieht, unter Gottes Beistand treulich und fleißig fortfahren wolle, in Einigkeit mit den Bekenntnissen allgemeiner Christenheit und mit den Bekenntnißschriften der evangelischen Kirche als Zeugnissen von den Grundthatsachen und Grundwahrheiten des Heils und Vorbildern gesunder Lehre.

(Hier folgt auf die Frage nach der Zustimmung des Ordinanden die Antwort desselben)

Da nun diese Grundthatsachen und Grundwahrheiten vornemlich in folgendem bestehen, so frage ich Euch:

Ob Ihr mit der allgemeinen Christenheit auf Erden bekennet Gott den Vater, den Sohn und den heiligen Geist?

Sodann:

Ob Ihr mit der gesammten evangelischen Kirche

zum Ersten Jesum Christum, den eingebornen Sohn Gottes, der sich selbst entäußerte und Knechtsgestalt annahm, bekennet als den einigen Mittler, sintemal er als Prophet von Gott mächtig von Thaten und Worten den Frieden verkündiget hat, und als den einigen Hohenpriester, der uns durch seinen Tod mit Gott versöhnt hat, da er ist dahingegeben um unsrer Sünden willen und um unserer Gerechtigkeit willen auferwecket, darnach sich gesetzet hat zur Rechten der Majestät in der Höhe und herrschet ewiglich als das Haupt der Gemeine, die er sammelt und erhält mittelst des Wortes und der heiligen Sakramente durch den heiligen Geist, der von ihm gesendet in unsere Herzen, uns Jesum nennen lehret unsern Herrn und die Gnade erkennen, so uns in ihm geschenket ist?

Zum Andern, ob Ihr im Glauben an solche frohe Botschaft von der freien Gnade Gottes in seinem geliebten Sohne bekennen und bezeugen wollet, daß wir allzumal Sünder sind, aber Kinder Gottes werden durch den Glauben an Christum, in welchem wir, gerechtfertigt vor Gott aus Gnaden ohne Verdienst der Werke das Pfand des unvergänglichen Erbes haben, das behalten wird im Himmel, und daß wir durch denselbigen Glauben, der in der Liebe kräftig die Früchte des Geistes hervorbringt, in täglicher Erneuerung des Herzens vollbereitet werden auf den Tag Jesu Christi?

(Hier folgt das zweite Ja des Ordinanden.)

Berichtigungen.

Seite 41	Zeile	10 u. 11	v. u. st. auf welche — sich beruft l. welche — citirt
— 126	—	10	v. u. st. „soweit" l. „weil"
— 235	—	6	v. o. ist vor „wie" einzuschalten „als"
— 255	—	7	v. o. st. Amts l. Acts
— 328	—	16	v. o. hinter „Gewalt" ist ein Komma zu setzen..
— 334	—	3	v. o. st. geistl. l. kirchliche
— 340	—	15	v. u. st. den l. der

FSC
www.fsc.org
MIX
Papier | Fördert
gute Waldnutzung
FSC® C083411

Kolibri 360 GmbH
Ferdinand-Jühlke-Straße 7
99095 Erfurt, Deutschland
produktsicherheit@kolibri360.de